普通高等教育"十二五"规划教材

动物营养学教程

周　明　主编

U0392022

内 容 提 要

本书主要论述了动物的蛋白质、糖、脂、能量、维生素和矿物质等的营养原理，概述了饲料营养价值的评定方法，系统地介绍了畜、禽和鱼、虾等在不同生理状态时的营养需要量和饲粮配合方法，并对营养调控、营养生态和分子营养等方面的理论和技术作了阐述。

本书可作为高等院校动物科学专业、动物营养专业、饲料加工专业、生物科学、生物工程以及相关专业的师生教材，也可作为畜牧兽医及饲料科技人员等的参考书。

图书在版编目（CIP）数据

动物营养学教程/周明主编. —北京：化学工业
出版社，2014.5（2024.6重印）
普通高等教育"十二五"规划教材
ISBN 978-7-122-19268-4

Ⅰ.①动…　Ⅱ.①周…　Ⅲ.①动物营养-营养学-
高等学校-教材　Ⅳ.①S816

中国版本图书馆 CIP 数据核字（2013）第 297914 号

责任编辑：尤彩霞　　　　　　　　　　装帧设计：刘丽华
责任校对：陶燕华

出版发行：化学工业出版社（北京市东城区青年湖南街 13 号　邮政编码 100011）
印　　装：北京盛通数码印刷有限公司
787mm×1092mm　1/16　印张 16　字数 416 千字　2024 年 6 月北京第 1 版第 6 次印刷

购书咨询：010-64518888　　　　　　售后服务：010-64518899
网　　址：http：//www.cip.com.cn
凡购买本书，如有缺损质量问题，本社销售中心负责调换。

定　　价：48.00 元

《动物营养学教程》编写人员

主　编　周　明　安徽农业大学

副主编　胡忠泽　安徽科技学院

汪海峰　浙江农林大学

参　编　（以姓氏笔画为序）

王永侠　浙江农林大学

王　翀　浙江农林大学

车传燕　安徽科技学院

朱凤华　青岛农业大学

邓凯东　金陵科技学院

吕秋凤　沈阳农业大学

许发芝　安徽农业大学

惠晓红　塔里木大学

前　言

　　我国饲料工业经过 30 多年来的快速发展，现已成为国民经济的重要产业之一，在促进我国现代养殖业的发展方面做出了巨大的贡献。其成就一方面归功于国家的相关政策和饲料行业人员的努力，另一方面有赖于动物营养学理论和技术的支撑。

　　全国高等农业院校都开设动物科学专业，部分高等农业院校还开设动物营养和（或）饲料加工专业。动物营养学课程是动物科学、动物营养和饲料加工专业的主干课程，因此，本教材就是基于这些需求而编写的。

　　本教材的主要内容包括蛋白质、糖、脂、能量、维生素、矿物质等的营养原理；营养素之间的相互关系；饲料营养价值评定；动物营养需要量、饲粮配合与采食量调控；动物营养生态；动物的分子营养等。

　　本书特色较好地体现在以下几个方面。

　　① 经济生态安全观：我国人多地少，人均资源有限，这是不争的事实。目前用较多的粮食作为饲料和超量使用矿物质饲料等问题，已越来越不适应日益倡导的资源节约型养殖业的发展。动物性食品安全问题和环保问题已被全社会高度关注，而这些问题都与动物营养学科相关。编著者用经济生态安全观来编写本书，以期为我国资源节约型养殖业的发展和动物生产的安全环保提供基本的技术保障和理论参考。

　　② 教程化：将本课程的知识点模块化、条理化、逻辑化、提升化。

　　③ 两个统一：动物营养学既是理论性较强的学科，又是生产实践应用较广的技术学科。本教材较好地做到了原理与技术的统一和理论与实践的统一。在理论上，对动物营养学一系列理论特别是对营养调控、营养生态、分子营养理论等作了高屋建瓴的论述。在实践应用方面，对许多实际应用技术如对猪、鸡、奶牛、肉牛、兔、鱼类的饲粮配合方法都作了详细的介绍。

编著者

2014 年 4 月

目　　录

绪 论

一、营养与动物营养学

从字面上理解，"营养"是指摄入并转化养分，养护身体，以期保证身体健康的生理过程。对于人来说，营养的根本目的是保证身体健康。但对于动物来说，营养的目的不止是保证身体健康，更重要的是为人类生产量多质优的产品。

动物营养学是研究动物摄入营养物质以及被摄入的营养物质消化、吸收、中间代谢和排泄代谢尾产物等一系列的生物学过程。此外，对上述过程，采取适当的营养调控措施，以期动物健康、抗病力强、生产出量多质优的产品。

动物营养学研究内容主要包括：①研究动物在维持（身体健康）和生产过程中需要的养分。到目前为止，已证明动物需要 50 种以上养分。②研究动物对饲料的摄取、消化、吸收、中间代谢和排泄代谢尾产物等过程。③研究各养分对动物机体的作用及作用机理。④探明各养分之间在动物体内的代谢关系。⑤测定动物对各养分的需要量。⑥从营养学角度，研究提高动物生产性能与饲料营养价值的方法。⑦研究动物生产与生态环境的关系。

动物营养学常采用以下研究方法：①化学分析法：即对饲料、动物组织以及动物排泄物等成分，采用化学法和仪器法分析。②消化试验法：消化试验包括体内消化实验（全收粪法、指示剂法和尼龙袋法）和体外消化实验（动物源性消化酶法和人工合成消化酶法）。③养分平衡试验法（氮平衡试验和能量平衡试验等）。养分平衡试验又被称为养分代谢试验。④饲养试验和屠宰试验法。⑤其他实验技术（同位素示踪法、外科造瘘技术、无菌技术、组织或细胞培养等技术）。

二、动物营养学发展史略

1898 年前，"营养"作为一个科学名词，还很少出现在文献资料上。但对其研究可追溯到更早的历史。Reaumur 于 1752 年用鸟类食物回吐法证明了食物消化过程的化学变化；Spallauzaui 在 1780 年用鸟类、其他动物与他本人做试验，证实并发展了这种观点；Prout 于 1824 年鉴定了胃液中含有游离盐酸；Schwann 于 1833 年又鉴定了胃蛋白酶。从此，消化的化学与生理学研究不断地向前发展。法国化学家 Lavoisier 和 Laplace 在 1783 年用豚鼠做了一个著名的呼吸试验，证明了呼吸是一种化学过程。Lavoisier 被誉为"动物营养学之父"。

① 蛋白质的发现　1816 年 Magendie 用犬的饲养试验证明了：含氮食物对生命是必需的。"蛋白质"术语是由荷兰生物化学家 JanMulder 于 1838 年提出的。"蛋白质"一词源于希腊字"proteios"，意为"第一"重要，故国内有许多学者建议将 protein（proteios）译为"朊"，但未推广开来，现多用译名"蛋白质"。Boussingautt 于 1839 年首次用马、牛做氮平衡试验，证明了：动物不能从空气中固定氮，而含氮食物才为动物所必需。

19 世纪 50 年代，Rthamsted 通过饲养试验和对农场动物的调查研究证明：不同的蛋白质营养价值不同。1909 年 Karl Thomas 提出了蛋白质生物学价值的概念和测定方法。1946年，Block 和 Mitchell 提出了衡量蛋白质品质的其他公式，并发展了以蛋白质中氨基酸组成为基础的化学积分法。Rose 及其同事（1938）证明了成年人需要 8 种必需氨基酸。

② 脂类的发现　法国科学家 Chevreul 第一个测定了油脂中化学成分，提出脂肪由脂肪

酸与甘油组成，并分离了许多脂肪酸。初时，认为食物脂肪是动物体脂的唯一来源，但后来 Boussingault（1845）在鹅与鸭中实验证明：在动物体内糖类化合物可转变为脂肪。Lawes 和 Gilbert（1845）也得到了同样的试验结果。初时认为脂类的功用是供能，后来发现脂类中还有脂溶性维生素和必需脂肪酸（亚油酸等），它们为人类和动物所必需。

③ 糖类化合物的发现　Schmidt（1844）从血中分离出葡萄糖；Fehling（1849）提出了测定葡萄糖的一种灵敏方法；Claude Bernard 在 1856 年发现了肝糖原。从营养角度说，糖类化合物是人和动物的基本能源物质。

④ 矿物质的发现　人类对矿物质营养作用的认识并无固定的模式。1842 年，Chossat 发现，鸟（鸽）需要钙，以颗粒形式补充，可保证其骨骼的正常生长发育；而后，陆续发现其他必需矿物元素；直至 1973—1977 年，Anke 等用合成日粮饲喂山羊和猪，发现镍和砷对农畜具有必需作用。人们历经 130 余年的时间发现了 27 种必需矿物元素。

⑤ 维生素的发现　人们对维生素的认识往往是先认识其缺乏后果或营养作用，后才研究其化学结构和性质。1906 年，F. Hopkins 认为，除了蛋白质、糖和脂外，尚有未知养分（unknown nutrient）。1912 年，Funk 发现，脚气病、坏血病、癞皮病、佝偻病都是由某类物质缺乏引起的。这类物质具有有机胺的性质，故 Funk 将这类物质命名为 "Vitamine"。后来又发现，也有不是有机胺物质的，故将 "e" 除掉，变 "Vitamine（生命胺）" 为 "Vitamin（维他命）"，现多译为 "维生素"。

McCollum 和 Davis 以及 Osborne 和 Mendel（1913—1915）用 "纯" 日粮喂鼠，发现了维生素 A 与维生素 B。用豚鼠试验发现了维生素 C（1917）。1922 年发现了维生素 D 和维生素 E。1926 年，又把维生素 B 分为两种，一种耐热，另一种不耐热。1932 年，维生素开始被认定为辅酶系统的组分。最晚（1947 年）发现的维生素是维生素 B_{12}。

三、动物营养学对动物生产的贡献

动物营养学理论对动物生产的指导作用很大，主要体现在如下几个方面。

① 营养在动物遗传改良方面的作用　要改良或培育一个动物品种，除需合理的育种方法外，尚要有科学的饲养技术。只有在充裕的养分供给条件下，目标基因才可顺利地表达，才能实现动物遗传组成的质变。

② 营养是动物健康的基本保证　动物营养不良时，会发病甚至死亡。动物各种营养缺乏症就是很好的例证。另外，动物营养不足时，免疫机能下降，因而抗病力下降。

③ 营养是动物高产的条件　动物营养不良时，生产性能下降。此外，动物轻度或临界缺乏营养素时，虽不表现临床缺乏症状，但新陈代谢受到不利的影响或不顺畅，因而动物的生产潜力不能充分发挥。与 50 年前比较，现代动物的生产水平提高了 80%～200%。其中动物营养学的贡献率占 50%～70%。

④ 营养影响动物产品质量　饲料或饲粮化学组成能影响动物产品质量。例如，用玉米型饲粮喂养肉猪，体脂硬度下降；若用大麦部分替代饲粮中玉米，则体脂硬度增大。又如，在蛋鸡饲粮中使用较多的蚕蛹粉，影响鸡蛋的风味。若在饲粮中不合理甚至违规使用某些制剂，会给动物产品造成安全隐患。

⑤ 营养是动物集约化饲养的必要条件　动物生产方式沿革顺序为：个体散放饲养 ⟶ 小群饲养 ⟶ 农场化饲养 ⟶ 工厂化饲养。工厂化饲养动物的特点为：动物群体大，畜（禽）舍密闭，需人工气候。这就要求动物的饲粮全价、平衡，否则动物就会发病甚至死亡，导致动物集约化饲养方式的失败。

⑥ 营养直接影响动物生产成本　据估计，饲料成本约占动物生产总成本的 70%。因此，

降低饲料成本，对降低动物生产总成本的意义很大。对动物营养全价饲养，可使动物生产潜能和饲料营养价值充分发挥，因而生产成本下降。例如，肉猪原来每增重 1kg 需要饲料4.5～5.0kg，现在只需要 2.5kg 饲料；肉鸡原来每增重 1kg 需要饲料 4.0kg，现在只需要1.6kg 饲料。另外，营养状况好的动物，抗病力强，发病率下降，因而医疗费用也减少。

四、动物营养学科的发展趋势

① 在动物营养研究方法上，正在或将有新的突破，即由"静态"营养研究逐渐过渡到"动态"营养研究。传统营养学观点把动物假定为固定模式对象，这是不够妥当的。其实，动物是活的机体，生理机能是变化着的，它所处的外界环境条件也往往是不稳定的。世界上一切生物都是在动态中生存和发展着，而不是一个静止不变的过程。传统动物营养学所制定的各种畜禽对营养物质的需要量，通常只把畜禽简单地分为几个阶段，而且设置固定的数值，动物的营养需要量似乎是一组固定不变的数值。例如，美国 NRC（1996）把阉牛对粗蛋白质的维持需要量定为 $5.7W^{0.75}$；国内一些人把乳牛对粗蛋白质的消化率定为 65%，把可消化蛋白质转化为乳蛋白质的效率也定为 65%，把阉牛对粗蛋白质的平均利用效率定为34%，这些都是采用固定不变的数值来表示动物的营养参数。实际上，畜禽的生长发育特性和生理机能随着环境条件的不断变化而不同，对营养物质的需要量和对养分的利用能力也是不断变化着的，用一个固定的数值表示一个动态的机体物质交换规律显然是不正确的。现今，少数先进的国家或组织开始用数学模型动态地衡量动物对某些养分的需要量。

② 今后对动物营养代谢调控的研究将进一步加强。动物生产实质上就是将饲料原料通过动物这部"活机器"生产肉、蛋、奶、毛、皮等产品的过程。动物营养学的一个主要任务就是探索以最少的饲料原料生产数量最多和质量最好的动物产品的方法。要实现这一目标就必须对动物营养代谢进行调控。目前在这一方面已取得了较大进展，但还远远不够。预期今后将从不同层次上如从动物环境、动物整体、动物组织细胞、动物体内营养物质分子代谢水平上进行调控。

③ 动物营养的研究今后更深入地渗透到其他学科或与其他学科更紧密地结合，形成新的分支学科或边缘学科。例如，营养与生殖学科的结合，形成生殖营养学；营养因子对动物免疫机能调控的深入广泛的研究为正在崛起的新学科营养免疫学奠定基础；动物营养学和动物生态学的相互渗透和相互结合，已基本形成动物营养生态学，该新学科在今后若干年内将得到完善，趋于成熟。分子生物学理论和现代分析手段在动物营养研究中的应用，已导致分子营养学的诞生。用数学方法对动物的营养过程进行定量分析，实行模式优化，采用电子计算机技术来监测动物的营养需要的动态，对动物生长发育和生产性能进行数学模拟，这便是未来的学科计量营养学或数字营养学的基本内涵。将系统论应用到营养学中，形成了系统营养学的雏形。系统营养学突出了系统论方法，如对动物营养进行多层次的调控，便是系统营养学的体现。又如评价一种饲粮的质量时，要对饲料原料、饲料配方、饲料加工、饲喂技术、动物生理状态、环境控制等各个环节进行评价，这样方能获得正确的判断。 （周　明）

第一章 营 养 源

动物为了维持健康和生产,就需要摄入某些物质。这里的某些物质就是营养源,在动物中被称为饲料。饲料是一种称谓,是外形(形式),其中的营养物质(养分)才是实质(本质)。营养物质在动物体内既起原料作用,又有信号功能。

第一节 营 养 成 分

饲料中含有蛋白质、糖类化合物、脂类物质、维生素、矿物质和水等成分以及储存于有机物质中的能量。

一、营养成分概论

营养成分包括蛋白质(氨基酸)、糖类化合物(习称碳水化合物)、脂类物质、维生素、矿物质和水等成分,以及蕴含于有机物质中的能量。

1. 蛋白质 (protein)

蛋白质主要由碳、氢、氧、氮四种化学元素组成(表1-1),部分蛋白质还含有硫、磷、铁、铜、锌、硒、碘等元素。由于用凯氏(Kjeldahl)微量定氮法测定的总蛋白质中除真蛋白质(true protein)外,尚含有非蛋白质含氮物质(non protein nitrogen),故在营养学科中,将蛋白质称为粗蛋白质(crude protein,CP)。在动物营养上,将含有化学元素氮的所有化合物都称为粗蛋白质。

表1-1 组成蛋白质的化学元素 单位:%

化学元素	碳	氢	氧	氮	硫	磷	铁
含量	50.0~55.0	6.0~7.3	19.0~24.0	15.0~18.0	0~4.0	0~1.5	0~0.4

蛋白质(真蛋白质)中含氮量较稳定,平均约为16%(变动范围一般为15.0%~18.0%)。这意味着,饲料中1g氮的存在,就表明其中约含有6.25(100/16)g的蛋白质。通常,将6.25称为蛋白质的换算系数。

粗蛋白质分真蛋白质和非蛋白氮物质。真蛋白质由多种氨基酸以肽键连接方式构成。组成(真)蛋白质的氨基酸(amino acids,AA)有20种,包括甘氨酸、丝氨酸、苏氨酸、酪氨酸、半胱氨酸、天门冬氨酸、谷氨酸、天门冬酰胺、谷氨酰胺、精氨酸、赖氨酸、组氨酸、丙氨酸、亮氨酸、异亮氨酸、缬氨酸、脯氨酸、苯丙氨酸、色氨酸和蛋氨酸。上述氨基酸的氨基和羧基皆连接于α-碳原子上,故名α-氨基酸。除甘氨酸外,其余氨基酸的α-碳原子都是不对称碳原子,具有光学异构现象。大多数氨基酸属L系,即L-α-氨基酸。但也有很少的D系氨基酸,主要存在于某些抗生素和生物碱中。自然界中,还有一些氨基酸如牛磺酸、瓜氨酸、硒氨酸、含羞草氨酸等,属于非蛋白质氨基酸。

非蛋白氮物质是指其分子结构中不含有肽键的一类含氮化合物。这类物质主要有:硝酸盐、铵盐、尿素、氨基酸、含氮脂(如卵磷脂、脑磷脂、磷脂酰丝氨酸、脂氨酸等)、生物碱(如茄碱、蓖麻碱、颠茄碱、尼古丁、可卡因、吗啡、马钱子碱、毒芹碱等)、嘌呤(如腺嘌呤、鸟嘌呤等)、嘧啶(如胸腺嘧啶、胞嘧啶、尿嘧啶等)、胺类(如精胺、精脒、酪胺、色胺、组胺、半胱胺、乙胺等）、B族维生素等。幼嫩的植物（如叶菜类、豆科牧草等）中非蛋白氮物质含量较多。

2. 糖类化合物（saccharides）

糖类化合物是指含多羟基醛或多羟基酮以及经水解能产生多羟基醛或多羟基酮的一类化合物。根据化学组成，一般可将糖类化合物分为单糖、寡糖、多糖以及相关的其他化合物。

① 单糖（monosaccharides）

不能被降解成更小分子的糖一般被称为单糖。根据其碳原子数量，还可将单糖分为三碳糖（如 3-磷酸甘油醛、磷酸二羟基丙酮）、四碳糖（如赤藓糖、苏阿糖）、戊糖（如核糖、木糖和阿拉伯糖等）、己糖（如葡萄糖、果糖、半乳糖、甘露糖等）、庚糖（景天庚酮糖等）和衍生糖（如 2-脱氧核糖、鼠李糖、葡糖胺、甘露糖醇、肌醇、葡糖醛酸、半乳糖醛酸等）。

② 寡糖（oligosaccharides）

能被水解成几个（一般指 2～6 个或 2～10 个）单糖分子的糖就被称为寡糖，二糖（蔗糖、麦芽糖和乳糖）是其主要代表。蔗糖（sucrose）由 1 分子葡萄糖和 1 分子果糖脱水缩合而成，甘蔗和甜菜等植物富含蔗糖。麦芽糖（maltose）由两个分子葡萄糖构成，是淀粉降解而生成的中间产物。乳糖（lactoe）由 1 分子半乳糖和 1 分子葡萄糖脱水缩合而成。植物不含乳糖，仅哺乳动物的乳腺中能合成乳糖。

另外还有其他寡糖，如纤维二糖（cellobiose，纤维素降解的中间产物）、棉籽三糖（raffinose，由半乳糖、葡萄糖和果糖脱水缩合而成的三糖，在棉籽中含量约为 8%）和水苏四糖（stachyose，由葡萄糖、果糖和两分子半乳糖构成的四糖，主要存在于水苏的根中）等。

③ 多糖（polysaccharides）

由多个（一般指 10 个以上）分子单糖缩合而成。水解时仅产生一种单糖的多糖被称为纯多糖，主要有淀粉（多个 α-葡萄糖分子缩合而成）、糖原（也由许多 α-葡萄糖分子缩合而成）、纤维素（由许多 β-葡萄糖分子以 β-1,4-苷键连成的直链多糖）、木聚糖（多个木糖分子的聚合物）、半乳聚糖（多个半乳糖分子的聚合物）、甘露聚糖（多个甘露糖分子的聚合物）、菊糖（inulin，多个果糖分子的聚合物）等。水解时产生两种或两种以上单糖或还有其他构成单位（如氨基酸等）的多糖则被叫做杂多糖，如半纤维素、阿拉伯树胶、果胶、黏多糖、透明质酸等。

半纤维素（hemicellulose）存在于植物木质化部分，由己糖（葡萄糖、果糖、甘露糖、半乳糖）和戊糖（阿拉伯糖、木糖、鼠李糖、糖醛酸）构成。果胶（pectine）是由甲基-D-半乳糖醛酸构成的聚合物，含存于植物细胞壁中。它可被水浸出而成胶状物。动物消化酶不能将之降解，但微生物能将之降解。黏多糖（mucopolysaccharide）是 N-乙酰氨基糖、糖醛酸的聚合物。各种腺体分泌的润滑黏液多富含黏多糖。透明质酸（hyaluronate）是葡萄糖醛酸、N-乙酰氨基糖的聚合物。透明质酸具有高度黏性，在润滑关节、减轻或消除机体因受到强烈震动而影响正常功能方面起着重要的作用。

④ 相关化合物

常与糖伴存或相关的化合物如几丁质、木质素、硫酸软骨素等也被归属为糖类化合物。木质素（lignin）本身不是糖，但与糖紧密相连。木质素可使植物细胞具有化学和生物抗性以及机械强度。木质素为集合名词，是一组紧密相关的化合物的总称。木质素分子由许多苯丙醇单位组成，为一类复杂的基团交互连接的结构。木质素构成植物纤维的物理性外壳，使酶不能进入细胞，因而细胞内容物不能被消化。老熟干草和秸秆富含木质素，因而其消化率极低。几丁质（chitin）又名甲壳素、壳多糖，是 N-乙酰氨基糖、碳酸钙的聚合物，为一些无脊椎动物如虾、蟹等外骨骼的主要成分。虾、蟹在不断蜕壳和再生壳的过程中生长，甲壳素的分解产物 2-氨基葡萄糖对于虾、蟹壳的形成，具有重要作用。

按饲料成分常规分析方案，可将糖类化合物分为粗纤维（crude fibre，CF）和无氮浸出物（nitrogen-free extract，NFE）。粗纤维由纤维素、半纤维素、木质素等组成。无氮浸出物就是除去粗纤维的糖类化合物，包括单糖、寡糖和部分多糖（如淀粉等）。维生素 C 也归属为无氮浸出物。

用常规分析方法，饲料粗纤维含量的测定值偏低。鉴于此，Van Soest（1976）提出了用中性洗涤纤维（neutral detergent fiber，NDF）、酸性洗涤纤维（acid detergent fiber，ADF）、酸性洗涤木质素（acid detergent lignin，ADL）作为评定饲草营养价值的指标。他的分析方案能将粗纤维中的纤维素、半纤维素、木质素分离出来，因而能较好地评定饲料粗纤维的营养价值。各组分的组成关系如下：

$$中性洗涤纤维＝酸性洗涤纤维＋半纤维素$$
$$酸性洗涤纤维＝酸性洗涤木质素＋纤维素$$
$$酸性洗涤木质素＝木质素＋灰分$$

3. 脂类物质（lipids）

不溶于水，而溶于乙醚、氯仿、乙醇、苯等普通有机溶剂的一类化合物被称为脂类物质。在饲料常规分析中，用乙醚作溶剂（抽提剂），因此常将这类物质称为（乙）醚浸出物（ether extract，E. E）。由于溶解在乙醚中的物质并非单纯脂肪，而尚含非脂肪物质（如色素、固醇类物质、树脂等），故又将这些浸出物称为粗脂肪（crude fat）。对脂类物质的分类方法很多，这里不作叙述。在动物营养上，一般将粗脂肪分成两类，即（真）脂肪（fats，三酰甘油类）和类脂质。

（1）（真）脂肪

指 1 个甘油分子和 3 个脂肪酸分子脱水缩合而成的化合物，故曾称为甘油三酯（triglycerides），但这一名称在化学上不够明确，国际命名委员会建议不要再使用这一名称，而使用三脂酰甘油（triacylglycerols）。

植物性饲料脂肪中的脂肪酸主要是不饱和性脂肪酸，熔点低，故植物性脂肪（植物油）在常温下呈液态；而动物性饲料脂肪中的脂肪酸多为饱和性脂肪酸，熔点高，故动物脂肪在常温下呈现固态。表 1-2 列举了构成脂肪的一些常见脂肪酸。

表 1-2　构成脂肪的常见脂肪酸

脂肪酸种类	分子式	熔点/℃
(1)饱和脂肪酸		
丁酸	C_3H_7COOH	−7.9
己酸	$C_5H_{11}COOH$	−3.2
辛酸	$C_7H_{15}COOH$	16.3
癸酸	$C_9H_{19}COOH$	31.2
月桂酸	$C_{11}H_{23}COOH$	43.9
豆蔻酸	$C_{13}H_{27}COOH$	54.1
棕榈酸（软脂酸）	$C_{15}H_{31}COOH$	62.7
硬脂酸	$C_{17}H_{35}COOH$	69.7
花生酸	$C_{19}H_{39}COOH$	76.3
(2)不饱和性脂肪酸		
棕榈油酸	$C_{15}H_{29}COOH$	0
油酸	$C_{17}H_{33}COOH$	13
亚油酸	$C_{17}H_{31}COOH$	−5
亚麻酸	$C_{17}H_{29}COOH$	−14.5
花生烯酸	$C_{19}H_{31}COOH$	−49.5

（2）类脂质

这类化合物的种类较多，常见的有以下几种。

① 糖脂（glycolipid） 甘油分子中的两个羟基被脂肪酸酯化，另一个羟基连着一个糖基，故称为糖脂。牧草（如三叶草等）中的脂肪主要（60%）是半乳糖脂。牧草半乳糖脂中的脂肪酸几乎（95%）都是亚麻酸，少量（2%～3%）的是亚油酸。在动物中，糖脂主要存在于脑和神经纤维中。动物糖脂中的醇基不是甘油，而是鞘氨醇。

② 磷脂（phospholipids） 在动物中，脑、心、肝、肾、神经组织和禽蛋中磷脂含量较多。例如，神经轴的髓鞘质含磷脂量达 55%。在植物中，豆实中磷脂（如大豆中磷脂）含量也较多。磷脂主要包括卵磷脂（lecithine）、脑磷脂（cephaline）、丝氨酸磷脂（serine phosphoglycerides）、肌醇磷脂（inositol phosphoglycerides）、磷脂酰甘油（phosphatidyl glycerols）、心磷脂（cardiolipin）和缩醛磷脂（plasmalogens）等。

a. 卵磷脂（磷脂酰胆碱） 为白色蜡样物质，极易吸附水，其中不饱和性脂肪酸很快被氧化。各种动物组织都含有相当多的卵磷脂。其组分胆碱的碱性很强。胆碱在甲基转换过程中起着供甲基的作用；乙酰胆碱为神经递质。卵磷脂有调控代谢、预防动物脂肪肝等的作用。

b. 脑磷脂（磷脂酰乙醇胺） 在动、植物中含量都较多，与血凝有关。

c. 磷脂酰丝氨酸（丝氨酸磷脂） 源于血小板和损伤组织，可激活损伤组织表面的凝血酶原。磷脂酰丝氨酸与卵磷脂、脑磷脂可相互转化。

③ 蜡质（waxes） 蜡为简单脂类，由 1 个脂肪酸分子同 1 个分子长碳链的一元醇构成，在普通温度下为固体。天然蜡质通常是由许多不同的酯组成的混合物，如蜂蜡至少由 5 种不同的酯组成。蜡质广泛分布于动、植物体内，对动、植物有保护作用。在植物体表，蜡质能减少植株由于蒸腾作用而造成水的损失。动物被毛表面蜡质层由于疏水作用而防止被毛湿透。蜡质不易水解，无营养价值。

④ 类固醇（sterols） 这类物质包括在生物学上重要的化合物，如固醇、胆汁酸、肾上腺皮质激素和性激素等。它们具有一个共同的基本化学结构，即菲核和环戊烷相连接。其间的差别是：双键数量和侧链不同。

a. 固醇 这类化合物在侧链上有 8～10 个碳原子，且在第 3 位碳原子上有一个醇基。它们可被分成：光固醇（来源于植物）、霉菌固醇和动物固醇。胆固醇属于动物固醇，动物固醇是合成固醇类化合物的原料。7-脱氢胆固醇是维生素 D_3 的前体。麦角固醇属于光固醇，是维生素 D_2 的前体。

b. 胆汁酸 其结构为菲戊烷核，第 17 位碳原子上有一个 5 个碳原子的边链，边链末端羧基同甘氨酸或牛磺酸形成酰胺键。胆汁酸在小肠中起着重要作用，即能乳化脂肪和激活脂肪消化酶。

c. 固醇类激素 包括雌性激素（雌二醇等）、雄性激素（睾酮）和孕酮以及醛固酮等。

⑤ 萜类（terpenoids） 由许多连接在一起的异戊二烯单位组成，形成链状结构或环状结构。异戊二烯是一种五碳化合物。维生素 A、维生素 E、维生素 K 都属萜类化合物。

4. 能量（energy）

能量蕴含于有机营养物质（主要是蛋白质、糖和脂类物质）的化学键中，这些物质降解后才释放出能量。在三大有机营养物质中，脂肪中能量最多，每千克脂肪中的能量一般都在 36MJ 以上。每千克蛋白质中的能量一般为 20MJ 左右；每千克糖类化合物中的能量大多在 16MJ 以上。一些营养物质和饲料中能值如表 1-3 所示。

表 1-3　一些养分与饲料中能值　　　　　　　　　　　　单位：MJ/kg 干物质

饲料	能值	饲料	能值	饲料	能值
葡萄糖	15.73	甲烷	55.80	玉米	18.54
蔗糖	16.57	草地干草	18.09	大麦	18.25
淀粉	17.7	苜蓿干草	18.21	高粱	18.66
纤维素	17.49	三叶干草	18.70	燕麦	19.58
猪油	39.66	猫尾干草	18.86	米糠	22.09
植物油	39.04	黑麦干草	19.00	小麦麸	19.00
酪蛋白	24.52	稻草	15.72	蚕豆	19.28
尿酸	11.46	大麦秸	16.86	大豆	23.10
乙酸	14.6	玉米秸	18.12	大豆饼	21.20
尿素	10.59	燕麦秸	18.54	花生饼	21.61
胡萝卜	18.32	亚麻饼	21.42	甘薯	17.20

5. 维生素（vitamins）

事实上，人们并没有给维生素下明确的定义。一般认为，维生素是一类有机物质，对动物机体起着重要作用，微量就能满足动物需要；这类物质在动物体内不作为结构物质和能源物质，而是起着特殊作用；动物一旦缺乏一种或多种维生素，不仅其生产性能下降，而且还会发病，甚至死亡。符合上述条件的物质，都可被视为维生素。从目前来说，比较认可的维生素种类有 15 种，即：维生素 A、维生素 D、维生素 E、维生素 K、维生素 B_1、维生素 B_2、维生素 B_6、维生素 PP、泛酸、生物素、叶酸、维生素 B_{12}、胆碱、维生素 C 和肌醇。

另外，还有一些物质如 α-硫辛酸、"维生素 U"（抗溃疡因子）、"维生素 P"、"维生素 B_{15}" 等，虽还未被多数人认可为维生素，但它们对人和（或）动物起着积极的作用。

6. 矿物质（minerals）

因最初源于矿物而得名，它们主要以化合物的形式存在，有些是天然产物（如石粉等），另一些是化工产品（如硫酸亚铁等），还有些是用动物组织制得的产品（如骨粉等）。矿物质包括钙（Ca）、磷（P）、钾（K）、钠（Na）、镁（Mg）、氯（Cl）、硫（S）、铁（Fe）、锌（Zn）、锰（Mn）、铜（Cu）、钴（Co）、碘（I）、硒（Se）、钼（Mo）、氟（F）、硅（Si）、铬（Cr）、砷（As）、镍（Ni）、矾（V）、镉（Cd）、锡（Tn）、铅（Pb）、锂（Li）、硼（B）、溴（Br）等物质成分。

7. 水（water）

由于水在自然界分布广，因此一些人未将水看作是营养物质。其实，水是所有生物（包括人、动物、植物和微生物）的极其重要的营养物质。动物体成分的 60%～75% 是水。植物性饲料因收获期和干燥程度不同，其中含水量变异很大，一般为 10%～90%。

二、营养成分的基本功能

饲料中有 6 大类营养物质，即蛋白质、糖、脂、维生素、矿物质和水。它们在动物体内发挥各种各样的作用，功能很多。经综合归纳，这些营养物质在动物体内有三项基本作用：①作为动物体的结构成分，水、蛋白质、糖、脂和矿物质都是动物体的"建筑材料"。②提供能源，糖、脂和蛋白质可氧化供能，为动物之所需。③作为活性物质的成分或组分，例如：蛋白质是载体、受体、抗体、酶、含氮激素和递质等的成分；B 族维生素是辅酶的成分；矿物质是酶、激素和载体等的组分或激活因子。当然，营养物质在动物体内还有许多其他方面的作用。

第二节 营养成分的来源

营养成分来源于植物性饲料、动物性饲料、微生物性饲料、化工合成品和天然矿物质饲料等。

一、植物性饲料

植物性饲料是动物最主要的营养源。植物性饲料主要包括谷实类、糠麸类、饼粕类、豆实类、青绿多汁饲料类和粗饲料类等。玉米、小麦、大麦、高粱、稻谷、粟等谷实类饲料富含淀粉等糖类化合物，含量一般都在70%以上。糠麸类饲料中粗纤维含量均较多，如小麦麸中粗纤维含量为10%左右，另外这类饲料中磷含量多，达1%以上，但主要是植酸磷。大豆饼粕、菜籽饼粕、棉籽（仁）饼粕、花生饼粕、芝麻饼粕等饼粕饲料中蛋白质含量高，一般为35%～48%，是动物最主要的蛋白源饲料。中国是大豆的原产地，大豆产量约占世界产量的10%。大豆中蛋白质含量为33%～38%，脂肪含量约为18%。近年来，不少养殖场将大豆作为配制动物高能、高蛋白饲粮的首选饲料原料。青绿多汁饲料是草食动物的重要饲料。青绿多汁饲料中含水量一般为60%～90%，其中胡萝卜素、维生素E、维生素C、维生素K和大多数B族维生素含量较多。粗饲料是草食动物尤其是反刍动物较为重要的饲料。粗饲料中粗纤维含量都很高，一般为30%～50%。大豆油、菜籽油和米糠油等作为特高脂植物性饲料为动物补充能量。

二、动物性饲料

源于动物组织的所有饲料都为动物性饲料，主要包括鱼粉、血粉、肉粉、蚕蛹粉、羽毛粉、虾粉、蚯蚓粉、肠膜蛋白粉、乳清粉、骨粉、贝壳粉、蛋壳粉等。前8种粉中蛋白质含量都较高或很高，其中鱼粉是动物最重要的动物性蛋白源饲料。乳清粉中乳糖含量很高，一般在70%以上，它是仔猪的优良能量饲料。骨粉中钙、磷和镁等矿物质含量高，它是动物重要的钙、磷源性饲料。贝壳粉、蛋壳粉中钙含量很高，达30%以上，它们都是动物的钙源性饲料。血粉中铁很丰富，含量达0.2%以上，铁作为微量元素，其含量已是很高了。肉骨粉也是一种较常见的动物性饲料，其中蛋白质、脂肪、钙、磷含量都较多。动物油（猪油、禽油、牛油、鱼油）更是特高脂动物性饲料。

三、微生物性饲料与化工合成品

目前，微生物性饲料的种类还较少，可见到的这类饲料有饲料酵母、饲料螺旋藻粉等。实际上，饲用微生物乳酸杆菌、双歧杆菌、枯草芽孢杆菌、粪肠球菌、屎肠球菌等益生菌属于微生物性饲料。许多饲用酶制剂都是通过微生物发酵生产的，即微生物产生的，因此按来源应属于微生物性饲料。发酵法生产的维生素 B_2（乙酰酸梭状芽孢杆菌或假丝酵母产生的）、维生素 B_{12} 也应属于微生物性饲料。

维生素A、维生素D、维生素E、维生素K、维生素 B_1、维生素 B_6、维生素PP、泛酸、叶酸、胆碱等都是用化学法生产的（表1-4）。蛋氨酸、羟基蛋氨酸、精氨酸、色氨酸、化学合成-酶法生产的赖氨酸、蛋白水解法生产的苏氨酸等都是化工合成品。许多矿物盐如磷酸氢钙、磷酸二氢钙、脱氟磷酸钙、轻质碳酸钙、硫酸镁、硫酸亚铁、硫酸锌、碘化钾、碘酸钙、亚硒酸钠、氯化钴、氨基酸络合盐等都是通过各种化学工艺生产的，皆属化工合成品。

表 1-4 用化学法生产的维生素

维生素种类	最初原料	化学方法	最终产品
维生素 A	β-紫罗兰酮	C_{14}醛合成法	维生素 A 棕榈酸酯
维生素 E	1,2,4-三甲苯	缩合反应	乙酸维生素 E
维生素 K	甲基苯醌或 β-甲基萘	加成反应	硫酸甲萘醌
维生素 B_1	丙烯腈	加成、缩合反应	盐酸维生素 B_1
维生素 B_2	葡萄糖	缩合、环化反应	维生素 B_2
维生素 B_6	氯乙酸	缩合、环化反应	盐酸维生素 B_6
烟酸	2-甲基 5-乙基吡啶	硝化氧化法	烟酸
烟酸	3-甲基吡啶	氨或高锰酸钾氧化	烟酸
泛酸	异丁醛		D-泛酸钙
叶酸	对硝基苯甲酸	酰化反应	叶酸
氯化胆碱	环氧乙烷或氯乙醇		氯化胆碱

四、天然矿物质饲料

近年来，很多天然矿物质被用作动物的饲料，主要包括石粉、沸石粉、膨润土、麦饭石粉、凹凸棒石粉、海泡石粉等。它们虽然在化学组成上各异，但都富含多种矿物元素（石粉例外，主要含钙），是动物重要或较为重要的矿物质源性饲料。例如，膨润土所含矿物元素多达 11 种以上，其含量大致为：钙 10%、铝 8%、钾 6%、镁 4%、铁 4%、钠 2.5%、锰 0.3%、氯 0.3%、锌 0.01%、铜 0.008%、钴 0.004%。

五、动、植物体化学成分的比较

植物性饲料是动物最主要的营养源，比较动、植物体化学组成的差异，有实际应用意义，即借此可估测饲料营养价值的高低。决定饲料营养价值的因素是饲料化学组成与动物机体化学组成的"相似度"。这里的化学组成主要是指：①物质种类；②各种类物质的含量及其间比例；③各种类物质的化学结合方式（化学键）。"相似度"越大，饲料的营养价值越高，反之则低。

① 糖类 植物体内可溶性糖较多和较集中，如块根、块茎和谷实中淀粉含量高达 70%以上，甘蔗、甜菜等茎、根中蔗糖含量很高，豆科籽实中棉籽糖、水苏糖含量多；但动物体内的糖主要是糖原和葡萄糖，且含量少。植物体内含粗纤维，而动物体内完全不含这类物质。

② 脂类 动物含脂率随年龄、营养状况不同而有较大变化，但植物含脂率变化幅度较小；植物体内含叶绿素、胡萝卜素，不含维生素 A，但动物体内含维生素 A，不含叶绿素、胡萝卜素；植物脂中不饱和脂肪酸比例较高，但动物脂中不饱和脂肪酸比例较低；油料植物中脂类含量很多，其他植物中脂类含量较少。

③ 蛋白质（氨基酸） 植物体能合成全部的氨基酸，动物体则不能合成全部氨基酸；植物体内含硝酸盐，特别是幼嫩植物含较多的硝酸盐，而动物体内不含硝酸盐；动物体蛋白质品质优于植物体蛋白质品质。

④ 矿物元素 植物因种类不同，各化学元素含量差异很大；而不同种类动物之间，化学元素含量的差异不显著。动物体内的钙、磷、镁、钠含量远超过植物，而动物体内的钾含量则低于植物。

⑤ 植物体内水分含量变动范围很大，但动物体内水分含量变动范围较小。

本 章 小 结

营养源被用于动物，就称为饲料，主要包括植物性饲料、动物性饲料、微生物性饲料、化工合成品和天然矿物质饲料等。它们是蛋白质、糖类化合物、脂类物质、维生素、矿物质和水等养分的来源，为动物生存和生产的物质基础。蛋白质、糖、脂、维生素、矿物质和水在动物体内发挥各种各样的作用，功能很多，主要有三项基本作用：①作为动物体的结构成分；②提供能源；③作为活性物质的成分或组分。当然，营养物质在动物体内还有许多其他方面的作用。比较植物体（植物性饲料，动物的最主要饲料）与动物体化学组成的差异，可估测饲料营养价值的高低。若饲料化学组成与动物体化学组成的"相似度"大，饲料的营养价值就高，反之则低。

（周　明）

第二章　动物的消化生理

动物对食入的饲料不能直接利用，先要对其消化和吸收，须靠消化系统完成。消化系统包括消化管和消化腺，本章简要介绍动物的消化生理知识。

第一节　消化管

消化管由口腔、咽部、食管、胃、小肠、大肠和肛门组成。

1. 口腔

口腔有采食、吸吮、咀嚼、尝味、吞咽和泌涎等作用。口腔的前壁是上、下唇；两侧壁为颊部，上壁是腭，下壁为口腔底。口腔内有牙、舌和唾液腺等重要组织。牙是体内最坚硬的组织，有切断、撕裂和磨碎食物的作用。舌有搅拌和推送食物的作用；舌是味觉器官，舌的表面有许多小乳头，其上有味蕾，可辨别食物的味道；在吮乳的幼畜，舌可起活塞作用。

2. 咽部

咽部为软腭后背面的腔室。由软腭自由缘构成的孔为咽峡，沿软腭的中线剪开，露出的腔是鼻咽腔，为咽部的一部分。咽部后面渐细，连接食管。食管的前方为呼吸道的入口，此处有一块叶状的突出物，被称为会厌（位于舌的基部），会厌能防止食物进入呼吸道。

3. 食管

位于气管背面，从咽部后行伸入胸腔，穿过横膈膜进入腹腔与胃连接。

4. 胃

动物种类不同，胃的构造不同。

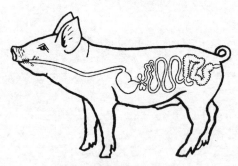

图 2-1　猪的消化管示意图

（1）猪胃　属于单胃，成年猪胃的容积较大，约 5～8L。猪胃左端大而圆，近贲门处有一盲突，称为胃憩室；右端幽门部小而急转向上，与十二指肠相连。图 2-1 示意了猪的消化管。

（2）禽胃　分为前、后两部。前部是腺胃，又称前胃，为短纺锤形，壁内有发达的腺体。食物通过腺胃很快，混合了胃液后立即进入后部肌胃。肌胃为略扁的圆形或椭圆形，是由很发达的肌肉组织构成的，暗红色，但仍为平滑肌。肌胃常含有吞食的砂砾，因此又有砂囊之称。肌胃借助砂砾研磨食物。

（3）反刍动物的胃　为复胃，分瘤胃、网胃、瓣胃和皱胃四个室。成年牛瘤胃的容积很大，约占四个胃总容积的 80%，呈前后稍长、左右略扁的椭圆形。瘤胃内栖居着大量微生物（如每克瘤胃内容物中含有细菌 $10^9 \sim 10^{10}$ 个、真菌 $10^3 \sim 10^5$ 个、原虫 $10^3 \sim 10^6$ 个），有酵解（粗）饲料的作用。

网胃在四个胃中最小，成年牛网胃容积约占四个胃总容积的 5%，羊网胃所占比例略大些，网胃呈梨形。在网胃壁上有食管沟，食管沟起自贲门，沿瘤胃前庭和网胃右侧壁向下伸延到网瓣口。沟两侧有隆起的黏膜褶，被称为食管沟唇。犊牛的食管沟唇很发达，可合并成

管，乳汁可由贲门经食管沟和瓣胃直达
皱胃。

牛瓣胃容积约占四个胃总容积的
7%～8%，羊的瓣胃则是在四个胃中最小
的。瓣胃的黏膜形成百余片瓣叶，故称瓣
胃，俗称"百叶胃"。

皱胃容积约占四个胃总容积的8%或
7%，为一端粗另一端细的长囊。皱胃前
端粗大，与瓣胃相连，后端狭窄，与十二
指肠相接。皱胃黏膜内有较发达的腺体。
图2-2示意了牛的消化管。

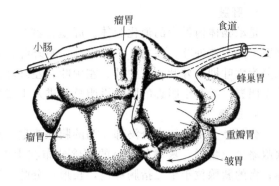

图2-2　牛的消化管示意图

（4）马胃　为单胃，容积约为5～8L，大的可达12L，呈扁平而弯曲成"U"形的囊状，
凸缘称胃大弯，朝向左下方，凹缘称胃小弯，朝向右上方。

（5）兔胃　为一扩大的袋囊。胃与食管相连处为贲门，与十二指肠相连处为幽门。

5. 小肠

又分为十二指肠、空肠和回肠。十二指肠在胃的幽门之后，弯折并向右后行。十二指肠
后端为空肠，再后为回肠。在小肠三段中，十二指肠较短，空肠最长，回肠最短。

6. 大肠

回肠之后是大肠，大肠又被分为盲肠、结肠和直肠。马、兔的盲肠都很发达。马的盲肠
外形似逗点状，长约100cm，容积约比胃大1倍。兔的盲肠长约50cm，在回、盲肠相接处
膨大成一个厚壁的圆囊，被称为圆小囊（淋巴球囊），是兔所特有的。马的结肠长约300～
370cm，特别发达，占据腹腔的大部分。牛、羊、猪的结肠在肠系膜中盘曲为旋襻。结肠之
后为直肠，它较短，直接开口于肛门。

第二节　消　化　腺

消化腺由唾液腺、肝脏、胰腺、胃腺和肠腺等组成。

1. 唾液腺

是指分泌唾液的腺体，除一些小的壁内腺（唇腺、颊腺和舌腺等）外，还有腮腺（耳下
腺）、颌下腺和舌下腺。唾液腺分泌唾液，有湿润饲料、利于咀嚼、便于吞咽、清洁口腔和
参与消化等作用。人的唾液中含有较多的淀粉酶；猪、禽唾液中含有少量淀粉酶。牛、羊、
马唾液中不含淀粉酶或含量极少，但有麦芽糖酶、过氧化物酶、脂肪酶和磷酸酶等。反刍动
物唾液（1头成年牛每天分泌唾液达100L左右，1只成年绵羊每天分泌唾液6～16L）中
$NaHCO_3$和磷酸盐对维持瘤胃适宜酸碱度有较强的缓冲作用。

2. 胃腺

猪胃、禽的腺胃、马胃、兔胃、反刍动物的皱胃黏膜内有较为发达的腺体，统称为胃
腺，能分泌胃蛋白酶和盐酸等。幽门窦（胃邻近幽门的部位）还能分泌胃泌素。

3. 肠腺

分布在肠（主要是小肠）黏膜内的腺体，统称为肠腺，既能分泌一些消化酶（如二肽
酶、氨基肽酶、麦芽糖酶、乳糖酶、蔗糖酶、核酸酶、核苷酸酶等），也可分泌一些激素
（如促胰液素、缩胆囊素、肠抑胃素等）。

4. 肝脏

是动物体内最大的消化腺体。肝呈棕红色，质脆。马、牛的肝被分为右、中、左三叶；猪肝可分为左外叶、左内叶、右内叶、右外叶、尾叶和方叶；禽肝被分为左、右两叶；兔肝被分为六叶即右外叶、右中叶、左中叶、左外叶、方形叶和尾状叶。肝脏能分泌胆汁，经肝管至胆囊，贮存于胆囊的胆汁沿胆总管进入十二指肠前端，参与养分（脂肪）的消化过程。

5. 胰腺

分为外分泌部和内分泌部。马的胰腺略呈三角形，水红色；牛的胰腺略呈四边形；猪的胰腺略呈三角形，灰黄色；兔的胰腺分布在十二指肠的弯曲处，是一种多分支的淡黄色腺体；禽的胰腺位于十二指肠襻内，长形，分叶，淡黄色。胰腺内分泌部分泌胰岛素、胰高血糖素等激素，外分泌部分泌胰蛋白酶、胰淀粉酶、胰脂肪酶等消化酶。表 2-1 列出了各消化腺分泌的主要消化酶。

表 2-1　消化腺分泌的主要消化酶

来　源	消化酶	前体物	激活物	底　物	产　物
唾液腺	唾液淀粉酶			淀　粉	糊精、麦芽糖
胃　腺	胃蛋白酶	胃蛋白酶原	盐酸	蛋白质	肽
胃　腺	凝乳酶	凝乳酶原	盐酸、活化钙	乳中酪蛋白	凝结乳
胰　腺	胰蛋白酶	胰蛋白酶原	肠激酶	蛋白质	肽
胰　腺	糜蛋白酶	糜蛋白酶原	胰蛋白酶	蛋白质	肽
胰　腺	羧肽酶	羧肽酶原	胰蛋白酶	肽	氨基酸、小肽
胰　腺	氨基肽酶	氨基肽酶原		肽	氨基酸
胰　腺	胰脂酶			脂　肪	甘油、脂肪酸
胰　腺	胰麦芽糖酶			麦芽糖	葡萄糖
胰　腺	蔗糖酶			蔗　糖	葡萄糖、果糖
胰　腺	胰淀粉酶			淀　粉	糊精、麦芽糖
胰　腺	胰核酸酶			核　酸	核苷酸
肠　腺	氨基肽酶			肽	氨基酸
肠　腺	二肽酶			二　肽	氨基酸
肠　腺	麦芽糖酶			麦芽糖	葡萄糖
肠　腺	乳糖酶			乳　糖	葡萄糖、半乳糖
肠　腺	蔗糖酶			蔗　糖	葡萄糖、果糖
肠　腺	核酸酶			核　酸	核苷酸
肠　腺	核苷酸酶			核　酸	核苷、磷酸

第三节　动物对饲料的一般性消化吸收过程

一、动物对饲料的消化方式

饲料在动物消化管中消化方式实际上只有两种，即物理性消化和化学性消化。化学性消化是指酶对饲料的消化。消化管中的消化酶有两个基本来源，一是动物消化腺分泌的（表2-1），另一是消化管（主要是瘤胃和大肠）中的微生物分泌的。近年来，饲用酶制剂的广泛使用，也是消化管中的消化酶的重要来源。

1. 物理性消化

是指饲料形体由大变小、形状改变的过程。牙齿和消化管壁的肌肉运动将饲料切断、撕裂、磨碎、挤扁，使饲料由固体状变成糜状物，为化学性消化做好准备。猪、牛、羊、马、兔等动物的口腔是饲料物理性消化的主要器官，在碎化饲料方面起着重要作用；鸡、鸭、鹅、鸽等禽和鸟类动物，主要靠肌胃对饲料进行物理性消化。

猪对饲料咀嚼较细致，对粗硬饲料咀嚼时间较长；猪年龄增大，对饲料咀嚼时间缩短。家禽无牙齿，靠喙采食饲料。喙也能撕烂大块食料。鸭、鹅喙扁平，边缘有很多小角质齿，能切碎饲料。家禽饲料中有少许砂石，有助于肌胃机械性磨碎饲料。马主要靠上唇和门齿采食饲料，靠臼齿磨碎饲料，咀嚼比猪更细致。兔靠门齿切碎饲料，靠臼齿磨碎饲料。牛、羊采食饲料后，不经充分咀嚼就吞咽到瘤胃。休息时食物再返回口腔，被细致咀嚼（反刍）。

2. 化学性消化

化学性消化是对饲料中营养物质进行实质性降解，将营养物质大分子降解为小分子的过程。化学性消化是靠消化酶实现的。

（1）动物源性消化酶对饲料的消化

动物消化腺分泌淀粉酶、二糖酶、蛋白酶、氨基肽酶、羧基肽酶、二肽酶、脂肪酶、核酸酶、核苷酸酶等，对饲料中糖、蛋白质、脂肪、核酸等养分消化，生成单糖、氨基酸、脂肪酸、甘油单酯、嘌呤、嘧啶等小分子养分，消化场所主要是小肠和胃。

（2）微生物源性消化酶对饲料的消化（微生物性消化）

反刍动物的瘤胃、马、兔、猪等动物的大肠和家禽的嗉囊中微生物可分泌纤维素酶、半纤维素酶、果胶酶、呋喃果聚糖酶、植酸酶等一系列酶，对饲料成分进行消化、改造转化。这里着重讨论瘤胃微生物对饲料的消化。

① 瘤胃的理化条件　a. 容量大：大型牛约为140～230L，小型牛约为95～130L；b. 厌氧环境；c. 渗透压接近血浆的渗透压；d. 温度保持在38.5～40.0℃；e. pH值维持在5.0～7.5左右。

② 瘤胃微生物主要种类及其数量　每毫升瘤胃液中，含细菌（0.4～6.0）×10^{10}个，含纤毛虫（0.2～2.0）×10^6个。

③ 瘤胃微生物的积极作用　降解纤维素、半纤维素等；合成必需氨基酸、必需脂肪酸、B族维生素和维生素K等。

④ 瘤胃微生物的消极作用　微生物酵解饲料过程中，能量损失较多；优质蛋白质被降解，造成其生物价下降；部分糖被酵解时伴生 CH_4、CO_2、H_2、O_2 等气体，排出体外而逸失。

与瘤胃微生物功能比较，马、兔、猪等动物的大肠和家禽的嗉囊中微生物功能依次减弱，这里从略。

（3）外源性消化酶对饲料的消化

自20世纪80年代起，外源性酶制剂在动物中被越来越广泛地应用。外源性酶制剂主要有：α-淀粉酶、β-淀粉酶、半纤维素酶、木聚糖酶、阿拉伯聚糖酶、甘露聚糖酶、半乳聚糖酶、纤维素酶、果胶酶、脂肪酶和植酸酶等。外源性酶制剂的主要作用为：①补充动物内源酶的不足，促进饲料养分的消化。②降低食糜黏度，预防消化道疾病。例如，β-葡聚糖、阿拉伯木聚糖等与水结合，使食糜黏度增强，从而致使饲料养分消化率降低，还使动物产生黏粪现象。③消除抗营养因子。例如，纤维素、半纤维素等成分不仅不能被动物内源酶消化，而且还阻碍细胞内容物养分的消化；植酸能影响多种矿物元素的效价。使用相应的酶制剂，可消除抗营养因子的有害作用。④扩大饲料资源。例如，小麦因含有β-葡聚糖、阿拉伯木聚糖等成分，饲用效果较差。用β-葡聚糖酶、阿拉伯木聚糖酶，就可显著提高小麦的饲用价值。⑤减少粪中氮、磷等物质对环境的污染。

二、动物对饲料养分的吸收方式

1. 吸收的概念

被消化了的养分经消化管黏膜上皮细胞进入血液或淋巴的过程，就称为吸收。

2. 吸收方式

包括以下几种方式：①胞饮（吞）吸收：初生哺乳动物如猪、鼠、牛、羊、兔等对免疫球蛋白的吸收就是胞饮（吞）吸收。②被动吸收：一些小分子养分如水、短链脂肪酸、部分矿物质离子、维生素等以渗透、过滤、扩散等方式穿过消化管黏膜上皮，进入血液。上述两种吸收方式不需要消耗能量。③主动转运：须借助载体，养分才能被吸收（图2-3），养分主动转运是一个耗能的过程。单糖、氨基酸等养分就是靠主动转运方式进入血流的。

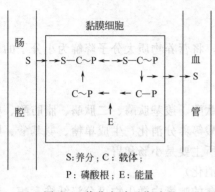

S:养分；C:载体；
P:磷酸根；E:能量

图 2-3 养分主动吸收过程

3. 吸收部位

①在猪、禽、鼠等动物中，小肠是吸收养分的主要部位，胃可吸收少量的水和无机盐，大肠也能吸收少量的养分。②在马、驴、兔等动物中，小肠仍是吸收养分的主要部位，大肠（盲、结肠）对挥发性脂肪酸、维生素、水、无机盐等吸收能力较强，胃可吸收少量的水和无机盐。③在牛、羊等反刍动物中，瘤胃对挥发性脂肪酸吸收能力很强，小肠仍是吸收氨基酸、单糖、维生素、脂肪酸等的主要部位，皱胃可吸收少量的水和无机盐。表2-2总结了动物对养分的吸收情况。

表 2-2 动物对营养物质吸收情况一览

营养物质		吸收部位	吸收机理	吸收特点及其他
无机盐	Na^+	小肠	主动	上皮细胞底侧膜钠泵
	Fe^{2+}	十二指肠	主动	$Fe^{3+} \longrightarrow Fe^{2+}$，酸性环境
	Ca^{2+}	小肠前段	主动	需要维生素D，离子化状态易
	阴离子	小肠	被动为主	Cl^-、HCO_3^-
水		胃、小肠、大肠	渗透	回肠净吸收
单糖		小肠前中段	主动	葡萄糖、半乳糖＞果＞甘露糖
VFA		瘤胃(盲肠、结肠)	被动	小分子FA水溶性强，可直接渗入门静脉
脂肪酸		十二指肠	被动为主	淋巴为主，胆盐促进，上皮细胞内重新合成脂肪
氨基酸		小肠中段	主动	氨基酸、二肽、三肽，特异转运系统
水溶性维生素		小肠	单纯扩散	维生素B_{12}＋内因子；叶酸主动
脂溶性维生素		十二指肠、空肠	单纯扩散	维生素A主动；借助脂肪吸收，淋巴途径

三、影响饲料消化率的因素

影响饲料消化率的因素主要包括动物的消化机能、饲料（粮）因素和饲养管理等方面的因素。

1. 动物种类

不同种类的动物，因为消化器官的结构、发达程度（表2-3）和功能不同，所以对饲料养分的消化、吸收能力也不同。一般来说，牛对粗饲料的消化能力最强，羊次之，马、兔再次之，猪较弱，鸡、鸭更弱。

表 2-3　动物消化管总容量以及不同段消化管相对容量

动物类别	消化管总容量/L	不同段消化管相对容量/%		
		胃	小肠	大肠
狗	7	63	23	14
猪	27	29	33	38
马	210	9	30	61
奶牛	360	71	18	11

2. 动物月龄

动物从幼龄到成年，消化系统不断生长发育（图 2-4），直至成熟，消化机能不断增强（表 2-4）。换言之，幼龄动物消化机能最弱，成年动物消化机能最强，老龄动物消化机能又衰退。

3. 动物品种和健康状况

同一种类动物同一月龄但品种不同，对饲料的消化能力也有差异。例如，我国地方品种猪对饲料的消化能力一般强于引进的品种猪。动物的健康状况也显著地影响消化机能。亚健康或发病动物的消化机能减弱，在饲养管理中要注意到这点。

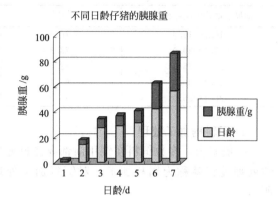

图 2-4　仔猪胰腺发育规律

表 2-4　不同月龄猪对饲料养分的消化率　　　　　　单位：%

月　龄	有机物	粗蛋白质	粗脂肪	粗纤维	无氮浸出物
2.5	80.2	68.2	63.6	11.0	89.4
4.0	82.1	72.0	45.4	39.4	90.5
6.0	80.9	73.6	65.0	36.9	88.1
8.0	82.8	76.5	67.9	36.4	89.8
10.0	83.4	77.6	72.6	35.1	90.2
12.0	84.5	81.2	74.5	46.2	90.1

4. 饲料种类

不同种类的饲料因化学结构不一样，其可消化性也有异。一般来说，幼嫩的叶菜类饲料易被动物消化，玉米、稻米等谷实饲料较易被消化，而稻秸、麦秸等粗饲料难被消化。

5. 饲料（粮）化学组成

饲料（粮）中某些物质含量影响饲料的消化率，其中以蛋白质和粗纤维含量对饲料消化率的影响最大。饲料（粮）中蛋白质含量越多，饲料消化率越高（表 2-5）；然而粗纤维含量越多，饲料消化率越低（表 2-6）。

表 2-5　饲料（粮）粗蛋白质水平对其中养分消化率的影响

粗蛋白质水平	消化率/%				
	有机质	粗蛋白质	粗脂肪	粗纤维	无氮浸出物
8.8	60.7	54.5	52.5	59.6	62.8
12.5	65.4	64.0	56.0	61.4	68.9
17.2	66.3	72.7	61.3	56.5	70.9

粗蛋白质水平	消化率/%				
	有机质	粗蛋白质	粗脂肪	粗纤维	无氮浸出物
21.9	69.6	79.0	55.4	55.1	74.2
26.7	69.7	82.7	54.5	61.7	67.2
32.2	77.5	84.6	71.8	72.1	73.9

表 2-6 粗纤维含量对饲粮有机质消化率的影响　　　　单位：%

饲粮干物质中粗纤维含量	牛	猪	马
10.1~15.0	76.3	68.9	81.2
15.1~20.0	73.3	65.8	74.9
20.1~25.0	72.4	56.0	68.6
25.1~30.0	66.1	44.5	62.3
30.1~35.0	61.0	37.3	56.0

6. 饲料的加工处理

一般来说，多数饲料在饲用前都要经过适当的加工。对饲料进行物理性、化学性、生物性处理过程就称为饲料加工。对饲料加工处理，可提高饲料的消化率，如表 2-7～表 2-9 所示。

表 2-7 粉碎对大麦消化率的影响（试验动物：猪）　　　　单位：%

处 理	有机质	粗蛋白质	粗脂肪	粗纤维	无氮浸出物
不粉碎	67.1	60.3	36.7	11.6	75.1
粗粉碎	80.6	80.6	54.6	13.3	87.7
细粉碎	84.6	84.4	75.5	30.0	89.6

表 2-8 熟化对甘薯块消化率的影响（试验动物：猪）　　　　单位：%

养 分	生甘薯	熟甘薯
干物质	90.4±1.6	93.5±1.5
蛋白质	27.6±4.4	52.8±8.0
能 量	89.3±2.4	93.0±3.1

表 2-9 碱化处理对秸秆消化率的影响　　　　单位：%

营养物质	未经碱处理	碱化时间/h				
		1.5	3	6	12	72
有机质	45.7	59.3	70.3	70.3	71.2	73.1
粗纤维	58.0	69.2	79.8	79.8	80.3	72.3
无氮浸出物	40.2	48.1	57.6	57.3	60.3	78.5

7. 饲料喂量

一般来说，饲料喂量与其消化率成反比。以维持饲粮或少于维持饲粮饲喂动物，其中养分消化率较高，用多于维持饲粮饲喂动物，其中养分消化率降低（表 2-10）。

表 2-10 饲料喂量对饲料消化率的影响　　　　单位：%

动 物	1倍维持饲粮	2倍维持饲粮	3倍维持饲粮
阉 牛	69.4	67.0	64.6
绵 羊	70.0	67.7	65.5

8. 环境条件

环境温度适当升高，可增强动物的消化机能；环境温度下降，动物的消化机能则减弱。在 -10～38℃ 范围内，环境温度每上升 1℃，牛对饲料能量和蛋白质的消化率分别约提高 0.18 和 0.10 个百分点，羊对饲料能量和蛋白质的消化率分别提高约 0.05 和 0.12 个百分点。在 5～23℃ 范围内，猪对饲料能量和蛋白质的消化率分别提高约 0.15 和 0.24 个百分点。

环境温度对动物消化机能的影响机理为：环境温度升高，动物消化管运动减弱，食物在消化管内停留时间延长，因而养分消化率提高。

本 章 小 结

可把消化系统看成是动物与饲料的接口。将饲料变成动物能接收（吸收）的物质，须靠消化系统对饲料成分进行转换处理，这便是消化。消化系统包括消化管和消化腺，消化管由口腔、咽部、食管、胃、小肠、大肠和肛门组成，消化腺包括唾液腺、肝脏、胰腺、胃腺和肠腺等。动物对饲料的消化方式实际上只有两种，即物理性消化和化学性消化。物理性消化是为化学性消化做准备，化学性消化是指酶对饲料的消化，为饲料的实质性消化。消化管中的消化酶有两个基本来源，一是动物消化腺分泌的消化酶，另一是瘤胃、大肠和嗉囊等中的微生物分泌的消化酶，有时候还有外源性酶制剂。动物对饲料养分的吸收方式主要有胞饮（吞）吸收、被动吸收和主动转运。小肠是吸收单糖、氨基酸、维生素等养分的主要部位，瘤胃和大肠则为吸收挥发性脂肪酸的主要场所，食管后各段消化管都能不同程度地吸收水和无机盐。影响饲料消化率的因素包括动物（种类、月龄、品种和健康情况等）、饲料（种类、收获期、化学组成、加工调制等）和饲养管理（喂料量、环境条件等）三方面的因素。

（周　明，朱凤华）

第三章 水的营养

水是动物生存的基本物质之一，所有的生命活动都与水密切相关。水是动物细胞中含量最多的组分，生命活动中的所有化学反应都是在水中进行的。因此，水是维持机体正常生理活动的重要养分。另一方面，水是最廉价、一般也是最易得到的营养物质，因此其重要性往往被忽略。生产实践中，动物生产潜力发挥的基本条件之一是保证充足的饮水。

第一节　水的性质和生理作用

一、水的性质

水（H_2O）是由氢、氧两种原子以共价键构成的无机物，在常温、常压下为无色、无味的透明液体。水具有的独特理化性质，在生命活动中发挥了重要作用。

1. 比热容

水分子间形成的氢键使水具有优异的储热能力，水吸收的大部分热能用来克服氢键，因此不会显著增加液体的温度。水的比热容（单位质量的水温度升高 1℃所吸收的热量，简称比热）为 $4.18J/(g \cdot ℃)$，是所有液体中最高者。这种高比热容使动物体中的水成为一种良好的热量储存媒介而发挥调节体温的作用，体内热量的增加或减少都不会引起体温的较大波动，对于恒温动物维持体温有重要作用。

2. 蒸发潜热

由于水分子间氢键的存在，水蒸发时需要吸收大量能量用于断开氢键。在 37℃时，蒸发 1g 水需要 2.26kJ 的热量，是所有已知溶剂中最高的。水蒸发潜热高的特性对于恒温动物在高温环境中维持体温很重要，因为动物通过体表蒸发少量的汗水即可散发大量的热量。

3. 溶剂

由于水具有极性，是离子和极性化合物（如无机盐、水溶性维生素等）的良好溶剂，也是动物体内营养物质消化、吸收、运输和排泄的载体，生物化学反应都在水中进行。

4. 表面张力

在非金属液体中，水的表面张力最大，它是蛋白质等有机大分子构象的稳定剂，可维持细胞的形态、弹性和硬度。

二、水的生理作用

1. 动物体的主要组分

水是细胞的主要组分，初生动物体内水分含量可达体重的 80%，成年动物体内也含有 50%～70%的水分。在动物体内大部分水和亲水胶体结合，如蛋白质胶体中的结合水参与细胞构筑，并使组织器官保持一定的形态、弹性与硬度。机体缺水时，组织器官功能障碍，严重缺水时可致死。

2. 体内重要的溶剂

水是离子和极性化合物的良好溶剂，因此也是动物体内有机营养物质（糖类化合物、蛋白质、脂类和维生素）和无机盐消化、吸收、运输和排泄的载体。体内的水作为运输媒介，将吸收的营养物质运送到各器官、组织，同时将细胞内的代谢尾产物运送到肾、皮肤、肺、肠等，随尿、汗、呼吸和粪排到体外。另外，营养物质的代谢都在水中进行。

3. 参与生化反应

水是体内许多化学反应的参与者，合成、分解、氧化、还原、聚合、降解、络合等过程都有水参与。消化道内糖类化合物、蛋白质和脂类的消化主要是水解过程，水分子的参与使复杂的有机营养物分解为简单物质而被吸收。例如：

麦芽糖的水解：$C_{12}H_{22}O_{11} + H_2O \longrightarrow 2C_6H_{12}O_6$（葡萄糖）；

淀粉的水解：$(C_6H_{10}O_5)_n + nH_2O \longrightarrow nC_6H_{12}O_6$（葡萄糖）；

二肽、多肽的水解：$H_2NCH_2CONHCH_2COOH + H_2O \longrightarrow 2H_2NCH_2COOH$。

4. 调节体温

水的比热容大，因而能吸收和贮存较多的热量，使机体不致因气候寒冷而出现体温降低；水的蒸发潜热亦很多，机体在物质代谢中产生的热也可通过水参与的血液循环和体液交换，使多余的热量经肺部和皮肤表面水分的蒸发（呼吸、出汗）而散失，保证机体不致因天气炎热而出现体温升高。因此，体内的水在维持恒温动物体温稳定中发挥重要的作用。

5. 润滑剂

动物骨骼各关节腔内的润滑液，以及胸、腹腔中各内脏器官间的润滑液中，都含有大量的水分，它们能减少骨关节的摩擦，使之活动自如，并缓解碰撞与震动对关节和内脏的损伤。唾液中的水能湿润饲料，使之易于吞咽；消化液中的水有助于食糜运动；泪液有助于眼球的活动；肺液则有助于呼吸道的湿润。

第二节　动物体内水平衡的调节

一、动物体内水的来源

动物体水分的消耗是持续的，经过一段时间，机体就会发生缺水现象，须通过摄取水而保持水的动态平衡。动物体内水分的来源有三条途径，即饮水、饲料水和代谢水。

1. 饮水

通常是动物获得水的主要方式，是动物调节体内水平衡的最重要途径。当饲料水和代谢水变化时，水的需要量依靠饮水来调节。饮水量随动物种类、月龄、生理阶段、饲料组成、生产水平和环境温度等不同而变化。在生产实践中，动物的饮水通常完全依靠人工供应，因此每天为动物提供充足、清洁的饮水是十分重要的。

2. 饲料含水

饲料中水分含量随饲料种类不同而异，动物采食饲料亦可获得一部分水。新鲜的青绿饲料含水量很多，达70%～90%，青贮饲料含水量为40%～70%，但干草、谷类、糠麸、饼粕等饲料的含水量较少，一般为9%～15%。颗粒配合饲料含水量大大低于鲜湿饲料配合的日粮。

饲料中的水可部分替代饮水，因此饲料的含水量直接影响动物的饮水量。随着饲料水的摄入量增加，动物的饮水量相应减少。

3. 代谢生成水

细胞中有机营养物质的分解代谢或合成代谢均产生水，这种水被称为代谢水。有机营养物质中含氢量不同，代谢产生的水量亦不同。1g蛋白质氧化生成的水量少于淀粉，而脂肪氧化生成的水量最多，但以相同能量的营养物质产水量来看，蛋白质最少，而淀粉最多，脂肪则介于二者之间（表3-1）。

表 3-1 有机营养物质的代谢水生成量

养分	代谢水/g	
	每克营养物质	每兆焦能量
淀粉	0.56	33.5
蛋白质	0.40	23.9
脂肪	1.07	28.7

改编自：Maynard 等（1979）。

大多数动物体内生成的代谢水仅占机体水供应总量的 5%～10%，而且只要机体代谢率恒定，代谢水也保持恒定。在特定生理条件下，这部分代谢水对动物新陈代谢、维持机体正常功能有十分重要的意义，如冬眠动物水的供应完全来自代谢水，而自由活动的大袋鼠、叉角羚、几种非洲羚羊、很多食肉的食虫鸟和兽类采食的饲料水和机体代谢水即可满足机体水需要而无需饮水。

二、水在动物体内含量与分布

动物体内含水量随品种、月龄、生理阶段、组织脂肪含量等因素而变化。幼龄动物体含水量高于成年动物，随月龄增长，动物体含水量逐渐降低（表 3-2）。胚胎期水占体重的比例可达 90%，新生动物为 70%～80%，而成年动物为 50%～70%。另外，动物体的水含量与脂肪含量成反比。肥胖动物机体含水量比消瘦动物含水少，肥育猪后期的机体含水量可降至 40%。

表 3-2 动物体内水含量

动物种类	月龄	含水量/%
牛	1～12 月龄	70
	成年	64
	肥育	54
绵羊	青年	62
	成年	55
猪	新生	83
	7～12 月龄	66
	成年	46

改编自：周顺伍（1999）。

动物体内的水主要分布于各组织、器官的体液中。相当于体重 50% 的水存在于细胞内液中，其中以肌肉、皮肤细胞含水最多。细胞外液中水含量占体重 20%，其中血浆占 5%、细胞间液占 15%。水在血浆、细胞间液和细胞内液间不断交换，使体内水保持动态平衡。

动物的不同组织，其含水量亦不同。血液含水量最多，血浆含水量可达 90%，心、肺、肾次之，牙齿中仅含 10% 的水分（表 3-3）。

表 3-3 动物组织和器官的含水量

器官和组织	水分/%	器官和组织	水分/%
脂肪组织	7	肌肉	75
牙齿	10	心、肺	80
骨骼	28	肾脏	81
皮肤	58	全血	82
肝脏	70	脑（灰质）	86

引自：Maynard 等（1979）。

当以无脂体重计算含水量时，不同种类和品种的动物体含水量基本上一致，包括猪、鸡、牛、羊、鱼、大鼠、小鼠等，水占无脂体重的比例为70%～75%，平均为73%。因此，可根据动物体含水量估测机体脂肪含量：机体脂肪(%)＝[100－机体水(%)]/0.73。

三、动物体内水的排出途径

动物体内水通过粪、尿、皮肤蒸发、呼吸、动物产品等形式排出，以维持体内水的平衡。

1. 通过粪、尿排水

动物由尿中排出的水一般占总排出水量的50%左右。尿液的主要成分是水，正常情况下，猪、牛、马、羊的尿液含水量分别为96%、94%、90%、85%。排尿量受动物种类、饮水量、饲料性质、动物活动量以及环境温度等多种因素影响。其中，饮水量影响最大，饮水越多，尿量越多；活动量越大、环境温度越高，尿量越少。

以粪便形式排出的水量，因动物种类不同而异，牛、马等动物排粪量大，粪中含水量又多，从粪中排出的水量较多，猪和鸡次之，绵羊、家兔、狗、猫等较少。正常情况下，牛、猪、马、鸡、山羊的鲜粪中含水量分别为83%、80%、78%、70%、65%。羊粪中的水占总排水量的13%～24%，奶牛粪排出的水占总排水量的30%～32%。同一种动物，当胃肠消化机能发生紊乱时，往往从粪中损失大量水分，而且失水速度也快。

2. 通过皮肤、肺呼吸蒸发排水

与动物间断性排泄粪、尿不同，动物皮肤和肺呼吸蒸发的水是连续的、无知觉的。皮肤和肺呼吸蒸发的水是动物排泄水的重要途径。由皮表排水的方式有两种，一是水由毛细血管和皮肤的体液中简单扩散到皮表而蒸发，二是通过汗液排水。皮肤出汗和散发体热、调节体温密切相关。具有汗腺的动物处在高温时，通过出汗排出大量水分，如马的汗液中含水量约为94%，排汗量随气温上升与肌肉收缩的增强而增加。在适宜的环境条件下，动物通过排汗（隐汗）途径仅散失少量水分。

动物肺呼出气体的含水量往往大于吸入气体的含水量，这是由于呼出的气体在体温下水蒸气几乎达到饱和。在适宜的环境条件下，动物经呼吸散失的水量是恒定的；随环境温度的提高和动物活动量的增加，动物呼吸频率加快，经肺呼出的水分增加。汗腺不发达或缺乏汗腺动物体内水的蒸发，多以水蒸气的形式经肺呼气排出。例如，无汗腺的母鸡，通过皮肤的扩散作用失水和肺呼出水蒸气的排水量占总排水量的17%～35%。

3. 通过产品（奶、蛋等）排水

动物输出产品（奶、蛋等）也是排水的途径之一。例如，牛奶含水量高达87%，每产1kg奶可排出0.87kg水，日产奶35kg时，排水量为30.5kg。鸡蛋的含水量达70%以上，每产1枚重60g的蛋可排出至少42g的水。

四、动物体内水平衡的调节机制

动物体内含水总量保持相对稳定，这种平衡性主要依赖机体调节水代谢的一系列机制。动物摄水量与排水量相当，如表3-4所示。体内含水量稳定主要是通过调控饮水和肾排水实现的。

表3-4　舍饲绵羊在20～26℃时体内的水平衡

分类		试验一	试验二
采食量	干物质/(g/d)	795	789
	粗蛋白质/(g/d)	122	50
	代谢能/(MJ/d)	8.4	5.8

分类		试验一	试验二
水摄入	饮水/(g/d)	2093	1613
	占总摄水/%	87.8	88.1
	饲料水/(g/d)	51	50
	占总摄水/%	2.1	2.7
	代谢水/(g/d)	240	167
	占总摄水/%	10.1	9.1
	总摄水/(g/d)	2384	1830
水的排泄	粪水/(g/d)	328	440
	占总排水/%	13.8	24.0
	尿水/(g/d)	788	551
	占总排水/%	33	30.1
	蒸发水/(g/d)	1268	839
	占总排水/%	53.2	45.9
	总排水/(g/d)	2384	1830

引自：Pond 等（2005）。

1. 摄水调节

动物对水的摄入依靠渴觉调节。渴觉主要由于动物失水而引起细胞外液渗透压的升高，刺激下丘脑前区的渗透压感受器而产生，进而引发饮水行为；动物体内水充足时，渗透压恢复正常，动物无渴感而不饮水。此外，动物缺水亦降低唾液腺的分泌，使口腔黏膜和喉咙发干，产生刺激信号，由神经传入下丘脑摄水中枢而引起渴感和饮水行为。

2. 排水调节

动物体水的排出，主要依靠肾的排尿量调节。如果动物缺水，则尿量减少；反之，如果动物大量饮水，则尿量增加。动物的最低排尿量取决于两个因素，一个是机体必须排出的溶质量，另一个是肾对尿液的浓缩能力。不同种类的动物，其肾对尿液的浓缩能力亦不同。

尿的排泄主要受脑垂体后叶分泌的抗利尿激素（加压素）调节。当动物缺水而导致血浆渗透压上升时，渗透压感受器兴奋，反射性刺激垂体后叶释放抗利尿激素，从而改变肾小管通透性、加强肾对水的重吸收，使尿液浓缩，尿量减少；反之，动物大量饮水后，血浆渗透压降低，则抗利尿激素分泌减少，水分重吸收减弱，尿量增加。此外，肾上腺皮质分泌的醛固酮激素在促进肾小管对钠离子重吸收的同时，也增强对水的重吸收。

第三节 动物的需水量

一、动物需水量及其影响因素

表 3-5 列出了部分动物的需水量。生产实践中，动物需水量（不包括代谢水）常以饲料干物质采食量为基础估计：每采食 1kg 饲料干物质，成年动物需水 2～4kg。

表 3-5 适宜环境条件下动物的需水量

动物种类	生理阶段	需水量/(L/d)
肉牛	生长母牛和阉牛（体重 180kg）	15～22
奶牛	妊娠	26～49
	泌乳，22.7kg/d	91～102
	泌乳，45.4kg/d	182～197

动物种类	生理阶段	需水量/(L/d)
猪	体重11kg	1.9
	90kg 体重	9.5
	妊娠	17～21
	泌乳	22～23
绵羊	干奶母羊	7.6
	泌乳母羊	11.3
山羊	体重2～9kg	0.4～1.1
肉鸡	4 周龄	0.10
	8 周龄	0.20
蛋鸡	16～20 周龄	1.20～1.60

引自：计成（2008）。

动物的需水量受动物种类、生理阶段、生产水平、活动量、饲料组成和环境等因素影响。

通常情况下，牛需水量最多，其次是家禽和马，猪和羊最少。牛采食的干物质与饮水量比例为1:4，家禽和马为1:（2～3），猪和羊为1:（2～2.5）。禽类泄殖腔对水的重吸收能力很强，尿较浓稠，尿中含水量较哺乳动物低。另外，禽类体表着生稠密羽毛，从皮肤蒸发的水分少。因此，禽类的需水量一般较哺乳动物少。

幼龄动物由于体内含水量相对较高，代谢旺盛，因此较成年动物需水量大。幼龄动物相对需水量多于成年动物：幼龄动物每采食1kg干物质需水3～8kg。泌乳牛采食1kg饲料干物质的需水量较空怀牛多1.0～1.8kg。

动物的生理状态和生产水平也影响需水量。如妊娠和哺乳母畜需水量较空怀母畜多；高产和快速生长的动物需水量增加。动物的活动量较大时，体内水消耗增多，对水的需要量也相应增加。

动物的饮水量与饲料干物质采食量呈正相关，干物质采食量越多，需水量就越多。与采食干草相比，动物采食含水量较高的青绿饲料和青贮饲料时，饮水量显著降低。另外，饲粮组成不同，动物的需水量亦不同。当动物采食高蛋白饲料时，蛋白质代谢的尾产物尿素生成量增加，这需要较多的水稀释尿素，因此动物需水量增加。当采食粗纤维含量高的饲料时，无法消化的粗纤维残渣需排出体外，也需要充足的水，因此动物饮水量会增加。动物对食盐、碳酸氢钠或其他盐类的采食量增加时，需水量亦增加。

动物的需水量与环境温度呈正相关：环境温度升高，需水量增加。正常情况下，动物夏季饮水量远高于冬季。当气温在10℃以下时，动物需水量减少，饮水量明显降低。气温达到27～30℃时，泌乳奶牛饮水量显著增加；气温高于30℃时的饮水量，较10℃以下时增加75%。另外，环境相对湿度较大时，动物的需水量同样也会增加。在适宜环境温度下，牛每日的饮水量相当于体重的5%～6%；高温时，牛每日饮水量则相当于体重的12%或更多。

二、水的缺乏后果

动物摄水是间断性的，而排水是持续性的，体内水分若不能及时补充，动物会脱水，甚至电解质也会丢失。畜禽饮水不足会减少采食量，进而导致生产水平和生产效率下降。短期缺水时，幼龄动物生长受阻，肥育动物增重缓慢，泌乳母畜产奶量急剧下降，母鸡产蛋量迅速下降、蛋重减轻、蛋壳变薄。母鸡断水24h，产蛋量将下降30%，且恢复供水25～30d后方恢复正常产蛋；若断水36h，母鸡则无法恢复正常产蛋。动物长期饮水不足，会损害健康。动物失水量达到体重的 1%～2% 时，就会寻找水源和表现饮水行为，随后食欲减退、尿量减少。动物失水达到体重 8%～10% 时，出现严重口渴感、食欲丧失、消化机能减弱，并因黏膜干燥降低了对疾病的抵抗力和机体免疫力。狗在适宜条件下禁水 5d，失水量可达体重的 10%，其中失水量的 67% 来自细胞外液、33% 来自细胞内液。动物失水量达到体重 20% 时，则可致死。

缺水的动物，血液变得浓稠、营养物质代谢障碍，但脂肪和蛋白质分解加强，体温升高，常因组织内蓄积有毒的代谢物而死亡。实际上，动物缺水比缺食更难维持生命。例如，鸽子禁水 3～4d 即可致死，但在保证饮水条件下禁食，生命可维持 10～14d。

三、水的卫生质量

水的质量影响动物饮水量和健康。清洁、卫生的饮用水，可保障动物的饮水量，促进采食，提高生产性能。动物的饮用水通常是井水、池塘或蓄水池水，这些水中或多或少都含有盐分。动物特别是反刍动物能耐受水中较高的盐度。水中盐或固体可溶物总量（total dissolved solids，TDS）是判定水可饮用性的重要指标。通常，钠盐是饮用水中的主要可溶性盐，其次是钙盐和镁盐，水中有毒物质包括亚硝酸盐、重金属盐和氟化物等。影响水质的其他物质有病原微生物、杀虫剂、除草剂等。如果饮用水被病原微生物如沙门氏菌和大肠杆菌等污染，那么对动物生产是十分危险的。高硫酸盐可影响某些营养物质的利用，高亚硝酸盐对动物的健康有害。

1. 固体可溶物总量（TDS）

各类动物饮用水中 TDS 总量以低于 2g/L 为宜，动物通常拒绝饮用 TDS 达到 2～4.9g/L 的水（NRC，2007）。饮用水中 TDS 的突然增加，会显著影响动物饮水量，并可引起轻微腹泻。含盐量 3～5g/L 的水不适于家禽饮用，否则会导致粪便变稀和蛋壳变形。经过一段时间适应，牛、羊、猪和马可饮用含盐量高达 5～7g/L 的水。在无热应激和其他环境应激的条件下，成年反刍动物和马甚至可耐受含盐量为 7～10g/L 的水，但这样的水不能作为幼龄、妊娠、哺乳动物的饮用水（表 3-6）。羊耐盐力比牛强，而牛又比猪强。绵羊和山羊可耐受饮用水中高达 1.7% 的 TDS 或 1.3% 氯化钠（NRC，2007）。

表 3-6　畜禽对水中不同浓度 TDS 的反应

可溶性盐含量/(mg/L)	评价等级	动物反应
<1000	安　全	适于各种动物
1000～2999	满　意	不适应的动物可出现轻度腹泻
3000～4999	满　意	可能出现暂时性拒绝饮水或腹泻，上限水平不适于家禽
5000～6999	可接受	不适于家禽和妊娠或泌乳母畜
7000～10000	不适合	对妊娠或泌乳母畜危害大，无应激成年动物可适应
>10000	危　险	任何情况下皆不适宜

引自：NRC（1974）。

通常，随着饮用水中钙盐、磷盐、镁盐、硫酸盐和其他污染物含量的增加，动物的饮水量减少，进而导致饲料干物质采食量降低。然而，如果动物从饲料或饮水中摄入过量的食盐，则动物为排泄过量的钠离子会增加饮水量。

2. 硝酸盐、亚硝酸盐和有毒矿质元素

饮用水中通常都含有硝酸盐和亚硝酸盐。硝酸盐对动物无毒性，动物可耐受硝酸盐浓度为 1320mg/L 的饮用水，但亚硝酸盐浓度超过 33mg/L 时就有毒性作用。亚硝酸盐可将血红蛋白中的二价铁氧化为三价铁，使血红蛋白丧失运氧能力而使动物中毒。环境中硝酸盐含量过多时，细菌可将硝酸盐转化成亚硝酸盐而污染水源。饮用水中重金属如铅、汞、铬、镉等含量过多，也对动物有毒害作用（表3-7）。

表 3-7　动物饮用水的质量指标

指　标	最高限/(mg/L)	指　标	最高限/(mg/L)
固体可溶物总量(TDS)	3,000	镍	1.00
硝酸盐-N	100	铜	0.50
亚硝酸盐-N	10	锌	25.0
砷	0.20	硒	0.05
铅	0.10	钴	1.00
汞	0.01	钼	0.50
铬	1.00	铝	5.00
镉	0.05	氟	2.00

引自：NRC（1974）。

本 章 小 结

水是动物必需的营养物质之一。动物体内的水来源于饮水、饲料水和代谢水。代谢水是指细胞内糖类化合物、蛋白质和脂类氧化或合成过程中所产生的水。体内的水通过粪与尿、皮肤和肺呼吸蒸发以及产品（奶、蛋等）三条途径排出。水具有独特的理化特性，在动物中发挥独特的作用。水是细胞的主要组分、物质运输的载体和化学反应的介质、生化反应的参加者、体温调节剂和良好的润滑剂。

动物体内水含量保持相对稳定，这主要是通过动物控制摄水和排尿实现的。动物根据渴觉（缺水时体液渗透压提高，反射性引起摄水中枢兴奋而产生渴觉）摄入水，抗利尿激素等调节排尿量。

动物对水的需要量与动物种类、饲粮因素和环境因素有关。通常，动物的需水量（不包括代谢水）与饲料干物质的采食量呈正相关，也与环境温度呈正相关。生产实践中，每天应为动物提供充足的饮水，并保证饮水的清洁与卫生，饮水中TDS、亚硝酸盐、重金属盐和其他有害物质的含量应符合卫生要求。动物饮水不足，或饮用水卫生质量不达标，都将限制动物对饲料的采食量，从而降低动物生产水平，危害动物健康。

（邓凯东）

第四章　蛋白质的营养

蛋白质是一类复杂的高分子有机化合物，是生命活动的物质基础。构成（真）蛋白质的基本单位是氨基酸，多种氨基酸按不同次序以肽键构成了各种各样的（真）蛋白质。

本章着重介绍蛋白质的种类与性质、动物对蛋白质的消化与吸收、蛋白质及氨基酸在动物体内的代谢及其调控、氨基酸与寡肽的营养和蛋白质及氨基酸对动物的营养作用等。

第一节　蛋白质的化学

蛋白质与核酸共同构成生命的物质基础。实际上，在营养学科中，核酸被归类为（粗）蛋白质。

一、蛋白质的化学组成

前已述及，蛋白质由多种化学元素组成（参阅本书第一章第一节）。蛋白质中含氮量相对稳定，平均为 16％，不同的饲料蛋白质含氮量有一定的差异（表 4-1）。

表 4-1　不同饲料蛋白质的含氮量与换算系数

饲料	蛋白质含氮量/％	换算系数	饲料	蛋白质含氮量/％	换算系数
玉　米	16.0	6.25	全脂大豆粉	17.5	5.71
小　麦	17.2	5.81	棉　籽	18.9	5.29
大　麦	17.2	5.81	向日葵饼	18.9	5.29
燕　麦	17.2	5.81	花　生	18.3	5.46
小麦麸	15.8	6.33	乳及乳制品	15.9	6.29

二、氨基酸

所有蛋白质，不管其功能或来源如何，都是由基本的 20 种氨基酸（amino acids，AA）组成。AA 的结构通式如图 4-1。

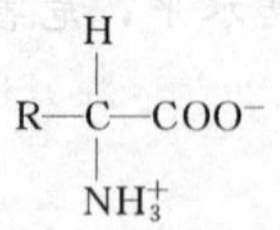

$$R-\underset{\underset{NH_3^+}{|}}{\overset{\overset{H}{|}}{C}}-COO^-$$

图 4-1　AA 的结构通式

在蛋白质分子中，各种氨基酸按一定次序排列，以共价键肽键相连接。氨基酸的氨基和羧基皆连接于 α-碳原子上，故名 α-氨基酸。除甘氨酸外，其他所有氨基酸的 α-碳原子都是不对称碳原子，具有光学异构现象。大多数氨基酸属 L 系，即 L-α-氨基酸。但极少的也有 D 系氨基酸，主要存在于某些抗生素和个别生物碱中。

按侧链 R 基极性性质，可将 20 种基本氨基酸分成四类（表 4-2）。

三、蛋白质的结构

蛋白质分子中氨基酸的连接顺序、侧基排布方式与空间构型即为蛋白质的结构。通常用一级、二级、三级和四级结构的四个层次描述蛋白质的结构。

1. 一级结构

蛋白质的一级结构是指组成蛋白质分子的氨基酸种类、数量与连接顺序等。图 4-2 描绘了蛋白质类激素（牛胰岛素）的一级结构。

表 4-2 氨基酸的分类

分类与名称		简写符号	含氮量/%
非极性(疏水性)氨基酸	丙氨酸	Ala	15.7
	缬氨酸	Val	12.0
	亮氨酸	Leu	10.7
	异亮氨酸	Ile	10.7
	脯氨酸	Pro	12.2
	苯丙氨酸	Phe	8.5
	色氨酸	Trp	13.7
	蛋氨酸	Met	9.4
不带电荷的极性氨基酸	甘氨酸	Gly	18.7
	丝氨酸	Ser	13.3
	苏氨酸	Thr	11.8
	半胱氨酸	Cys	11.6
	酪氨酸	Tyr	7.7
	天冬氨酸	Asn	21.2
	谷氨酰胺	Gln	19.2
带正电荷(碱性)氨基酸	赖氨酸	Lys	19.2
	精氨酸	Arg	32.2
	组氨酸	His	27.1
带负电荷(酸性)氨基酸	天冬氨酸	Asp	10.5
	谷氨酸	Glu	9.5

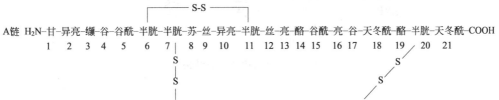

图 4-2 牛胰岛素的一级结构

两个分子氨基酸通过肽键连成的产物被称为二肽。二肽可与另一个分子氨基酸缩合成三肽，依此类推，可继续生成四肽、五肽乃至多肽。

2. 二级结构

蛋白质的二级结构是指蛋白质肽链中局部空间构型，尤其是肽链侧基在空间上排布方式。例如，α-螺旋、β-折叠、β-转角（图 4-3）和模体便是对蛋白质二级结构的一种表述。在蛋白质分子中，可发现两个或三个具有二级结构的肽段，形成一个特殊的空间构象，被称为模体（motif），如图 4-4 所示。

3. 三级结构

蛋白质（一条）肽链的总体空间构型即为蛋白质的三级结构。图 4-5 描绘了肌红蛋白的三级结构。

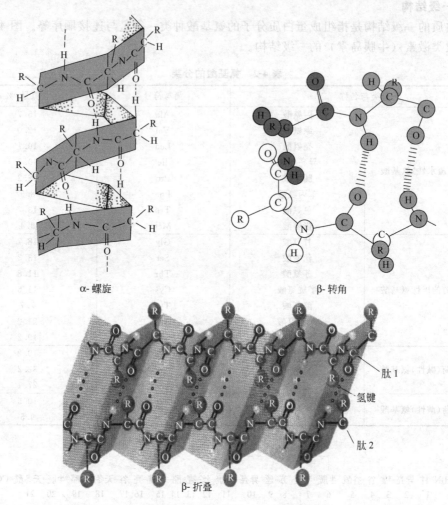

α- 螺旋

β- 转角

β- 折叠

图 4-3　蛋白质的二级结构

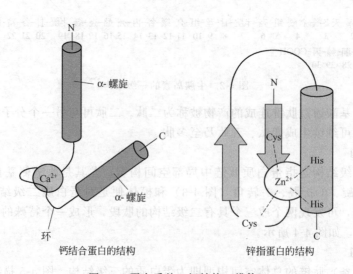

α- 螺旋

α- 螺旋

环

钙结合蛋白的结构

锌指蛋白的结构

图 4-4　蛋白质的二级结构（模体）

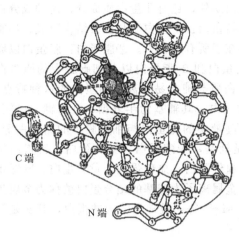

C端

N端

图 4-5　蛋白质的三级结构（肌红蛋白）

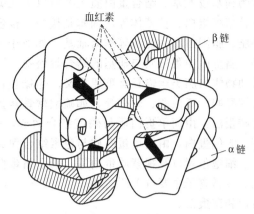

血红素

β 链

α 链

图 4-6　蛋白质的四级结构（血红蛋白）

4. 四级结构

这是专门用来描述由多条肽链构成的蛋白质的结构，即组成蛋白质多条肽链的空间构型。蛋白质的四级结构是通过非共价键力（氢键、二硫键、疏水基相互作用、Van Der Waals 力等）维持的（图 4-6）。

少数学者将功能相关的多种蛋白质分子在空间上排布与装配方式称为蛋白质的"五级结构"。它们形成"五级结构"是利于这些蛋白质分子协同地发挥最大的生物学作用。例如，丙酮酸氧化脱羧复合酶体的构成方式就是蛋白质的"五级结构"。该复合酶体含丙酮酸脱氢酶、二氢硫辛酸脱氢酶和二氢硫辛酸转乙酰酶，含焦磷酸硫胺素、尼克酰腺嘌呤二核苷酸、黄素腺嘌呤二核苷酸、硫辛酸和辅酶 A 等辅基。

5. 蛋白质的结构与功能关系

蛋白质的结构决定其功能。它们的主次关系按以下次序排列：蛋白质分子中氨基酸种类、数量、连接顺序（一级结构）——→蛋白质的空间结构（二级、三级结构以至四级结构）——→特定功能。特定的结构被破坏，其相应功能也就失去。目前，根据氨基酸连接顺序，还不能预测蛋白质的完全空间结构，但朝着这个目标正取得显著的进展。

四、蛋白质的分类

蛋白质的分类方法很多，下面介绍两种常用的分类方法。

1. 根据蛋白质分子形状、溶解性和化学组成，可将其分为三大类

（1）纤维状蛋白质　这类蛋白质分子外形呈纤维状或细棒状，分子轴比（长轴/短轴）大于 10。纤维状蛋白主要包括胶原蛋白、弹性蛋白和角蛋白等。胶原蛋白是动物软骨和结缔组织的主要蛋白质，富含羟脯氨酸，在水中煮沸可变成可溶性易消化的白明胶。弹性蛋白为动物弹性组织如肌腱和血管的主要蛋白质。角蛋白为动物被毛、爪、喙、蹄、角、鳞甲等的主要蛋白质，富含半胱氨酸，不易溶解，也很难被动物消化。

（2）球状蛋白质　这类蛋白质分子形状近于球状，分子轴比小于 10。球状蛋白质主要包括白蛋白、球蛋白、组蛋白、鱼精蛋白和谷蛋白等。①白蛋白又称清蛋白，广泛存在于动物体内，如血清白蛋白、乳清蛋白、卵清蛋白等。②球蛋白普遍存在于动、植物体内，如血清球蛋白、肌球蛋白和植物种子球蛋白等。③组蛋白分子中组氨酸、赖氨酸较多，为碱性蛋白质，如小牛胸腺组蛋白等。④鱼精蛋白分子中碱性氨基酸特别多，因此呈碱性，如蛙精蛋白等。⑤谷蛋白是谷实中主要蛋白质，如麦谷蛋白、玉米谷蛋白、大米的米精蛋白等。

（3）结合蛋白质　这类蛋白质分子组成中除蛋白质外，还有非蛋白质成分，这种成分被称为辅基或配基。结合蛋白质主要有以下几类：①核蛋白：由蛋白质与核酸结合而成，如脱氧核糖核蛋白、核糖体等，辅基是核酸。核蛋白存在于所有细胞中。②脂蛋白：脂蛋白以卵磷脂、胆固醇、中性脂等作为辅基，如血中的 α-脂蛋白和 β-脂蛋白以及细胞膜中的脂蛋白等。脂蛋白中蛋白质与辅基的结合较松弛，因而蛋白质与辅基易分离。脂蛋白的这种特点，对动物体内脂类运输具有重要意义。③糖蛋白和黏蛋白：其辅基为半乳糖、甘露糖、己糖、己糖醛酸、唾液酸、硫酸等，如硫酸软骨素蛋白、唾液中的黏蛋白与细胞膜中的糖蛋白等。④磷蛋白：由简单蛋白质与磷酸结合而成，磷酸是辅基，如酪蛋白、卵黄蛋白、胃蛋白酶等。⑤色蛋白：由简单蛋白质与色素结合而成，如血红蛋白、血蓝蛋白、黄素蛋白、叶绿蛋白、细胞色素以及视紫质蛋白等。⑥金属蛋白：以金属离子为辅基的结合蛋白被称为金属蛋白。金属离子主要有 Fe^{2+}、Cu^{2+}、Co^{2+}、Ca^{2+}、Mg^{2+} 等，最常见的为铁蛋白，其次是锌蛋白和铜蛋白。

2. 根据蛋白质的功能，可将其分为以下几类

①酶类；②贮存蛋白质类：如卵清蛋白等；③运输蛋白质类：如血红蛋白、血蓝蛋白等；④收缩蛋白质类：如肌动蛋白（肌纤蛋白）、肌球蛋白（肌凝蛋白）等；⑤防御蛋白质类：如抗体等；⑥激素类；⑦受体蛋白质类：如 G 蛋白等；⑧结构蛋白质类：如纤维状蛋白质（前已述及）等；⑨毒素类：如蓖麻蛋白、棉籽毒蛋白、白喉毒素等。

五、蛋白质的性质

蛋白质的性质与其组成和结构密切相关。所有蛋白质均具有胶体性质，在水中呈胶性溶液。它具有亲水胶体的一般特性，能与水结合，在其分子外围形成一层水膜。细胞原生质正是水分子与蛋白质形成的胶体体系。这种胶体体系可保证细胞新陈代谢的正常进行；若遭受破坏，将会严重影响细胞的正常代谢，甚至导致死亡。

蛋白质凭借游离的氨基和羧基而具有两性特征，在等电点易沉淀。不同的蛋白质等电点不同，该特性常被用作蛋白质的分离提纯。蛋白质的两性特征使其成为很好的缓冲剂。蛋白质在维持体液渗透压方面也起着重要作用。

紫外线照射、加热煮沸以及用强酸、强碱、重金属盐或有机溶剂处理，可使蛋白质理化性质改变，这种现象被称为蛋白质的变性。

六、蛋白质对动物的营养作用

蛋白质在动物体内作用十分广泛，主要有以下几种作用。

① 作为结构物质　动物体各组织器官无不含蛋白质。肌肉组织、结缔组织、被毛、角、喙等都以蛋白质为主要成分。动物体脱水脱脂干物质中，蛋白质含量相对稳定，约为80%。

② 蛋白质是动物体内许多活性物质的主要成分或全部成分　这些活性物质包括酶、含氮激素、肽类激素、抗体蛋白、补体蛋白、受体（蛋白）、调控蛋白（基因表达）、运动蛋白（肌球蛋白、肌动蛋白）、载体蛋白（血红蛋白、肌红蛋白、养分吸收转运蛋白）等。

③ 供作机体组织更新、修复的原料　在动物机体新陈代谢过程中，组织器官的蛋白质在不断更新。据报道，用同位素法测定发现，动物体蛋白质6~7个月可更新一半，小肠黏膜蛋白质的完全更新只要2~3d。另外，损伤组织也需修复。组织更新修复需要蛋白质。

④ 用作机体酸碱缓冲物质　蛋白质为两性物质，既可表现为酸性，又能显示出碱性，对调节机体内环境 pH 值具有重要作用。另外，蛋白质可调节、稳定体液的渗透压。

⑤ 合成或转化为其他成分　蛋白质可降解为氨基酸，后者（天冬氨酸、甘氨酸、谷氨酰胺）可用于合成碱基（嘌呤和嘧啶），从而合成核酸；蛋白质也经氨基酸转化为糖和脂等。

⑥ 供作能源物质　当动物糖、脂供量不足，或蛋白质供量过多，或蛋白质中氨基酸组成不平衡时，蛋白质就氧化分解而供能。但蛋白质的这种利用方式是高成本、低效益。

七、蛋白质缺乏与过多的后果

当饲粮缺乏蛋白质后，动物就发生氮的负平衡，主要表现在以下几个方面：①肝脏、肌肉蛋白质大量损失，3-甲基组氨酸由尿中排出，因而肝功能、肌肉运动机能减弱；②血红蛋白、血浆白蛋白减少，贫血；③代谢酶减少，出现得早、减少得多的酶是黄嘌呤氧化酶、谷氨酸脱氢酶等，因而代谢障碍；④胶原蛋白合成量减少，羟脯氨酸排出量增多；⑤抗体合成量减少，因而抗病力下降；⑥生殖障碍；⑦精神淡漠。

此外，蛋氨酸、赖氨酸、苏氨酸不足时，动物免疫机能下降。Kelley 等（1987）认为，动物对苏氨酸的需要量较多，可能与免疫球蛋白中苏氨酸含量多有关。苏氨酸是免疫球蛋白合成中第一限制性氨基酸。缬氨酸、亮氨酸、异亮氨酸缺乏，动物免疫机能也下降。

饲粮中蛋白质过多，不仅造成浪费，而且多余的氨基酸在肝中脱氨基，合成尿素到肾随尿排出，加重肝、肾负担，严重时引起肝、肾疾病，夏季还会加剧热应激。家禽会出现蛋白质中毒症（禽痛风），主要症状是禽排出大量白色稀粪，并出现死亡现象，解剖可见腹腔内沉积大量尿酸盐。

第二节　动物对蛋白质的消化与吸收

一、单胃动物对蛋白质的消化

单胃动物对饲料蛋白质的消化，主要是通过消化腺分泌的各种蛋白酶对蛋白质的降解作用而实现的。表 4-3 列出了消化饲料蛋白质的主要酶类。

表 4-3　蛋白质消化酶的种类、来源、消化的底物与产物

酶的种类	来源	消化的底物	消化的产物
胃蛋白酶	胃黏膜主细胞	蛋白质、多肽	肽
胰蛋白酶	胰腺	蛋白质、多肽	肽
糜蛋白酶	胰腺	蛋白质、多肽	肽
羧基肽酶	胰腺	肽	短肽、氨基酸
氨基肽酶	小肠黏膜	肽	短肽、氨基酸
二肽酶	小肠黏膜	短肽	氨基酸
核苷酸酶	小肠黏膜	核蛋白质	核苷酸、核苷
核苷酶	小肠黏膜	核苷	嘌呤、嘧啶

胃蛋白酶在 pH 值 1～5 时呈现活性，在 pH 值 1.5～2.5 时活性最高，主要分解由芳香族氨基酸（酪氨酸、苯丙氨酸）的氨基与二羧基氨基酸的羧基形成的肽键。胰蛋白酶在碱性（pH7～9）环境中呈现活性，主要分解由碱性氨基酸（精氨酸、赖氨酸）的羧基形成的肽键。糜蛋白酶要求的最适 pH 为 7～9，主要分解由芳香族氨基酸（苯丙氨酸、酪氨酸）、杂环氨基酸（色氨酸）、蛋氨酸形成的键。羧基肽酶、氨基肽酶和二肽酶常在中性或弱碱性环境中才能有效地降解肽类。羧基肽酶、氨基肽酶为外切酶，这类酶分别从肽分子羧基末端和氨基末端开始，逐个降解氨基酸。

单胃动物对蛋白质消化的基本过程如下：单胃动物对蛋白质的消化始于胃。首先，盐酸使蛋白质变性，蛋白质立体结构被降解成单股肽链，肽键暴露。于是，在胃蛋白酶、胰蛋白酶、糜蛋白酶等内切酶（这类酶催化特定的肽键断裂）作用下，蛋白质被降解为含氨基酸残基数不等的各种多肽。然后，这些肽段被羧基肽酶、氨基肽酶（外切酶，这类酶作用于肽分

子末端，每次降解一个氨基酸）进一步降解。羧基肽酶在肽分子游离羧基末端开始，一次水解成一个氨基酸；氨基肽酶在肽分子氨基末端开始，每次分裂一个氨基酸。最终，蛋白质被降解成氨基酸。

在胃和小肠未被消化的饲料蛋白质到大肠中可部分被分解并产生吲哚、粪臭素、酚、硫化氢、氨和氨基酸等。细菌可利用氨和氨基酸等，合成菌体蛋白，后者作为粪的组分而被排出体外。由粪中排出的蛋白质并非全部来自未被消化的饲料蛋白质，还包括消化道脱落黏膜、残余消化液与消化道微生物中的蛋白质（合称为消化道代谢蛋白质）。

二、单胃动物对蛋白质的吸收

① 吸收对象　游离的氨基酸，少量的小分子肽（相对分子量低于1000）。关于小肽，将另节讨论。

② 吸收部位　小肠前2/3部位，主要在十二指肠。在马属动物中，大肠黏膜也能吸收氨基酸。

③ 吸收方式　主要通过三种载体（中性氨基酸载体、酸性氨基酸载体、碱性氨基酸载体）吸收氨基酸。有资料报道，尚有第四种载体即亚氨基酸与甘氨酸载体，转运脯氨酸与甘氨酸。

④ 吸收过程　氨基酸到达肠黏膜上皮细胞外表面时，就与载体相遇，载体和氨基酸结合，而后穿过黏膜细胞进入内表面，载体与氨基酸分离，载体重返原位置。被吸收的氨基酸主要是经门静脉到达肝脏，仅少量氨基酸随淋巴液转运。

⑤ 吸收速率　在肠道内，各种氨基酸吸收速率有明显差异。一些氨基酸吸收速率的大致顺序是：半胱氨酸＞蛋氨酸＞色氨酸＞亮氨酸＞苯丙氨酸＞赖氨酸≈丙氨酸＞丝氨酸＞天门冬氨酸＞谷氨酸，并且，L-氨基酸吸收速率大于 D-氨基酸。

⑥ 幼龄动物尤其是初生动物小肠黏膜可直接吸收大分子蛋白质，如免疫球蛋白（抗体）。

三、反刍动物对蛋白质的消化

反刍动物对蛋白质的消化特点，主要表现在瘤胃上。约60%～70%的饲料蛋白质在瘤胃中被消化（但一些饲料蛋白质例外，如鱼粉蛋白质在瘤胃内降解率仅为30%）。瘤胃细菌分泌蛋白酶、肽酶，使饲料蛋白质分解为肽、氨基酸。游离氨基酸在脱氨酶作用下生成氨和α-酮酸。饲料非蛋白氮物质如尿素在脲酶作用下，可降解为氨和CO_2。细菌能以肽、氨基酸和氨为氮源合成菌体蛋白（图4-7）。因此，瘤胃细菌的氮源既可是蛋白质氮，又可为非蛋白氮，而纤毛原虫的氮源只能是蛋白质氮。

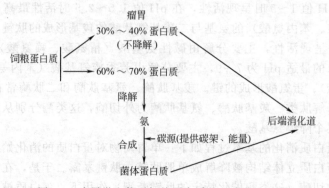

图 4-7　瘤胃微生物对饲粮蛋白质的"改造"过程

约有 30%～40%的饲料蛋白质在瘤胃中不被消化，进入后胃与小肠。常把这部分蛋白质称为瘤胃旁蛋白（by-pass protein）。瘤胃旁蛋白（或被称为过瘤胃蛋白质）和微生物蛋白质进入后端消化道，其消化过程基本上与单胃动物相同。

四、反刍动物对蛋白质的吸收

反刍动物对饲料蛋白质的吸收对象是氨（但不希望）和游离氨基酸。

氨被吸收的主要场所是瘤胃壁。瘤胃壁对氨的吸收能力很强。氨被吸收的主要方式是扩散，经门静脉而入血流。氨吸收速率随瘤胃内氨浓度变化而变化。当瘤胃内氨浓度较低时，氨态氮可最有效地被细菌利用，此时瘤胃壁吸收氨的数量很少。当瘤胃内氨浓度较高时，它将被大量地吸收入血流。在反刍动物实际饲养中，要尽力控制瘤胃壁对氨的吸收。

氨基酸被吸收的主要场所是小肠，其吸收过程与单胃动物相似。

由上述可见，饲料蛋白质在动物消化道内先转化为氨基酸，后以氨基酸形式被动物吸收。当然，个别种类的蛋白质如免疫球蛋白可被幼龄动物（出生后若干天内）肠壁直接吸收；也有少量的蛋白质形成寡肽被动物肠壁吸收。免疫球蛋白在动物体内起着抗病免疫的作用。近几年来，虽对寡肽进行了较多的研究，但对其在动物体内的作用还不甚清楚。氨基酸在动物体内或作为合成蛋白质和其他生物分子的原料，或氧化降解而供能。

第三节　反刍动物对非蛋白氮物质的利用

一、非蛋白氮物质

非蛋白氮物质（non protein nitrogen，NPN）是指分子结构中不含有肽键（pepetide bonds）的一类含氮化合物。这类物质主要包括：氨基酸、酰胺类（前已述及）、含氮脂、生物碱、胺、嘌呤、嘧啶、铵盐、硝酸盐、B族维生素等。

① 胺（amine）　大多数动、植物组织中含有少量胺。有机体腐烂时产生胺，它们有毒。氨基酸脱羧基后产生胺。胺分子结构中含有一个氨基的，称单胺，如乙胺、半胱胺等。一些资料报道，半胱胺能促进鼠、兔、鸡、鸭、猪等的生长，并认为半胱胺与某些激素如生长抑素、生长激素等的功能有关。胺分子结构中含有两个及其以上氨基的，称多胺，如腐胺、精胺、精脒等。一系列研究资料已初步表明：多胺在一定条件下对动物有促长作用，并与核酸、蛋白质等生物分子代谢密切相关。

② 生物碱（alkaloid）　这类化合物仅存在于某些植物中，如毒芹中含有毒芹碱，烟草中含有尼古丁，蓖麻籽中含有蓖麻碱，颠茄叶中含有颠茄碱，马铃薯中含有茄碱（龙葵素）。这些生物碱都有不同程度的毒性。

③ 硝酸盐（nitrate）　生长期的植物（如牧草和蔬菜）中含有较多的硝酸盐。它本身对动物无毒，但在一定条件下易被还原为对动物有毒的亚硝酸盐。例如，萝卜叶贮藏不当时，会产生较多量亚硝酸盐，动物食之，会发生中毒。

④ 尿素（urea）和氨（ammonia）　尿素是一种酰胺类物质，为哺乳动物氮代谢的主要尾物。在多种植物如大豆、小麦、马铃薯和甘蓝等中也含有尿素。鲜绿饲料贮存或加工不当，往往会产生氨。例如，质量不佳的青贮料氨含量较高。

二、反刍动物体内的氮素循环

NPN（如尿素）进入瘤胃，被细菌分解生成氨，氨被瘤胃壁黏膜吸收，通过门静脉进入肝脏，在其内合成尿素。在肝内合成的尿素主要有三个去路：一部分尿素随血流到达肾由尿排出；另一部分尿素随血流到达唾液腺通过唾液进入瘤胃；还有一部分尿素从血管直接渗入瘤胃。瘤胃内尿素再被细菌利用，重复以上过程。此过程被称为氮素循环（尿素循环）（图 4-8）。

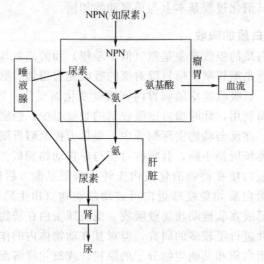

图 4-8　反刍动物体内的氮素循环

三、反刍动物对非蛋白氮的利用过程

反刍动物可借助瘤胃细菌，有效地利用非蛋白质氮物质。以尿素为例，其利用过程见图 4-9。

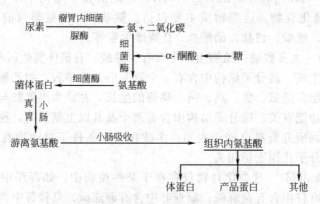

图 4-9　反刍动物对非蛋白氮（尿素）的利用过程

四、提高反刍动物对尿素利用效率的措施

尿素在反刍动物瘤胃内的分解速度很快，而细菌对其产物氨利用速度较慢。因此，生产实践中，常出现氨中毒或饲用尿素无效。为了防止反刍动物氨中毒，并能提高尿素利用效率，常采用以下措施：

（1）尿素喂量要适宜　尿素氮喂量一般是占日粮总氮的 $25\%\sim35\%$。

（2）日粮组成要合理　①日粮中应有必要的糖分，以充作细菌合成蛋白质的能源和碳架。通常，饲喂尿素与补饲淀粉结合。因淀粉在瘤胃中酵解快，且与尿素释放氨的速度相适应。一般是 1kg 淀粉加入 100g 尿素。②日粮中应含有适量真蛋白质，适宜水平为占日粮的 $9\%\sim12\%$，此时尿素可得到最有效的利用。③日粮中应含有一定量的矿物质，如钙、磷、硫、钠、铁、锰、钴等。硫为微生物合成含硫氨基酸不可缺少的原料，氮与硫之比以（10～

14）：1为宜；钴是瘤胃微生物合成维生素 B_{12} 的重要原料。④维生素特别是维生素 A、维生素 D 是保持瘤胃细菌正常活性的重要营养因子，因此须注意供给。

（3）降低脲酶活性　细菌分泌的脲酶若活性过强，尿素分解速度就很快，则 NH_3 很大部分不能形成菌体蛋白，或被瘤胃壁吸收或逸出体外。通常，脲酶降解尿素的速度是细菌利用 NH_3 速度的 4 倍。因此，常将尿素包裹（如凝胶淀粉尿素等）或用二缩脲替代尿素，降低尿素分解速度，以提高其利用率。

（4）根据瘤胃微生物作用特性提高尿素利用率　已知瘤胃微生物区系组成（种类及其数量）随着日粮类型和饲料性质而变化。因此，先喂以少量尿素，后量渐增，最后稳定在最佳水平。适应期为 2～4 周。

五、尿素发酵潜值

尿素发酵潜值（urea fermentation potential，UFP）如下式所示：

$$UFP(g) = (0.104 \times TDN - P \times d) \div 2.9$$

式中，TDN 为总消化养分，g；P 为饲粮（料）蛋白质，g；d 为饲粮（料）蛋白质在瘤胃内降解率，%；2.9 为尿素的蛋白质当量。

例如，1kg 玉米，含 TDN 为 900g，含 CP 8%，玉米 CP 在瘤胃内降解率为 62%。因此 1kg 玉米的尿素发酵潜值为：$UFP = (0.104 \times 900 - 1000 \times 8\% \times 62\%) \div 2.9 \approx 15(g/kg)$。

UFP＞0 时，说明瘤胃内氮素不足，可补充尿素；UFP＜0 时，说明瘤胃内氮素富余，要补充能量；UFP＝0 时，说明瘤胃内氮素和能量比例恰当。

六、反刍动物蛋白质营养新体系

饲料蛋白质进入反刍动物瘤胃，大部分（一般为 60%～70%）被改造成微生物蛋白质，进入真胃和小肠中的实际上是微生物蛋白质和瘤胃旁蛋白质（饲料蛋白质）。微生物蛋白质在化学组成和生物学有效性上已不同于饲料蛋白质。反刍动物蛋白质营养的传统体系是粗蛋白质体系或可消化粗蛋白质体系，没有考虑饲料蛋白质在瘤胃内的改造变化，因而不能准确反映饲料蛋白质在反刍动物体内的营养意义。近几年来，一些国家鉴于粗蛋白质体系或可消化粗蛋白质体系存在的问题，已陆续开始应用新体系。具有代表性的新体系有美国的 MP 或 MAA 体系、法国的 PDI 体系、英国的 RDP 和 UDP 体系等。这些体系都较充分地考虑了饲料蛋白质在瘤胃中的改造过程，因而能较确切地反映饲料蛋白质对反刍动物的营养意义。

1. MP 或 MAA 体系

Burroughs 等（1972～1975）把在反刍动物真胃和小肠内可消化吸收的饲料蛋白质或氨基酸称为饲料代谢蛋白质（metabolic protein，MP）或代谢氨基酸（metabolic amino acid，MAA）。其计算公式如下：

$$MP(g/kg) = 0.9P_1 + 0.8P_2 - 12$$
$$MAA(g/kg) = 0.9P_1 \times P_1 AA\% + (0.8P_2 - 12) \times P_2 AA\%$$

式中，P_1 为瘤胃中未降解，到达真胃和小肠的饲料蛋白质，%；P_2 为瘤胃中可望合成的微生物蛋白质，其数量等于在瘤胃中降解的蛋白质量或等于饲料中总可消化养分的 0.104 倍；0.9 为未降解的饲料蛋白质在小肠内真消化率；0.8 为微生物蛋白质在小肠内真消化率；12 为内源性粪氮（饲料消化时消耗的内源蛋白质）；$P_1 AA\%$ 为未降解的饲料蛋白质中某种氨基酸百分率；$P_2 AA\%$ 为微生物蛋白质中某种氨基酸百分率。

［例］玉米中含蛋白质 10%，该饲料蛋白质中含赖氨酸 2.5%。玉米蛋白质在瘤胃中降解率为 62%，合成的微生物蛋白质中含赖氨酸 10%。试求 1kg 玉米干物质中代谢蛋白质和代谢赖氨酸含量。

根据例中所给的条件得：

$$MP=0.9\times38+0.8\times62-12=71.8(g)$$

$$MLys=0.9\times38\times2.5\%+(0.8\times62-12)\times10\%=4.6(g)$$

分析该例可知，1kg 玉米干物质中仅含有 2.5g 赖氨酸（$1000\times10\%\times2.5\%$），但玉米蛋白质经过瘤胃微生物改造，变成 4.6g 赖氨酸，净增加 2.1（4.6−2.5）g 赖氨酸。

2. PDI 体系

① 饲料 PDI 值的涵义　法国农科院制定的饲料 PDI 值，PDI 是法文字母的缩写，意即："小肠内真正可消化的真蛋白"，可简写成："小肠内可消化蛋白质"。

② 饲料 PDI 值的特点　为每种饲料制定两个 PDI 值。其中，一个是基于饲料的含氮量及其降解度制定的 PDI 值（PDIN）；另一个是基于饲料在瘤胃内降解能含量制定的 PDI 值（PDIE）。

③ 饲料 PDI 值的展开

$$PDI=PDIA+PDIM=PDIA+\begin{cases}PDIMN\\PDIME\end{cases}=\begin{cases}PDIA+PDIMN=PDIN\\PDIA+PDIME=PDIE\end{cases}\quad PDI=\begin{cases}PDIN\\PDIE\end{cases}$$

式中　PDIA——未在瘤胃中降解而在小肠中真正消化的饲料蛋白质；

PDIM——在小肠中真正消化的微生物蛋白质；

PDIMN——基于饲料中氮素在小肠中真正消化的微生物蛋白质；

PDIME——基于饲料中能量在小肠中真正消化的微生物蛋白质。

④ 饲料 PDI 值的确定　当某种饲料单独喂时，上两值中，低者为饲料的 PDI 值。例如，谷实类饲料含氮量少，能量多，其 PDI 值为 PDIN。上两值中，高者为潜值。若几种饲料搭配适当就可达到。此时，瘤胃微生物可利用谷实类饲料中可消化能的多余部分和饼粕类饲料中可降解氮的多余部分合成蛋白质。在理想条件下，谷实类饲料可达到其 PDIE 值；饼粕类饲料可达到其 PDIN 值。

⑤ 饲料 PDI 值的计算

$$PDI=\begin{cases}PDIN=CP(1-dg)dc+CP(0.196+0.364S)\\PDIE=CP(1-dg)dc+0.0756DOM\end{cases}$$

式中，CP 为饲料粗蛋白质；dg 为饲料蛋白质在瘤胃中降解率；dc 为未降解的饲料蛋白质在小肠中真消化率；S 为饲料氮素的溶解度；DOM 为可消化有机物质。

3. RDP 和 UDP 体系

（1）RDP 和 UDP 的涵义

RDP 表示瘤胃降解蛋白质（rumen degradable protein）；

UDP 表示（在瘤胃中）未降解蛋白质（undegradable dietary protein）。

（2）奶牛对 RDP 和 UDP 需要量的计算

［例］奶牛体重 600kg、日产奶 30kg（注：乳脂率 4%、乳蛋白率 3.4%）。求该奶牛每日对 RDP 和 UDP 的需要量？

计算步骤：

① 根据该牛能量日需量求瘤胃微生物蛋白质的产量

a. 奶牛日需能量＝13.73（维持）＋30（产奶）＝43.73（NND）

b. 瘤胃微生物蛋白质产量＝$43.73\times38=1661.7$（g/d）

（式中 38 为 1 个 NND 可产生微生物蛋白质的克数）

② 根据微生物蛋白质产量求 RDP 需要量

RDP 需要量＝$1661.7\div0.9=1846$（g/d）

（式中 0.9 为瘤胃微生物对降解蛋白质的利用率）

③ 瘤胃微生物提供的净蛋白质（MNP）量的计算

$$MNP=1661.7×0.8×0.7×0.7=651.4(g/d)$$

（式中 0.8 为微生物粗蛋白质中真蛋白质百分含量；0.7 分别为微生物真蛋白质的消化率和可消化微生物真蛋白质的利用率）

④ 该牛净蛋白质日需量（TNP）的计算

$$TNP=2.1W^{0.75}(维持)+34M(产奶)$$
$$TNP=2.1×600^{0.75}（维持）+34×30（产奶）$$
$$TNP=254.6(维持)+1020(产奶)$$
$$TNP=1274.6(g/d)$$

⑤ 按该牛日需净蛋白质数量与瘤胃微生物提供的净蛋白质数量之差值求 UDP 需要量

$$UDP=(1274.6-651.4)÷0.7÷0.7$$
$$UDP=1271.8(g/d)$$

（式中 0.7 分别为 UDP 的消化率和可消化 UDP 的利用率）

综上所述，该牛日需 RDP 1846g，日需 UDP 1272g。

第四节　氨基酸和寡肽的营养

动物虽然食入的是蛋白质，但经消化后被吸收的主要是氨基酸。因此，蛋白质的营养实际上主要是氨基酸的营养。

一、氨基酸的必需性

1. 必需氨基酸（essential amino acids，EAA）

对于猪、禽等单胃动物，根据直接从饲粮中获取氨基酸的必需性，分为 EAA 和非必需氨基酸（non-EAA）。所谓 EAA，是指动物体不能合成或能合成但合成的量不能满足动物营养需要，必须从饲粮中补充的一类氨基酸。对于成年人、猪、鼠，EAA 有以下几种：赖氨酸（lysine）、蛋氨酸（methionine）、色氨酸（tryptophane）、苯丙氨酸（phenylalanine）、亮氨酸（leucine）、异亮氨酸（isoleucine）、苏氨酸（threonine）和缬氨酸（valine）。这 8 种氨基酸不能在动物体内合成，完全仰赖饲粮补充。对于儿童、生长猪、鼠，因体内合成的精氨酸（arginine）、组氨酸（histidine）量不能满足其需要，也要通过饲粮补充一部分，故精、组氨酸也被列为 EAA。对于家禽，上述 10 种氨基酸和甘氨酸（glycine）共被列为 EAA。

2. 半必需氨基酸（semi-essential amino acids）

现已确认，半胱氨酸（cysteine）可节省部分（40%）蛋氨酸的需要量；酪氨酸（tyrosine）可节省部分（30%）苯丙氨酸的需要量；丝氨酸（serine）和甘氨酸在动物体内可相互转化，故丝氨酸也可取代部分甘氨酸。因此，有人把半胱氨酸、酪氨酸和丝氨酸称作半必需氨基酸。

3. 条件性必需氨基酸（conditioned essential amino acids）

骨桥蛋白（osteopontin）是一种糖蛋白，是子宫和胎盘细胞间黏附、重叠和物质与信息交流的物质基础，即胚胎附植的物质基础。胚胎附植是胚胎发育成功的关键环节。骨桥蛋白中含有精氨酸-甘氨酸-天冬氨酸序列，该序列对骨桥蛋白的黏附功能起着重要作用。日粮添加精氨酸，能增加母猪的窝产仔数。因此，有人认为，精氨酸是妊娠母猪的条件性必需氨基酸。

断奶仔猪由于断奶应激使得仔猪消化机能降低，体质弱，抗病机能差，易腹泻，甚至并发其他疾病。在断奶仔猪基粮中添加谷氨酰胺，有助于修复肠道黏膜损伤、预防或控制仔猪的腹泻。因此，也有人将谷氨酰胺作为断奶仔猪的条件性必需氨基酸。

4. 必需氨基酸对反刍动物的意义

对于中低产成年反刍动物，由于其瘤胃微生物能合成几乎所有的氨基酸，且合成的量连同基粮中含量能满足需要，故 EAA 无实际意义。但对于高产反刍动物，因为其瘤胃微生物合成的赖氨酸、蛋氨酸和色氨酸等氨基酸量连同基粮中含量可能不能满足需要，所以仍需从其日粮中适当补充这些氨基酸，以维持其高产性能。对于幼龄反刍动物，由于其瘤胃微生物区系尚未建立，或发育不成熟，不能合成或合成 EAA 的能力很弱，故仍需从日粮中补充 EAA。

一般地，植物性蛋白质中 EAA 含量较少，故其品质较差；而动物性蛋白质中 EAA 含量较多，故其品质较好。

5. 限制氨基酸（limiting amino acids，LAA）

饲料或饲粮中含量较动物最快生长或最佳生产时需要量少的一类 EAA，就叫 LAA。若饲料或饲粮中 LAA 缺乏，就限制了其他氨基酸的利用。通常，将饲料或饲粮中最缺少的 EAA，称作第一限制性氨基酸（first LAA，fLAA）；其次缺少的，称第二限制性氨基酸（second LAA，sLAA）；再次缺少的，称第三限制性氨基酸（third LAA，tLAA），以此类推。现将常用饲料中 fLAA、sLAA 和 tLAA 列入表 4-4 中。

表 4-4　常用饲料中限制性氨基酸（鸡）

饲　料	粗蛋白质含量/%	fLAA	sLAA	tLAA
玉　米	9.0	赖氨酸	色氨酸	精氨酸
高　粱	9.5	赖氨酸	精氨酸	蛋氨酸
小　麦	12.6	赖氨酸	苏氨酸	精氨酸
大豆饼	46.2	蛋氨酸	苏氨酸	色氨酸
菜籽饼	35.3	亮氨酸	赖氨酸	精氨酸
棉籽饼	36.1	赖氨酸	亮氨酸	蛋氨酸
椰籽饼	21.2	赖氨酸	亮氨酸	蛋氨酸
棕榈饼	12.9	色氨酸	组氨酸	赖氨酸
鱼　粉	60.8	精氨酸	—	—
肉　粉	70.7	蛋氨酸	—	—
肉骨粉	48.6	色氨酸	蛋氨酸	异亮氨酸

二、氨基酸的互作性

1. 氨基酸的互补

氨基酸的互补是指在饲粮配合过程中，根据各种饲料蛋白质中氨基酸含量和比例的不同，利用两种或两种以上的饲料蛋白质配合，相互取长补短，以期弥补单一饲料蛋白质中某些氨基酸的不足，从而使饲粮中氨基酸含量及其比例符合动物的营养要求。例如，大豆粕中蛋氨酸含量为 0.63%，赖氨酸含量为 2.69%；玉米蛋白粉中蛋氨酸含量为 1.49%，赖氨酸含量为 11.03%。采食玉米-豆粕型饲粮的家禽常缺乏蛋氨酸。若用适量的玉米蛋白粉替代上述饲粮中的部分大豆粕，则在一定程度上可弥补家禽的蛋氨酸不足。在生产实践中，利用氨基酸的互补作用，是提高饲粮蛋白质品质和利用率的有效方法。

2. 氨基酸的拮抗

指饲粮中某种或某几种氨基酸含量过多，影响其他氨基酸的吸收和利用，降低氨基酸的利用率。氨基酸的拮抗主要表现在以下方面：氨基酸在肠道被吸收过程中竞争转运载体；氨基酸在肾小管重被吸收过程中竞争转运载体；影响相关的代谢酶活。

① 赖氨酸与精氨酸的拮抗　这两种氨基酸均属于碱性氨基酸。一方面，两者具有共同的肠道吸收途径和肾小管重吸收途径。饲粮中赖氨酸过多，则妨碍精氨酸在肠道中的被吸收和在肾小管中的重被吸收，导致尿中精氨酸量增加。另一方面，家禽饲粮中过量的赖氨酸，能导致肾细胞线粒体中精氨酸酶活性升高，加快精氨酸降解，因而造成精氨酸缺乏。实际生产中，要求家禽饲粮中赖、精氨酸含量的比值不超过 1∶1.2。此外，饲粮过高的精氨酸水平，会导致赖氨酸 α-酮戊二酸还原酶活性增强，从而增加赖氨酸需要量。猪对饲粮中精、赖氨酸的比例不如家禽敏感。

② 亮氨酸、异亮氨酸和缬氨酸　这三种氨基酸都是支链氨基酸，结构相似，在肠道吸收和肾小管重吸收过程中存在竞争。生产实际中，过量的亮氨酸，抑制家禽的采食和生长，可通过额外添加异亮氨酸和缬氨酸来缓解；反之，过量异亮氨酸和缬氨酸的生长抑制作用也通过添加更多的亮氨酸来缓解。

③ 苏氨酸、甘氨酸、丝氨酸和蛋氨酸　过量丝氨酸，使苏氨酸脱氢酶和苏氨酸醛缩酶活性增强。在饲粮苏氨酸处于临界水平时，过量丝氨酸可导致鸡的生长受阻。蛋氨酸过量，可激活苏-丝氨酸脱氢酶和甘氨酸甲基转移酶，导致苏氨酸缺乏。添加苏氨酸、甘氨酸和丝氨酸，可缓解因蛋氨酸过量而造成的生产性能下降。

此外，苏氨酸、苯丙氨酸、色氨酸和组氨酸等也存在对转运载体的竞争。过量组氨酸、异亮氨酸、酪氨酸和鸟氨酸，也可提高精氨酸酶的活性。

三、理想蛋白质

1. 氨基酸的平衡性

氨基酸的平衡性是指饲料或饲粮中氨基酸的种类、含量及其间比例符合动物营养需要的程度。完全符合，就称为氨基酸平衡；不符合，则称为氨基酸不平衡。

实际生产中，利用氨基酸互补原理或使用氨基酸添加剂，可使得饲粮氨基酸趋于平衡，从而提高饲粮蛋白质营养价值和动物生产性能。

2. 理想蛋白质

是指该蛋白质的氨基酸组成和比例完全符合动物所需的氨基酸组成和比例。它包括：氨基酸的组成；必需氨基酸之间的比例；必需氨基酸和非必需氨基酸之间的比例；非必需氨基酸之间的比例。动物对该种蛋白质的利用率应为 100%。

提出理想蛋白质的概念，实质上是将动物所需蛋白质的氨基酸组成和比例，作为评定饲料蛋白质营养价值的标准，并将其用于评定动物对蛋白质和氨基酸的需要。按照理想蛋白质的定义，也只有可消化或可利用氨基酸才能真正与之相匹配。NRC（1998）猪的营养需要标准，就是先确定维持、沉积与泌乳蛋白质的理想氨基酸模式，然后直接与饲料的回肠真可消化氨基酸结合，从而确定猪的氨基酸需要，充分体现了理想蛋白质和可消化氨基酸的真正意义和实际价值。

3. 理想蛋白质的表达形式

理想蛋白质最重要的指标是必需氨基酸之间的比例。为了便于推广应用，通常将赖氨酸作为基准氨基酸，它的相对需要量定为 100，其他必需氨基酸需要量表示为赖氨酸需要量的相对百分率，将之称为必需氨基酸模式或理想蛋白质模式。

选用赖氨酸作为基准氨基酸的理由为：①最先用猪研究理想蛋白质，赖氨酸通常是猪的第一限制性氨基酸，也是家禽的第二或第一限制性氨基酸；②赖氨酸主要被用于蛋白质沉积，其需要量受维持需要、被毛生长以及其他代谢活动的影响较小；③赖氨酸与其他必需氨基酸不存在代谢相互转化关系；④赖氨酸的分析方法比蛋氨酸等更为准确。

通过确定其他必需氨基酸相对于赖氨酸的理想比率来计算氨基酸的需要量，更易适应多样性的环境条件。理想比率是相对稳定的，不受氨基酸营养水平变化的影响。

4. 理想蛋白质的氨基酸平衡模式

理想蛋白质的氨基酸平衡模式取决于动物种类、生长阶段、生理状况和生产类型等。表4-5 总结了猪、禽需要的理想蛋白质的氨基酸平衡模式。

表4-5　理想蛋白质的氨基酸平衡模式

氨基酸	生长猪	蛋　鸡				肉　鸡			火鸡	鸭
		0～6W	6～14W	14～20W	产蛋期	0～3W	3～6W	6～8W		
Lys	100	100	100	100	100	100	100	100	100	100
Met+Cys	55	70.6	83.3	88.9	85.9	77.5	72.0	70.6	57.7	83.2
Trp	16	20.0	23.3	24.4	21.9	19.2	18.0	20.0	15.4	19.1
Thr	66	80.0	95.0	82.2	70.3	66.7	74.0	80.0	60.8	66.3
Leu	80	117.6	138.3	148.9	114.1	112.5	118.0	117.6	115.4	132.6
Ile	61	70.6	83.3	88.9	78.1	66.7	70.0	70.6	65.4	77.5
Val	64	72.9	86.7	91.1	85.9	68.3	72.0	72.9	72.3	88.8
Phe+Tyr	87	117.6	138.3	148.9	125.3	111.7	117.0	117.6	107.7	143.8
His	29	30.6	36.7	37.8	25.0	29.2	30.6	30.6	35.4	43.8
Arg	34	117.6	138.3	148.9	106.3	120.0	117.6	117.6	96.4	94.4

注：根据 NRC，1994，1998 整理。

四、必需氨基酸的特殊作用

必需氨基酸除与非必需氨基酸在动物体内合成体蛋白和产品蛋白等一般性功能外，尚有以下特殊作用：

① 赖氨酸　脑神经细胞、生殖细胞等核蛋白的组分；促进创伤、骨折的愈合；增强食欲；为肉碱等合成的原料。

② 蛋氨酸　参与甲基转移；肾上腺素、胆碱、肌酸等的合成以及脂类代谢均需蛋氨酸；为半胱氨酸、胱氨酸的前体物质。

③ 色氨酸　参与血浆蛋白的更新；增强核黄素的作用；为5-羟色胺、烟酸合成的原料。

④ 苏氨酸　抗脂肪作用；促进抗体的合成；对蛋氨酸有拮抗作用。

⑤ 缬氨酸　维持神经系统正常机能。

⑥ 亮氨酸　为血浆蛋白合成所必需，促进鸡采食和增重。

⑦ 异亮氨酸　为淀粉合成的原料；在肝、心和肾脏中参与许多酶的催化反应。

⑧ 苯丙氨酸　为合成肾上腺素、去甲肾上腺素、多巴胺、甲状腺素和胃素等的原料。

⑨ 精氨酸　为精子蛋白的主要组分，缺乏时，精子生成受阻；为骨桥蛋白的主要组分，参与胚胎附植过程；产生信息分子一氧化氮（NO），NO 参与多种生命活动的调控；通过多种路径，发挥生物学作用。

⑩ 组氨酸　参与能量代谢，增强消化酶的作用。

⑪ 甘氨酸　有甜味；为体内许多活性物质如嘌呤等合成的原料。

五、寡肽

1. 寡肽的涵义

研究表明，蛋白质在肠道内被消化的产物除游离氨基酸外，还有小肽，或称为寡肽。寡肽一般是指由 2～10 个氨基酸通过肽键形成的直链肽，多是由 2～6 个氨基酸残基组成的小肽，更多的是二肽和三肽。

2. 寡肽的吸收及其特点

普遍认为，动物的胃、肠黏膜能吸收小肽，且这是一种重要的生理现象。小肽的吸收是逆浓度梯度进行的，其转运系统可能有以下 3 种：第一种是依赖氢离子或钙离子浓度的主动转运过程，要消耗 ATP。这种转运方式在缺氧或有代谢抑制剂的情况下被抑制。第二种是 pH 依赖性的非耗能性钠离子/氢离子交换转运系统。第三种是谷胱甘肽（GSH）转运系统。由于 GSH 在生物膜内具有抗氧化的作用，因而 GSH 转运系统可能具有特殊的生理意义，但目前对其机制尚不十分清楚。

研究表明，肽与氨基酸的吸收，存在两种独立的转运机制。小肽吸收具有转运快、耗能低、不易饱和等特点；而氨基酸吸收慢、耗能多、载体易饱和，从而限制了其在肠道中的吸收量。

3. 小肽的生理作用

以小肽作为氮源，整体蛋白质沉积量多于游离氨基酸或完整蛋白质作为氮源的。一些肽类的营养效果优于氨基酸，主要是因为：小肽与游离氨基酸相比更易于吸收转运；在很多情况下，小肽的抗原性要比多肽或蛋白质的抗原性弱。谷胱甘肽为三肽，在小肠内能被完全吸收，它能维持红细胞膜的完整性，对于需要巯基的酶有保护和恢复活性的功能，是多种酶的辅酶或辅基，参与氨基酸的吸收与转运，参与高铁血红蛋白的还原作用与促进铁的吸收，并具有清除自由基、解毒、维持 DNA 的合成、细胞的正常生长以及细胞免疫等多种生理功能。酪蛋白磷酸肽具有很强的促钙、促铁吸收活性。有研究认为，小肽铁与硫酸亚铁相比，前者生物学效价更高，主要原因是小肽铁可自由地通过胎盘，而硫酸亚铁中的铁与运铁蛋白结合，其分子量较大，不能通过胎盘屏障。

另外，还有许许多多的生物活性肽如抗菌肽类（如杆菌肽、枯草菌素、乳酸链球菌肽等）、神经活性肽（如内啡肽、脑啡肽等）和免疫活性肽（如甲硫脑啡肽、胸腺肽）等。它们具有各种各样的生物学作用。

第五节　蛋白质、氨基酸代谢及其调控

一、动物体内蛋白质、氨基酸代谢概况

动物体内蛋白质、氨基酸代谢概况参见图 4-10。

从肠道吸收的氨基酸在体内可用于合成蛋白质（体蛋白质和产品蛋白质）、分解供能或转化为其他物质。氨基酸的代谢主要有转氨基、脱氨基与脱羧基反应。参与转氨基反应的酶主要有谷氨酸转氨酶、谷氨酸丙酮酸转氨酶（GPT）和谷氨酸草酰乙酸转氨酶（GOT）；参与脱氨基反应的酶主要是 L-谷氨酸脱氢酶；氨基酸脱羧酶也有多种，且大多数氨基酸脱羧酶的辅酶是磷酸吡哆醛。通过上述代谢反应，氨基酸转变成酮酸、氨、胺化物和非必需氨基酸。酮酸可用于合成葡萄糖和脂肪，也可进入三羧酸循环氧化供能。氨可在肝脏中形成尿素或尿酸。胺以及氨基酸则可用于碱基（嘌呤和嘧啶）、激素与辅酶等的合成。

二、动物体内蛋白质的合成

动物体内蛋白质的合成是十分复杂的一系列生物学过程，几乎涉及细胞内所有种类的 RNA 和几十种蛋白质因子。蛋白质合成场所是在核糖体内，合成的基本原料为氨基酸，合成反应所需的能量由 ATP 和 GTP 提供。

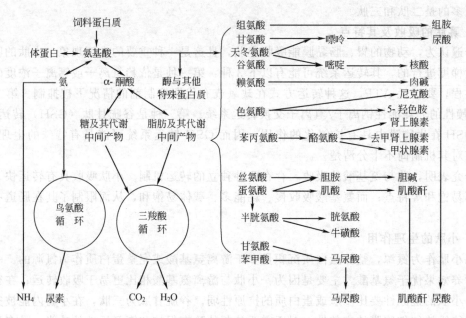

图 4-10　动物体内蛋白质、氨基酸代谢概况

蛋白质生物学合成的基本过程（图 4-11）为：以携带细胞核内 DNA 遗传信息的 mRNA 为模板，以 tRNA 为运载工具，在核糖体内，按 mRNA 特定的核苷酸序列（遗传密码）将各种氨基酸以肽键连接而成多肽链。肽链的形成包括活化、起始、延长和终止四个阶段。新合成的多肽链多数没有生物学活性，需经过一定的加工修饰，才能成为具有各种各样生物学活性的蛋白质分子。体内蛋白质的合成受多种因素调控。各组织蛋白质的氨基酸序列不同，这既是调控的结果，也是生物进化过程中各组织、器官分工合作的体现。

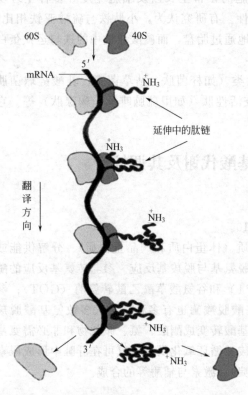

图 4-11　动物体内蛋白质合成（翻译）过程

三、动物体内蛋白质代谢规律及其调控

1. 动物体内蛋白质代谢的动态平衡

① 动物体内蛋白质合成和分解是同时进行的。生长组织器官中，蛋白质合成量多于分解量。

② 不同的组织器官，其蛋白质合成速度有异。肝、胰合成蛋白质速度最大，小肠次之，大肠、肾较慢，肌肉、心脏最慢。

③ 蛋白质在动物体内储量是有限的，主要储于肝内，在短时间内储量可为 50% 的食入蛋白质，但最多只能占体蛋白的 5%。蛋白质储存的特殊形式是机体强力工作肌肉的增多。

④ 蛋白质的周转代谢（turn-over）：老组织更新，其中蛋白质被降解成氨基酸，然后又

重新合成组织蛋白质，这个过程称蛋白质的周转代谢。

2. 动物体内蛋白质周转率

（1）概念　蛋白质合成或降解的速度一般被定义为蛋白质周转率。

蛋白质合成速率一般以合成率和合成量表示。前者定义为给定蛋白质每天被更新或者被替换的百分率，等于每天蛋白质合成量除以相应的蛋白质数量，表示单位为百分率。合成率乘以蛋白质数量即得蛋白质合成量。同样的，蛋白质的降解速率可用降解率和降解量表示。

组织中蛋白质的沉积是蛋白质合成和降解的动态平衡的结果，即蛋白质沉积量＝蛋白质合成量－蛋白质降解量。

（2）蛋白质周转率的影响因素　动物种类不同，蛋白质周转率不同。体重大的动物，单位体重的整体蛋白质周转率低；反之则高。但以单位代谢体重为基础时，整体蛋白质周转率在动物种类间的差异不大。不过，人的整体蛋白质周转率显著低于其他动物（表4-6、表4-7）。

表 4-6　不同种类成年动物的整体蛋白质周转率（以体重为基础）

动　物	体重/kg	蛋白质周转率/[g/(kg 体重·d)]	动　物	体重/kg	蛋白质周转率/[g/(kg 体重·d)]
小鼠	0.042	43.4	绵羊	67	5.3
大鼠	0.510	20.5	人	77	5.7
兔	3.60	18.0	母牛	628	3.7
狗	10.2	12.1			

表 4-7　不同种类和年龄动物的整体蛋白质周转率（以代谢体重为基础）

生理阶段	种类	蛋白质周转率/[g/(kg 体重$^{0.75}$·d)]	生理阶段	种类	蛋白质周转率/[g/(kg 体重$^{0.75}$·d)]
成年			未成年		
	大鼠	15.4		大鼠	17.5
	兔	14.6		猪	18.9
	狗	16.5		牛	19.6
	绵羊	14.0		人	13.5
	牛	14.5			
	人	11.9			

动物年龄不同，蛋白质周转率也不同。幼年动物蛋白质周转率明显高于成年动物。不同组织的蛋白质周转率之间也存在差异。胰腺的蛋白质周转最快，这可能是因为胰腺要合成大量的消化酶和激素；其次是肠壁、胃、肝、肾、心、皮肤、骨骼肌。某些组织蛋白质周转率低，原因可能是这些组织中存在稳定的蛋白质。

蛋白质周转率与动物的营养水平也有关系。当日粮营养水平变化时，蛋白质周转率也会有适应性变化。日粮营养水平影响全身蛋白质周转最明显的例子是饥饿和采食状态下蛋白质合成率不同。蛋白质周转率也受能量和蛋白质水平的影响。体内供能不足，导致氮沉积下降。究其原因，一方面可能因为氨基酸用于氧化供能的比例增加，而用于合成蛋白质的量减少；另一方面也许由于蛋白质合成是一个耗能的过程，能量不足导致蛋白质合成减速。蛋白质合成不足时，体蛋白降解和氨基酸氧化速率迅速降低，以节省蛋白质。当蛋白质营养不良时，蛋白质氧化酶系的活性很低，而合成酶系的活性高，这样保证大多数氨基酸进入合成过程。当蛋白质供给充足时，蛋白质摄入量增加，合成酶系的反应速率接近饱和，而氧化酶系的活性提高，氨基酸进入氧化分解过程的比例增加，过量的氨基酸得以清除。氨基酸摄入量和氧化量之间呈现一种指数曲线关系，这种机制使体内蛋白质和氨基酸库保持基本稳定，从而也使生理状态保持稳定。

3. 动物体内蛋白质沉积规律

（1）人们早已充分认识到，动物体内蛋白质储存量是两个过程（合成与分解）相平衡的结果。自始至终，动物体内都存在着蛋白质的合成与分解。甚至在绝食动物，小肠中氨基酸吸收量为零，体内蛋白质的合成与分解率亦很高。当采食后，小肠能吸收氨基酸，这可促使蛋白质合成与分解。若合成率大于分解率，则蛋白质在体内沉积。

（2）动物组织蛋白质沉积率随着月龄和生长阶段变化。例如，大鼠18d胚胎肝细胞蛋白质单位重量合成率和生长率（即每100g组织蛋白质合成的蛋白质克数或增长的蛋白质克数）分别为130%和4.7%；生后第3周时两值分别为52%和8.5%；生后44周时两值则为10%和1.3%。由此可见，其合成率和生长率随月龄增长而下降。由于上述规律，动物体化学组成，也随月龄变化。例如，18胚龄鼠肝蛋白质数量占体蛋白总量12.5%；生后3周时只占6.5%；而在生后44周时仅占4.3%了。

（3）蛋白质在各种组织的沉积率也随着生长阶段变化。例如，绵羊在25kg体重时，52%的总体蛋白存在于胴体中，12%存在于毛中；在55kg体重时，仅45%蛋白质在胴体中，26%在毛中，其余的则在其他各器官和组织中。因此，55kg体重时，分布于毛中的蛋白质比例提高了19.3%，分布于其他器官中的比例就少了。但肝例外，肝蛋白质占总体蛋白质比例基本不变。

4. 动物营养状况与体蛋白质沉积、动用

（1）MacRae（1990）报道，即使在体蛋白耗竭情况下，绵羊仍优先沉积角蛋白（毛中主要蛋白质）。因此，这就加剧动物动用体蛋白库，以满足为产毛而对含硫氨基酸需要。若日粮中不提供含硫氨基酸，则动物就动用4g体蛋白来合成1g（毛）角蛋白。

（2）一般来说，骨骼肌对营养状况的反应高于其他器官。Harris（1981）比较了食入1.2和1.8个维持能量水平的绵羊后肢和整体蛋白质周转的反应。结果是，随能量摄入量增加，后肢中蛋白质合成量在总体蛋白质合成量中占的比例也增高。在营养不足时，骨骼肌很可能是供应氨基氮的主要器官。在营养不足早期，胃肠蛋白质也可能被动用，但认为胃肠蛋白质只是较小的蛋白库。

（3）Swick等（1970）认为，肌肉中蛋白质储量是很有弹性的，它可从严重耗竭中恢复过来，但肌肉蛋白库的扩大是有限的，尤其是反刍动物。提高反刍动物日粮蛋白质含量，很难扩大蛋白库。但现已有一些非营养性方法（如使用激素），可实现这一目的。

5. 动物体内蛋白质代谢的调控

生长激素可促进蛋白质合成，促进方式为：①氮存留；②氨基酸吸收；③氨基酸掺入蛋白质；④RNA聚合酶；⑤mRNA合成。有人认为，生长激素不仅可加强蛋白质合成，还可使蛋白质分解减慢。使用生长激素释放因子，也可使动物体内氮存留率提高16%，降低胴体脂肪18%，能显著改善胴体化学组成。

本 章 小 结

将含有化学元素氮的所有化合物都称为粗蛋白质。粗蛋白质包括真蛋白质和非蛋白质含氮化合物。非蛋白质含氮化合物又包括氨基酸、酰胺类、含氮脂、生物碱、胺、嘌呤、嘧啶、铵盐、硝酸盐、B族维生素等。反刍动物可利用非蛋白质氮物质，主要通过瘤胃微生物将非蛋白质氮物质转化为真蛋白质。

现已发现有 180 余种氨基酸，但构成蛋白质的氨基酸仅 20 种，且大多数是 L—α—氨基酸。蛋白质分子中氨基酸种类、数量和连接顺序（一级结构）决定蛋白质的空间结构（二级、三级结构以至四级结构），最终决定蛋白质的功能。

蛋白质是生命活动的体现者和执行者。蛋白质在动物体内作用十分广泛，主要作为：①结构物质；②酸、碱缓冲和渗透压稳恒物质；③酶、激素、载体、受体、抗体等活性物质的成分；④组织更新和修复以及核酸合成的原料。虽然，蛋白质在动物体内可氧化供能，但不希望它发挥此作用，否则是低效益、高成本。

单胃动物对饲料蛋白质的消化，主要是通过消化腺分泌的胃蛋白酶、胰蛋白酶、糜蛋白酶、羧基肽酶、氨基肽酶、二肽酶等对蛋白质的降解作用而实现的。反刍动物对蛋白质的消化特点，主要表现在瘤胃上。约 60%～70% 的饲料蛋白质在瘤胃中被消化，并被改造为微生物蛋白质。30%～40% 的饲料蛋白质（过瘤胃蛋白质）和微生物蛋白质进入后端消化道，其消化过程基本上与单胃动物相同。饲料蛋白质在动物消化道内先转化为氨基酸，后主要以氨基酸形式被动物吸收。当然，个别种类的蛋白质如免疫球蛋白可被幼龄动物肠壁直接吸收；也有少量的蛋白质形成寡肽被动物肠壁吸收。

一些国家鉴于反刍动物粗蛋白质体系或可消化粗蛋白质体系存在的问题，已陆续开始应用新体系。具有代表性的新体系有美国的 MP 或 MAA 体系、法国的 PDI 体系、英国的 RDP 和 UDP 体系等。

对于猪、禽等单胃动物，根据直接从饲粮中获取氨基酸的必需性，分为必需氨基酸和非必需氨基酸。动物一般需要 8～11 种必需氨基酸。半胱氨酸、酪氨酸和丝氨酸被称作半必需氨基酸。另外，精氨酸被认为是妊娠母猪的条件性必需氨基酸，谷氨酰胺被认为是断奶仔猪的条件性必需氨基酸。对于中低产成年反刍动物，必需氨基酸无实际意义。饲料或饲粮中含量较动物最快生长或最佳生产时需要量少的一类必需氨基酸，就叫限制性氨基酸。必需氨基酸除与非必需氨基酸在动物体内合成体蛋白和产品蛋白等一般性功能外，尚有许多特殊作用。

氨基酸的互作包括氨基酸的互补和氨基酸的拮抗。氨基酸的平衡性是指饲料或饲粮中氨基酸的种类、含量及其间比例符合动物营养需要的程度。理想蛋白质是指该蛋白质的氨基酸组成和比例完全符合动物所需的氨基酸组成和比例，包括：氨基酸的组成；必需氨基酸间的比例；必需氨基酸和非必需氨基酸之间的比例；非必需氨基酸之间的比例。

寡肽一般是指由 2～10 个氨基酸通过肽键形成的直链肽，多是由 2～6 个氨基酸残基组成的小肽，更多的是二肽和三肽。小肽吸收具有转运快、耗能低、不易饱和等特点。谷胱甘肽、酪蛋白磷酸肽、抗菌肽类（如杆菌肽、枯草菌素、乳酸链球菌肽等）、神经活性肽（如内啡肽、脑啡肽等）和免疫活性肽（如甲硫脑啡肽、胸腺肽）等具有各种各样的生物学作用。

从肠道吸收的氨基酸在体内可用于合成蛋白质（体蛋白质和产品蛋白质）、分解供能或转化为其他物质。动物体内蛋白质的合成是十分复杂的一系列生物学过程，几乎涉及细胞内所有种类的 RNA 和几十种蛋白质因子。蛋白质合成场所是在核糖体内，合成的基本原料为氨基酸，合成反应所需的能量由 ATP 和 GTP 提供。氨基酸的代谢主要有转氨基、脱氨基与脱羧基反应。

动物体内蛋白质合成和分解是同时进行的；不同的组织器官，其蛋白质合成速度有异；蛋白质在动物体内储量是有限的，主要储于肝内；蛋白质储存的特殊形式是机体强力工作肌肉的增多。老组织更新，其中蛋白质被降解成氨基酸，然后又重新合成组织蛋白质，这个过程称蛋白质的周转代谢。蛋白质合成或降解的速度一般被定义为蛋白质周转率。动物种类、月龄、营养水平等影响蛋白质的周转率。

动物体内蛋白质储存量是两个过程（合成与分解）相平衡的结果。自始至终，动物体内都存在着蛋白质的合成与分解。若合成率大于分解率，则蛋白质在体内沉积。动物组织蛋白质沉积率随着月龄和生长阶段变化。蛋白质在各种组织的沉积率也随着生长阶段变化。

生长激素可促进蛋白质合成，促进方式为：①氮存留；②氨基酸吸收；③氨基酸掺入蛋白质；④RNA聚合酶；⑤mRNA合成。 　　　　　　　　　　　　　（吕秋凤，周　明）

第五章　糖类化合物的营养

糖类化合物在自然界中分布极广，种类繁多，化学组成复杂。绿色植物通过光合作用可合成糖类化合物，它们一般是在植物体内含量最多的组分。糖类化合物在动物体内最主要的作用是氧化供能。

第一节　糖类化合物的化学

一、糖类化合物的概念

糖类化合物（saccharides）主要是由碳、氢和氧三种元素组成，其分子式通常用$C_m(H_2O)_n$表示。因部分糖分子中氢和氧的比例是$2:1$，与水分子中氢、氧的比例相同，过去误认为这类物质是碳与水的化合物，故有"碳水化合物（carbohydrates）"之称。实际上，有些糖如鼠李糖（$C_5H_{12}O_5$）和脱氧核糖（$C_5H_{10}O_4$）等分子中氢、氧的比例不是$2:1$，而一些非糖物质如甲醛（CH_2O）、乙酸（$C_2H_4O_2$）等分子中氢、氧的比例却是$2:1$。因此，称糖类化合物为"碳水化合物"不科学。但现今仍有不少学者习惯上称糖类化合物为"碳水化合物"。

从化学结构上看，糖类化合物是含有多羟基醛或多羟基酮的一类化合物。糖类化合物的分类及其化学组成已在第一章作了介绍，这里从略。

二、糖类化合物的性质

① 水溶性和溶解度　一般地，单糖和寡糖易溶于水，而多糖不溶或难溶于水，且不能形成真溶液。糖类化合物水溶性的差异，主要与其分子量大小有关。一般而言，分子量越大，其水溶性越弱，溶解度越小（表5-1）。糖脂的一端亲水，脂质部分的一端疏水。糖蛋白和蛋白多糖都亲水。一般来说，糖类的溶解性与温度、pH值等有关。

表5-1　部分糖类化合物在水中的溶解性

糖类化合物	溶解性	糖类化合物	溶解性
果　糖	极易溶解	乳　糖	难　溶
葡萄糖	极易溶解	淀　粉	微　溶
蔗　糖	极易溶解	纤维素	不　溶
麦芽糖	易溶解		

大多数不溶于水的糖类化合物都具有与水结合的能力，如非淀粉多糖、部分寡糖和淀粉。黏多糖、果胶等都能结合大量的水。小麦麸能吸附5倍于自身重量的水。

② 甜度　许多糖类化合物都具有甜味，特别是单糖和二糖较甜。若将蔗糖的甜度定为100，则其他糖类化合物的相对甜度如表5-2所示。甜度与糖类化合物的分子量有关：分子量越大，甜度就越小。

③ 美拉德反应　糖和含氨基化合物（氨基酸、肽和蛋白质中的氨基）的反应被称为美拉德反应（Maillard reaction），即褐变反应。这是因为还原糖含有羧基，它是参与褐变反应的活性成分。褐变反应是饲料贮藏和加工中最常见的一类反应，对饲料的色泽、风味、品质均有重要的影响。例如，美拉德反应可使饲料中赖氨酸营养价值降低，从而造成饲料整体营养价值下降；果糖-赖氨酸不易被吸收。美拉德反应所产生的褐色物质能与蛋白质结合，褐变对养分消化性的影响值得进一步的探讨。

表 5-2 几种糖类化合物的相对甜度

糖　类	相对甜度	糖　类	相对甜度
蔗　糖	100	乳　糖	40
果　糖	120	山梨醇	60
葡萄糖	70	淀　粉	0
麦芽糖	32	纤维素	0

三、重要的糖类化合物

1. 葡萄糖 (glucose)

葡萄糖主要由淀粉水解得到,是最重要的单糖(图 5-1)。葡萄糖经碱催化,可生成甘露糖。利用单糖增加一个碳原子(升级)或减少一个碳原子(降级),可制备新的糖。例如,可用 D-葡萄糖降解制备 D-阿拉伯糖。

由水中结晶出来的葡萄糖含一分子结晶水,分子式为 $C_6H_{12}O_6 \cdot H_2O$;由无水甲醇中结晶出来的葡萄糖不含结晶水,分子式为 $C_6H_{12}O_6$。无水葡萄糖的熔点为 147℃(分解)。1g 无水葡萄糖可溶解于 1.1mL 25℃的水中,0.178mL 40℃的水中,溶于 120mL 20℃的甲醇中。葡萄糖易溶于热的吡啶和乙酸,不溶于醚,难溶于无水乙醇。

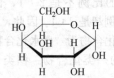

图 5-1 葡萄糖的结构式

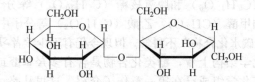

图 5-2 蔗糖的结构式

糖的溶液浓缩时,易得到黏稠的糖浆,不易结晶,说明糖溶液过饱和的倾向很大,难析出结晶。为了促进糖的结晶,可采用物理的或化学的方法。物理的方法是改变溶媒或冷冻、摩擦刺激、引入晶种等,往往要放置几天甚至更长时间等候结晶长大。化学的方法是把糖做成衍生物,如将羟基酰化,将醛基或酮基做成缩醛或缩酮等衍生物,改变分子的结构,有利于结晶析出。

一些重要的葡萄糖衍生物有杨梅苷(葡萄糖与对苯二酚的缩合物)、水杨苷(葡萄糖与水杨醇的缩合物)、苦杏仁苷(葡萄糖与羟基苯乙腈的缩合物)、芦丁(葡萄糖、鼠李糖与羟基黄酮缩合物)、黑芥子苷(葡萄糖、异硫氰酸丙烯酯与硫酸的缩合物)等。

2. 蔗糖 (sucrose)

蔗糖就是日常食用的白糖、砂糖或红糖(蔗糖和糖蜜的混合物就是红糖),由 1 分子葡萄糖和 1 分子果糖脱水缩合而成,为重要的二糖(图 5-2)。它是一种右旋糖,比旋度为 +66.5°,熔点 186℃。蔗糖主要是从甘蔗(蔗糖含量为 10%~15%)和甜菜(蔗糖含量为 15%~20%)中提取的。

蔗糖是右旋性,但它的水解混合物表现左旋性,因此其水解混合物又被称为转化糖。蔗糖在蜂蜜中大部分是转化糖。由于果糖存在,所以蜂蜜中的糖比单独的葡萄糖或蔗糖更甜。

蔗糖没有还原性,被称为非还原糖。弱酸、蔗糖酶与细菌均可使蔗糖水解为两分子单糖(葡萄糖和果糖)。

3. 甘露寡糖

又称甘露低聚糖或葡-甘露寡聚糖,是由几个甘露糖分子或甘露糖与葡萄糖通过 α-1,6、α-1,2 或 α-1,3 糖苷键连接而成的低聚糖。甘露寡糖广泛存在于魔芋粉、瓜儿豆胶、田青胶与多种微生物细胞壁内（葡-甘寡聚糖）。目前，用作饲料添加剂的甘露寡糖主要是从酵母细胞壁提取的，其中含有磷酸化的甘露糖、少量的葡萄糖和一些蛋白质，多为二糖、三糖、四糖等分子的混合物。甘露寡糖不能被单胃动物的消化酶分解。据报道，甘露寡糖可作为动物肠道内有益微生物如双歧杆菌、乳酸杆菌等的营养因子，能促进消化道有益菌株的增殖和抑制有害微生物，同时还可提高动物机体免疫力和生产性能。

4. 低聚果糖 (fructooligosaccharide)

又称寡果糖或蔗果三糖族低聚糖，是由蔗糖分子中果糖残基上结合 1～3 个果糖组成的。天然的和微生物酶法得到的低聚果糖大多是直链状，在蔗糖分子上以 β-1,2-糖苷键与 1～3 个果糖分子结合而成的蔗果三糖、蔗果四糖、蔗果五糖。低聚果糖的甜度为蔗糖的 30％～60％，难以被动物消化，被认为是一种水溶性纤维，但易被大肠中双歧杆菌利用，是双歧杆菌的增殖因子。

5. 大豆低聚糖 (soybean oligosaccharide)

主要成分是棉籽糖、水苏糖和蔗糖，甜度为蔗糖的 70％。动物不能分泌消化棉籽糖和水苏糖等的酶，故无法对其直接利用。消化道微生物虽可对其酵解，但生成引起胃肠臌气的气体如 CO_2 和 H_2。因此，动物食入过多的豆类或豆类产品时，易发生肠、胃臌胀。另一方面，大豆低聚糖也是消化道双歧杆菌的增殖因子。

6. 淀粉 (starch)

淀粉广泛存在于植物的块根（如甘薯等）、块茎（如马铃薯等）、种子（如玉米、小麦、稻谷）中，我国工业用的淀粉主要是从玉米中提取的，将玉米充分粉碎，用水冲洗，淀粉在水中下沉，过滤后干燥即得淀粉。

用热水处理淀粉后，得到的可溶部分被称为直链淀粉（amylose）或可溶性淀粉或糖淀粉（图 5-3）；不溶而膨胀的部分被称为支链淀粉（amilopectin）或胶淀粉（图 5-4）。一般淀粉中含直链淀粉 10％～20％，支链淀粉 80％～90％。直链淀粉并不是以拉伸构象存在，而是以蛇形盘绕的构象存在，每一圆圈约含 6 个葡萄糖单位。此外，在主链还有少数分枝。直链淀粉遇碘呈蓝色，其原理是蛇形结构形成的通道正好适合碘的分子，并且受范德华（Van der Waals）力吸引。

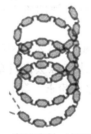
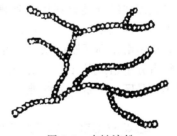

图 5-3　直链淀粉（蛇形结构）　　　　图 5-4　支链淀粉

支链淀粉的主链也是 α-D-葡萄糖通过 α-1,4-苷键连接而成，但它还有 α-1,6-苷键连接和其他连接方式的歧链。支链淀粉的每一个链虽较短（20～30 个葡萄糖单位），但纵横交联，平均分子量要比直链淀粉大得多。黏性较强的糯米中含有较多的支链淀粉。支链淀粉遇碘呈紫色。

淀粉的初步水解物是糊精。在淀粉中加入 10％～20％ 的水，加热到 200～250℃ 一段时间，水解成为较小的分子，被称为糊精。糊精是白色或黄色粉末，可溶于冷水，有黏性，可用作黏合剂。

某些种类淀粉细粒具有一定的抗裂解性，如块根、块茎饲料尤其是马铃薯中淀粉细粒抗裂解性很强，这种特性影响淀粉酶对淀粉的降解作用。

英国学者 Englyst 提出了抗消化淀粉（resist starch，RS）的概念，最初将 α-淀粉酶催化作用于淀粉后未被水解的部分称为 RS，以后扩展到包括不被肠道酶消化的部分。1991 年欧洲营养学家将 RS 定义为健康动物小肠内不被消化吸收的淀粉及其水解物的总称，这一概念在 1998 年得到 FAO/WHO 糖类专家组的认可。近年来，Englyst 的研究使得对淀粉的分类在消化生理上又有了一个全新的认识。Englyst 根据 α-淀粉酶水解淀粉时间长短来分类，即在模拟胃肠道内环境的前提下，将在 20min 内已水解的淀粉称为快消化淀粉（readily digestible starch，RDS）；将在 20~120min 内水解的淀粉称为慢消化淀粉（slowly digestible starch，SDS）；120min 后仍未水解的淀粉称为 RS。淀粉来源和加工方法不同，其抗消化性也有很大的差异，一般将其分为三种（表 5-3）。淀粉消化性的差异主要是由直链淀粉和支链淀粉的比例不同造成的。

表 5-3　淀粉的类型与消化吸收性

类　型	小肠中消化
快消化淀粉（RDS）	迅速完全吸收
慢消化淀粉（SDS）	缓慢但完全吸收
抗性淀粉（RS）	部分消化

7. 纤维素（cellulose）

是由许多 β-葡萄糖分子以 β-1,4-苷键连成的直链多糖，相对分子质量为 20000~200000。在大的聚合物中，各链可相互平行排列。因其分子中含许多羟基，故平行排列的多个纤维素分子可借氢键形成网络结构。因此，纤维素化学性质较稳定，不溶于水，亦不溶于稀酸、稀碱。纤维素能吸水膨胀，也能吸附其他小分子物质。

纤维素是自然界中分布最广的多糖化合物。植物的细胞壁中大约含 50% 的纤维素，棉花几乎是纯的纤维素，一般木材中含 40%~50% 的纤维素。

纯粹的纤维素是白色物质，不溶于水，无还原性。纤维素在高温、高压下与无机酸共煮，才能水解成葡萄糖。

造纸的过程即把纤维类材料用碱处理，溶解掉木质素，剩下纯的木纤维素，可做成滤纸；在木纤维素中加入填充剂，可做成供写字用的纸张。

纤维素分子是由排列规则的微小结晶区域（约占分子组成的 85%）和排列不规则的无定形区域（约占分子组成的 15%）组成的（图 5-5），用强酸水解除去杂乱的无定形区，保留规则的微小结晶区，就是微晶纤维素。微晶纤维素是一种白色粉末，黏合力强，可作片剂的赋形剂。

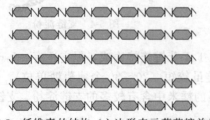

图 5-5　纤维素的结构（六边形表示葡萄糖单位）

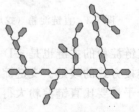

图 5-6　糖原的结构

纤维素分子中所含的多羟基可被酯化。例如，用醋酐和硫酸处理，得到醋酸纤维，可制造电影胶片，也可作为某种塑料或人造丝。用浓硝酸和浓硫酸处理，得到硝化纤维，硝化程度高的用作火棉，制造无烟火药，硝化程度低的溶在乙醇和乙醚的混合物中可作为一种漆的代用品。

纤维素分子中的羟基也可被醚化。例如，用碱处理纤维素后，再与氯乙酸钠反应，生成羧甲基纤维素钠，可作为乳化剂和延效剂等。

8. 半纤维素（hemicellulose）

是由 2～4 种不同的单糖或衍生单糖构成的杂多糖。其分子中各种多聚糖为半纤维素的主体，都由单糖通过 β-1,4-糖苷键相连而成的线性长链，其他的单糖或衍生单糖则是通过 α 或 β-1,2、1,3、1,6-糖苷键相连而成的分支结构。半纤维素的分子量相对较小，一般由 50～200 个单糖或衍生单糖分子聚合而成。半纤维素总是与纤维素共同存在于植物细胞壁中，但却属于两种完全不同的高聚糖。研究表明，在细胞壁中半纤维素与果胶通过共价键结合，与纤维素则以氢键相连接，从而更增强了细胞的坚实度。

9. 果胶类（pectins）

果胶类也被称为果胶物质（pectic substance），一般是指以 D-半乳糖醛酸为主要成分的复合多糖的总称，其分子中的 D-半乳糖醛酸残基一般通过 α-1,4-糖苷键相连形成的一条长链，个别残基也有以 α-1,2-糖苷键相连接。果胶物质主要有 D-半乳糖醛酸聚糖（D-galacturonan）、D-半乳聚糖（D-galactan）与 L-阿拉伯聚糖（L-arabinan）。

果胶类物质是细胞壁成分之一，广泛存在于各种高等植物细胞壁和相邻细胞之间的中胶层中，具有黏着细胞和运送水分的功能。

据测定，植物组织中含果胶物质较多，如柑皮干物质中约含 30%～50%，胡萝卜约含 10%，西红柿、马铃薯分别含 3% 和 2.5%。大多数植物，特别是未成熟的水果中果胶呈不溶状，成熟的水果中果胶变成水溶状。水溶状果胶易被消化道微生物分解，供动物利用。而与木质素结合的果胶利用率极低，这点在禾本科牧草中尤为突出。

果胶类可溶于水，而在酒精与某些盐（硫酸镁、硫酸铵和硫酸铝等）溶液中凝结沉淀。通常利用这一性质提取果胶。果胶为白色或淡黄褐色的粉末，微有特异性臭，味微甜带酸，无固定熔点和溶解度，相对密度约为 0.7，溶于 20 倍的水可形成乳白色黏稠状液体，呈弱酸性。

据报道，用含 10% 果胶的饲料喂大鼠，可使大鼠结肠癌发病率减少 50%，血中胆固醇水平下降 20%～30%。产生这一结果的原因可能是：果胶干扰了影响结肠细胞中遗传物质的致癌原；果胶与胆汁结合，抑制了胆汁在脂肪消化过程中的作用，从而使血脂下降。

10. 其他多糖

糖原（glycogen）由许多 α-葡萄糖分子缩合而成（图 5-6），其结构类似于支链淀粉，但有区别：糖原的支链较淀粉的支链多而短。糖原存在于动物的肝脏（肝糖原）和肌肉（肌糖原）中，是动物的营养储备。糖原可占肝湿重的 5%，占肌肉鲜重的 1%。

右旋糖酐是一种合成的葡萄糖多聚物，可作为血浆的代用品。分子量 75000（约含 500 个葡萄糖单位）左右的右旋糖酐可溶于水，形成具有一定黏度的胶体溶液。临床上多用其 6% 的生理盐水，因为和血浆等渗，黏度也和血浆相同。右旋糖酐对细胞的结构和功能无不良影响，并且在体内水解可产生葡萄糖而具有营养作用。右旋糖酐被用于大出血或外伤休克时补充血容量。

葡萄糖凝胶（dextran gel）是将右旋糖酐借助甘油醚键互相交联成的网状大分子化合物，用右旋糖酐和环氧氯丙烷制得，可作为一种分子筛。葡萄糖凝胶已被广泛用于高分子化合物如蛋白质、核酸的分离。

琼脂糖凝胶是由琼脂糖制成的胶状颗粒。由不同浓度的琼脂糖构成的凝胶，十分亲水，理化性质较稳定，又具有网状结构，可"过滤"大分子，也被用于高分子化合物的分离。

硫酸软骨素（chondroitin sulfate）是葡糖醛酸、N-乙酰氨基半乳糖硫酸酯的聚合物。硫酸软骨素在软骨中起结构支持作用。

菊糖（inulin）又称菊粉，分子式为 $(C_6H_{10}O_5)_n$，因存在于菊科植物的球根中而得名，是果糖的聚合物，遇酶水解后产生果糖。

第二节　动物对糖类化合物的消化和吸收

一、单胃动物对糖类化合物的消化

饲粮中的淀粉，在猪口腔中受唾液 α-淀粉酶作用，少部分被降解为麦芽糖。淀粉和麦芽糖经胃到达小肠后，受胰 α-淀粉酶和麦芽糖酶作用，淀粉被降解为麦芽糖，后者又被降解为葡萄糖。同时乳糖、蔗糖被乳糖酶、蔗糖酶降解为半乳糖、葡萄糖和果糖。猪小肠是消化淀粉的主要场所。小肠内未消化的淀粉与麦芽糖到达盲肠、结肠，受细菌作用，产生挥发性脂肪酸和气体。成年猪大肠栖居着较多量的微生物，对粗纤维有一定的消化能力，消化产物为挥发性脂肪酸和气体。挥发性脂肪酸被肠壁吸收，参与机体代谢，气体由肛门排出。

马、驴、骡对糖类化合物的消化基本上与猪相似，但有区别：马属动物唾液中缺乏或极少有 α-淀粉酶；由于马属动物具有发达的盲肠，栖居着大量微生物，故对粗纤维的消化能力较猪强。马属动物小肠是消化淀粉等可溶性糖的主要器官，终产物为葡萄糖等单糖，盲、结肠是消化饲料粗纤维的主要场所，终产物为挥发性脂肪酸和 CO_2 等气体。鸡对糖类化合物的消化也与猪相似，但有差异：鸡唾液中含很少的 α-淀粉酶；鸡的嗉囊微生物对糖类化合物有一定的酵解作用；鸡大肠中微生物较少，对粗纤维的降解能力弱。

二、反刍动物对糖类化合物的消化

反刍动物对糖类化合物的消化主要依赖于瘤胃微生物，其消化过程可分为两个阶段：第一阶段：多糖在微生物酶作用下形成单糖；第二阶段是瘤胃微生物对单糖的利用，终产物为乙酸、丙酸、丁酸、甲酸和甲烷等（图 5-7）。由此可见，多糖为前胃（瘤胃）微生物的直接营养源，前胃微生物代谢尾产物供作宿主的营养源。反刍动物肠道对糖类化合物的消化与单胃动物相似。

三、单胃动物对糖类化合物的吸收

① 吸收对象　单糖（葡萄糖、半乳糖、果糖以及五碳糖等）与少量的挥发性脂肪酸（乙酸、丙酸和丁酸等）。

② 吸收部位　小肠（尤以空肠）是吸收单糖的主要器官。马属动物与猪的盲、结肠则是吸收挥发性脂肪酸的场所。

③ 吸收方式　葡萄糖和半乳糖等单糖以主动转运方式被吸收，Na^+ 参与其吸收过程。肠道内果糖经果糖转运载体 5（$GLUT_5$）异化扩散到肠黏膜细胞中，再经胞膜上的果糖转运载体 2（$GLUT_2$）转运出细胞，或在胞内代谢转化为葡萄糖后，转运出细胞，进入血流。大肠内的挥发性脂肪酸以扩散、渗透的方式被吸收。

④ 吸收速率　若以单胃动物对葡萄糖的吸收速率为 100% 计，则各糖分的吸收速率如下：葡萄糖，100；半乳糖，110；果糖，43；甘露糖，19；木酮糖，15；阿拉伯糖，9。

四、反刍动物对糖类化合物的吸收

前胃（瘤胃）消化过程中形成的大量挥发性脂肪酸除被微生物合成其细胞多糖外，大部分被前胃壁细胞吸收入血流，输送至机体各组织中。能进入小肠而被吸收的挥发性脂肪酸量

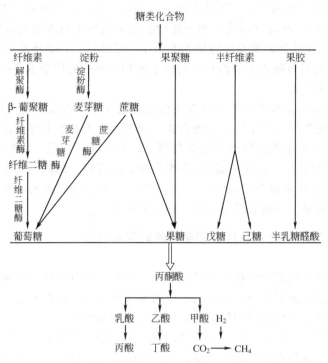

图 5-7 瘤胃微生物对糖类化合物的消化和利用过程

极少。

　　瘤胃中挥发性脂肪酸的吸收速度取决于瘤胃内容物中挥发性脂肪酸浓度和门静脉中挥发性脂肪酸浓度的差值，并与瘤胃内 pH 值有关。瘤胃内 pH 值提高时，挥发性脂肪酸的吸收加快。挥发性脂肪酸被瘤胃壁吸收的速度是：丁酸＞丙酸＞乙酸。

　　反刍动物后端消化道对糖类化合物消化产物的吸收与单胃动物相似。

第三节　糖类化合物消化产物在动物体内的基本代谢

一、非反刍动物体内糖类化合物的基本代谢

　　（1）单糖转化　非反刍动物体内循环的单糖主要是葡萄糖。但来自植物性饲料中的单糖除葡萄糖外，还有果糖、半乳糖、甘露糖和木糖、核糖等。它们须通过适当转化才能进一步代谢。

　　果糖主要经 1-磷酸果糖进入代谢。动物采食含果糖多的饲料，很容易经此途径合成甘油三酯。胎儿和新生动物都能有效地把半乳糖转变成 1-磷酸半乳糖。甘露糖在动物饲粮中含量不高，主要参与体内糖蛋白质合成，若参与分解代谢，很容易经 6-磷酸果糖进入代谢。

　　体内核糖和木糖通过磷酸化进入磷酸戊糖循环后可按葡萄糖代谢的通常途径继续代谢。

　　（2）葡萄糖分解代谢　葡萄糖主要有三条分解代谢途径：无氧酵解、有氧氧化和磷酸戊糖循环。

　　① 无氧酵解　在细胞液中进行，若葡萄糖用于供能，75%～90%都要先进行酵解。在缺氧条件下，酵解产生的丙酮酸还原成乳酸。1mol 葡萄糖经无氧酵解，可生成 6～8mol ATP。

　　② 有氧氧化　实际上是糖酵解的尾产物（丙酮酸）在有氧条件下，进入线粒体通过三

羧酸循环被彻底氧化。1mol 葡萄糖经有氧氧化,可净生成 36～38mol ATP。

③ 磷酸戊糖循环　磷酸戊糖循环的主要功能是为长链脂肪酸的合成提供还原型辅酶Ⅱ(NADPH＋H$^+$)。1mol 葡萄糖通过磷酸戊糖循环,可得到 12mol 还原型辅酶Ⅱ。此外,代谢过程中产生的 5-磷酸核糖或 1-磷酸核糖对满足核酸合成中的核糖需要具有重要的意义。

(3) 葡萄糖合成代谢

① 糖原合成　从肠道吸收的单糖转变成葡萄糖后可用于合成肝糖原和肌糖原。肝糖原只有在动物采食后血糖升高的条件下才能合成。肌糖原合成基本上与采食无关。

② 乳糖合成　乳腺细胞摄取血中的葡萄糖后,先将其磷酸化,后与尿嘧啶核苷二磷酸(UDP)形成 UDP-葡萄糖,再转化成 UDP-半乳糖,最后与 1-磷酸葡萄糖结合成乳糖。

③ 合成体脂　在能量富余的条件下,葡萄糖经酵解生成丙酮酸,继而生成乙酰 CoA,后者由线粒体进入胞液,合成长链脂肪酸,再合成体脂。

二、糖类化合物消化产物在反刍动物体内的基本代谢

1. 糖异生

反刍动物不能从消化道中吸收大量的葡萄糖,但葡萄糖对于反刍动物仍有非常重要的生理作用,仍是肌糖原、肝糖原合成的原料,作为神经组织(特别是大脑)和红细胞的主要能源,通过磷酸戊糖途径生成还原型辅酶Ⅱ,促进长链脂肪酸的合成等。

在大量饲喂纤维性饲料的情况下,反刍动物几乎不能从消化道中吸收葡萄糖,所需的葡萄糖须全部由糖异生途径提供。另一方面,糖异生的主要原料——丙酸在瘤胃发酵过程中产生的数量受饲粮的精、粗度影响。在饲粮过粗的情况下,丙酸在瘤胃发酵过程中产生的量较少,无法满足糖异生的需要,由此会产生一系列不良后果。

丙酸生糖过程较复杂,先要经过 CoA、ATP、生物素、维生素 B$_{12}$ 的作用,先后生成丙酰 CoA、甲基丙二酰 CoA 和琥珀酰 CoA,后进入三羧酸循环转化为苹果酸,最后由线粒体进入细胞液,转化成草酰乙酸,再生成磷酸烯醇式丙酮酸,经糖酵解逆途径合成葡萄糖。

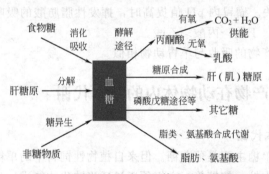

图 5-8　糖类化合物在动物体内的代谢概况

2. 挥发性脂肪酸的代谢

挥发性脂肪酸由瘤胃壁被吸收入血,转运至各组织器官。挥发性脂肪酸可氧化供能,反刍动物由挥发性脂肪酸提供的能量占吸收的营养物质总能的三分之二。乳牛组织中 50％的乙酸,三分之二的丁酸和 25％的丙酸都通过氧化供能。乙酸可被用于体脂和乳脂的合成;丁酸也可被用于脂肪的合成;丙酸可被用于葡萄糖和乳糖的合成。丙酸和丁酸在肝脏中代谢;60％的乙酸在外周组织(肌肉和脂肪组织)代谢,只有 20％在肝脏代谢,还有少量的在乳腺中参与乳脂合成。

糖类化合物在动物体内的代谢可用图 5-8 总结。

三、动物体内糖类化合物代谢的调控

1. 细胞内能量水平对糖类化合物代谢的调控

细胞内能量水平是指细胞内 ATP 和 ADP 的浓度关系。细胞内 ATP 和 ADP 的浓度成反比关系。当 ATP 浓度高、ADP 浓度低时,细胞内能量水平较高;反之则较低。由于糖类化合物分解代谢是提供能量的主要途径,故其代谢受细胞能量水平影响。总的来说,当细胞

内能量水平低时，糖类化合物分解代谢就增强，而合成代谢减弱；当细胞内能量水平高时，糖类化合物合成代谢就增强，而分解代谢就减弱。这种调控作用是通过 ATP 和 ADP 对糖类化合物各代谢途径中关键酶的激活或抑制来实现的。

2. 糖类化合物代谢途径间相互调控

（1）运动强度和供氧状况　当动物轻度运动时，氧气供应充足，糖类化合物主要进行有氧氧化，酵解（无氧氧化）作用受抑；当动物剧烈运动时，肌肉中氧气供应不足，糖类化合物有氧氧化受到限制，而酵解作用加强。

（2）磷酸戊糖途径与酵解-有氧氧化间的调控　已阐明，当磷酸戊糖途径增强时，酵解-有氧氧化途径就受抑。其机理是：当磷酸戊糖途径增强时，葡萄糖-6-磷酸的浓度升高，而该产物是磷酸己糖异构酶的抑制剂，因此抑制了糖类化合物酵解-有氧氧化途径。

3. 激素对糖类化合物代谢的调控

（1）生长激素　长期使用生长激素，能使动物血浆中葡萄糖浓度显著提高。张少英等（1990）给北京黑猪注射生长激素后，其血糖含量增加。此外，注射生长激素，能拮抗胰岛素的作用，从而使葡萄糖合成脂肪酸的速度降低，导致葡萄糖在血中蓄积，这也可能成为血糖升高的主要原因之一。同时，生长激素可直接刺激葡萄糖进入肌细胞，并加快蛋白质合成。Peel（1987）报道，当用生长激素处理动物时，细胞内葡萄糖代谢和更新过程改变，其结果是有更多葡萄糖产生。这种效应的原因是葡萄糖氧化作用减弱，由丙酸合成葡萄糖的能力增强与甘油三酯水解产生的甘油增加。

（2）肾上腺素和胰高血糖素能促进肝糖原分解和糖异生作用，抑制糖原的合成作用。肾上腺素还能促进肌糖原的分解。糖皮质激素的主要作用是促进糖异生作用。胰岛素对糖类化合物代谢的调节是多方面的。胰岛素能促进葡萄糖通过细胞膜进入细胞，这就加强了细胞对葡萄糖的利用。

第四节　糖类化合物对动物的营养作用

一、糖类化合物对动物的营养作用

① 氧化供能　这是糖类化合物对动物的主要营养作用。每克糖类化合物在动物体内可平均生产 17kJ 能量。糖产能量虽低于同量脂产生的能量（约 38kJ/g），但前者在植物性饲料中含量多，故糖是动物体的主要能源物质。

② 作为结构物质　细胞中糖类化合物的含量为 2%～10%，主要以糖脂、糖蛋白与蛋白多糖的形式存在。例如，核糖和脱氧核糖为核酸的组分；黏多糖是皮肤、血管、眼角膜与结缔组织的组分；糖蛋白为细胞的组分；糖脂为神经细胞的组分；胸腺、红细胞、白细胞等都含糖脂；γ-球蛋白、运铁蛋白、甲状腺素、核酸酶等都是糖蛋白。

③ 作为营养储备　糖在动物体内富余时，可转化为糖原（肝糖原和肌糖原），其量可达体重的 2%，以备不时之需。若还多余时，则转化成体脂，以体脂形式储存。

④ 糖在动物体内还可作为合成非必需氨基酸如丙氨酸、天门冬氨酸、谷氨酸等的原料。

⑤ 近些年来的研究资料显示　糖在生命活动的调控过程中可能起着重要作用。例如，糖蛋白分子中的许多糖基（糖链）起着信号"识别"作用（图 5-9）。

二、饲料粗纤维的营养评述

饲料粗纤维（crude fibre，CF）对动物体既有积极作用，又有不良影响。饲料 CF 对任何动物尤其草食动物都是不可缺少的。其主要原因是：①CF 不易被消化，吸水量大，起到

糖蛋白　磷脂分子　蛋白质

图5-9　细胞膜上糖蛋白分子结构模式

填充消化管的作用，给动物以饱感。Lee等（1984）认为，多喂填充性饲料，使母猪有饱感，可增加卧息时间12%，减少运动耗能与仔猪死亡。②CF可刺激动物消化管黏膜，促进胃、肠运动和粪便排空。③CF在反刍动物前胃（瘤胃）和马属动物盲肠中可酵解成挥发性脂肪酸，被动物吸收利用。④CF还可刺激消化腺分泌消化液。⑤CF在一定程度上能促进生长动物消化器官的生长发育。

然而，CF影响动物对其他养分的消化吸收。这是因为：①CF作为主要成分构成坚硬的植物细胞壁，从而阻碍植物细胞内容物释出而不能被消化；②CF妨碍消化酶与养分的接触，从而致使其消化率降低；③CF呈现网状结构，吸附小分子养分，从而影响其吸收率；④饲料CF较粗糙，适口性差，致使动物采食量下降；⑤CF可能对动物消化管黏膜有一定的损伤作用。

三、不同种类动物饲粮中粗纤维适宜含量

① 猪饲粮中粗纤维适宜含量　与大型动物比较，猪利用粗纤维的能力较弱。当饲粮中粗纤维含量超过一定量后，猪饲料的消化率就会降低。生长肥育猪饲粮中粗纤维含量过高，不仅不能节省精料，反而是饲料转化率降低，日增重下降。一些学者认为，生长肥育猪饲粮中粗纤维最高水平为5%～6%，也有学者认为是6%～8%。给后期肥育猪饲喂粗纤维较高水平的饲粮，有助于减少脂肪的沉积，提高瘦肉率。对后备母猪应用较高水平粗纤维的饲粮，有助于防止母猪过肥。妊娠母猪消化粗纤维的能力较强，饲喂较高水平粗纤维的饲粮不会降低其产仔数，但对仔猪初生重和断奶重有一定的影响。许多学者建议，妊娠母猪饲粮中粗纤维的适宜水平为10%～12%。

② 家禽饲粮中粗纤维适宜含量　与家畜比较，家禽对粗纤维的消化能力很弱，粗纤维是禽类的抗营养因子。例如，鸡消化道中很少有消化纤维素的酶，故纤维素基本不能被鸡利用。提高家禽饲粮中粗纤维水平，会使家禽的生产性能和饲料转化率下降。但饲粮中含有适量的纤维性物质，有利于维持家禽消化道的正常生理机能。一般认为，鸡的饲粮中粗纤维适宜水平为2.5%～5.0%。

③ 兔饲粮中粗纤维适宜含量　兔虽能消化利用粗纤维，但与其他草食家畜相比，对粗纤维的消化能力还是相对较低。一般认为，兔饲粮中粗纤维的适宜水平为12%～20%，酸性洗涤纤维为15%～25%。

④ 反刍动物饲粮中粗纤维适宜含量　尽管反刍动物有瘤胃微生物的作用，对粗纤维的利用能力比单胃动物强，但为了保证反刍动物的健康、瘤胃发酵的较高效率和养分的较高消化率，其饲粮中易消化的糖分与粗纤维之间须保持适宜的比例。许多的研究和生产实践都证明，饲粮中精饲料（易消化糖类）供量过多或不足，都会降低瘤胃的发酵效率。奶牛饲粮中粗纤维不足时，瘤胃中乙酸的生成量减少，结果是乳脂率降低。当奶牛饲粮中粗纤维含量为13%时，瘤胃中会出现较多的乳酸。因此，奶牛饲粮中须有一定比例的粗饲料，粗饲料一般不低于饲粮干物质的35%，或饲粮中粗纤维水平不低于15%。NRC建议，奶牛饲粮中粗纤维适宜水平为17%。我国奶牛饲养标准规定，奶牛风干饲粮中粗纤维适宜含量为15%～20%。

本 章 小 结

糖类化合物是含有多羟基醛或多羟基酮的一类化合物。根据来源，可将糖类化合物分为植物性糖和动物性糖；根据功能，可将其分为结构糖和储备糖；根据化学组成可将其分为单糖、寡糖和多糖。根据现行分析方案，可将其分为无氮浸出物和粗纤维。

单胃动物对糖类化合物消化的主要场所是小肠，吸收的主要物质是葡萄糖等单糖。反刍动物对糖类化合物消化的主要场所是瘤胃，吸收的主要物质是乙酸、丙酸、丁酸等短链脂肪酸。猪和禽对粗纤维的消化能力较弱和很弱；草食动物尤其是反刍动物对粗纤维的消化能力较强。

糖类化合物在动物体内的代谢主要是分解代谢、合成代谢以及磷酸戊糖循环等。分解代谢主要包括有氧氧化和无氧酵解；合成代谢包括糖的异生、糖原合成、乳糖合成和衍生糖合成等。

糖类化合物在动物体内最重要的作用是氧化供能。动物食入足量的糖类化合物时，就可避免体内蛋白质的降解供能，这就是糖类化合物节约蛋白质的作用。另外，糖类化合物供量充足，体内能够产生足量的 ATP，这样有利于氨基酸的主动转运和蛋白质的合成。　　（胡忠泽）

第六章 脂类的营养

脂类（lipids）包括脂肪（fats）和类脂（lipoids）。脂肪是由 1 个甘油分子和 3 个脂肪酸分子构成的三酰甘油，习称甘油三酯。类脂包括磷脂、糖脂、固醇类、游离脂肪酸、类胡萝卜素以及脂溶性维生素等。脂类共同的特点是溶于乙醚、氯仿、乙醇、苯等有机溶剂，而不溶于水。脂类在动物体内具有许多重要的生理作用。

第一节 脂类化学与生理作用

一、脂类的分类

根据化学组成，可将脂类分成如图 6-1 所示。

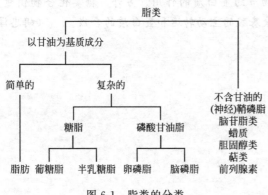

图 6-1 脂类的分类

也可根据用途，将脂类分类，具体方法为：

在植物体内，脂类有两种类型，即结构脂和储备脂。结构脂包括各种生物膜脂和保护性植物表层脂。膜脂（细胞膜、如线粒体膜、内质网膜等）主要是磷脂和糖脂。植物表层脂主要是蜡质。储备脂含存于果实和种子中，主要是三酰甘油（甘油三酯）。

在动物体内，脂类是能储的主要形式，多是脂肪。肥胖动物的脂肪组织中 97％是脂肪。动物组织中的结构脂主要是磷脂，占肌肉和脂肪组织 0.5％～1.0％，但在肝中可达 2％～3％。动物组织中最重要的非甘油酯是由胆固醇及其酯组成，占肌肉和脂肪组织 0.06％～0.09％。

二、油脂的物理性质

脂肪即三酰甘油（甘油三酯），在室温下为液态的习称为油，在室温下为固态的习称为脂。大多数植物的脂肪在常温下为液态，故称为植物油；而动物脂肪在常温下几乎都是固态的。

1. 密度

油脂比水轻，与 4℃纯水的相对密度一般为 0.90～0.95。

2. 晶体特性

（1）晶型

油脂固态时有同质多晶现象。天然油脂一般都存在 3～4 种晶型，按熔点提高的顺序依次为：玻璃质固体（亚 α 型或 γ 型）、α 型、β′ 型和 β 型，其中 α 型、β′ 型和 β 型为真正的晶体。α 型晶体熔点最低，密度最小，不稳定，为六方型；β′ 和 β 型晶体熔点高，密度大，稳定性好。β′ 型晶体为正交排列，β 型晶体为三斜型排列。通过 X 衍射发现，α 型晶体的脂肪酸侧链无序排列；β′ 型和 β 型晶体脂肪酸侧链有序排列，特别是 β 型晶体油脂的脂肪酸侧链均朝一个方向倾斜。

(2) 影响油脂晶型的因素 ①油脂分子的结构：一般来说，单纯性酰基甘油酯易形成稳定的 β 型晶体，而混合性酰基甘油酯由于侧链长度不同，易形成 β′ 型。②油脂的来源：不同来源的油脂形成晶型的倾向不同，椰子油、可可脂、菜籽油、牛脂、改性猪油易于形成 β′ 型；大豆油、花生油、玉米油、橄榄油等易于形成 β 型。③油脂的加工工艺：熔融状态的油脂冷却的温度和速度将对油脂的晶型产生显著的影响，油脂从熔融状态逐渐冷却时先形成 α 型晶体，当将 α 型晶体缓慢加热融化后再逐渐冷却后就会形成 β 型晶体，再将 β 型晶体缓慢加热融化后逐渐冷却则形成 β′ 型晶体。实际应用的例子：用棉籽油加工色拉油时冷却过程要缓慢进行，使其尽量形成粗大的 β 型晶体，若冷却过快，则形成亚 α 型晶体，不易过滤。

3. 热性质

(1) 熔点 对一般的化合物而言，熔点等于凝固点。但对于具有黏滞性和同质多晶现象的物质，凝固点小于熔点。油脂的凝固点比其熔点低 1～5℃。构成油脂的脂肪酸饱和性越强，油脂熔点越高。构成油脂的脂肪酸饱和性越弱，即不饱和键（双键）越多，油脂熔点越低。天然的油脂都是多油脂的混合物，一般无固定的熔点（表6-1）和沸点。

(2) 沸点和蒸汽压 一些脂类沸点的大小顺序为：甘油三酯＞甘油二酯＞甘油一酯＞脂肪酸。这些脂类蒸汽压的大小顺序为：甘油三酯＜甘油二酯＜甘油一酯＜脂肪酸。

(3) 烟点、闪点、着火点 ①烟点是指在不通风的条件下油脂被加热到发烟时的温度，一般为 240℃。②闪点是指加热油脂致使其挥发物能被点燃但不能维持燃烧的温度，一般为 340℃。③着火点是指加热油脂致使其挥发物能被点燃且持续燃烧时间不少于 5 秒时的温度，一般为 370℃。

4. 油性和黏性

油性是指液态油脂能形成润滑薄膜的能力。人的口腔及舌对食物颗粒、形状有一定的感受阈值。当颗粒直径大于 5μm 时，人对其感觉粗糙，但颗粒形状和软硬程度对口感也有一定的影响。在食品或饲料加工中油脂可均匀地分布在食品或饲料的表面形成一层薄膜，使人或动物口感愉悦。

液态油有一定的黏性，这是由酰基甘油分子侧链之间的引力引起的。蓖麻油之所以黏性较其他油强，是因为含有蓖麻酸醇。

5. 塑性

在室温下固态的油脂并非严格的固体，而是固-液混合体。可用仪器测量油脂中固、液两相的比例，用固体油脂指数来表示。测定若干温度下 25g 油脂中固态和液态体积的差异，除以 25 即为固体油脂指数。美国油脂化学协会规定的测定温度为 10℃、21.1℃、26.7℃ 和 33.3℃；国际理论与应用化学联合会规定为 10℃、15℃、20℃ 和 25℃。油脂的塑性是指在一定压力下固体油脂具有的抗应变能力。

三、油脂的化学性质

1. 水解作用

脂类可在稀酸或强碱溶液或脂肪酶的作用下，水解成甘油和脂肪酸。生成的游离脂肪酸大多无臭无味，但短链脂肪酸特别是 4～6 个碳原子的脂肪酸有特殊的异味或酸败味，会影响饲料的适口性。

人们通常将油脂在碱性溶液中水解生成甘油和（高级）脂肪酸盐的反应称为"皂化反应"（图6-2）。

$$C_3H_5(OOCR)_3 + 3NaOH \longrightarrow C_3H_3(OH)_3 + 3R \cdot COONa$$

例如，

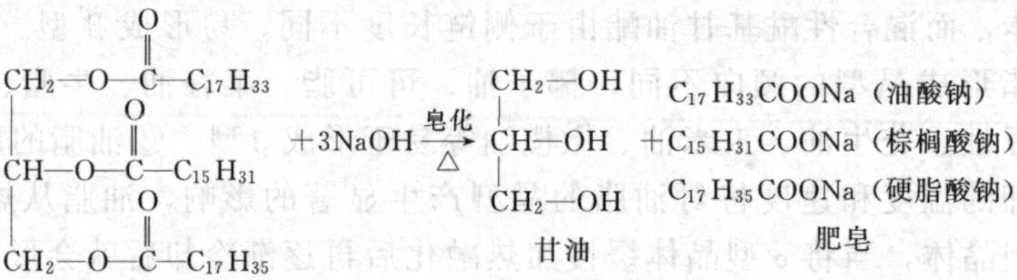

图 6-2　油脂的皂化反应

皂化 1g 油脂所消耗的氢氧化钾毫克（mg）数就称为该油脂的皂化价。各种油脂的化学组成不同，皂化时所需的碱量也不同。油脂的平均分子量越大，单位重量油脂中含甘油酯的分子数就越少，皂化时所需的碱量也越小，即皂化值越小。反之，皂化值越大，表明油脂中脂肪酸的平均分子量越小。换言之，皂化值越高，说明组成油脂的脂肪酸碳链较短；反之，油脂的皂化值低，表明油脂的脂肪酸碳链较长。因此，可根据皂化值计算油脂中甘油三酯的平均分子量，计算公式如下：油脂的平均分子量＝3×56×1000/皂化值。常见油脂的皂化值参见表 6-1。

表 6-1　几种油脂的理化常数

脂肪种类	熔点/℃	皂化值	碘价
牛油	40	196～200	35～40
黄油	37～38	130～210	26～38
椰子油	24～27	253～262	6～10
玉米油	－14	187～193	111～128
棉籽油	5～11	194～196	103～111
猪油	46～49	195～203	47～67
亚麻油	－17	188～195	175～202
花生油	－8～12	186～194	88～98
大豆油	－14	189～194	122～134
葵花油	－17	188～193	129～136

引自 W. G. Pond，2005。

2. 氢化作用

油脂中的不饱和脂肪酸在催化剂或酶的作用下，与氢发生加成反应使其中不饱和的双键还原为饱的单键，转化为饱和脂肪酸的过程就称为氢化作用（图 6-3）。氢化作用可使油脂的熔点提高，硬度增加，不易氧化酸败，利于贮藏。脂肪酸的不饱和程度可用碘价大小来表示。通常将 100g 油脂或脂肪酸所能吸收碘的克数，称为碘价（表 6-1）。油脂或脂肪酸的不饱和程度越高，其碘价就越高。

图 6-3　不饱和脂肪酸的加成反应

3. 酸败

油脂的酸败分水解性和氧化性两种。

（1）水解性酸败　通常是指微生物产生的解脂酶作用于油脂，引起简单的水解反应，使油脂水解为脂肪酸、甘油二酯、甘油一酯和甘油。这种水解对油脂营养价值的影响不大，但水解产生的某些脂肪酸有特殊的异味或酸败味，影响油脂的风味和口感。脂肪酸碳链越短，异味越浓（图 6-4）。

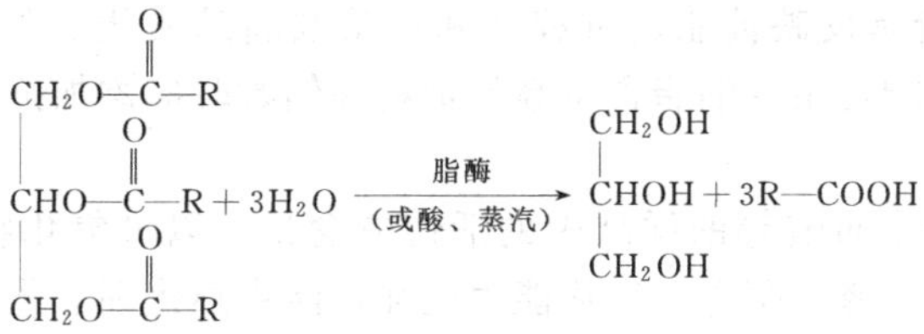

$$CH_2O-\overset{\overset{\displaystyle O}{\|}}{C}-R$$
$$CHO-\overset{\overset{\displaystyle O}{\|}}{C}-R + 3H_2O \xrightarrow[\text{（或酸、蒸汽）}]{\text{脂酶}} CHOH + 3R-COOH$$
$$CH_2O-\overset{\overset{\displaystyle O}{\|}}{C}-R \qquad CH_2OH$$

图 6-4　油脂的水解性酸败

（2）氧化性酸败　油脂在储藏过程中，受到氧气的作用而自动地发生氧化，或在微生物产生的脂氧化酶的作用下被氧化，产生过氧化物，并进一步地被氧化为低级的醛、酮、酸等化合物，出现异味，这种反应就称为氧化性酸败（图 6-5）。根据引起油脂氧化酸败的原因和机制，可分为 2 种类型：

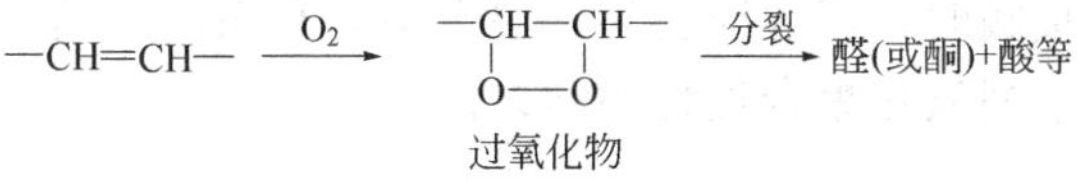

$$-CH=CH- \xrightarrow{O_2} \underset{\text{过氧化物}}{-\overset{\displaystyle }{CH}-\overset{\displaystyle }{CH}-} \xrightarrow{\text{分裂}} \text{醛(或酮)}+\text{酸等}$$

图 6-5　油脂的氧化性酸败

① 酮型酸败　又称 β-型氧化酸败，是指含脂量高的饲料霉变时，油脂水解产生的游离饱和脂肪酸在一系列酶的作用下被氧化，生成有异味的酮酸和甲基酮，从而使油脂变质。这种氧化主要发生在与 β-碳原子之间的键上，故又称其为 β-型氧化酸败。

② 氧化型酸败　又称油脂的自动氧化，主要发生在多不饱和脂肪酸含量高的饲料，酸败的结果是出现刺激性异味。例如，米糠等油脂含量高的饲料在储藏时，即使未出现霉变，也会发生油脂的自动氧化酸败，结果是一方面降低了饲料的适口性，另一方面氧化生成的过氧化物对维生素等养分有破坏作用，降低了饲料的营养价值。氧化型酸败的过程如下。

a. 引发期：油脂在光照、热量、金属离子等作用下，不饱和脂肪酸中与双键相邻的亚甲基碳原子上的碳氢键发生断裂，生成游离基和氢原子。

$$RH \longrightarrow R\cdot + H\cdot$$

b. 增殖期：游离基形成后，迅速吸收空气中的氧，生成过氧化游离基。

$$R\cdot + O_2 \longrightarrow ROO\cdot$$

过氧化游离基极不稳定，迅速与另一个不饱和脂肪酸分子中亚甲基上的一个氢原子作用，生成氢过氧化物，而且被夺走氢原子后的不饱和脂肪酸，又形成新的游离基（R·）。

$$RH + ROO \longrightarrow ROOH + R\cdot$$

新生成的游离基 R· 又不断与 O_2 结合，形成新的过氧化游离基（ROO），而此 ROO 又和 1 个脂肪酸发生反应生成氢过氧化物（ROOH）。这种反应不断进行下去，结果导致 ROOH 不断增加，新的 R· 不断产生。

c. 终止期：各种游离基相互撞击结合成二聚体、多聚体，使反应终止。

$$R\cdot + R\cdot \longrightarrow RR$$
$$R\cdot + ROO \longrightarrow ROOR$$
$$ROO + ROO \longrightarrow ROOR + O_2$$

氢过氧化物也极不稳定。当增至一定量时就开始裂解，生成 1 个烷氧游离基和 1 个羟基游离基。烷氧游离基（RO·）则进一步反应生成醛类、酮类、酸类、醇类、环氧化物、碳氢化物、内酯等。

$$ROOH \longrightarrow RO\cdot + \cdot OH$$

可用酸价反映油脂氧化酸败的程度。酸价是指中和 1g 油脂中游离脂肪酸所需氢氧化钾的毫克（mg）数。酸价是反映油脂新鲜程度和衡量油脂品质优劣的重要指标。一般来说，酸价大于 6 的油脂，不能食用。油脂含量高的饲料在储藏时应添加抗氧化剂。

4. 过氧化值

是指 1kg 含油脂和脂肪酸等的样品中的活性氧含量，以过氧化物的毫摩尔数表示。油脂氧化后生成过氧化物、醛、酮等。氧化能力较强，能将碘化钾氧化成游离碘。可用硫代硫酸钠滴定。

过氧化值是衡量油脂酸败程度的一个指标。一般来说，过氧化值越高，油脂酸败就越严重。

5. 干化

一些油脂在空气中放置一段时间，可生成一层具有弹性而坚硬的固体薄膜，这种现象被称为油脂的干化（图 6-6）。桐油中的桐油酸 $[CH_3(CH_2)_3CH = CH—CH = CH—CH = (CH_2)_7COOH]$ 和空气接触时，就逐渐变为一层干硬而有韧性的膜。对这种干化过程目前还不十分清楚，可能是一系列氧化聚合过程的结果。

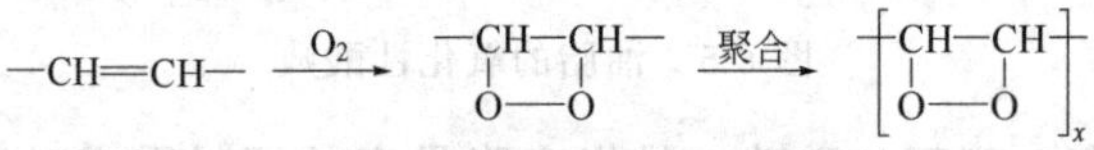

$$-CH=CH- \xrightarrow{O_2} \begin{matrix} -CH-CH- \\ | \quad | \\ O—O \end{matrix} \xrightarrow{聚合} \left[\begin{matrix} CH-CH \\ | \quad | \\ O—O \end{matrix} \right]_x$$

图 6-6 油脂的干化反应

根据各种油脂干化程度的不同，可将油脂分为干性油脂（桐油、亚麻油）、半干性油脂（向日葵油、棉籽油）与不干性油脂（花生油、蓖麻油）三类。对油脂碘价测定可知：干性油脂碘价大于 130；半干性油脂碘价为 100~130；不干性油脂碘价小于 100。

四、脂类的生理作用

脂类在动物体内作用很多，下面分脂肪和类脂两个方面介绍。

1. 脂肪的生理作用

（1）供给与贮存能量 脂肪中碳、氢的含量远高于蛋白质和糖类化合物，每克脂肪在动物体内可产生 37.7kJ 的能量，是相同重量蛋白质和糖类化合物的 2.25 倍。源于饲粮的脂肪或体脂分解后释放出的能量是畜、禽生命和生产活动的重要能量来源。脂肪作为能源，具有代谢损失少、热增耗低的特点，因而可提供较多的净能。但脂肪不能作为神经细胞和血细胞的能源。畜、禽采食的能量多于营养需要时就以脂肪的形式贮存于皮下、肠膜、肾周与肌肉间隙等部位。

（2）促进脂溶性维生素的吸收和转运 维生素 A、维生素 D、维生素 E、维生素 K 作为脂溶性维生素，须溶解在脂肪中才会被消化、吸收、转运和利用。当饲粮中缺乏脂肪时，维生素 A、维生素 D、维生素 E、维生素 K 就不被溶解，脂溶性维生素代谢障碍，从而造成脂溶性维生素缺乏。

（3）供给必需脂肪酸 动物体内虽能合成脂肪酸，但一般认为有三种脂肪酸（亚油酸、亚麻酸和花生四烯酸）是不能合成的，必须由饲粮提供，其中亚油酸是最重要的脂肪酸。必需脂肪酸有许多重要的作用，将在本章第四节介绍。

（4）维持体温与保护脏器 脂肪在动物皮下具有绝缘性，能够防止散热，起到维持体温恒定与抵御寒冷的作用。当然，在夏天脂肪绝缘层不利于机体散热。在动物体内脂肪填充在器官周围，对器官有支撑与衬垫作用，能缓冲外力对脏器的冲击。

（5）内分泌作用 脂肪组织是较为重要的内分泌组织，能分泌瘦素（leptin）、肿瘤坏死因子（tumor necrosis factor-α，TNF-α）、白细胞介素-6（interleukin-6）、白细胞介素-8（interleukin-8）、胰岛素样生长因子（insulin-like growth factor，IGF）、IGF 结合蛋白 3（IGF binding protein 3）、雌激素（estrogen）、脂联素（adiponectin）等细胞因子或激素，对机体的代谢、免疫和生长发育有调控作用。

（6）促进甾醇类激素如雌激素、孕激素、睾酮等的合成，提高动物的繁殖性能。

（7）可延长饲料在消化道内停留时间，从而能提高饲料养分的消化率和吸收率。

2. 类脂的生理作用

类脂有多种，这里介绍磷脂和糖脂的生理作用。

（1）磷脂的生理作用　①参与生物膜的构成：磷脂与蛋白质结合成脂蛋白，作为生物膜的组分，如磷脂构成细胞膜的脂质双层（图 6-7），以保持细胞及线粒体、高尔基体等细胞器的正常结构与功能。②促进细胞发育：研究表明，磷脂可促进细胞的发育，表现为细胞层次增多，胞核和核仁增大，核质和颗粒增多。给动物补饲磷脂后，白细胞内线粒体增多、增大，血红蛋白合成和红细胞生成加

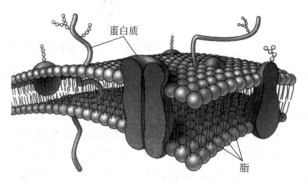

图 6-7　细胞膜的脂质双层

快。③维持神经细胞的正常兴奋性：神经细胞含有大量的磷脂，如卵磷脂、脑磷脂等，它们与神经的兴奋性密切相关。当神经膜在静息状态时，膜上会形成三磷酸磷脂酰肌醇-蛋白质-Ca^{2+} 复合物，膜电阻增大，离子不能通过。但使用乙酰胆碱或电刺激后，磷脂酰肌醇磷酸二酯酶活性增强，将三磷酸磷脂酰肌醇降解为二磷酸磷脂酰肌醇，Ca^{2+} 被乙酰胆碱或 K^+ 替代，膜的分子构型发生变化致使其通透性改变，并发生去极化。然后二磷酸磷脂酰肌醇在酶的作用下又转变为三磷酸磷脂酰肌醇，重新与 Ca^{2+} 结合，使神经膜恢复到静息状态。二磷酸磷脂酰肌醇与三磷酸磷脂酰肌醇之间如此反复变化，完成离子的输送，从而维持神经细胞的正常兴奋性。④维持细胞膜上多种酶的活性：细胞膜上的脂类依赖酶如 β-丁酸脱氢酶、NADH-细胞色素还原酶、Na^+-K^+-ATP 酶等，其活性与磷脂密切相关。当细胞膜上的磷脂被破坏，这些酶的活性就会降低或丧失，从而致使机体代谢障碍。

（2）糖脂的生理作用　①鞘糖脂是细胞膜的组分，主要位于细胞膜的外层，以加强细胞膜外层的稳定性。②鞘糖脂所含的寡糖链突出于细胞膜的外面，起着接收和传递信息的作用。③鞘糖脂也是髓鞘的重要组分，具有保护和隔离神经纤维的作用。④脑苷脂主要存在于脑和神经纤维中，可能参与神经传导。⑤脑苷脂还是脑垂体前叶分泌的糖蛋白激素和神经递质的受体。

此外，脂类能增强饲粮和动物产品的风味。在饲料加工过程中，加有油脂，则产生的粉尘少，使得饲料养分损失少，加工车间空气污染程度也低，加工机械磨损程度降低，可延长机器寿命。

第二节　动物对脂类的消化和吸收

一、单胃动物对脂类的消化与吸收

（1）脂类的消化　单胃动物的口腔和胃对脂类的消化作用很小，脂类消化的主要场所是

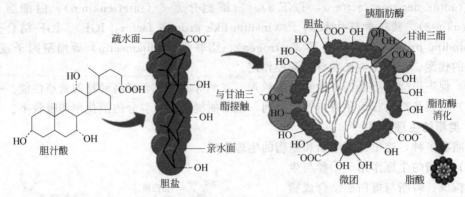

图 6-8　胆汁酸盐在脂肪消化过程中的作用

小肠。在小肠，胰腺分泌的胰脂酶、磷脂酶 A_2、胆固醇酯酶以及辅酯酶在胆汁酸盐的协助下，将甘油三酯、磷脂、胆固醇酯水解为脂肪酸、甘油、甘油一酯、磷脂和胆固醇等。未被消化的脂类进入盲肠和结肠后，在微生物产生的酶作用下，不饱和脂肪酸被氢化为饱和脂肪酸，甘油被降解为短链脂肪酸，胆固醇转化成胆酸。

（2）脂类消化产物的吸收　脂类消化产物吸收的部位是十二指肠后段和空肠前段。甘油和短、中碳链脂肪酸被肠黏膜直接吸收进入门静脉。长碳链脂肪酸、2-甘油一酯与其他脂类消化产物以混合微粒被吸收进入小肠黏膜细胞。长碳链脂肪酸在脂酰 CoA 合成酶（fatty acyl CoA synthetase）的作用下转化为脂酰 CoA，并消耗 ATP。脂酰 CoA 在转酰基酶（acyltransferase）催化下，将甘油一酯、磷脂和胆固醇酯化为相应的甘油三酯、磷脂与胆固醇酯，它们再与黏膜细胞内粗面内质网合成的载脂蛋白（apolipoprotein，apo）一起形成溶于水的乳糜微粒（chylomiccrons，CM），经过淋巴系统进入血液，然后在血管内皮细胞的脂蛋白酶作用下，降解为甘油与游离脂肪酸被其他细胞利用。家禽淋巴系统发育不完全，脂类的转运都通过门静脉。不同的单胃动物对胆盐的吸收有差异。猪等哺乳动物主要以主动方式在回肠吸收胆盐；禽类吸收胆盐的部位是空肠和回肠，其方式是主动吸收。动物吸收的胆汁经门静脉进入肝脏后，再储藏于胆囊，然后重新分泌进入十二指肠，构成了动物体内的胆盐肠-肝循环。胆汁酸盐在脂肪消化过程中的作用见图 6-8。

（3）影响脂肪吸收的因素

① 脂肪酸在甘油三酯分子中的位置：胰脂酶先水解甘油三酯 1、3 位上的脂肪酸。

② 脂肪酸链长：长碳链脂肪酸组成的脂肪的消化率较低；而短碳链脂肪酸组成的脂肪的消化率较高。

③ 饱和性：一般来说，不饱和脂肪酸组成的脂肪的消化率高于饱和脂肪酸组成的脂肪。Stahlg（1984）认为，任何脂肪的消化率取决于饲粮中不饱和性脂肪酸与饱和脂肪酸的比例。若比例高于 1.5，则脂肪的消化率高达 85%～92%；若低于 1.5，则其消化率直线下降。动物种类和脂肪类型（主要是饱和程度）对脂肪消化率的影响情况如表 6-2 所示。

表 6-2　动物种类和脂肪类型对脂肪消化率的影响　　　　　　　　　单位：%

类　　别	绵羊	猪	鸡	大鼠
牛脂	85	96	69～91	87
动、植物混合脂	74	71	81	—
青鱼油	84	—	—	—
大豆油	83	93	98	—
玉米油	78	—	85～98	99

④ 熔点：一般来说，50℃以上熔点的脂肪较难被消化；而 50℃以下熔点的脂肪较易被消化。表 6-3 总结了脂肪熔点与其消化率的关系。

表 6-3 脂肪熔点与消化率的关系

类　　别	熔点/℃	消化率/%
羊脂	44～55	81
牛脂	42～50	89
猪脂	36～50	94
乳脂	28～36	98
菜油	室温	99
豆、麻、棉油	室温	98

二、反刍动物对脂类的消化与吸收

1. 脂类在瘤胃中的消化

反刍动物对脂类消化的主要部位是瘤胃，脂类在瘤胃微生物的作用下，发生水解、氢化和异构等作用。反刍动物采食的饲料主要是谷实、牧草、干草和秸秆等。其中脂类包括甘油三酯、半乳糖酯等。这些脂类在瘤胃微生物作用下被降解为脂肪酸、甘油和半乳糖等，甘油和半乳糖可进一步降解为挥发性脂肪酸（VFA）。同时，在瘤胃中还进行着下列特殊反应：①不饱和性脂肪酸被氢化为饱和性脂肪酸；②苏氨酸、缬氨酸转化为支链脂肪酸；③以丙酸、乳酸为原料合成奇数碳原子的脂肪酸；④合成反式脂肪酸。

2. 脂类在小肠中的消化

脂类在反刍动物小肠内的消化过程与单胃动物类似。进入小肠中的脂类由混合在食糜内的中、长链脂肪酸、瘤胃微生物合成的脂类和少量的未被瘤胃消化的脂类组成。进入小肠的甘油三酯、磷脂和糖脂等分别被胰脂肪酶、胰磷脂酶、胰糖脂酶等降解为脂肪酸、甘油、单糖、甘油一酯、磷酸等。

3. 脂类消化产物的吸收

脂类的消化产物在反刍动物的瘤胃、小肠等均能被吸收。挥发性脂肪酸（乙酸、丙酸、丁酸）通过瘤胃壁直接被吸收；不长于 14 个碳链的脂肪酸可被肠壁直接吸收；长碳链脂肪酸在呈酸性环境的空肠前段被吸收；中、后段空肠主要吸收脂类消化产物的其他组分。

第三节　动物体内脂类代谢及其调控

一、脂类在动物体内转运

血中脂类主要以脂蛋白质的形式转运（图 6-9）。根据其密度、组成和电泳迁移速率，可将脂蛋白质分为四类：乳糜微粒（chylomicron，CM）、极低密度脂蛋白质（very low density lipoprotein，vLDL）、低密度脂蛋白质（low density lipoprotein，LDL）和高密度脂蛋白质（high density lipoprotein，HDL）。CM 在小肠黏膜细胞中合成，vLDL、LDL 和 HDL 既可在小肠黏膜细胞中合成，也可在肝脏中合成。脂蛋白质中的蛋白质基团赋予脂类水溶性，使其能在血液中正常运转。中、短链脂肪酸可直接进入门静脉血液与清蛋白质结合被转运。CM 和其他脂蛋白质通过血液循环很快到达肝脏和其他组织。禽类淋巴系统发育不健全，所有脂类基本上都是经门脉血液转运。血中脂类转运到脂肪组织、肌肉、乳腺等毛细血管后，游离脂肪酸通过被动扩散进入细胞内，甘油三酯经毛细血管壁的酶分解成游离脂肪

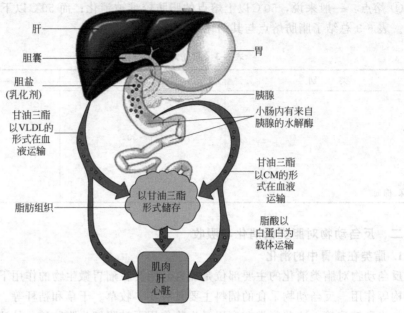

图 6-9　脂类在体内的消化吸收与转运

酸后再被吸收，未被吸收的脂类经血液循环到达肝脏进行代谢。

二、动物体内脂类代谢

脂类在动物体内代谢极为复杂，受动物种类、遗传和营养状况影响。在饲粮脂类和能量供给充裕的条件下，脂肪组织和肌肉组织都以脂肪合成代谢为主；饥饿情况下，则以脂类氧化分解代谢为主。

1. 脂肪的合成

脂肪是动物体贮存能量的主要形式。猪和反刍动物主要在脂肪组织中合成脂肪；人主要在肝中合成脂肪；家禽完全在肝中合成脂肪；鼠、兔等动物在肝脏和脂肪组织中都可合成脂肪。

动物可将从消化道吸收的脂肪酸作为合成脂肪的原料。反刍动物合成脂肪的主要原料是挥发性脂肪酸；非反刍动物合成脂肪的另一重要原料是葡萄糖。

动物采食饲粮后，糖类化合物进入肝脏，通过一系列过程合成糖原，但动物不能储存大量的糖原。因此，多余的糖类化合物经过代谢后转化为脂肪酸乃至脂肪。

① 脂肪酸合成　饱和脂肪酸是以乙酰 CoA 为原料，在胞液中脂肪酸合成酶的作用下合成；在肝与脂肪细胞内的混合功能氧化酶（mixed function oxygenase）的作用下，饱和脂肪酸通过脱饱和可转化为不饱和脂肪酸。

② 3-磷酸甘油合成　一是通过糖代谢途径生成：糖分解代谢产生的磷酸二羟丙酮，在3-磷酸甘油脱氢酶的作用下，被还原为 3-磷酸甘油；二是在甘油激酶的催化下，将胞内已有的甘油活化为 3-磷酸甘油。

③ 脂肪合成　有两条途径，一是以甘油一酯为起始物，在脂酰转移酶的作用下，加上 2 分子脂酰基转变为甘油三酯；二是利用糖代谢产生的 3-磷酸甘油，在脂酰转移酶的作用下，加上 2 分子的脂酰基转化为磷脂酸，磷脂酸在磷脂酸磷酸酶催化下，降解为 1, 2-甘油二酯并脱掉磷酸，然后在脂酰转移酶的作用下，加上 1 分子脂酰基生成甘油三酯。

2. 脂肪的氧化

肌细胞中脂肪是体内重要的脂肪代谢库，其代谢主要是氧化供能。肌组织中沉积的脂肪可通过局部循环进入肌细胞内氧化代谢，从而使脂肪表现出高能效。肌细胞能氧化利用饲粮源性和内源性脂肪酸。在葡萄糖供能不足的情况下，长碳链脂肪酸才氧化供能。进入肾脏的脂肪酸也主要被用于氧化供能。

脂肪的氧化过程（图6-10）如下：在脂肪酶的作用下脂肪被水解为甘油和脂肪酸。在细胞内，脂肪酸在脂酰辅酶A合成酶催化下，通过ATP提供能量，活化为脂酰CoA（acyl-CoA），再在脂肪酸β-氧化多酶复合体催化下分解。从脂酰基β-碳原子开始，通过脱氢、加水、再脱氢和硫解等一系列步骤，脂酰基被裂解为乙酰CoA和1分子比原来少2个碳原子的脂酰CoA，如此反复进行，直至脂酰CoA全部被降解为乙酰CoA，乙酰CoA进入三羧酸循环完全被氧化为二氧化碳和水，并释放出供生命和生产活动所需的能量。对哺乳动物来说，脂肪酸除β-氧化途径外，还有α-氧化和ω-氧化方式。

酮体（acetone bodies）包括乙酰乙酸（acetoacetic acid）、β-羟基丁酸（β-hydroxybutyric acid）和丙酮（acetone）。在正常情况下，肝脏生成的酮体能及时地被肝外组织氧化利用。但在能量供应不足时，脂肪的动用加强，肝脏产生大量的酮体，超过肝外组织的利用能力，造成血中酮体积累，出现酮血症（letonemia）。这种情况多见于能量摄入不足的高产奶牛。

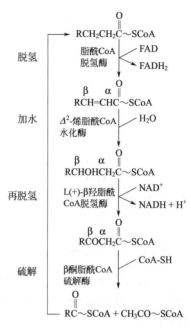

图6-10　脂肪的氧化过程（β-氧化）

脂肪分解的另一产物甘油，在甘油磷酸激酶作用下转化为α-磷酸甘油，在脱氢酶催化下生成磷酸二羟丙酮，后者既可循糖分解代谢途径氧化供能，又可通过糖异生途径转化为葡萄糖或糖原。

心肌中β-羟基丁酸氧化供能比脂肪酸氧化供能更有效。

3. 磷脂的代谢

① 甘油磷脂的代谢　甘油磷脂（图6-11）的合成有两条途径：一是胆碱和乙醇胺被活化为胞苷二磷酸胆碱和胞苷二磷酸乙醇胺，后被转移到甘油二酯分子上；另一途径是磷脂酸在磷脂酰胞苷转移酶的作用下，转化为胞苷二磷酸甘油二酯，后者再分别与肌醇、丝氨酸和磷脂酰甘油反应，在合成酶的作用下，生成相应的磷脂。图6-12描述了由葡萄糖合成磷脂的过程。

甘油磷脂在多种磷脂酶的催化下，被降解为甘油、脂肪酸、磷酸、胆碱与乙醇胺等组分。

② 鞘磷脂的代谢　动物体内含量最多的鞘磷脂是神经鞘磷脂（sphingomyelin），由神经酰胺与磷酸构成。软脂酰CoA与丝氨酸在鞘氨醇合成酶系的作用下合成鞘氨醇，鞘氨醇在脂酰基转移酶催化下转化为神经酰胺，然后与胞苷二磷酸胆碱作用生成神经鞘磷脂。

鞘磷脂在鞘磷脂酶的催化下，被降解为磷酸胆碱和神经酰胺。

③ 糖脂的代谢　脑苷脂（神经节苷脂）是由二磷酸尿苷-葡萄糖、二磷酸尿苷-半乳糖和二磷酸尿苷-N-乙酰半乳糖胺在糖基转移酶催化下，依次连接到神经酰胺分子上逐步合成的。

4. 胆固醇的代谢

胆固醇的合成非常复杂，经很多步骤，并有多种酶类参与，而其中某些过程至今未能完

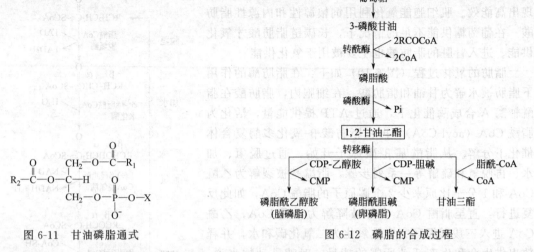

图 6-11　甘油磷脂通式　　　　　图 6-12　磷脂的合成过程

全阐明。其合成途径归纳起来为：乙酰 CoA 转化为 3-羟基-3-甲基戊二酰辅酶 A（3-hydroxy-3-methylglutaryl CoA，HMG-CoA），HMG-CoA 再转化为鲨烯，鲨烯经环化后转化为胆固醇。

在动物体内，胆固醇主要在肝脏中转化为胆汁酸，以胆汁酸盐的形式随胆汁排出，未被吸收的胆固醇以原型或在肠道微生物的作用下被还原为粪胆固醇，随粪排出。

三、饲粮脂肪酸饱和性对动物体脂品质的影响

① 在猪、禽等单胃动物中，饲粮中的脂肪酸在消化、吸收以及转运过程中，其结构基本上未发生变化，这些动物直接用饲粮源性脂肪酸合成体脂。当饲粮脂肪中不饱和脂肪酸含量高时，猪、禽体内不饱和脂肪酸含量也显著升高，导致猪、禽体脂变软，易酸败，肉质下降，不宜做腌肉和火腿。为了避免这种情况，在猪育肥后期，可喂麦类、薯类等饲料。

② 在反刍动物中，饲粮中的不饱和性脂肪酸经瘤胃微生物的氢化作用，变成饱和性脂肪酸；另外，瘤胃微生物合成的脂肪酸也多是饱和性脂肪酸。因此，反刍动物体脂的硬度高，基本上不受饲粮脂肪酸饱和度的影响。

③ 马、兔后段消化道有与瘤胃相似的细菌，虽同样可将源于饲粮的不饱和性脂肪酸氢化为饱和性脂肪酸，但饲粮脂肪酸在到达后段消化道前，大部分已被小肠壁吸收，故马、兔体脂硬度仍受饲粮脂肪酸饱和度较大的影响。

四、动物体内脂类代谢的调控

脂肪在动物体内是不断合成和分解的。当合成过程大于分解过程时，则脂肪在动物体内沉积；当分解过程大于合成过程时，则体脂减少。动物体内脂肪沉积与减少受多种因素影响，其中最重要因素是供能物质摄入量和机体能量消耗间的平衡。当摄入能量物质超过其消耗量时，则体脂沉积；反之则体脂消耗。此外，体内脂类代谢还受以下因素调控。

1. 激素

（1）胰岛素　胰岛素在动物体内总体作用是促进脂肪合成，是通过以下几方面实现的：①降低游离脂肪酸在肌肉等组织中的氧化作用；②促进乙酰辅酶 A 合成脂肪酸；③促进脂肪酸与 α-磷酸甘油酯化为甘油三酯；④增强脂蛋白脂酶的合成，从而促进脂肪组织从血浆脂蛋白中摄入脂肪酸。

（2）生长激素　生长激素对脂肪代谢具有双重效应，即生长激素的生理效应（抗胰岛素

样效应），表现为生长激素引起脂肪分解，血中游离脂肪酸含量升高；生长激素的药理效应（胰岛素样效应），表现为促进葡萄糖进入细胞，细胞的脂肪合成作用增强。研究证明，生长激素能抑制苹果酸脱氢酶、葡萄糖-6-磷酸脱氢酶和异柠檬酸脱氢酶的活性，这三种酶都是脂肪酸合成过程中所需的还原型辅酶Ⅱ（NADPH）生成反应的关键酶。由于这些酶受到抑制，胞液中 NADPH 的合成量减少，从而使脂肪酸合成降低，动物体内脂肪沉积量随之减少。总之，生长激素对脂肪代谢的作用是：抑制脂肪合成与细胞肥大；促进脂肪酸的氧化。

（3）肾上腺素和胰高血糖素　这两种激素均能促进脂肪分解，使脂肪组织释放至血中的游离脂肪酸量增加，因而血中游离脂肪酸浓度增高，肌肉中游离脂肪酸含量也增多，于是肌肉中游离脂肪酸氧化作用增强，为肌肉活动提供了能量。

（4）瘦素（leptin）　过去认为，瘦素主要通过下丘脑中的瘦素受体而发挥生理作用。近年来的研究表明，瘦素受体还存在于包括脂肪组织在内的外周组织中，因此瘦素可通过脂肪组织中的瘦素受体而促进脂肪分解。研究表明，来源于瘦素基因突变的 ob/ob 肥胖小鼠的脂肪细胞在体外实验中对外源性瘦素呈现出剂量依赖性的脂解作用；来源于瘦鼠的脂肪细胞对瘦素呈现非剂量依赖性的脂解作用；而对瘦素受体缺陷的 db/db 小鼠的脂肪细胞，瘦素则无此作用。瘦素不仅可作用于脂肪组织促进脂解，并可作用于肌肉组织，使其脂解增强。

2. 一些特殊因子

（1）脂滴包被蛋白　已在脂滴表面发现一种蛋白质，被命名为脂滴包被蛋白（perilipin），它包被在脂肪细胞和甾体生成细胞脂滴表面。基础代谢状态下，perilipin 可减少甘油三酯水解，使其贮备增加。脂肪分解时，磷酸化的 perilipin 能促进甘油三酯水解，而且该蛋白对激素敏感脂酶从胞浆向脂滴转位是必需的。据推测，perilipin 可能在脂肪分解调控中起到"分子开关"的作用。蛋白激酶 A、细胞外信号调节激酶等信号转导通路参与了脂肪分解。

（2）脂肪特异性磷脂酶 A_2　据报道，脂肪组织中含有较多量的脂肪特异性磷脂酶 A_2（AdPLA）。AdPLA 能提高前列腺素 E_2（PGE_2）的水平，而 PGE_2 可抑制脂肪的分解。当 PGE_2 水平因缺乏 AdPLA 而下降时，脂肪分解过程就不受抑制，导致小鼠即使整天进食仍能保持体脂不增加。研究发现，AdPLA 缺失的小鼠要比正常小鼠消耗更多的能量，也直接在脂肪细胞内消耗更多的脂肪。据此有人认为，AdPLA 有可能成为治疗人和动物肥胖的一个新靶标。

（3）环-磷酸腺苷（cAMP）　研究表明，cAMP 的升高，可活化组织中激素敏感脂酶，使细胞内游离脂肪酸浓度增加，从而加快脂肪的分解和脂肪酸的氧化。活体实验表明，外源性 cAMP 可降低动物体脂的沉积。

（4）β-肾上腺素能兴奋剂　β-肾上腺素能兴奋剂是一类儿茶酚胺类激素的衍生物，可显著促进脂肪细胞内甘油三酯的分解，抑制脂肪酸和甘油三酯的合成。

3. 免疫技术

脂肪细胞膜免疫技术就是其中之一，这种技术的研究始于 20 世纪 80 年代，把从动物脂肪细胞膜分离得到的膜蛋白作抗原，通过被动免疫或主动免疫来破坏细胞，使脂肪细胞的数量减少，或在一定程度上破坏其正常的功能，限制其沉积脂肪的能力，以期达到降低体脂的目的。脂肪细胞膜免疫被分为主动免疫和被动免疫两种，被动免疫又有多克隆抗体、单克隆抗体与重组 DNA 抗体等几种方式。脂肪细胞膜的被动免疫是指，给动物注射脂肪细胞膜抗体，利用抗体去破坏脂肪细胞，使脂肪细胞不能再生，结果使脂肪组织中的脂肪细胞数量减少，体积变小，沉积脂肪能力降低，从而减少体内脂肪含量。被动免疫的方式主要有皮下注射和腹腔内注射。皮下注射只产生局部效应，影响抗体作用的发挥；腹腔注射产生的效果是全身性的，且持续时间长。脂肪细胞膜主动免疫是指，直接用脂肪细胞膜作为免疫原，引起动物对脂肪组织产生主动的抑制作用。也可在脂肪细胞膜上偶联载体蛋白以增强其免疫原性。与被动免疫相比，主动免疫操作简单，但效果较差。

4. 营养因子

营养物质不仅作为代谢过程的底物、辅酶或辅助因子，而且对编码蛋白质、酶、载体、受体等的许多基因的表达有调控作用。通过营养学途径调控动物的脂类代谢，不仅能降低动物体内脂肪的沉积，还可改善畜、禽的肉质、风味和营养价值。大量研究表明，甜菜碱、肉碱、有机铬、烟酸、黄酮类化合物、茶多酚、壳聚糖、共轭亚油酸等都具有降低动物脂肪沉积的作用。

第四节 必需脂肪酸

一、脂肪酸的简写法

对脂肪酸，常用简写法表示。简写法的原则是：先写脂肪酸链碳原子数目，再写双键数目，最后写双键在碳链上的位置。例如：软脂酸简写法是 16：0，表明软脂酸含 16 个碳原子，无双键；油酸简写法是 18：1（9）或 18：1$^{\Delta 9}$，表明油酸含 18 个碳原子，有 1 个双键，双键位置是（从羧基碳原子数起）在第 9 与第 10 位碳原子之间；花生四烯酸简写法是 20：4（5、8、11、14）或 20：4$^{\Delta 5,8,11,14}$，表明花生四烯酸含 20 个碳原子，有 4 个双键，双键位置分别在第 5～6、8～9、11～12、14～15 碳原子之间。

另外，还有其他简写法。如亚油酸简写法是 18：2n-6 或 18：2（ω-6）或 18：2ω6，表明亚油酸含 18 个碳原子，有 2 个双键，距甲基最近的双键在第 6 与第 7 碳原子之间（从甲基端碳原子数起）；又如亚麻酸 18：3n-3 或 18：3（ω-3）或 18：3ω3，表明亚麻酸含 18 个碳原子，有 3 个双键，距甲基最近的双键在第 3 与第 4 碳原子之间（从甲基端碳原子数起）。当然，还有其他表示法（表 6-4）。

表 6-4 饲料中常见脂肪酸

名　称	分子式	简写法	简写法	熔点/℃
丁酸（酪酸）	C_3H_7COOH	C4：0		−7.9
己酸（羊油酸）	$C_5H_{11}COOH$	C6：0		−3.2
辛酸（羊脂酸）	$C_7H_{15}COOH$	C8：0		16.3
癸酸（羊醋酸）	$C_9H_{19}COOH$	C10：0		31
月桂酸	$C_{11}H_{23}COOH$	C12：0		44
豆蔻酸	$C_{13}H_{27}COOH$	C14：0		56
棕榈酸（软脂酸）	$C_{15}H_{31}COOH$	C16：0		63
硬脂酸	$C_{17}H_{35}COOH$	C18：0		70
花生酸	$C_{19}H_{39}COOH$	C20：0		76
棕榈油酸	$C_{15}H_{29}COOH$	$\Delta 9$C16：1	C16：1ω-7	1.5
油酸	$C_{17}H_{33}COOH$	$\Delta 9$C18：1	C18：1ω-9	13.4
芥子酸	$C_{21}H_{41}COOH$	$\Delta 13$C22：1	C22：1ω-9	33～34
亚油酸	$C_{17}H_{31}COOH$	$\Delta 9,12$C18：2	C18：2ω-6	−5
亚麻酸	$C_{17}H_{29}COOH$	$\Delta 9,12,15$C18：3	C18：3ω-3	−14.5
花生四烯酸	$C_{19}H_{31}COOH$	$\Delta 5,8,11,14$C20：4	C20：4ω-6	−49.5
二十碳五烯酸	$C_{19}H_{29}COOH$	$\Delta 5,8,11,14,17$C20：5	C20：5ω-3	
二十二碳六烯酸	$C_{21}H_{31}COOH$	$\Delta 4,7,10,13,16,19$C22：6	C22：6ω-3	

二、必需脂肪酸的概念和种类

1. 必需脂肪酸的概念

在不饱和性脂肪酸中，有几种多不饱和性脂肪酸（poly unsaturated fatty acids，PUFA）为动物生长发育所必需，但动物体本身不能合成，必须由饲粮直接提供，这些PUFA就称为必需脂肪酸（essential fatty acids，EFA）。

2. 必需脂肪酸的种类

一般认为：畜、禽等陆上动物必需脂肪酸有三种，即亚油酸（18：2ω6，linoleic acid）、α-亚麻酸（18：3ω3，α-linolenic acid）、花生四烯酸（20：4ω6，arachidonic acid）。亚油酸和α-亚麻酸在动物体内不能合成，须由饲粮提供（表6-5）。花生四烯酸在体内虽可由亚油酸转化形成，但合成的量有限，也要由饲粮提供。鱼、虾等水生动物必需脂肪酸有五种，即除上述三种外，还加上二十碳五烯酸（20：5ω3，eicosapentaenoic acid，EPA）、二十二碳六烯酸（22：6ω3，docosahexaenoic acid，DHA）。

表6-5　常用油脂中部分必需脂肪酸含量　　　　　　　　　　　　单位：%

必需脂肪酸	玉米油	大豆油	动、植物混合油脂	步鱼鱼油	鸡油	牛羊脂
C18：2ω6	53.29	51.64	11.54～50.36	1.19	18.92	3.00
C18：3ω3	0.84	6.01	0.75～2.89	0.96	0.82	0.5
C20：5ω3	ND	ND	ND	15.52	ND	ND
C22：6ω3	ND	ND	ND	9.68	ND	ND

注：ND——未测出。

三、必需脂肪酸的来源

常用饲料中亚油酸（主要的EFA）较丰富。植物性油脂是EFA的最好来源。饲粮中亚油酸含量0.9%以上即能满足家禽的营养需要。猪饲粮中含有1.5%以上的植物性脂肪就能满足其对EFA的需要。一般以玉米、燕麦为主要能源或以谷实及其副产品为主的饲粮都能满足动物对亚油酸的需要。幼龄、生长快的和妊娠动物EFA可能不足，表现缺乏症。此外，动物的饲粮由马铃薯、甘薯、木薯、淀粉等能量饲料和浸提工艺生产的饼粕组成的，也可能出现EFA的缺乏症。因此，可在其饲粮中添加适量的植物油，如大豆油、芝麻油、花生油、菜籽油或玉米油等。

成年反刍动物由于其瘤胃微生物能合成EFA，故EFA对其无实际意义。但是，幼龄反刍动物瘤胃微生物区系尚未形成或成熟，仍需从饲粮中供给EFA。

四、必需脂肪酸的生理作用与缺乏后果

1. EFA的生理作用

① 作为磷脂的重要组分　磷脂是生物膜的主要结构成分，因此EFA与生物膜的结构和功能直接相关。

② 合成前列腺素　前列腺素（prostaglandins）广泛存在于动物体的许多组织器官中，具有多种生理功能，如促进血管的扩张与收缩、神经的传导、促进排卵与分娩、保护胃肠道细胞以及调节体液与细胞免疫等。

③ 参与胆固醇代谢　胆固醇与亚油酸结合成亚油酸胆固醇酯，并与低密度脂蛋白和高密度脂蛋白结合，被转运和代谢，如高密度脂蛋白将胆固醇运至肝脏被分解代谢。

④ 保护组织　必需脂肪酸对皮肤和其他组织有保护作用，其机理可能是新生组织的形成和受损组织的修复都需要亚油酸。

2. 必需脂肪酸的缺乏后果

动物缺乏必需脂肪酸后会表现一系列的病理变化。例如，猪、禽、鱼以及幼龄反刍动物缺乏 EFA 后，主要表现是：皮肤受损并呈现角质化，毛细血管变得脆弱、水的渗透性增强，繁殖力与免疫功能降低，肝脏中的 ATP 合成减少以及生长停滞等。

五、共轭亚油酸

1. 共轭亚油酸的概念

共轭亚油酸（conjugated linoleic acids，CLA）是必需脂肪酸亚油酸的异构体，为一类含有共轭双键的十八碳二烯脂肪酸的总称。这些异构体的共同特征是两个双键直接通过一个 C—C 单键连接，没有被亚甲基（—CH_2—）隔开。其双键在碳链上有多种位置排列方式，在每个位置上又有 4 种异构体，故共轭亚油酸的种类很多，但最主要的为顺 9 反 11 亚油酸，其次为反 10 顺 12 亚油酸。

2. 共轭亚油酸的生理功能

① 抗癌作用 实验发现，CLA 能减少致癌物引起的皮肤癌、胃癌、乳腺癌、结肠癌和胸腺癌；生理浓度的 CLA 可杀死或抑制人类恶性黑素瘤、结肠和直肠癌以及胸癌培养的细胞。另外，CLA 还能调节细胞色素 P450 的活性和抑制与致癌有关的如鸟氨酸脱羧酶、蛋白激酶 C 等的活性，同时也能抑制癌细胞中蛋白质和核酸的合成。NRC（1996）认为，共轭亚油酸是抑制动物产生癌症的唯一脂肪酸。

② 降低血和肝中胆固醇水平 在含胆固醇的饲粮中添加（试验组）与不添加 CLA（对照组），将其喂兔和鼠。结果是：与对照组组比较，试验组兔和鼠血液中总胆固醇水平均较低，低密度脂蛋白胆固醇与高密度脂蛋白胆固醇的比例降低，未发生动脉硬化。另试验发现，采食添加 3% CLA 的饲粮的鼠肝中胆固醇含量下降了 41%，血清低密度胆固醇也显著减少了。CLA 能抑制肠脂酰基辅酶 A 胆固醇酰基转移酶的活性，这种酶可能与胆固醇的吸收有关。

③ 抑制脂肪沉积 研究表明，在猪和鼠饲粮中添加 CLA，能抑制脂肪沉积，提高瘦肉率。这是由于 CLA 抑制了脂肪组织的脂合成和促进脂分解。在肉鸡饲粮中添加 1.8% CLA，肉鸡肝脏和胸部脂肪含量显著下降，蛋白质含量增加，大腿肌肉比例增大。研究发现，饲粮中 CLA 含量在 0~1% 之间变化时，猪体的脂肪沉积呈线性下降，最多减少量达 31%；饲粮 CLA 含量为 0.5% 时，瘦肉沉积增加量最多，达 25%。体外培养试验表明，CLA 能抑制脂肪前体细胞的增生，减少三酰甘油积累，诱导脂肪细胞凋亡。

④ 提高动物产品质量 共轭亚油酸可减少体脂含量，增加体蛋白质含量。共轭亚油酸还可促进猪的生长、提高饲料转化率、降低背膘厚、增大眼肌面积、提高瘦肉率。

⑤ 免疫调节 大量试验表明，CLA 通过调控细胞免疫因子、前列腺素的合成以及类十二烷酸等途径，促进淋巴细胞的转化、增强淋巴细胞和巨噬细胞的免疫力。在饲粮中添加 CLA，可增加动物脾脏和血清中免疫球蛋白 IgG、IgM、IgA 含量，脾脏细胞的增生加快。

3. 共轭亚油酸的来源

共轭亚油酸广泛存在于动、植物与人体的一些组织中，主要存在于反刍动物乳汁和脂肪组织中，如牛乳含共轭亚油酸 4~17mg/kg，羊肉含共轭亚油酸 12mg/kg。通过碱催化对亚油酸异构化反应，可生产共轭亚油酸。

① 天然来源 CLA 主要存在于反刍动物牛和羊等的肉和奶中。这是由于在反刍动物瘤胃中溶纤维性丁酸弧菌分泌的亚油酸异构酶能使亚油酸转化成 CLA，主要是 c-9，t-11 异构体 CLA。CLA 也少量存在于其他动物的组织、血液和体液中。对火鸡屠体热处理，可使亚

油酸异构化生成 CLA，每克火鸡脂肪中含 2.5～11mg CLA。植物性食品也含有 CLA，但其异构体的分布模式显著地不同于动物性食品，特别是具有生物活性的 c-9，t-11 异构体在植物性食品中含量很少，如在每克普通植物油中仅含有 0.1～0.7mg CLA，且 c-9，t-11 异构体含量不到总 CLA 的一半。海产品中的 CLA 含量也很少。

② 人工合成　以亚油酸或富含亚油酸的植物油为底物，通过碱催化的异构化反应，可合成 CLA。人工合成的 CLA 是多种异构体的混合物。最新改进的合成工艺可使 CLA 较纯，c-9，t-11 和 t-10，c-12 异构体的含量超过 50%，非 CLA 成分低于 1%。但目前，人工合成的 CLA 仍是多种异构体的混合物。分离纯化以期获得单一异构体 CLA 的技术难题尚未解决。

本 章 小 结

脂类是溶于乙醚等有机溶剂而不溶于水的一类物质，为非常重要的有机养分。脂类包括脂肪和类脂，具有水解、氢化、干化、氧化酸败等性质。脂类具有供给与贮存能量、促进脂溶性维生素的吸收和转运、提供必需脂肪酸、合成固醇类激素、构筑生物膜、维持神经的正常传导、保护脏器、增强免疫机能等作用。

单胃动物消化脂类的主要场所是小肠。消化产物主要是脂肪酸、甘油、甘油一酯、磷脂和胆固醇等，它们被吸收的部位是十二指肠后段和空肠前段。

反刍动物消化脂类的主要部位是瘤胃，在瘤胃微生物的作用下，脂类发生水解、氢化和异构等作用。在瘤胃微生物作用下脂类被降解为脂肪酸、甘油和半乳糖等，甘油和半乳糖可进一步降解为挥发性脂肪酸。在瘤胃中还有以下特殊反应：不饱和性脂肪酸被氢化为饱和性脂肪酸；苏氨酸、缬氨酸转化为支链脂肪酸；以丙酸、乳酸为原料合成奇数碳原子的脂肪酸；合成反式脂肪酸。脂类的消化产物在反刍动物的瘤胃、小肠等均能被吸收。挥发性脂肪酸通过瘤胃壁直接被吸收；不长于 14 个碳链的脂肪酸可被肠壁直接吸收；长碳链脂肪酸在空肠前段被吸收；中、后段空肠主要吸收脂类消化产物的其他组分。

血中脂类主要以脂蛋白质的形式转运。脂类在动物体内代谢极为复杂，受动物种类、遗传和营养状况影响。在饲粮脂类和能量供给充裕的条件下，脂肪组织和肌肉组织都以脂肪合成代谢为主；饥饿情况下，则以脂类氧化分解代谢为主。

猪、禽等动物体脂硬度受饲粮脂肪酸饱和度的影响较大；反刍动物饲粮中的不饱和性脂肪酸经瘤胃微生物的氢化作用，变成饱和性脂肪酸，因此反刍动物体脂的硬度大，基本上不受饲粮脂肪酸饱和度的影响；马、兔体脂硬度也受饲粮脂肪酸饱和度较大的影响。

脂肪在动物体内是不断合成和分解的。当合成过程大于分解过程时，则脂肪在动物体内沉积；当分解过程大于合成过程时，则体脂减少。动物体内脂肪沉积与减少受多种因素影响，其中最重要因素是供能物质摄入量和机体能量消耗间的平衡。当摄入能量物质超过其消耗量时，则体脂沉积；反之则体脂消耗。此外，体内脂类代谢还受激素、营养因子等调控。

在不饱和性脂肪酸中，有几种多不饱和性脂肪酸（PUFA）为动物生长发育所必需，但动物体本身不能合成，必须由饲粮直接提供，这些 PUFA 就称必需脂肪酸（EFA）。

一般认为：陆上动物 EFA 有三种，即亚油酸、亚麻酸、花生四烯酸；水生动物 EFA 有五种，即除上述三种外，还加上二十碳五烯酸和二十二碳六烯酸。

植物性油脂是 EFA 的最好来源。EFA 参与磷脂合成，且以磷脂形式构成细胞膜；EFA 和固醇结合，参与其转运和代谢；EFA 为合成前列腺素的原料。动物缺乏 EFA 时，水代谢紊乱，毛细血管通透性增强，受损伤的组织难以修复。

成年反刍动物由于其瘤胃微生物能合成 EFA，故 EFA 对其无实际意义。但幼龄反刍动物瘤胃微生物区系尚未形成或成熟，仍需从日粮中供给 EFA。

共轭亚油酸是必需脂肪酸亚油酸的异构体，为一类含有共轭双键的十八碳脂肪酸的总称。共轭亚油酸广泛存在于动、植物与人体的一些组织中，主要存在于反刍动物乳汁和脂肪组织中。通过碱催化对亚油酸异构化反应，可生产共轭亚油酸。

共轭亚油酸对动物主要有以下作用：增强机体免疫力；抗癌作用；抑制脂肪沉积，降低血液和肝中胆固醇含量；减少体脂含量，增加体蛋白质含量。 （胡忠泽）

本章小结

第七章　能量的营养

动物在维持生命活动和生产过程中需要能量。饲料有机营养物质中含有能量，在降解过程中可释放出来，供动物需要。供给足够的能量、提高饲料能量转化率，增大能量效益，是畜牧水产工作者研究与生产的目标之一。

第一节　概　　论

一、能量的概念

能量简称能，指物体做功的能力。能量以热能、光能、机械能、电能、化学能等形式表现出来，动物可利用化学能。化学能储藏于饲料营养物质的化学键中，断裂时便释放出来，供动物体所用。

过去常用热量单位即卡（calorie）、千卡（kilo calorie, kcal）和兆卡（mega calorie, Mcal）来衡量饲料能值。将在 1 个大气压下，1g 水由 14.5℃升到 15.5℃时所需的热量称为 1 卡。将 1g 养分在动物体内完全氧化，或 1g 饲料在体外完全燃烧所放出的热量就称该养分或饲料的卡价（calorie value）。例如，脂肪的卡价为 9.5，玉米的卡价为 4.5。

因用热量单位衡量饲料能值在一些方面不够确切，故国际营养科学协会与国际生理科学协会命名委员会建议用功单位即焦耳（Joule, J）。千焦耳（kilo Joule, kJ）和兆焦耳（mega Joule, MJ）来衡量饲料能值。1 焦耳是指用 1 牛顿力使物体沿着力的方向移动 1m 时所做的功。

热量单位与功单位的换算关系如下：$10^6 cal = 10^3 kcal = 1Mcal = 4.184 \times 10^6 J = 4.184 \times 10^3 kJ = 4.184MJ$

二、饲料能量及其对动物的功用

饲料经燃烧后放出的热量或饲料在动物体内分解后释放的能量就是饲料能量。它主要蕴藏于饲料中糖、脂和蛋白质三大营养物质中，其化学键断裂时便释放出来。一些养分和饲料中能值参见本书第一章表 1-3。饲料能量源于太阳能（图 7-1），动物对饲料能量的利用概况如图 7-2 所示。

饲料能量供动物维持和生产需要，即一方面供动物机体基础代谢、维持体温和自由活动等之需；另一方面还供动物生长、产乳、产蛋、产毛和役用等需要。

三、能量代谢与物质代谢的关系

糖类化合物、脂肪与蛋白质为三大有机营养物质，其中蕴含有能量，它们在分解和合成等过程中，伴随着能量的释放和吸收，能量代谢和（营养）物质代谢同时并存。因此，物质代谢和能量代谢是动物体新陈代谢的两个方面，也是两种表现形式。

第二节　饲料能量在动物体内代谢过程

饲料能量被动物摄入后可经过一系列的代谢转化，据此可将饲料能量划分为四个代谢阶段的能量，即饲料总能（尚未经代谢）、饲料消化能、饲料代谢能和饲料净能。

图 7-1　生物界中能量流动

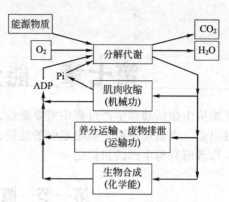

图 7-2　动物对饲料能量的利用

一、总能

饲料完全燃烧后所产生的热量即为饲料总能（gross energy，GE），它蕴藏于饲料有机物质中。饲料的总能值取决于饲料中糖类化合物、脂肪和蛋白质的含量。这三大有机养分平均含能量为：糖类化合物 17.5MJ/kg，蛋白质 23.6MJ/kg，脂肪 39.5MJ/kg。有机物质氧化释放能量主要取决于碳和氢同外来氧的结合，分子中碳、氢含量愈多，能量就愈多。脂肪平均含碳 77%、氢 12%，蛋白质平均含碳 52%、氢 7%，糖类化合物含碳 44%、氢 6%。因此，糖类化合物能值最小，蛋白质能值居中，脂肪能值最大（约为糖类化合物 2.25 倍）。饲料总能反映饲料中贮藏的化学能值。

二、消化能

动物采食饲料总能后，一部分未消化的能量由粪中排出，这部分能量就叫粪能（fecal energy，FE）。粪能损失量主要与采食的饲料性质有关。例如，幼龄动物排出的粪能仅占食入能量的 10% 左右；而采食劣质粗料的反刍动物粪能占食入能 60% 以上。粪能中除有未消化的饲料能外，尚含消化道微生物、消化道脱落黏膜与消化道分泌物中的能量（可将这部分能量称为消化道代谢粪能）。因此，这使得饲料消化能测定值偏低。饲料总能减除粪能即为消化能（digestible energy，DE）。由于粪能不仅来源于饲料，故这种消化能被称为表观消化能（apparent digestible energy）。饲料总能减除粪能，再加上消化道代谢粪能，即为饲料真消化能（true digestible energy）。由于测定饲料真消化能较难，故实际应用中多是表观消化能。

三、代谢能

在消化能中有一部分产生可燃气体（主要是甲烷），不能被吸收利用。吸收后的消化能，其中蛋白质部分所含的能量不能在体内完全氧化（如哺乳动物的尿素、禽类的尿酸）。这些不能完全氧化的物质能量从尿中排出，被称为尿能（urinary energy，UE）。尿能损失量较稳定，但也受日粮成分，尤其是日粮中蛋白质含量的影响。尿能主要来源于饲料蛋白质代谢的尾产物（尿素、尿酸等），但也有少量的体组织降解的尾产物。这也使得饲料代谢能测定值偏低。饲料消化能减除可燃气体能和尿能后，就是代谢能（metabolic energy，ME）。由于尿能中还含有内源能（源于体组织降解的尾产物），所以上述代谢能事实上为表观代谢能。

四、热增耗

饲料在消化吸收和中间代谢以及排泄过程中产生热增耗（heat increment，HI）。

（1）概念　绝食动物采食后短时间内，体内产热量多于采食前的产热量的那部分热量就叫 HI。可简单表示为：

$$HI＝采食后产热量－采食前产热量$$

（2）来源　①食物消化吸收过程中产热：食物中多糖、蛋白质和脂肪等在消化道被降解为单糖、氨基酸、脂肪酸等小分子养分时，（化学键断裂）产生热量；单糖、氨基酸等养分被吸收时，消耗能量而产生热量。②养分中间代谢产热：被吸收的单糖、氨基酸、脂肪酸等养分在体内合成、分解和转化等过程中伴随着能量的吸收、释放和转换，必然有能量损失，而产生热量。③肾脏排泄废物产热：养分经代谢后，要产生废物，肾脏排泄某些废物要消耗能量，而产生热量。④组织器官（如肌肉活动、腺体分泌等）活动加强产热：采食以及养分消化、吸收和中间代谢等过程中，动物摄食、咀嚼和吞咽食物、胃肠管运动、消化液和激素分泌活动增强等而产热。

（3）影响因素　①动物种类：采食同样的日粮，反刍动物产生的 HI 比单胃动物产生的 HI 多，主要是因为日粮养分在反刍动物体内的代谢过程比单胃动物多。例如，反刍动物瘤胃微生物对大约 70% 的日粮蛋白质进行"改造"，而单胃动物则没有；又如，淀粉等多糖在单胃动物消化道的主要消化产物是单糖，而在反刍动物消化道的主要消化产物是挥发性脂肪酸；再如，一般来说，反刍动物体内糖的异生作用比单胃动物强。②日粮营养组成和平衡程度：日粮中蛋白质水平高，HI 较多，反之较少；日粮营养平衡性好，HI 较少，反之较多。③采食量：动物的采食量与其体内产生的 HI 成正比。④动物生产方向（经济类型）：例如，育成动物 HI 比肥育动物 HI 多。

（4）HI 的用途　从节能角度看，HI 是无用的。但对动物机体来说，低温下，HI 有助于维持体温恒定；高温下，HI 又成为动物体的额外热负担。

五、净能

饲料代谢能减除热增耗后，即是饲料净能（net energy，NE）。净能可被用于动物维持（maintenance，NEm）和生产（production，NEp）。生产净能分增重净能（NEg）、产乳净能（NE$_L$）、产蛋净能（NEegg）等。饲料代谢能转化为不同形式的净能时，其效率不一样。这是因为产品内容不同，代谢成分（能量）转化产品成分（能量）的过程不同，故转化效率不同。

现将饲料能量在动物体内代谢转化过程总结如图 7-3。

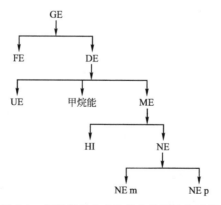

图 7-3　饲料能量在动物体内代谢转化过程

本 章 小 结

饲料能量源于太阳能，饲料经燃烧后放出的热量或饲料在动物体内分解后释放的能量就是饲料能量，它主要蕴藏于饲料中糖、脂和蛋白质三大营养物质中，其化学键断裂时便释放出来。

饲料能量被动物摄入后可经过一系列的代谢转化，据此可将饲料能量划分为四个代谢阶段的能量，即饲料总能（尚未经代谢）、饲料消化能、饲料代谢能和饲料净能。

饲料能量供动物维持和生产需要，即一方面供动物机体基础代谢、维持体温和自由活动等之需；另一方面还供动物生长、产乳、产蛋、产毛和役用等需要。

（汪海峰，王永侠，王　翀）

第八章 维生素的营养

维生素是一组有机营养物质，在天然饲料中含量很少。但是，这些含量很少的维生素却对动物是必需的。

第一节 维生素概论

一、维生素的分类及其作用方式

根据维生素的溶解性，可将其分为脂溶性维生素（fat soluble vitamins）和水溶性维生素（water soluble vitamins）两类。脂溶性维生素包括维生素 A、维生素 D、维生素 E 和维生素 K 四种。在常规（粗略）成分分析方案中，将其归属为粗脂肪（醚浸出物）类。脂溶性维生素一般能较独立地起作用。水溶性维生素又被分为 B 族维生素和维生素 C。B 族维生素分子中因都含有化学元素氮，故被归属为粗蛋白质类。B 族维生素主要包括维生素 B_1、维生素 B_2、维生素 B_6、维生素 PP、泛酸、生物素、叶酸、维生素 B_{12}、胆碱等。该族维生素多以辅酶形式参与动物机体新陈代谢。维生素 C 被归属为糖类化合物，在动物体内作用广泛。

二、维生素的来源与衡量单位

维生素 A 仅来源于肝粉、鱼粉、奶粉、卵黄粉等动物性食品或饲料，植物性饲料中胡萝卜素可在动物的肠壁、肝脏和乳腺中转化为维生素 A。维生素 D_3 来源于肝粉、鱼粉、奶粉、卵黄粉、肉粉、血粉等动物性食品或饲料，而维生素 D_2 来源于苜蓿、三叶草等（青）干草。维生素 E 在含脂多的饲料原料、绿色植物性饲料中含量较多。维生素 K 在微生物性饲料、植物性饲料中含量较多。动、植物不能合成维生素 B_{12}，仅微生物能合成维生素 B_{12}。其他 B 族维生素在微生物性饲料、青绿饲料含量较多。瓜、果类饲料富含维生素 C。

衡量维生素的单位有两类，即国际单位（IU）和质量单位（通常为 mg 或 μg）。维生素 A、维生素 D 的衡量单位为 IU，1 个 IU 维生素 A 相当于 0.3μg 视黄醇（维生素 A_1），1 个 IU 维生素 D 相当于 0.025μg 维生素 D_3。衡量维生素 E 的单位既可为 IU，又可以是 mg，1 个 IU 维生素 E 相当于 1mg 维生素 E。其余维生素的衡量单位均为 mg 或 μg。

三、动物的维生素缺乏与过量后果

动物缺乏维生素的原因主要有以下几种：①日粮中维生素含量不足。②维生素在动物消化道内吸收障碍，如消化道疾病，肠寄生虫病影响动物对维生素的吸收。③某些因素如日粮中不饱和脂肪酸过多和含维生素酶（如硫胺素酶、生物素酶）等，造成维生素的分解破坏量增加。④动物在某些生理状态（如妊娠、哺乳、快长等）下，对维生素的需要量增多。⑤消化道用药（如抗生素等），影响消化道微生物合成维生素 B 和维生素 K。

饲粮中维生素不足或缺乏（可通过检测饲粮获知），动物对维生素的摄入量不足，组织发生减饱和作用（可通过检测血液、组织获知），导致生化损伤（可通过检测特异酶活、底物、产物获知），以至临床损伤和解剖损伤（可通过临床诊断和解剖获知），严重者最终死亡。

天然饲料所含的维生素量即使大大超过动物的营养需要量，也不会引起中毒。但动物摄入过量的维生素合成品，会引起中毒，严重过量可致使死亡。例如，成人连续几个月每天摄取 50000IU 以上维生素 A 会引起中毒；幼儿如果在一天内摄取超过 18500IU 维生素 A，则会引起中毒。维生素 A 中毒主要表现：骨质脱钙、骨脆性增加、生长受阻、长骨变粗及骨关节疼痛；皮疹、脱皮、脱发、指甲易脆；头痛、呕吐、坐立不安；食欲降低等。维生素 D 中毒的主要表现：血清钙增高，钙在肾、心血管、肺、脑等器官沉着，严重者肾、脑等脏器大片钙化。人长期服用大剂量维生素 E 可引起各种疾病。其中较严重的有：血栓性静脉炎或肺栓塞，或两者同时发生；男女两性均可出现乳房肥大；头痛、头晕、眩晕、视力模糊、肌肉衰弱；皮肤皲裂、唇炎、口角炎、荨麻疹；血中胆固醇和甘油三酯水平升高。（周　明）

第二节　脂溶性维生素

一、维生素 A

维生素 A（vitamin A）又名视黄醇（retinol）。天然存在的维生素 A 有两种类型：维生素 A_1（视黄醇）与 A_2（3-脱氢视黄醇，3-dehydroretinol），它们的结构式如图 8-1。

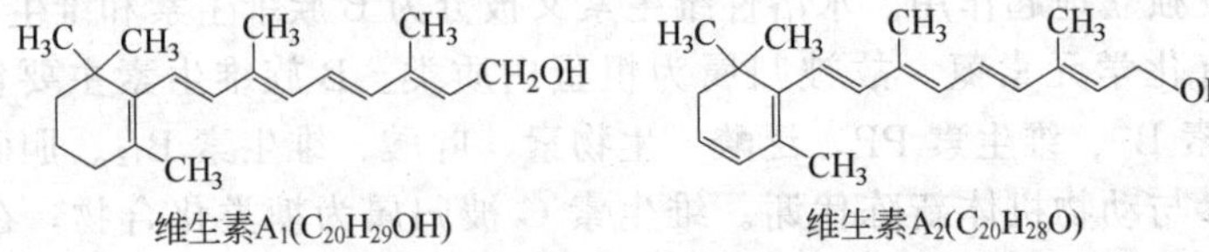

维生素 $A_1(C_{20}H_{29}OH)$　　　　　　　维生素 $A_2(C_{20}H_{28}O)$

图 8-1　维生素 A_1、A_2 的结构式

维生素 A_2 的活性仅为 A_1 的 40%，通常所指的维生素 A 是维生素 A_1。维生素 A 为脂溶性，淡黄色结晶，易被氧化，高温下特别明显，紫外线可加速其破坏。

1. 来源

维生素 A_1 主要存在于海产鱼肝脏中，维生素 A_2 主要存在于淡水鱼中。维生素 A 仅存在于动物性食品和饲料中，植物性食品和饲料不含有维生素 A，而含有维生素 A 原（provitamin A），即胡萝卜素（carotene）。自然界中有 600 多种胡萝卜素，但仅不足 10% 的胡萝卜素具有维生素 A 原的活性。胡萝卜素包括 α-胡萝卜素、β-胡萝卜素、γ-胡萝卜素等。其中，β-胡萝卜素的活性最强，所占的比例也最高，达 90% 左右。1 个 β-胡萝卜素的分子相当于 2 个分子的维生素 A。胡萝卜素能在动物的小肠黏膜、肝脏、乳腺内经酶的催化作用，转化为维生素 A，转化率受动物种类影响。例如，在猪中，1mg β-胡萝卜素可转化为 0.15mg 维生素 A。β-胡萝卜素在家禽和鼠体内的转化率比在猪中的高 3～6 倍。

维生素 A 在动物肝脏内含量很高，如鸡肝中含有 270mg/kg；鱼肝油与卵黄也富含维生素 A。胡萝卜素主要存在于幼嫩、多叶的青绿饲料和胡萝卜中。但随着植物的老熟，其含量逐渐减少。果皮、南瓜、黄玉米等也含有较多的胡萝卜素。胡萝卜素在光、热条件下极易被氧化。鲜草在晒制过程中，胡萝卜素损失量达 80% 以上；在干燥塔中人工快速干燥，可减少其损失量。

2. 吸收与代谢

维生素 A 的吸收方式为主动吸收，吸收速率比类胡萝卜素大 7～30 倍。食物中的维生素 A 多为酯式，被肠管中胰液或绒毛刷状缘中的视黄酯水解酶分解为游离的视黄醇，进入小肠壁，再经肠壁细胞微粒体中的酯酶作用而被酯化，合成为维生素 A 酯。一般地，维生素 A 被摄取 3～5h 后，其吸收量达到高峰。维生素 A 与乳糜微粒结合，由淋巴系统被输送到肝，肝细胞摄取和储存维生素 A。当靶组织需要维生素 A 时，肝内储存的维生素 A 酯，被酯酶水解为醇式，与视黄醇结合蛋白（retionl binding protein，RBP）结合，再与前白蛋白（prealbumin，PA）结合，形成维生素A-RBP-PA复合体，离开肝脏，被运输到靶组织。

3. 生理功能

① 维持正常视觉功能，尤其是暗适应机能　眼的光感受器主要由视网膜中的杆状细胞和锥状细胞组成。这两种细胞都含有感光色素，即感受弱光的视紫红质和感受强光的视紫蓝质。维生素A是视紫红质合成的原料，而视紫质为动物感受弱光所必需。动物缺乏维生素A后，暗适应能力下降，出现夜盲症。

② 维持上皮组织细胞的结构与健康　维生素A参与黏多糖与糖蛋白的合成，而黏多糖是上皮组织的结构成分。当维生素A不足或缺乏时，黏多糖合成障碍，上皮组织细胞的结构受损。

③ 维持骨骼正常生长发育　维生素A能促进蛋白质的生物合成和骨细胞的分化。当维生素A缺乏时，成骨细胞与破骨细胞间的平衡被破坏，例如成骨细胞活性增强而使骨质过度增殖，这样可导致骨骼畸形。

④ 促进生长与生殖　维生素A有助于细胞增殖与生长。动物缺乏维生素A时，生长停滞，其主要原因可能是动物食欲降低和蛋白利用率下降。维生素A缺乏时，雄性动物睾丸精母细胞生成障碍；雌性动物生殖道上皮周期性变化异常，胚胎发育受阻。维生素A缺乏还对固醇类激素的合成有不良影响。

⑤ 抑制肿瘤生长　近年来，发现视黄酸（维生素A衍生物）具有延缓或阻止癌变，阻止某些化学物质的致癌作用。特别是对于上皮组织肿瘤，在临床上，常将维生素A或视黄酸作为治疗肿瘤尤其是上皮组织肿瘤的辅助药物。

β-胡萝卜素具有抗氧化作用。它是一种有效的捕获活性氧的抗氧化剂，对于防止脂质过氧化、预防心血管疾病、肿瘤以及延缓衰老等均有重要作用。β-胡萝卜素可调控靶组织的核酸合成。β-胡萝卜素还能刺激子宫内膜分泌一种糖蛋白，后者可调控基因的时序表达。

4. 缺乏与过量后果

维生素A缺乏的特征性症状主要是视觉机能障碍（如夜盲症）和黏膜上皮组织损伤（如各种炎症、干眼病等）。在实际生产中，不同的动物，缺乏维生素A的表现形式也不太一样。

① 猪缺乏维生素A后，皮肤粗糙，皮屑增多，或皮表有渗出物；呼吸器官和消化道黏膜有不同程度的炎症，咳嗽、下痢等；夜盲症，视神经萎缩，干眼、甚至角膜软化，严重者穿孔；维生素A严重缺乏的猪面部麻痹，头颈向一侧歪斜，步态蹒跚，共济失调，不久即倒地并发出尖叫声；有的病猪目光凝滞，抽搐，角弓反张，四肢间歇性作游泳状；还有的病猪后躯麻痹，步态不稳，后期不能站立，针刺反应减退或丧失，神经机能紊乱，听觉迟钝。妊娠猪缺乏维生素A时常出现流产和死胎，或产出弱胎、畸形胎；公猪则表现为睾丸退化变小，精液品质差。

② 雏鸡缺乏维生素A后一般在6～7周龄出现症状：精神不振，发育不良，羽毛蓬乱，步态不稳。维生素A严重缺乏的鸡流眼泪、鼻液；眼部、面部肿胀；上、下眼睑闭合，有乳白色干酪样物（图8-2）；眼球凹陷，角膜浑浊、变软，失明。蛋鸡缺乏维生素A后，产蛋率下降，精神倦怠，食欲下降，羽毛无光泽，鸡冠苍白而皱缩。维生素A缺乏严重的蛋鸡眼部病变与雏鸡相似。种公鸡缺乏维生素A时，睾丸变小，精液品质不良。

维生素A严重缺乏的鸡的鼻、口腔、咽与食道黏膜上出现许多白色小结节，或被灰白色干酪样假膜覆盖，同时还可能有肾的肿大和尿酸盐沉积，这是维生素A缺乏的特征性病变。

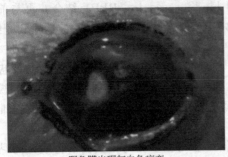
眼角膜出现灰白色病变

眼睑粘连，压迫眶下窦流出乳白样液体

图 8-2　家禽维生素 A 缺乏症

③ 绵羊缺乏维生素 A 后，畏光，视力减退，夜盲，甚至完全失明；眼角膜增厚，结膜细胞萎缩，腺上皮机能减退，不能保持眼结膜的湿润，因而出现干眼症。病羊还有其他症状，如消化道、呼吸道的黏膜上皮变性，骨骼发育不良，繁殖机能障碍等。

④ 水貂缺乏维生素 A 后，眼睑肿胀，眼球突出，并发角膜、结膜炎，重者角膜混浊。下颌肿胀，重者张口不能闭上，头部肿胀。有的病貂还伴发神经症状，如步态摇摆，运动失调，甚至头部乱撞笼壁。

⑤ 马缺乏维生素 A 后，主要表现是泪漏、夜盲、眼结膜角质化以及慢性肠炎等。

另一方面，动物摄入过量的维生素 A 又会引起中毒，主要表现为：食欲不振或废绝，生长缓慢，皮肤干燥、出现鳞屑和皮疹，被毛脱落，蹄爪脆而易碎裂，骨变脆、易骨折，关节疼痛，易出血且凝血时间延长。动物妊娠早期摄入过量的维生素 A 易导致死胎，后期又可引起胎儿畸形。因此，在饲粮中使用维生素 A 制剂时，应严格控制其添加量。对于反刍动物，最大允许摄入量不超过其正常需要量的 30 倍，非反刍动物不超过 10 倍。

5. 维生素 A 营养状况的标识

生长反应、肝脏维生素 A 含量、血浆维生素 A 浓度等都可作为维生素 A 营养状况的标识。①肉牛血浆维生素 A 浓度低于 $20\mu g/100mL$，表示缺乏维生素 A；②奶牛肝脏维生素 A 含量低于 $1IU/kg$，表示临界缺乏维生素 A；③猪血浆维生素 A 浓度低于 $10\mu g/100mL$，表示严重缺乏维生素 A；④鸡每克肝储备维生素 A $2\sim5IU$，不产生缺乏症；新孵出的小鸡肝脏维生素 A 含量是反映母鸡维生素 A 营养状况的良好标识。

二、维生素 D

维生素 D（vitamin D）是维持高等动物生命所必需的营养素，是一组环的结构相同但侧链不同的物质总称。根据侧链，可将维生素 D 分为维生素 D_2、维生素 D_3、维生素 D_4、维生素 D_5、维生素 D_6 和维生素 D_7 等，但有营养作用的只有维生素 D_2 和维生素 D_3，其结构式如图 8-3。

维生素D_2(麦角钙化醇)　　　　维生素D_3(胆钙化醇)

图 8-3　维生素 D_2、D_3 的结构式

维生素 D 为无色结晶，不溶于水而溶于油脂，在酸、碱、热下较稳定，但脂肪酸败时

易被破坏。

1. 来源

维生素 D_2 又名麦角钙化醇（ergocalciferol），由植物中麦角固醇（ergosterol）经紫外线照射转化而来。优质干草富含维生素 D_2。维生素 D_3 又名胆钙化醇（cholecalciferol），由动物皮肤中 7-脱氢胆固醇（7-dehydrosterol）经紫外线照射转化而来。维生素 D_3 在鱼肝油中含量很高，在动物肝脏、卵黄、鱼粉和乳汁中含量也较多。

维生素 D_2 与维生素 D_3 对哺乳动物的活性基本相同，但对包括家禽在内的鸟类，维生素 D_3 的活性远高于维生素 D_2，维生素 D_3 的活性是维生素 D_2 的 20～40 倍。

2. 吸收与代谢

日粮中供给的维生素 D 大部分在小肠末端被吸收。吸收的维生素 D 通过淋巴毛细血管系统进入肝脏。在肝内，维生素 D_3 经 25-羟化酶作用而生成 $25\text{-OH-}D_3$；再被转运至肾，在 1-羟化酶作用下，$25\text{-OH-}D_3$ 被进一步转化为 $1,25\text{-(OH)}_2\text{-}D_3$；最后进入血流，转运至有关组织，发挥生理作用。血清中 $25\text{-OH-}D_3$ 水平是反映动物维生素 D 营养状况的一种较好的指标。

3. 生理功能

维生素 D 对钙、磷的吸收、骨细胞功能及其分化、钙调节激素的分泌和肾的重吸收机能等都起着重要的作用。维生素 D 可直接促进钙和磷在肠道的被吸收以及肾小管对磷等的重吸收，从而提高血中钙、磷水平。维生素 D 能促进肠黏膜中钙结合蛋白（calcium binding protein，CBP）的合成，而 CBP 是钙吸收的载体蛋白。维生素 D 还能促进动物对镁的吸收。进一步地，维生素 D 能促进骨骼的钙化。最近的研究表明，维生素 D 受体（VDR）属于核内类固醇/甲状腺激素受体超基因家族成员，几乎遍布所有细胞的细胞核中。用基因芯片检查初步发现，在基因组中有 2667 个结合位点，维生素 D 可明显地改变至少 229 个基因的表达。VDR 遍布于心、脑、肝、肾、骨、生殖器、甲状旁腺以及各种免疫细胞中，这可解释维生素 D 缺乏与多种疾病有关的原因。

4. 缺乏与过量后果

维生素 D 是动物体内钙平衡和骨代谢的主要调节因子。维生素 D 缺乏，引起钙、磷吸收障碍和代谢紊乱，导致骨骼钙化不全。儿童和幼龄动物缺乏维生素 D 后出现佝偻病（图 8-4）；成年动物缺乏维生素 D 后，骨骼矿物质含量减少，易患骨质软化病。动物严重缺乏维生素 D 后，同时出现 Ca 和 Mg 缺乏症状，引发痉挛。生长鸡缺乏维生素 D 后，羽毛发育不良，出现佝偻症、软骨症以及龙骨变形等。蛋鸡采食缺乏维生素 D 的日粮，产蛋率与蛋壳质量下降，产薄壳蛋和软壳蛋。孕畜缺乏维生素 D，所产的幼仔先天畸形。

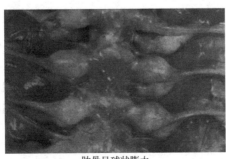 

肋骨呈球状膨大　　　　　　　　　"O" 形腿

图 8-4　维生素 D 缺乏症

动物摄入过量的维生素 D，表现为多尿、尿中钙含量高、食欲下降甚至废绝、生长停滞等。摄入过量的维生素 D，引起血钙过高，使多余的钙沉积在心脏、血管、关节、肠壁等部位，导致心力衰竭、关节僵化或肠道疾患，甚至死亡。对于大多数动物来说，长时间（2 个月以上）饲用高维生素 D_3，其耐受量约为需要量的 5～10 倍；短时间饲用高维生素 D_3，其耐受量是需要量的 100 倍左右。一般认为，维生素 D 的代谢产物［如 25-OH-D 和 1,25-$(OH)_2$-D］的毒性比维生素 D 大；维生素 D_3 毒性又是维生素 D_2 毒性的 10～20 倍。日粮中钙、磷水平较高时，可加重维生素 D 的毒性；降低日粮中钙、磷水平，可减轻维生素 D 的毒性。

三、维生素 E

维生素 E 又名生育酚，是化学结构相似的一组酚类化合物的总称。已知的维生素 E 有 8 种，即 α-、β-、γ-、δ-、ζ1-、ζ2-、η 和 ε-生育酚，其中以 α-生育酚的活性最强，分布最广，最具有代表性。通常所说的维生素 E 是指 α-生育酚，其结构式如图 8-5。

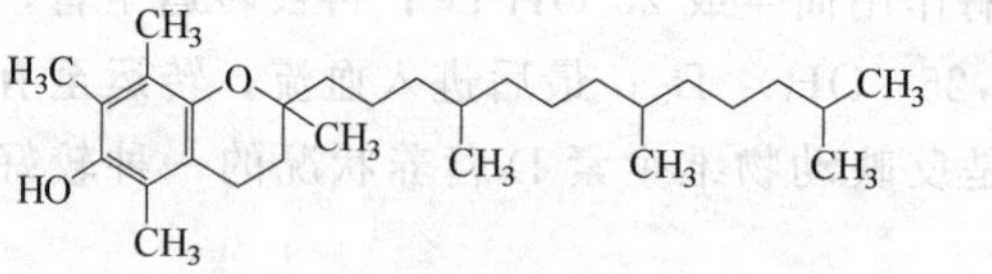

图 8-5　α-生育酚的结构式

α-生育酚为黄色油状物，不溶于水，易溶于油脂、丙酮等有机溶剂，热稳定性较好。在无氧环境中能耐 200℃ 高温仍不变性。100℃ 以下，不受无机酸的影响，但易被氧化，能被酸败的脂肪、紫外线、钙、铁盐等物质破坏。维生素 E 具有吸收氧的功能，常被用作抗氧化剂，用于保护饲料中的胡萝卜素、脂肪等易氧化的物质。

1. 来源

维生素 E 由植物产生，动物不能合成维生素 E，甚至微生物似乎也不能合成维生素 E。谷粒、种子胚和植物油中富含维生素 E，苜蓿草粉和青绿饲料中维生素 E 含量也较多。

2. 吸收与代谢

维生素 E 在胆酸、胰液和脂肪的存在下，经脂酶的催化作用，在小肠以被动（弥散）的方式被肠上皮细胞吸收。维生素 E 被吸收后掺入到乳糜微粒（CM）经淋巴系统转运到肝脏。肝中的维生素 E 分别进入极低密度脂蛋白（vLDL）、低密度脂蛋白（LDL）、高密度脂蛋白（HDL）中，这些脂蛋白随血流运到各组织中，有关组织可从脂蛋白中获取维生素 E，维生素 E 在此发挥作用。脂肪组织为维生素 E 的主要储库之一，饲粮维生素 E 供量不足时，脂肪组织中维生素 E 便释放出来，以维持血液中维生素 E 正常水平。α-生育酚的主要氧化产物是 α-生育醌，与葡糖醛酸结合，可通过胆汁排泄，或在肾脏中被降解为 α-生育酸，随尿排出。

3. 生理功能

维生素 E 在动物体内的作用非常多，主要作用如下。

（1）主要以抗氧化剂的形式在生物系统中起着抗氧化作用，其方式是维生素 E 抑制含双键的化合物产生过氧化物的反应。

（2）可维持并增强动物繁殖机能。维生素 E 通过以下方式实现这种机能：①促进前列腺素合成；②促进垂体前叶分泌促性腺激素；③促进精子的生成与活动；④增强卵巢机能和增加卵巢黄体细胞数量。

（3）可提高动物的免疫机能。维生素 E 实现这种机能的主要方式为：①保护免疫细胞的膜性结构，从而维持其免疫作用；②前列腺素 E_2 能抑制 B、T-淋巴细胞的生成，而维生素 E 抑制前列腺素 E_2 的生成。

（4）作为辅助因子参与物质代谢。细胞色素还原酶为动物氧化还原系统的一个组成单位，而维生素 E 是该酶的辅助因子。

（5）为维持横纹肌、平滑肌与外周血管的构造和功能所必需。维生素 E 是线粒体膜和微粒体膜的组分；维生素 E 可保护红细胞膜免受不饱和脂肪酸过氧化的损伤。

（6）参与维生素 C、泛酸的合成和含硫氨基酸的代谢。维生素 E 对核酸合成和基因表达也可能有调节作用。

（7）可降低有害元素镉、汞、砷、银等的毒性。

（8）对动物肉品有保质作用。脂质氧化是动物肉品变质的主要原因之一。在饲粮中添加适量（200mg/kg）维生素 E（α-生育酚乙酸酯），可显著地增加肉品中维生素 E 含量，阻止其中脂质和胆固醇的氧化，延长肉品的货架期。

4. 缺乏与过量后果

缺乏维生素 E，会导致动物体内 PUFA 过度氧化，细胞膜和溶酶体膜遭受损伤而释放出各种酶，如 β-葡萄糖醛酸酶、β-半乳糖酶、组织蛋白酶等，导致许多组织变性等退行性病变；红细胞数量减少、心肌异常、贫血、生殖机能障碍、肝脏和肌肉退化变性，引发遗传性疾病和代谢性疾病。不同的动物缺乏维生素 E，其症状也不尽相同。公畜表现为睾丸萎缩，精子数量减少。母畜不孕，流产，甚至丧失生殖能力。种蛋孵化率低，死胚增多。仔鸡发生渗出性素质病（图 8-6），具体表现为胸、翅、颈等部位水肿，皮下大量积液，穿刺腹部可见蓝黑带绿的黏性液体；站立时双腿叉开；脑部水肿，

图 8-6　仔鸡维生素 E 缺乏症

导致共济失调，头向下或向后挛缩，腿痉挛性抽搐，最后衰竭而死。牛、羊发生白肌病；猪出现肝坏死等。

动物缺乏维生素 E 导致的各种疾病，其症状很多与硒的缺乏症相似。

在实际生产中，动物一般不会摄入超量的维生素 E。但人有时食入或服用过多的维生素 E，其中毒症状在本章第一节已有描述。

四、维生素 K

维生素 K（vitamin K）为萘醌类衍生物，主要包括维生素 K$_1$、维生素 K$_2$、维生素 K$_3$ 三种，其结构式如图 8-7。

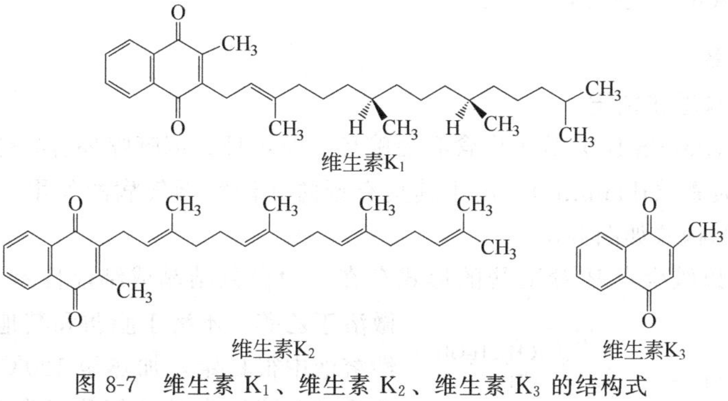

维生素 K$_1$

维生素 K$_2$　　　　　　维生素 K$_3$

图 8-7　维生素 K$_1$、维生素 K$_2$、维生素 K$_3$ 的结构式

维生素 K$_1$ 是黄色黏稠的油状液体，维生素 K$_2$ 为黄色晶体。K$_1$、K$_2$ 为天然产物，对热

稳定，但易被碱、乙醇和光线破坏；K_1、K_2遇还原剂可被还原为相应的萘酚衍生物，其生理活性不变，并可重被氧化成维生素K_1、维生素K_2。天然的维生素K对胃肠黏膜刺激性大。维生素K_3是人工合成品。临床上所用的维生素K_3是与亚硫酸钠化合的物质，为白色晶体，溶于乙醇，几乎不溶于苯和醚。维生素K_3比维生素K_1、维生素K_2稳定。

① 来源　维生素K_1普遍存在于各种植物性饲料中，畜、禽消化道微生物尤其是反刍动物瘤胃微生物能合成维生素K_2。绿色多叶植物、苜蓿、多种籽实、鱼粉和甘蓝叶富含维生素K。例如，每千克甘蓝叶含 30mg 维生素K_1，每千克苜蓿草粉含 18~25mg 维生素K_1，每千克鱼粉含 2.5mg 维生素K_2。

② 吸收与代谢　维生素K是脂溶性的，其吸收需要胆盐存在。吸收过程中，胆盐与维生素K形成胆盐和维生素K的微小乳糜，这些含维生素K的乳糜被小肠壁吸收，进入肠壁毛细血管，然后通过门静脉进入肝脏。已知有维生素K的一些拮抗物，如双香豆素（dicoumarol）、磺胺喹沙啉等。

③ 生理功能　维生素K为动物正常凝血所必需。肝脏中凝血酶原的合成和血浆中凝血酶原的激活以及凝血因子Ⅶ、Ⅸ、Ⅹ的合成均需要维生素K。

④ 缺乏后果　由于动物体内维生素K储量少，所以饲粮中维生素K不足，动物在一周内就可能缺乏维生素K。但在正常情况下，动物消化道中的细菌能合成维生素K，或饲粮中维生素K可满足动物的需要，一般不易发生维生素K的缺乏症。然而，动物长期饲用抗生素或磺胺类药物时，饲粮中维生素K含量又少，就会发生维生素K缺乏症。动物缺乏维生素K后，血中凝血酶原水平降低，肠、胃、皮下、肌肉出血，且流出的血液很难凝固，皮肤有出血斑点，呼吸次数减少等，重者可死亡。

维生素K缺乏症多见于家禽特别是笼养的鸡，因为家禽消化道中合成的维生素K量很少，且吸收率低。种鸡缺乏维生素K后，其种蛋孵化率下降，胚胎死亡率增高。仔猪也可能发生维生素K缺乏症，主要表现是对外界刺激敏感、贫血与衰弱等症状。（许发芝）

第三节　水溶性维生素

顾名思义，水溶性维生素溶于水，一般可从食物或饲料的水溶物中获取。微生物性食物或饲料含有所有的 B 族维生素，绿色多叶植物含有大多数 B 族维生素，但几乎不含维生素B_{12}。许多植物如瓜果类等含有较多或很多的维生素 C，多数畜、禽体内也能合成维生素 C。B 族维生素主要作为辅酶，参与动物体内的各种生化反应。维生素 C 在动物体内的作用很多，主要起着抗氧化、抗应激等作用。

一、维生素 B_1

1. 化学结构与理化性质

维生素 B_1（vitamin B_1）分子中含有嘧啶环和噻唑环，因噻唑环含有硫，嘧啶环有氨基取代而得名为硫胺素（thiamine）；由于其具有预防和治疗脚气病的作用，故又被称为抗神经炎素。其分子结构式如图 8-8。

维生素 B_1 常以维生素 B_1 盐酸盐的形式存在，为白色结晶或结晶性粉末，极易溶于水，微溶于乙醇，不溶于脂肪和其他有机溶剂。在酸性溶液中很稳定，加热至 120℃仍不分解，在中性或碱性溶液中易被氧化而失去其生物学活性，紫外线可使维生素 B_1 分解。维生素 B_1 具有酵母

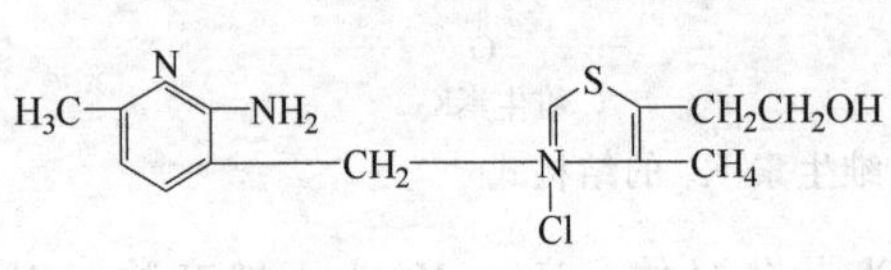

图 8-8　维生素 B_1 的结构式

样气味，味微苦。具有还原性的化学物质，如二氧化硫、亚硫酸盐等在中性与碱性介质中能加速维生素 B_1 的分解破坏。在动物体内，维生素 B_1 可被维生素 B_1 激酶催化，在 ATP 与 Mg^{2+} 的存在下，转化为焦磷酸维生素 B_1（thiamin pyrophosphate，TPP）。

2. 维生素 B_1 的代谢

维生素 B_1 主要在十二指肠和空肠内通过 SLC19A2 基因编码的高亲和力维生素 B_1 载体（THTR-1）和 SLC19A3 基因编码的低亲和力维生素 B_1 载体（THTR-2）分别进行饱和机制主动运输和不饱和机制被动运输方式被机体吸收。摄入后的维生素 B_1 在肝脏经 ATP 作用被磷酸化，转变为维生素 B_1 一磷酸（TMP）、焦磷酸维生素 B_1（TPP）、维生素 B_1 三磷酸（TTP）三种形式，其中 80% 为 TPP。过量摄入可使血液中维生素 B_1 水平上升，但在体内贮存量少，多余的以 2-甲基-4-氨基-5-嘧啶羧酸、2-甲基-4-氨基-羟甲基嘧啶、4-甲基-噻唑-5-醋酸等 25～30 种代谢产物从尿中迅速排出。

某些水生动物如鲤鱼、鲋鱼、泥鳅、虾、蟹等组织中，特别是其内脏中含有较多的硫胺素酶，可分解硫胺素，因此吃生鱼的动物易出现硫胺素缺乏症。一些细菌如解硫胺素芽孢杆菌（*Bacillus thiaminolyticus*）也能分解硫胺素。

3. 生理功能

维生素 B_1 的重要功能是以辅酶的方式参与能量和三大产能营养物质的代谢。此外，维生素 B_1 在神经组织中具有一种特殊的非辅酶功能，并且维持正常食欲、胃肠蠕动和消化液分泌以及心脏功能。

① 构成辅酶　维生素 B_1 在动物体内以 TPP 的形式参与糖类化合物的代谢过程。TPP 是丙酮酸脱氢酶、α-酮戊二酸脱氢酶等的辅酶，因而在糖类代谢、三羧酸循环等代谢过程中发挥重要的作用。若动物体内维生素 B_1 不足，则丙酮酸不能脱羧和氧化，而导致组织中丙酮酸和乳酸积聚，产生中毒现象，此外还降低核酸和脂肪酸的合成代谢以及影响氨基酸的转氨作用。

② 抑制胆碱酯酶的活性，促进胃肠蠕动　维生素 B_1 可抑制胆碱酯酶对乙酰胆碱的水解作用。乙酰胆碱是副交感神经的递质，具有促进胃、肠蠕动作用。维生素 B_1 缺乏后，胆碱酯酶活性增强，乙酰胆碱水解加速，因而胃、肠蠕动缓慢，消化液分泌减少，食欲减退。

③ 对神经组织的作用　维生素 B_1 具有抗氧化应激的能力，对神经退行性疾病具有预防作用。这可能是因为维生素 B_1 对侧脑室旁室管膜下区的神经发生有促进和保护作用。也有研究表明，维生素 B_1 可能与神经细胞膜上钠离子通道有关。当维生素 B_1 缺乏时渗透梯度无法维持，引起电解质和水转移，降低磷酸戊糖途径中转酮酶的活性而影响神经系统的能量代谢。此外，维生素 B_1 与脑内重要的神经递质——乙酰胆碱的合成和释放有关。

4. 缺乏后果

不同的动物缺乏维生素 B_1 的症状表现不尽相同。猪缺乏维生素 B_1 后表现为食欲和体重下降、呕吐、脉搏慢、体温偏低、神经症状、心肌水肿和心脏肿大，个别仔猪会出现腹泻、吻突抖动、四肢软弱无力、步态不稳或跛行。

鸡缺乏维生素 B_1 后表现为食欲减退、消瘦、贫血、腹泻、体重下降，出现多发性神经炎、脚弓反张、强直和频繁的痉挛等外周神经受损症状，呈现特殊的"观星"姿势（图8-9），严重时衰竭死亡。

牛尤其是育肥牛由于采食大量的糖渣、高能饲

图 8-9　维生素 B_1 缺乏症

料或精饲料，影响瘤胃微生物的功能，而引起维生素 B_1 的缺乏。患牛发病突然，精神兴奋，突然失明，头顶撞固体物，肌肉震颤，咬牙，口吐白沫，眼球上翻，行动不听指挥，严重时可出现全身性肌肉痉挛、倒地、角弓反张。山羊缺乏维生素 B_1，可引起乳酸代谢异常，诱发脚气病，病羊呈"观星状"。马缺乏维生素 B_1 后主要表现为运动不协调。

鱼缺乏维生素 B_1 的症状表现与猪、鸡类似，如厌食、生长缓慢、不停地游动、身体扭曲、痉挛、常碰撞池壁、体表和鳍褪色、肝脏苍白。此外，维生素 B_1 缺乏，可造成畜禽繁殖力下降或丧失。

然而，除人的脚气病、禽类的多发性神经炎和狐狸的查斯特克麻痹症（Chastek paralysis）外，上述症状都不是维生素 B_1 缺乏的特异症状，如猪的神经症状还可由维生素 B_6 和泛酸的缺乏引起。包括维生素 B_1 在内的 B 族维生素缺乏首先反映的是生化指标的变化，其次才是组织的病变和缺乏症状的出现。因此，检测有关的生化指标，对维生素缺乏的早期诊断和治疗起重要作用。

5. 来源与需要量

酵母等微生物性饲料中维生素 B_1 的含量很多，如干酵母中维生素 B_1 含量为 $66.4\sim110.7mg/kg$。各种籽实中维生素 B_1 含量较多，尤其是种皮和胚含量很多，如米糠和小麦麸中含量很丰富。优质青干草也含有较多的维生素 B_1，但老熟的干草中维生素 B_1 含量剧降。瘦肉、肝、肾和蛋等动物性产品也是维生素 B_1 的较好来源。反刍动物瘤胃微生物能合成维生素 B_1，一般能满足其营养需要。

猪采食的饲粮中谷实比例大，谷实中含有较多的维生素 B_1，且猪贮备维生素 B_1 的能力较其他动物强，因此猪一般不易缺乏维生素 B_1，在饲粮中需要补充的维生素 B_1 较少。家禽对维生素 B_1 的需要量受饲粮成分、遗传因素、代谢特点以及疾病等的影响，如饲粮中糖类化合物含量增加，家禽对维生素 B_1 的需要量也增加。因此，在家禽饲粮中需要添加维生素 B_1。成年反刍动物瘤胃微生物能合成足够量的维生素 B_1，一般无需在其饲粮中补充，但幼龄反刍动物需要补充。近年来，随着反刍动物养殖集约化程度的提高和高精饲料型日粮的大量应用，也需要在成年反刍动物日粮中添加适量的维生素 B_1。一般认为，猪、禽与鱼类等动物对维生素 B_1 的需要量为每千克饲粮添加 $1.0\sim2.0mg$。

二、维生素 B_2

1. 化学结构与理化性质

维生素 B_2（vitamin B_2）亦被称为核黄素（riboflavin），卵黄素，乳酸黄素。1933 年首次从酵母、蛋清和乳清中分离得到维生素 B_2，因其结构中含有核糖且呈黄色，故名为核黄素。维生素 B_2 由 1 个二甲基异咯嗪分子与 1 个核醇分子组成，其分子结构式见图 8-10。

核黄素呈橘黄色针状结晶，味苦，耐热，微溶于水，极易溶于碱性溶液。核黄素在酸性溶液中很稳定，在碱性溶液中不稳定，对紫外线极为敏感，如牛奶暴露于太阳光下 4h 可损失 70% 的核黄素，饲料在阳光下曝晒数天损失 50%～70% 的核黄素，故贮存核黄素时要避光。核黄素的存在形式有三种：游离态核黄素、黄素腺嘌呤二核苷酸（flavin adenine dinucleotide，FAD）和黄素单核苷酸（flavin mononucleotide，FMN）。自然状态下几乎没有游离态的核黄素。

2. 代谢

饲料中的维生素 B_2 主要以 FAD 和 FMN 形式与蛋白质形成的复合物而存在，在消化酶作用下水解释放出核黄素，在小肠前端通过主动转运方式被吸收，未被吸收的则被肠道微生物降解。核黄素在小肠黏膜、肝等组织细胞内，经核黄素激酶作用被磷酸化，生成 FMN。

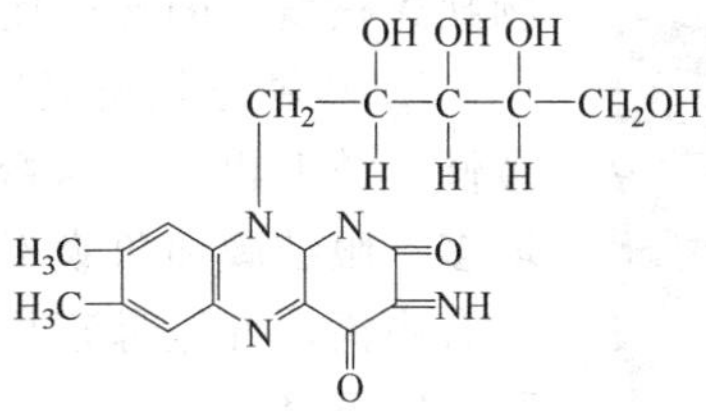

核黄素的结构式

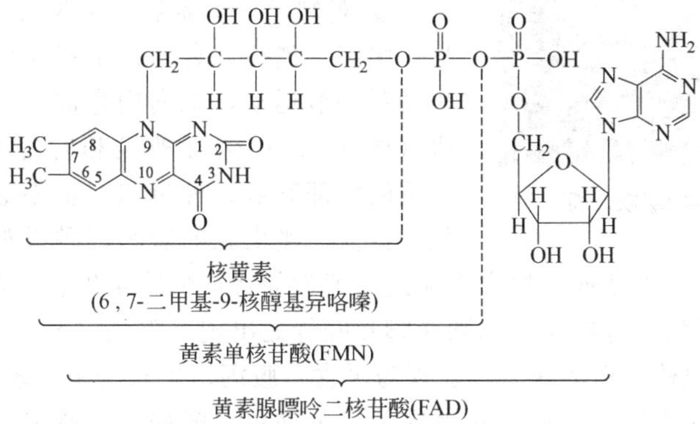

核黄素
(6，7-二甲基-9-核醇基异咯嗪)

黄素单核苷酸(FMN)

黄素腺嘌呤二核苷酸(FAD)

图 8-10　维生素 B_2 的分子结构式

FMN 在核黄素腺嘌呤二核苷酸合成酶催化下与三磷酸腺苷（ATP）作用生成 FAD。FAD 和 FMN 以辅基的形式与特定的酶蛋白结合形成多种黄素蛋白酶，从而发挥辅酶作用。动物体内的核黄素主要以 FAD 形式存在于组织细胞中，少部分以游离核黄素和 FMN 形式存在。游离的 FAD 和 FMN 可被焦磷酸核苷酶和磷酸酶催化水解释出游离核黄酸。核黄素主要以游离形式或代谢产物经尿排出。

核黄素类似物如 D-半乳糖黄素、D-阿拉伯糖黄素、二氢核黄素、异核黄素和二乙基核黄素等是核黄素的拮抗物，可引起核黄素缺乏症。

3. 生理功能

维生素 B_2 作为多种黄素蛋白酶的辅基，其主要生理功能是催化生物体内多种氧化还原反应，并在生物氧化过程中作为递氢体，参与糖、脂和蛋白质的代谢过程。

① 参与体内生物氧化与能量生成　核黄素辅基异咯嗪的第 1 位和第 10 位 N 原子上具有两个活泼的双键，使得核黄素有可逆的氧化还原特性，且 FAD 作为谷胱甘肽还原酶的辅酶，参与体内抗氧化防御系统。核黄素除了主要以辅酶形式参与体内多种物质的氧化还原反应外，还是线粒体呼吸链的重要成员，在细胞代谢呼吸链中发挥重要作用，参与能量生成。

② 促生长作用　核黄素辅酶参与糖类化合物、脂肪和蛋白质的代谢，是动物正常生长发育的必需营养因子。

③ 维护组织黏膜及皮肤的完整性　核黄素能减轻疾病引起的口腔黏膜炎、肠黏膜炎、鼻腔黏膜炎的症状。核黄素缺乏，可影响皮肤及黏膜上皮细胞的生长和更新，从而导致皮肤、黏膜发生病变。核黄素参与叶酸转化，而叶酸是合成脱氧核糖核酸所必需的，因此核黄素通过叶酸间接地对细胞增殖起重要作用。

④ 核黄素衍生物在毒素、药物、致癌物质以及类固醇类激素的代谢和排出过程中发挥重要的作用。

4. 缺乏后果

各种畜、禽中，猪、鸡最易发生核黄素缺乏症。生产性能下降、饲料转化效率降低是动

图 8-11　维生素 B₂ 缺乏症

物缺乏核黄素的普遍症状。

① 猪缺乏核黄素后的主要症状是食欲减退，生长缓慢，被毛粗乱，腿弯曲、僵硬，皮疹，眼角分泌物增多，眼结膜和角膜炎症，晶状体混浊和白内障，常伴有腹泻，妊娠母猪早产、胚胎死亡与胎儿畸形，泌乳性能下降。

② 鸡缺乏核黄素后，生长发育受阻、消化机能紊乱、腹泻、消瘦，衰弱；主翼羽比例不协调，靠翅膀协助跗关节运动，爪向内弯曲，用跗关节行走，腿麻痹（图 8-11）；坐骨神经和臂神经肿大，曲趾麻痹，严重的腿部麻痹。种母鸡产蛋率显著下降，种蛋的孵化率极低。刚出壳的雏鸡因种母鸡核黄素缺乏会出现趾内曲、部分鸡颈部羽毛粘连。幼火鸡缺乏核黄素的特征症状是生长不良，口角和眼睑上结痂，脚趾向内卷曲瘫痪。有些小火鸡则在脚和胫骨处出现严重的皮炎、浮肿等。

③ 马也可能出现核黄素的缺乏，表现为厌食、腹泻、生长受阻、多泪与脱毛等。

④ 虹鳟等鱼类缺乏核黄素后，其表皮呈浅黄绿色，鳍损伤，肌肉乏力，组织中核黄素含量减少，肝中 D-氨基酸氧化酶活性降低等。

⑤ 人缺维生素 B₂ 后，皮肤粗糙，尤其是嘴唇出现裂口。

5. 来源与需要量

微生物性饲料，青绿饲料如苜蓿、三叶草等，饼粕类饲料以及动物性饲料脱脂乳、乳清、肝脏等含有很多或较多的核黄素。例如，酵母饲料含有维生素 B₂ 24～84mg/kg，牧草含 18～22mg/kg，饼粕含 3～11mg/kg。而在谷实（0.5～2mg/kg）和块根、块茎、瓜类饲料中（0.2～0.6mg/kg）中维生素 B₂ 含量较少或很少。成年反刍动物消化道中的微生物能合成较多的核黄素，一般能满足其营养需要。

不同动物品种、不同生长发育阶段以及不同评定指标确定的核黄素需要量也是不同的。NRC（1994）制定的 6～8 周龄肉仔鸡核黄素需要量为 3.0mg/kg。但试验证明，这一标准已不适应现代品系鸡的营养需要。以生长性能与生化指标作为评定依据，肉仔鸡对核黄素的需要量为 5mg/kg；以平均日增重和抗氧化性能为评定指标，43～63 日龄黄羽肉鸡核黄素的适宜添加水平为 3.0mg/kg；为了达到最佳生长性能，1～21 日龄北京鸭日粮中核黄素的适宜添加量为 14mg/kg。国内外不同研究机构制定的肉鸡核黄素需要量的推荐标准有一定差异，但总体来讲均是随着鸡月龄的增大而逐渐减少核黄素的添加量。蛋鸡每千克日粮中核黄素的添加剂量为 2.0～4.0mg/kg，肉鸡为 5～10mg/kg。因此，在实际生产中应根据实际情况确定核黄素的适宜添加量。

三、烟酸

1. 化学结构与理化性质

烟酸（nicotinic acid，niacin）又被称为尼克酸、维生素 PP、维生素 B₅。烟酸易转化为烟酰胺或尼克酰胺（niacinamide），是吡啶-3-羧酸及其衍生物的总称。其分子结构式如图 8-12。

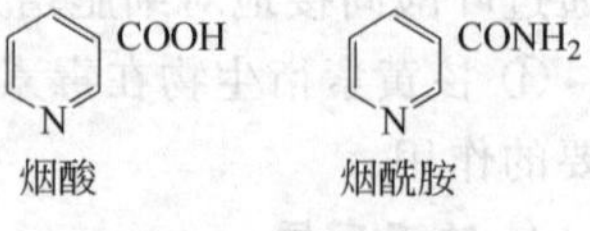

尼克酸为无色针状晶体，味苦，溶于水和乙醇，不溶于乙醚，性质较稳定，不易被酸、碱、热、氧气和光所破坏，是最稳定的一种维生素。

烟酸　　　　烟酰胺

图 8-12　烟酸、烟酰胺的分子结构式

2. 代谢

饲料中的烟酸主要以辅酶形式存在，经消化酶作用释放出烟酰胺，以扩散的方式迅速被胃与小肠前段吸收。血浆中的烟酰胺能迅速被肝细胞和红细胞摄取，进入细胞的烟酰胺与磷酸核糖焦磷酸结合成为烟酰胺-腺嘌呤二核苷酸（NAD），NAD 被 ATP 磷酸化成为烟酰胺-腺嘌呤二核苷酸磷酸（NADP），部分辅酶 NAD 或 NADP 与酶蛋白结合，部分以游离形式储存。体内过多的烟酸主要以代谢产物经尿排出，也有少量烟酸和烟酰胺直接由尿中排出。此外，烟酸还可随乳汁分泌。结构式见图 8-13、图 8-14。

3-乙酰-吡啶是尼克酸或尼克酰胺的拮抗物。

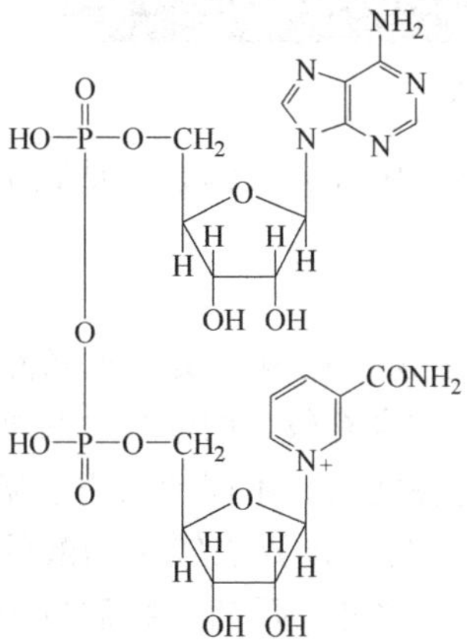

图 8-13　NAD$^+$（烟酰胺腺嘌呤二核苷酸） 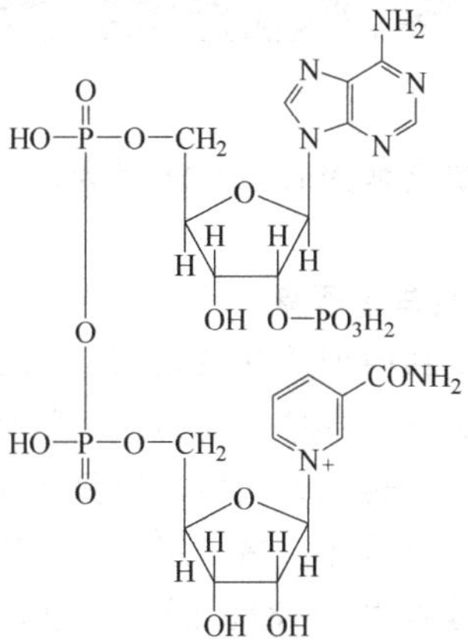　　　图 8-14　NADP$^+$（烟酰胺腺嘌呤二核苷酸磷酸）

3. 生理功能

烟酸主要以 NAD 或 NADP 的形式参与体内酶系统，在糖类化合物、脂肪和蛋白质等代谢过程中发挥重要的作用。

① 参与生物氧化还原反应　烟酰胺是辅酶Ⅰ（NAD）和辅酶Ⅱ（NADP）的主要成分，NAD 和 NADP 均为体内多种脱氢酶的辅酶，在体内生物氧化过程中起传递氢的作用。其中 NAD 辅酶催化分解代谢中的氧化脱氢反应，NADP 则主要以还原型在合成反应中供氢。当动物体内缺乏烟酸或烟酰胺时，因上述辅酶的合成受阻而影响体内生物氧化，从而使物质和能量代谢过程发生障碍。

② 葡萄糖耐量因子的组分　葡萄糖耐量因子（GTF）是由三价铬、烟酸、谷胱甘肽组成的一种复合体，可能是胰岛素的辅助因子，有促进葡萄糖的利用及促使葡萄糖转化为脂肪的作用。

③ 预防脂肪肝和酮病　烟酸能降低血中胆固醇、甘油三酯、游离脂肪酸与 β-脂蛋白的浓度，扩张血管。研究表明，烟酸可降低母鸡产蛋期体重、腹脂与肝脂蓄积。烟酸能通过抑制脂肪组织释放游离脂肪酸和提高血糖浓度而降低奶牛体内酮体的生成，并可增加产奶量。NAD 和 NADP 还参与视紫质的合成。

4. 缺乏后果

动物缺乏烟酸后，新陈代谢障碍。猪缺乏烟酸后，食欲不振，生长缓慢，被毛粗乱脱落，腹泻，偶发性呕吐，贫血，鳞状皮炎，结肠和盲肠组织病变坏死，神经紊乱，甚至出现轻瘫等症状。

鸡、火鸡和鸭缺乏烟酸后，发生典型的"黑舌病"症状，口腔和食管发炎，采食量减少，生长停滞，羽毛蓬松，缺乏光泽，并易患鳞状皮炎，跗关节肿大、脚爪痉挛、呈弓形

（图 8-15）。笼养蛋鸡缺乏烟酸后，脱毛，足和皮肤有鳞状皮炎，产蛋率降低，种蛋孵化率降低。但平养的蛋鸡较少发生烟酸缺乏症，即使有症状也较轻。

图 8-15 猪、鸡缺乏烟酸的症状

犊牛缺乏烟酸后，其症状为口腔溃疡，皮炎，食欲大减，呕吐，腹泻，严重脱水，贫血和消瘦等。

5. 来源与需要量

酵母饲料中烟酸含量很多，为 225.6～714.3mg/kg。植物性饲料谷实（玉米除外）及其副产品糠麸、饼粕，动物性饲料如鱼粉、血粉、肉骨粉等均含有较多的烟酸。另外，动物体可将色氨酸转化为烟酸，但猫和貂以及大多数鱼类缺乏这种能力。不同动物用色氨酸合成烟酸的能力有差异：猪可用 50mg 色氨酸合成 1mg 烟酸，雏鸡将色氨酸转化烟酸的效率为 1/45，种母鸡为 1/187。因此，色氨酸转化烟酸的效率较低。此外，反刍动物瘤胃微生物能合成烟酸。

成年反刍动物瘤胃微生物能合成烟酸，在其日粮中一般无需额外的补充。然而，烟酸与亮氨酸、精氨酸和甘氨酸存在拮抗关系，其中任何一种氨基酸过量都可增加动物对烟酸的需要量。因此，高产奶牛或采食高蛋白饲粮的肉牛，由于高产、与亮氨酸和精氨酸等的拮抗作用、色氨酸不足、或能量浓度高等原因，需要在其日粮中添加适量的烟酸。猪和禽等动物不能有效地利用谷实及其加工副产品中结合态的烟酸，因此在玉米-糠麸型基础日粮中要添加足够量的烟酸。猪日粮中烟酸添加量一般为 10～20mg/kg；肉仔鸡每千克日粮中烟酸添加量以 35～60mg/kg 为宜；商品蛋鸡日粮中烟酸添加量为 11～30mg/kg，种母鸡日粮烟酸添加量以 30～60mg/kg 为宜。

四、维生素 B$_6$

1. 化学结构与理化性质

维生素 B$_6$ 又被称为吡哆素，包括吡哆醇（pyridoxine，PN）、吡哆醛（pyridoxal，PL）和吡哆胺（pyridoxamine，PM）三种吡啶衍生物。其分子结构式如图 8-16。

维生素 B$_6$ 为无色晶体，易溶于水，在酸性溶液和空气中稳定，在碱性溶液和光的作用下易被分解。

维生素 B$_6$ 在植物中以吡哆醇为主，吡哆醛和吡哆胺在饲料中以不同的比例存在，且可相互转化。维生素 B$_6$ 在动物体内以吡哆醛和吡哆胺为主，吡哆醇可转化为吡哆醛和吡哆胺，但后两者不能转化为前者。动物组织内的吡哆醛和吡哆胺以活性较强的磷酸吡哆醛（PLP）和磷酸吡哆胺（PMP）的形式，参与体内的代谢。

2. 代谢

饲料中维生素 B$_6$ 以 PLP、PMP、PN 三种形式存在。PLP、PMP 通过非特异性磷酸酶脱磷酸作用被分解为 PL、PM，然后三者被小肠壁吸收。PL、PM 和 PN 三者在血浆中与白

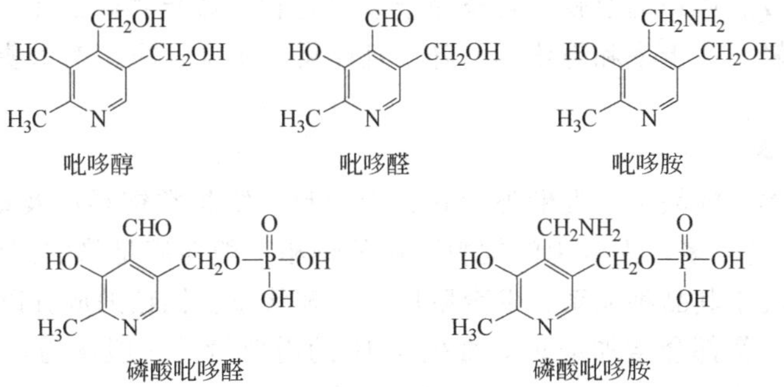

吡哆醇　　　　吡哆醛　　　　吡哆胺

磷酸吡哆醛　　　　　　磷酸吡哆胺

图 8-16　维生素 B_6 分子结构式

蛋白结合而被运输。维生素 B_6 经过血液运输扩散到肌肉中被磷酸化，大部分被磷酸化的维生素 B_6 在肌肉中储存。肝、脑、肾与红细胞等均可摄取维生素 B_6，并将非磷酸化的维生素 B_6 磷酸化。PLP 易与蛋白质结合，是细胞内含量多、活性强的维生素 B_6 形式，广泛分布于各组织中。烟酸和核黄素是维生素 B_6 各种形式的转化和磷酸化反应所必需的。维生素 B_6 主要以代谢产物吡哆酸形式从尿中排出。

维生素 B_6 的主要拮抗物是羟基嘧啶、脱氧吡哆醇和异烟肼等。

3. 生理功能

磷酸吡哆醛（PLP）是维生素 B_6 在体内生物学活性最强的形式，以 PLP 形式被结合到酶系统中，作为多种酶的辅助因子而参与蛋白质、脂肪和糖类化合物的代谢。

① 参与蛋白质代谢　PLP 作为氨基酸脱羧酶、氨基酸转移酶以及色氨酸分解酶等 100 多种酶的辅酶，催化许多氨基酸的反应，参与蛋白质代谢，促进蛋白质沉积，改善胴体质量。

② 参与糖原和脂肪酸的代谢　PLP 作为糖原磷酸化酶的辅酶，参与肌肉和肝脏中糖原的代谢。PLP 通过丝氨酸棕榈酰基转移酶而参与神经鞘磷脂的生物合成，还参与亚油酸合成花生四烯酸以及胆固醇的合成与转运。此外，维生素 B_6 可通过影响肉碱合成而调节脂类代谢。

③ 预防和治疗贫血　PLP 是丝氨酸羟甲基转氨酶的辅酶，该酶通过转移丝氨酸侧链到受体叶酸分子而参与一碳单位物质的代谢，一碳单位物质代谢障碍可造成巨幼红细胞贫血。

④ 调控色氨酸转化为烟酸　PLP 参与的酶促反应在色氨酸转化为烟酸的过程中起必要的作用。缺乏维生素 B_6 后，烟酸的合成受到影响，另使得动物对细菌的敏感性增强，T、B 淋巴细胞增殖受阻。

⑤ 参与造血　维生素 B_6 参与血红蛋白的合成，因而与造血功能有关。

4. 缺乏后果

维生素 B_6 缺乏，能损害动物体内的多种代谢功能。猪缺乏维生素 B_6 后，蛋白质代谢紊乱，因而生长发育严重受阻，四肢运动失调，严重时发生癫痫性痉挛，皮肤发炎，脱毛等（图 8-17）。

雏鸡缺乏维生素 B_6 后，先表现为食欲下降，生长不良，全身衰弱，羽毛粗乱，翅膀微微张开，喜蹲、头朝地、尾部颤动；继而有骨粗短症和神经症状，表现为异常兴奋，盲目乱跑并拍羽；后发生全身痉挛，在挺胸

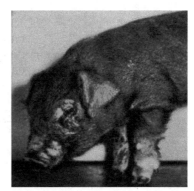

图 8-17　维生素 B_6 缺乏症（眼周发炎）

休息中踢腿、蹲坐或急速划动双腿，直至完全衰竭死亡。成年鸡缺乏维生素 B_6 后则因食欲丧失而造成体重减轻，产蛋率和孵化率下降，且卵巢、睾丸、冠、肉髯萎缩，长期严重缺乏会造成死亡。

5. 来源与需要量

各种谷实、豆类、糠麸类、发酵类饲料、青饲料、饼粕类饲料以及动物的肝脏、肉类、酵母中维生素 B_6 含量较多，由常用的饲料配制的饲粮一般能满足猪的需要。维生素 B_6 在鸡饲粮中的添加量取决于其品种品系、发育阶段、生理状态、饲粮的成分以及应激情况。饲粮高蛋白或氨基酸不平衡都会增加动物对维生素 B_6 的需要量。一般认为，肉鸡每千克日粮中维生素 B_6 的推荐量为 $3.0 \sim 5.0 mg/kg$，生长蛋鸡为 $3.0 \sim 5.0 mg/kg$，产蛋鸡为 $3.0 \sim 5.0 mg/kg$。

五、泛酸

1. 化学结构与理化性质

泛酸（pantothenic acid）又名遍多酸、抗皮炎因子，因为它在动、植物中广泛分布，性质偏酸，所以被称为泛酸。泛酸是由二羟二甲基丁酸与丙氨酸构成的化合物。其分子结构式如图 8-18。

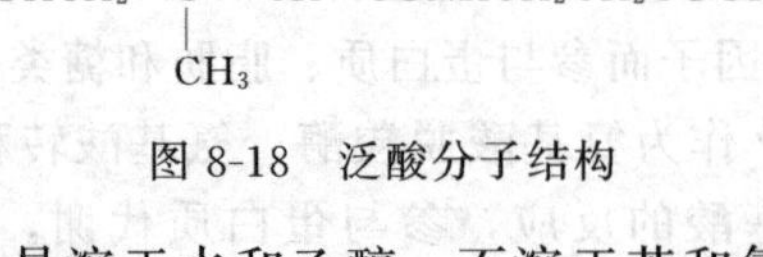

$$OHCH_2-\overset{\overset{\displaystyle CH_3}{|}}{\underset{\underset{\displaystyle CH_3}{|}}{C}}-\overset{\overset{\displaystyle OH}{|}}{CH}-CONHCH_2CH_2COOH$$

图 8-18　泛酸分子结构

泛酸为黄色黏性油状物，易溶于水和乙醇，不溶于苯和氯仿。在中性溶液中对湿热稳定，在酸、碱、光与热等条件下均不稳定。泛酸分子具有旋光性，有右旋（d-）和消旋（dl）两种形式，消旋式泛酸的生物学活性为右旋的二分之一。泛酸的常用剂型为泛酸钙，是无色粉状晶体，微苦，可溶于水，在光与空气中较稳定。

2. 代谢

饲料中的泛酸大部分是以辅酶 A（CoA）（图 8-19）的形式（结合态）存在，少部分是游离的。结合态的泛酸在肠道酶的作用下被降解，释放出游离态的泛酸。泛酸被小肠壁主动吸收，高浓度时则以被动扩散形式吸收，然后进入血液被输送到体内各个器官，经载体转运进入组织细胞。泛酸在细胞内被磷酸化后与半胱氨酸结合成磷酸泛酰巯基乙胺，再转化成CoA 或作为酰基载体蛋白（ACP）的辅基，参与糖、脂与蛋白质的代谢。大多数泛酸作为

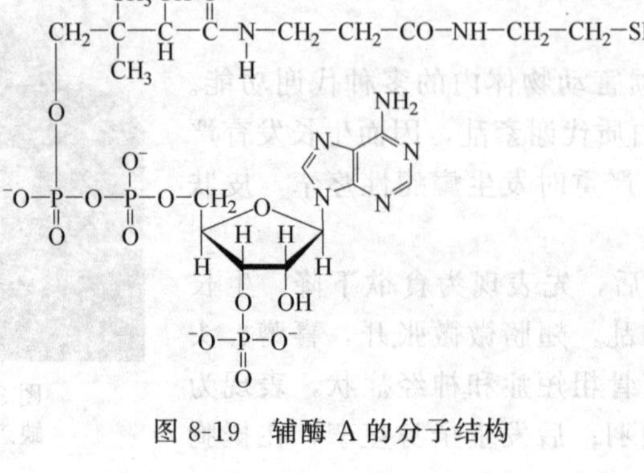

图 8-19　辅酶 A 的分子结构

CoA 的组分存在于红细胞内。泛酸在体内不储存，主要以游离形式和少量 4-磷酸泛酸盐由尿中排泄。小部分泛酸可被完全氧化后以 CO_2 的形式从肺中排出。

泛酸的主要拮抗物是水杨酸等。

3. 生理功能

泛酸是 CoA 和 ACP 生物合成的重要前体物质，主要以 CoA 和 ACP 参与糖类化合物、脂肪和蛋白质等的代谢。

① 作为 CoA 的组分，参与细胞内的乙酰化反应，对于各种组织内的代谢尤其是对脂肪代谢与能量交换起着十分重要的作用。泛酸可促进脂肪酸和固醇类物质的合成，参与柠檬酸循环（三羧酸循环）过程（图 8-20），通过修饰蛋白质而影响蛋白质的定位、稳定性和活性，通过增加谷胱甘肽的生物合成而减缓细胞凋亡和损伤，参与细菌细胞壁的构建，为抗体的合成和胆碱的乙酰化（乙酰胆碱为神经冲动的传导所必需）所必需，在肾上腺活动中还具有重要作用。

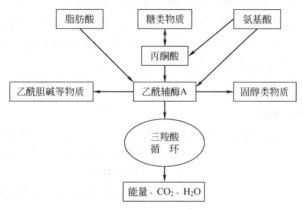

图 8-20　辅酶 A 在动物体内物质代谢中的作用

② 作为 ACP 的组分　4-磷酸泛酰巯基乙胺是 ACP 的辅基，ACP 的丝氨酸残基与辅基形成磷酸酯键而结合，在体内脂肪酸合成途径中作为脂酰载体。

③ 增强消化机能　泛酸可增强鱼肠管内胰蛋白酶、脂肪酶、α-淀粉酶和 Na^+，K^+-ATP 酶活性，促进营养物质的消化和吸收。

④ 增强免疫功能　泛酸可增强吞噬细胞表面凝集素的识别能力，强化鱼白细胞的吞噬作用，提高鱼血清中 IgM 水平，增强其特异性免疫功能，提高其抗病力。

⑤ 泛酸及其衍生物可减轻抗生素等药物引起的毒、副作用，还具有抗脂质过氧化作用。

4. 缺乏后果

① 泛酸缺乏症常见于雏鸡，其症状为生长受阻，羽毛粗劣，骨粗短；随后出现皮炎，口角有痂块，眼睑边缘呈粒状痂块、常被黏液胶着，泄殖腔和脚趾出现痂皮，导致行走困难；剖检可见胸腺萎缩，肌胃黏膜被腐蚀，胆囊肿大；蛋胚多在孵化期最后 2～3d 死亡，但无病变。

② 给生长猪饲喂缺乏泛酸的纯化日粮，可诱发典型的泛酸缺乏症（图 8-21）。其主要表现为食欲减退甚至废绝，增重缓慢，腹泻、结肠水肿、充血、发炎，四肢僵硬，共济失调（鹅步状），咳嗽，脱毛等。母猪长期缺乏泛酸后，新生仔猪畸形。

③ 鱼缺乏泛酸后，厌食、生长缓慢、眼球突出、游动缓慢和体表鳍条出血等。同时，幼建鲤缺乏泛酸后，消化酶活力和免疫力降低，体重下降，肝、胰脏呈黄褐色。

5. 来源与需要量

泛酸广泛分布于动、植物体内，谷实种子如小麦、燕麦等及其副产品糠麸、花生饼、苜

图 8-21　泛酸缺乏症

苜蓿草粉、亚麻籽饼、糖蜜、酵母中泛酸含量多，但在玉米、大麦、豆粕与块根块茎类饲料中泛酸含量较少。此外，动物的消化道特别是瘤胃微生物能合成泛酸。

正常情况下，成年反刍动物瘤胃微生物合成的泛酸能满足其需要，但要给幼年反刍动物补充泛酸，如犊牛代乳料中泛酸含量应在 13.0mg/kg 以上。单胃动物饲粮中要补充泛酸，以免发生缺乏。一般认为，雏鸡日粮中泛酸的添加量为 10.0mg/kg，产蛋种鸡为 10.0mg/kg，肉用种鸡为 10.0～12.0mg/kg，幼草鱼为 25mg/kg。

六、生物素

1. 化学结构与理化性质

生物素（biotin）亦被称为维生素 B_7、维生素 H，是一种含硫的维生素，其结构可视为由尿素与硫戊烷环结合，并连接有一个五碳酸支链，其分子结构式如图 8-22。

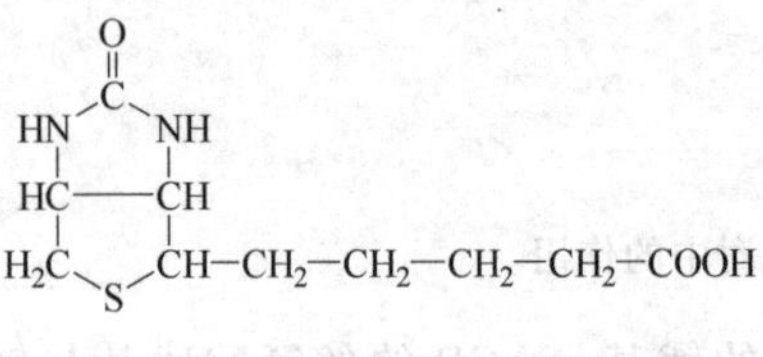

图 8-22　生物素的分子结构式

生物素为白色晶体，易溶于热水，在常温下不易被酸、碱、光破坏，但高温与氧化剂存在时可使其丧失活性。

2. 代谢

天然生物素以游离态或与蛋白质结合的形式存在，结合态的生物素在肠道中需经酶的消化作用才能被吸收。生物素主要在小肠近端通过载体转运（低浓度时）或简单扩散（高浓度时）形式被吸收，结肠也可吸收一部分生物素。被吸收后的生物素分布于全身组织细胞，其中大部分通过门脉循环运送到肝脏和肾脏储存。生物素在细胞内的分布与生物素酶的定位有关。哺乳动物一般不能降解生物素中的环结构，但可将其中一小部分转化为硫化物。生物素主要经尿排出，极少量可通过乳汁排出。

生蛋清中含有抗生物素蛋白，它可与生物素结合而起拮抗的作用。

3. 生理功能

① 羧化酶的辅酶　生物素是动物体内许多羧化酶的辅酶，在丙酮酸转化为草酰乙酸、乙酰辅酶 A 转化为丙二酸单酰辅酶 A 等过程中具有固定 CO_2 的作用。其中，丙酮酸羧化酶主要参与糖异生途径，乙酰辅酶 A 参与脂肪酸合成；3-甲基丁烯酰辅酶 A 羧化酶参与支链氨基酸亮氨酸的分解代谢；丙酰辅酶 A 羧化酶参与丙酸代谢。生物素的羧基与酶蛋白中赖氨酸残基 ε-氨基以肽键连接形成生物胞素，在糖、脂肪和蛋白质代谢中起重要作用。生物素参与嘌呤的合成。研究表明，日粮中添加生物素后可提高动物血清中生长激素水平、饲料利用率和平均日增重；通过促进生长肥育猪的脂肪代谢而减少背膘、改变肉色，提高其屠体质量。

② 增强免疫功能　生物素能促进胸腺、脾脏与肠淋巴组织等免疫器官、组织的发育；

维持巨噬细胞等各种免疫细胞以及抗体的正常功能；促进 T 细胞和 B 细胞的转化；调节免疫应答的传导等。

③ 参与烟酸和前列腺素的合成。

④ 近年来研究表明，虽然瘤胃微生物能合成生物素，但在奶牛等反刍动物日粮中添加生物素，能减少蹄病的发生，提高产奶机能和繁殖性能，改善乳品质量。

4. 缺乏后果

丙酰基辅酶 A 羧化酶活性降低是反映生物素缺乏的重要指标。给犊牛大量饲喂动物性蛋白质饲料后，由于抗生物素蛋白质与生物素结合为不溶性生物素，可诱发生物素缺乏症。犊牛的生物素缺乏症主要为出血，皮脂溢出性皮炎，被毛脱落，发育不良，严重时会出现后肢麻痹。

雏鸡缺乏生物素后精神沉郁，食欲降低，日增重下降，卧地不起，嗜睡并出现麻痹，羽毛干燥变脆，两翅下垂，地面到处可见脱落断折的羽毛。两腿无力，跛行，脚爪底部粗糙、结痂，有时开裂出血，喙底和眼周围皮肤发炎，眼睑肿胀。蛋鸡缺乏生物素后产蛋性能下降，蛋壳质量降低。

母猪缺乏生物素后，先表现为脱毛和脂溢性皮炎，接着是皮肤溃疡，口腔黏膜发炎，后肢痉挛，其典型症状是蹄部及蹄底裂缝、破损、溃疡、跛行（图 8-23）。

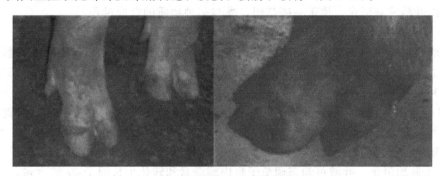

图 8-23　猪的生物素缺乏症

鱼缺乏生物素后，生长缓慢；皮肤颜色变深；肠黏膜上皮细胞变性、坏死、脱落；肝细胞变性、肿胀；肾小管细胞变性、肿胀；心肌纤维溶解、断裂、肌间间隙变宽；肌肉肌纤维萎缩、断裂，肌横纹模糊不清或消失；鳃小片粘连，严重者坏死、脱落，部分鳃弓处充血。

大白鼠严重缺乏生物素后，后肢瘫痪，皮肤炎症、脱毛，神经敏感等。

5. 来源与需要量

生物素广泛存在于蛋白质饲料、青绿饲料以及动物性饲料中，其中酵母、黄豆类、糠麸、牧草、肝脏、鱼粉、卵黄和脱脂乳等均含有较丰富的生物素。另外，反刍动物瘤胃微生物也能合成生物素。但是，许多饲料如小麦和高粱等谷物中的生物素呈结合状态而使其利用率较低，又饲粮中常添加抗生素等药物（能抑制微生物合成生物素），因此动物易患生物素缺乏症。

鸡日粮中生物素的推荐添加量一般为 $0.1\sim0.2mg/kg$，在高能量低蛋白质鸡日粮中添加量为 $0.3mg/kg$。育肥猪饲粮中生物素的添加量为 $0.5mg/kg$，种猪饲粮中生物素的添加量应适当增加。奶牛日粮中生物素的添加量为 $10\sim20mg/kg$。

七、叶酸

1. 化学结构与理化性质

叶酸（folic acid，folacin）曾被称为维生素 B_{11}，是由喋啶、对氨基苯甲酸和 L-谷氨酸

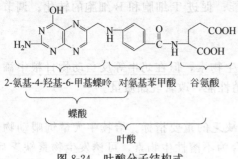

2-氨基-4-羟基-6-甲基蝶呤　对氨基苯甲酸　谷氨酸

蝶酸

叶酸

图 8-24　叶酸分子结构式

所构成。其分子结构式如图 8-24。

叶酸为黄色晶体，不溶于冷水与乙醇，在水溶液中易被光破坏。热、光线和酸均能破坏叶酸。

2. 代谢

饲料中的叶酸大部分以与多个谷氨酸分子结合的形式存在。多谷氨酸叶酸在消化酶的作用下被分解为单谷氨酸叶酸，才能被吸收。肠壁、肝、骨髓等组织存在叶酸还原酶，在维生素 C 与 NADPH 的参与下，将叶酸转化为四氢叶酸（THFA）。血液中的叶酸主要是 N^5-甲基 THFA，大部分与蛋白质非特异性结合而被运输，小部分与一种特异的糖蛋白结合而被运输。血液中的 N^5-甲基 THFA 经载体转运机制运送到骨髓、网状细胞、肝、脑脊液与肾小管细胞等。叶酸通过尿与胆汁排出。

3. 生理功能

叶酸的主要生理功能是以一碳单位转移酶系的辅酶形式，参与体内的一碳单位物质的传递过程。组氨酸、丝氨酸、甘氨酸、蛋氨酸等均可供给一碳单位，THFA 与这些一碳基团相连接，以叶酸辅酶形式，携带一碳基团，参与多种物质的合成过程。

① 参与核酸的合成　嘌呤和胸腺嘧啶的合成均需要 THFA 携带的一碳基团。因此，叶酸对细胞增殖、分裂起着重要作用。叶酸缺乏，可导致细胞内脱氧核苷酸库不平衡、凋亡，相关基因 *Bcl-2*、*Bax* 和 *p 53* 等的表达出现异常，最终引起细胞 DNA 损伤、增殖减少、凋亡率增加和生长抑制。

② 参与蛋白质代谢　N^5-甲基 THFA 可使同型半胱氨酸再生成蛋氨酸，以提供肌酸、肾上腺素和胆碱等合成所需的甲基供体；促进丝氨酸与甘氨酸的相互转化。因此，叶酸通过参与上述物质的代谢而对动物起着重要的作用。

③ 促进胚胎附植　叶酸可动态调节子宫内雌激素和转化生长因子-β_2 的含量，促进前列腺素（PGE_2）的分泌，降低 *IL-2* 的表达，从而使子宫内环境更有利于胚胎的附值。

④ 防止胚胎畸形　同型半胱氨酸能诱导鸡胚发生神经管缺陷和心室间隔缺陷。叶酸缺乏，血液中同型半胱氨酸的浓度提高，使胚胎细胞基因表达异常，导致神经上皮细胞的增殖与神经嵴细胞的分化紊乱，从而引起神经管闭锁缺陷。

4. 缺乏后果

叶酸缺乏，首先影响细胞增殖较快的组织。因此，更新较快的造血系统首先受到影响。叶酸缺乏，DNA 合成受阻，导致骨髓中幼红细胞分裂停留在巨幼红细胞阶段而成熟受阻，造成巨幼红细胞贫血。

猪缺乏叶酸后，发生营养性贫血，红细胞减少，血红蛋白水平降低，体质虚弱，生长不良，发生皮炎和脱毛。日粮中添加叶酸，可增强母猪的繁殖性能，降低胚胎死亡率，增加窝产仔数。

雏鸡缺乏叶酸后，生长停滞，贫血，衰弱，羽毛稀少并出现白羽，颈部肌肉麻痹，导致头颈下垂、前伸。母鸡缺乏叶酸后，产蛋率下降，种蛋孵化后期会因破壳困难而死亡。

孕妇缺乏叶酸，可引起其婴儿神经管畸形（脊柱裂和无脑儿）。

5. 来源与需要量

叶酸是一种广泛分布于绿叶植物、谷实和酵母中的 B 族维生素。酵母中富含叶酸，含量为 9.0～46.5mg/kg。另外，干草粉、饼粕和糟渣等饲料也含有较多的叶酸。一般饲料中的叶酸含量加上消化道微生物合成的叶酸量基本上能满足动物的需要，但饲粮中含有抗菌药物时，会抑制细菌活性，因而可能发生叶酸缺乏。动物不同、生理阶段不同，对叶酸的需要量也不同。以风干饲粮计，鸡对叶酸的维持需要量为 0.25mg/kg，正常生长和造血时为 0.2～0.6mg/kg，如饲粮高能，需额外添加 1.5mg/kg；种鸡对叶酸的的需要量为 0.3～1.2mg/kg；仔猪日粮中叶酸适宜添加量为 2.5mg/kg；以叶酸的代谢利用率为标识，母猪孕后的 1 周内对叶酸需要量为 15.0mg/kg，以后则是 10.0mg/kg。

八、维生素 B_{12}

1. 化学结构与理化性质

维生素 B_{12} 含有钴，因此又被称为钴胺素（cobalamin）、抗恶性坏血病因子，是唯一含有金属元素的维生素。维生素 B_{12} 形式多种，包括氰钴胺素、羟钴胺素、硝钴胺素、甲钴胺素、5′-脱氧腺苷钴胺素等。一般所称的维生素 B_{12} 是指氰钴胺素，其分子结构式如图8-25。

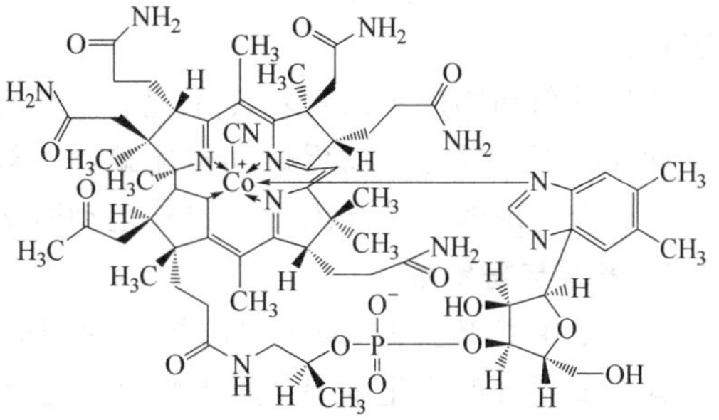

维生素 B_{12} 为红色晶体，易溶于水和乙醇，在强酸、强碱和光照下极易分解。重金属、强氧化剂和还原剂可破坏维生素 B_{12}。大量的维生素 C 也可破坏维生素 B_{12}，因此，

图 8-25 氰钴胺素分子结构式

多种维生素预混料中，维生素 B_{12} 会因维生素 C 等抗氧化剂的存在而受损失。

2. 代谢

饲料中的维生素 B_{12} 与蛋白质形成复合物，在消化道内经胃酸、胃蛋白酶和胰蛋白酶的作用，维生素 B_{12} 被释放出来，游离态的维生素 B_{12} 与内在因子（intrinsic factor，IF）结合。IF 是胃黏膜、小肠前端黏膜细胞分泌的一种糖蛋白，可特异性地与维生素 B_{12} 结合，形成稳定性较强的复合物（B_{12}-IF）。IF 分子上有两个结合位点。维生素 B_{12} 与 IF 的一个位点结合，移入小肠后端再与 Ca^{2+}、Mg^{2+} 结合。另一结合位点与小肠后端黏膜上皮微绒毛结合，使 B_{12}-IF 复合物吸附于小肠后端黏膜表面，肠道消化酶可使维生素 B_{12} 与内在因子分离，前者被肠壁吸收，后者则又重回到小肠前端。IF 既能促进维生素 B_{12} 吸收，又可保护维生素 B_{12} 免受消化道微生物等的破坏。被吸收的维生素 B_{12} 主要储存在肝脏中。

3. 生理功能

维生素 B_{12} 在体内以两种辅酶形式即甲基钴胺素、脱氧腺苷钴胺素（辅酶 B_{12}）参与体内生化反应。

① 参与蛋氨酸的合成　蛋氨酸是体内代谢过程中重要的甲基供体之一。甲基钴胺素作为蛋氨酸合成酶的辅酶参与同型半胱氨酸甲基化转化为蛋氨酸的过程，甲基钴胺素从5-甲基四氢叶酸获得甲基后转供给同型半胱氨酸，并在蛋氨酸合成酶的作用下合成蛋氨酸。

② 维持神经系统功能正常　辅酶 B_{12} 作为甲基丙二酸单酰 CoA 变位酶的辅酶，使甲基丙二酸转化为琥珀酸单酰 CoA，此反应与神经髓鞘物质代谢密切相关。

③ 参与氨基酸和蛋白质合成　维生素 B_{12} 可与叶酸的作用相互关联，提高叶酸利用率，促进谷氨酸和蛋白质的生物合成，促进上皮组织（包括胃、肠上皮组织）的正常更新，加速红细胞的发育和成熟。此外，维生素 B_{12} 还参与糖的异生过程。

4. 缺乏后果

动物肝脏中可储存大量的维生素 B_{12}，只有当胃、肠、胰和肝等有病变时才易发生维生素 B_{12} 缺乏。动物消化道细菌，如反刍动物瘤胃内的灰色链球菌、橄榄色链球菌和丙酸菌等在有钴的的条件下，均可合成维生素 B_{12}，在不同程度上可满足宿主动物对维生素 B_{12} 的需要量。如果缺钴，就不能合成维生素 B_{12}，发生维生素 B_{12} 缺乏症。当钴充裕时，合成的维生素 B_{12} 除被动物吸收外，还有一部分与粪一起被排到体外。

生长猪缺乏维生素 B_{12} 后，食欲丧失、生长缓慢、被毛粗劣、皮炎、贫血等。母猪缺乏维生素 B_{12} 后，产仔数减少，受胎率和泌乳量降低，仔猪初生重下降、被毛粗乱、皮肤苍白。

雏鸡缺乏维生素 B_{12} 后，生长缓慢，贫血，食欲不佳。成年鸡缺乏维生素 B_{12} 后，产蛋率下降，蛋重量轻，孵化率降低，鸡胚常于孵化后期死亡，死亡的鸡胚出血、水肿，孵出的幼雏死亡率很高。

幼龄反刍动物由于瘤胃功能不完善，细菌合成的维生素 B_{12} 不足。犊牛缺乏维生素 B_{12} 后，食欲不振，异嗜，瘤胃蠕动机能减弱，被毛逆立、无光泽，生长发育缓慢，由于四肢肌肉乏力和全身虚弱，站立困难，强迫走动时运动失调。

5. 来源与需要量

天然维生素 B_{12} 均由微生物产生。动物的肝脏、肉类、奶、蛋、鱼粉、血粉和发酵饲料中含有数量不等的维生素 B_{12}。动物粪便尤其是反刍动物粪便中富含维生素 B_{12}。植物性饲料中基本不含这种维生素。因此，在配合饲料中应添加足量的维生素 B_{12}。肉用仔鸡日粮中维生素 B_{12} 的维持需要量为 $0.007 \sim 0.01 mg/kg$，肉用种鸡为 $0.006 \sim 0.012 mg/kg$，产蛋鸡为 $0.004 mg/kg$。

九、胆碱

1. 化学结构与理化性质

Strecker（1849）从小牛的胆汁中分离出一种碱性化合物，在 1862 年又从猪胆汁中获得，故将这种化合物名为胆碱（choline）。胆碱为卵磷脂的组分，存在于神经鞘磷脂中，同时又是乙酰胆碱的前体。其分子结构式如图 8-26。

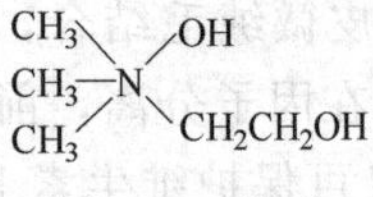

图 8-26　胆碱
分子结构式

胆碱为白色浆液，味苦，有很强的吸湿性，能溶于水。在酸性和强碱条件下稳定，耐热性强。饲粮中添加的胆碱是氯化胆碱。

2. 代谢

饲料中的胆碱主要以卵磷脂的形式存在，在小肠内经消化酶的作用被分解为游离的胆碱，大部分胆碱在空肠被吸收，通过门静脉循环进入肝脏。另外，还有一部分胆碱被肠道微生物降解。动物体所有组织都可通过扩散和载体介导转运、蓄积胆碱。摄入的胆碱中仅一小部分在胆碱能神经元末梢和胎盘中被乙酰化。胆碱在体内被氧化成三甲基甘氨酸后，作为甲基供体参与一碳单位物质代谢，此氧化过程在肝和肾内进行，且是不可逆的。动物体内能合成胆碱，合成过程如图 8-27 所示。

3. 生理功能

胆碱是卵磷脂和乙酰胆碱的组分，其功能如下。

① 作为前体物质合成乙酰胆碱，介导跨越神经细胞间隙的信号传导，发挥神经递质的作用，为维持动物神经系统的正常功能所必需。

② 作为卵磷脂和神经鞘磷脂以及其他磷脂类的组分，参与生物膜和脂蛋白的形成，构筑和保持细胞正常结构，维持细胞的物质通透性和信息传递。

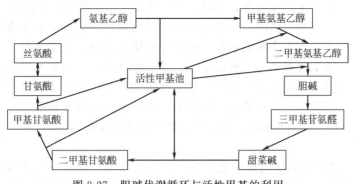

图 8-27 胆碱代谢循环与活性甲基的利用

③ 参与脂肪的代谢和运输过程　胆碱以卵磷脂的形式促进脂肪运输，通过提高肝脏对脂肪酸的利用来防止脂肪在肝脏中的异常积聚。胆碱能阻止胆固醇在血管内壁上的沉积，并可清除部分沉积物，从而改善脂肪的吸收和利用。

④ 作为动物体内的甲基供体　胆碱参与一碳单位物质代谢，能提供不稳态甲基，用于同型半胱氨酸形成蛋氨酸，胍基醋酸形成肌酸。

4. 缺乏后果

动物缺乏胆碱后，脂肪代谢障碍，易发生肝脏和肾脏脂肪浸润。仔猪缺乏胆碱后，生长缓慢，关节韧性差，共济运动失调，发生贫血。母猪缺乏胆碱后，产仔数减少。

雏鸡缺乏胆碱后，出现骨骼（腿骨）粗短症。蛋鸡缺乏胆碱后，发生脱腱病，产蛋率下降，蛋重减轻等。在饲粮中添加较多量的胆碱，可提高雏鸡的生长性能，增强脂肪酶和碱性磷酸酶活性，降低血清中甘油三酯浓度，对脂肪肝有防治效果。

小鼠缺乏胆碱后，血液和尿液中肉碱含量显著增多，肝脏、心脏和肌肉中肉碱含量显著减少，导致肝脏发生脂质过氧化反应，造成氧化损伤，引起细胞凋亡等。

5. 来源与需要量

到目前为止，发现蛋黄中胆碱含量最多，每 100g 蛋黄含 1.7g 以上胆碱。肝粉、（禽）腺胃粉、鱼粉、鱼汁、酵母、沼液、大豆饼粕、菜籽粕、花生粕、绿色多叶植物、麦麸等也含较多的胆碱。

泌乳奶牛对胆碱的需要量较多，仅靠体内合成的胆碱量一般不能满足高产奶牛的需要。一般建议，每头奶牛每日补饲 10g 瘤胃保护型胆碱。另据报道，在鸡基础日粮中添加 600mg/kg 的胆碱，防治其脂肪肝的效果最佳。

十、肌醇

1. 化学结构与理化性质

肌醇（inositol）又名肌糖，是一种六碳化合物（图 8-28），化学结构上与葡萄糖相似。1928 年被确认为酵母的一种生长因子，用于治疗小鼠脱毛症。肌醇存在于所有动物和植物组织中。在动物细胞中，肌醇主要与磷脂结合形成磷脂酰肌醇。在谷实中，肌醇参与植酸的构成，植酸是植物体内的一种有机酸，可与钙、铁、锌等结合而影响动物对这些矿物元素的吸收。

肌醇为白色结晶粉，能溶于水，不能溶于醇和酯。肌醇是一种稳定性高的化合物。

2. 代谢和生理功能

一般情况下，动物对肌醇的吸收率较高，但饲粮高钙降低动物对肌醇的吸收。肌醇的吸收是一个主动运输过程。动物可用葡萄糖合成肌醇。肌醇广泛分布于动物体内的各种组织

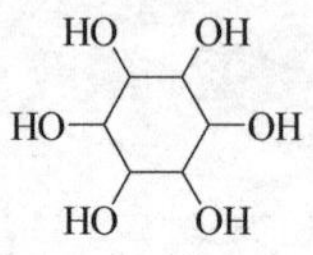

图 8-28 肌醇
分子结构式

中，尤其在心脏、大脑、肝、肾以及骨骼肌中含量较多。

关于肌醇对动物的生理作用尚未完全阐明。磷脂酰肌醇是构成细胞膜及细胞内膜的成分。体内存在磷脂酰肌醇代谢系统，这一系统是去甲肾上腺素和 5-羟色胺受体的第二信使系统，可能与动物和人类的行为有关。研究发现，肌醇具有抗抑郁和抗惊恐的作用。在生物体内，肌醇还可能参与脂代谢过程的调节，有预防肝中脂肪堆积的作用。肌醇还可防止体内胆固醇的积累。肌醇和胆碱一起可维持体内脂质正常代谢。

3. 缺乏后果

目前关于畜、禽缺乏肌醇的研究报道较少。肌醇在水产动物中应用较多。鱼缺乏肌醇后，厌食、胆碱酯酶活性降低、淀粉消化率下降，生长缓慢，肝内甘油三酯增加、磷脂含量减少，部分品种鱼的肠组织呈现灰白色。

4. 来源与需要量

肌醇在自然界中广泛存在。大多数动、植物组织中都含有较多的肌醇。小麦胚芽、干豌豆、菜豆、动物脑、心和腺体组织均是肌醇的良好来源。柑橘果肉和干酵母中也含有肌醇。许多动物也可合成肌醇。但是，一些鱼类如日本鳗鲡、鲤鱼等不能合成肌醇，需要从其饵料中补充肌醇。

十一、维生素 C

1. 化学结构与理化性质

维生素 C 又名抗坏血酸（ascorbic acid），是酸性己糖衍生物，有 L 型和 D 型两种异构体。其中，仅 L 型对动物有生理功效，其分子结构式如图 8-29。

维生素 C 为无色晶体，极易溶于水，微溶于丙酮和低级醇类，不溶于脂肪与非极性有机溶剂。维生素 C 在弱酸中稳定，在碱中极易被分解破坏。维生素 C 具有强还原性，故其易被氧化剂氧化。

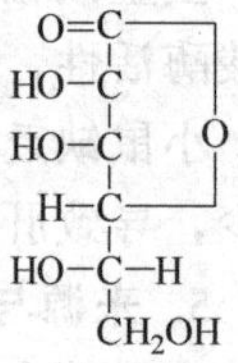

图 8-29 L-抗坏血酸的分子结构式

2. 代谢

维生素 C 在小肠中被吸收，吸收量与其摄入量有关。胃酸缺少或肠道感染时维生素 C 吸收量减少。体内维生素 C 大部分储存于细胞内，以垂体含量最高，其次是肾上腺、眼晶状体、肾、脾脏和肝，胰腺和胸腺也有一定量的维生素 C。维生素 C 易被氧化成脱氢形式，氧化前、后两种形式同时存在于体液中，都有生理活性。它们与谷胱甘肽相联系形成氧化还原系统，执行重要的机能。在人体内，抗坏血酸分解代谢的一个重要尾产物是草酸。多余的维生素 C 主要经尿排出，也有少量从汗、粪中排出。

抗坏血酸经代谢后主要由尿排出。

3. 生理功能

① 抗氧化功能　维生素 C 是抗氧化剂，参与体内氧化-还原反应。维生素 C 可防止维生素 A、维生素 E 与不饱和脂肪酸的氧化，防止脂质过氧化，通过清除自由基而阻止低密度脂蛋白的氧化修饰；降低血清胆固醇；清除巨噬细胞、中性粒细胞释放的氧化性物质，保护组织免受损伤。作为还原剂促进铁的吸收、转移以及在体内的储存；将叶酸还原为活性四氢叶酸，参与四氢叶酸的一碳单位转移。

② 参与羟化反应　维生素 C 为维持体内许多羟化酶活性所必需，参与脯氨酸、苯丙氨酸和赖氨酸等的羟基化反应，促进胶原组织的形成，保持细胞间质的完整，维持结缔组织、骨、牙与毛细血管的正常结构与功能，促进创伤与骨折愈合。维生素 C 还参与去甲肾上腺

素的合成，促进神经递质合成，促进类固醇转化为胆汁酸，促进有机药物或毒物羟化解毒。

③ 抗热应激作用　动物热应激时体内产生大量皮质酮，对细胞有毒性作用。维生素 C 是一种最有效的抗应激活性物质，可下调皮质酮的浓度，增强动物的抗逆能力和适应能力。此外，维生素 C 具有直接杀死一些病毒和细菌的作用，提高动物的生产性能和新生仔畜的成活率，防止热应激对动物的损害。

④ 增强免疫功能　补充维生素 C，可促进免疫球蛋白和干扰素的合成，促进淋巴细胞转移，保护其他细胞免受病毒感染。维生素 C 还可增强吞噬细胞的活性，清除自由基。

4. 缺乏后果

多数动物体内能合成维生素 C，一般不会出现缺乏症状。但在应激状态、发病期以及特殊生理阶段，易缺乏维生素 C。鸡缺乏维生素 C 后，生长发育受阻，整齐度差，成活率下降；种鸡缺乏维生素 C 后，产蛋性能降低，破蛋率提高。育肥猪缺乏维生素 C 后，生长缓慢，饲料利用率降低。母猪缺乏维生素 C 后，受胎率下降，仔猪出生时脐带出血，仔猪成活率降低。仔狐缺乏维生素 C 后，毛细血管的通透性增强，因而毛细血管出血，造成仔狐发生"红爪病"，其临床表现为：新生仔狐四肢水肿、关节变粗、足垫肿胀、患处皮肤潮红紧张、指间形成溃疡和龟裂、伴有轻度充血。

人和灵长类动物等因缺少古洛内酯氧化酶而不能合成维生素 C，完全依靠食物补充。

5. 来源与需要量

瓜果类、绿色多叶植物、植物的种胚、发芽饲料中富含维生素 C；牛奶和马铃薯中维生素 C 含量也较多。对饲料加工，可使其中维生素 C 大量损失。一般饲养条件下，多数动物的饲粮中不需要添加维生素 C，乃因这些动物体内能合成维生素 C。虽然动物体内能合成维生素 C，但动物所需要维生素 C 的主要来源仍是饲粮。在特殊生理阶段和应激的情况下，需要给动物补饲维生素 C。在怀孕母猪的每吨饲粮中可添加维生素 C 150～200g，母猪临产前 1 周每天可补饲维生素 C 1g；在商品猪饲粮中添加维生素 C 20～50mg/kg，可有效防治其发生应激反应。35℃的高温下，在肉鸡饲粮中添加 400～600mg/kg 的维生素 C，可显著提高其生长性能；在蛋鸡日粮中补充维生素 C 200mg/kg，可提高产蛋率、降低破蛋率。

十二、类维生素

类维生素是指具有某些维生素的特性和类似维生素的功能，但不完全符合维生素的定义，且多是体内可以合成的一类有机化合物的总称。由于这类物质在生物学功能上与 B 族维生素类似，因此通常将其归类到 B 族维生素范畴。这里对一些类维生素样物质作简要介绍。

1. 硫辛酸

硫辛酸由 Reed（1951 年）首次从猪肝中分离出来，作为辅酶参与 α-酮酸的氧化脱羧反应，一些人将其列入维生素类。硫辛酸为白色结晶体，既溶于水又溶于脂类溶剂，分子式为 $C_8H_{14}O_2S_2$，相对分子质量为 206.33，分子结构式如图 8-30。

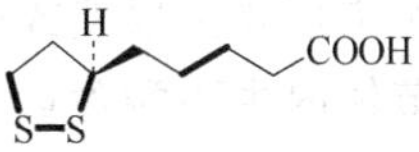

图 8-30　硫辛酸分子结构式

（1）分布　动、植物组织中硫辛酸常与蛋白质分子中赖氨酸残基的 ε-氨基共价结合，以酰胺键的形式存在。菠菜中硫辛酸含量较多，其次是番茄和甘蓝。硫辛酸在动物体内肝脏和肾脏组织中含量也较多。

（2）生理功能

① 硫辛酸是丙酮酸脱氢酶的辅助因子　硫辛酸在体内可转化为还原型的二氢硫辛酸。近年来，硫辛酸和二氢硫辛酸在抗氧化、糖代谢、糖尿病并发症和其他多种疾病治疗方面的

重要作用受到国际生物医学界的高度关注。

②作为辅酶调节机体的正常代谢　硫辛酸是线粒体内催化能量代谢几种复合酶所必需的辅酶，参与 α-酮酸的氧化脱羧反应，在能量代谢方面起重要的作用。硫辛酸可促进心肌对葡萄糖的摄取和利用。

③调节氧化-还原系统　硫辛酸进入细胞后一部分可被还原为二氢硫辛酸，在体内以硫辛酸和二氢硫辛酸两种形式存在，二者相互补充、相互协调，充分发挥高效的抗氧化作用。硫辛酸可清除羟基自由基（·OH）、过氧化氢（H_2O_2）、一氧化氮自由基（NO·）、过氧化亚硝基（·OONO）等。研究显示，二氢硫辛酸是生物系统中过氧化亚硝基作用的优先靶标之一。二氢硫辛酸是一种强还原剂，可还原再生许多氧化型抗氧化剂如抗坏血酸、维生素 E、谷胱甘肽（GSH）、辅酶 Q、硫氧还蛋白等。

④螯合金属离子　生物体内铁、铜、汞、镉等过渡金属离子能催化过氧化氢分解产生强毒性的羟基自由基，导致组织损伤。硫辛酸和二氢硫辛酸能螯合这些金属离子，从而抑制自由基的形成，乃至起到对重金属离子的解毒作用。硫辛酸对砷、镉离子的螯合特别有效。当硫辛酸与砷的摩尔比为 8∶1 时，可完全防止小鼠和狗的砷中毒。硫辛酸与一种琥珀酸衍生物联合使用，可预防铅中毒。硫辛酸能螯合铜离子，使铜经尿液排出，肝功能恢复正常。

⑤调控基因转录　k 基因结合核因子（NFkB）作为一种转录因子能够附着在 DNA 上而影响某些基因的转录。研究发现，硫辛酸可显著降低 VXAM-1 基因的转录量。

总之，已知硫辛酸是天然抗氧化剂中效果最强的一种，能再生的内源性抗氧化剂，被称为"抗氧化剂中的抗氧化剂"，其抗氧化作用是很大的。硫辛酸作为一种新型的饲料添加剂在饲料工业中的应用可能有较大的潜力。

2. 牛磺酸

（1）化学组成与性质　牛磺酸（taurine）是动物体内的一种含硫氨基酸，但不是蛋白质的构成单位。它广泛分布于动物体内各组织、器官中，主要以游离态存在于组织间液和细胞内液中，因最先从牛胆汁中分离出来而得名。牛磺酸的化学结构式为 $H_2N-CH_2-CH_2-SO_3H$，是白色粉状或针状结晶，无毒、无臭、味微酸、对热稳定，易溶于热水，不溶于无水乙醇、乙醚和丙酮。溶解后的牛磺酸具有较强的酸性，在稀溶液中呈中性，以两性离子形式存在，不易通过细胞膜。

（2）代谢　动物体内的牛磺酸一方面源于饲粮，另一方面源于动物自身合成。哺乳动物可通过 5 个途径在肝中生物合成牛磺酸，其中最主要的途径是蛋氨酸和半胱氨酸代谢的中间产物半胱亚磺酸经半胱亚磺酸脱羧酶脱羧成为亚牛磺酸，再经氧化成为牛磺酸。牛磺酸在体内分解后可参与形成牛磺胆酸与羟乙基磺酸。

牛磺酸以游离的形式广泛分布于人和动物的脑、心脏、肝、肾、卵巢、子宫、骨骼肌、血液、唾液和乳汁中，以在松果体、视网膜、垂体、肾上腺等组织中的浓度为最高。牛磺酸以游离形式由尿液或以胆酸盐形式通过胆汁排出体外。肾脏是排泄牛磺酸的主要器官，也是调节体内牛磺酸含量的重要器官。当牛磺酸过量时，多余部分随尿排出；当牛磺酸不足时，肾脏通过重吸收减少牛磺酸的排泄。

（3）生理功能　牛磺酸具有广泛的生物学功能，可影响视觉和神经发育、脂类代谢、调控渗透压、稳定细胞膜、保护心肌和降低血压等作用，主要体现在以下几个方面。

①对视神经有营养作用　牛磺酸约占视网膜中氨基酸总量的 50%。缺乏牛磺酸，视网膜中的渗透压调控失衡，导致其退化，光感受器退化，因而光传导功能受抑。

②促进中枢神经系统发育　牛磺酸在中枢神经系统中含量很多，提示牛磺酸对中枢神经系统的发育，如细胞的增殖、移行和分化具有重要作用。牛磺酸还可减少大鼠急性脑缺血

后神经元凋亡。

③ 保护组织细胞　牛磺酸维持和调节细胞内外渗透压平衡，调节细胞内游离 Ca^{2+} 浓度以保持动态平衡，清除氧自由基、避免过氧化损伤，参与细胞膜主要成分磷脂的代谢，维持细胞膜稳定等。

④ 保护心血管系统　牛磺酸可与胆酸结合为牛磺胆酸，促进脂肪乳化，增强脂肪酶活性，促进脂类物质的消化与吸收。牛磺酸还是胆汁中胆固醇的主要促溶剂，能抑制胆固醇结石的形成，增加胆汁流量，提高胆固醇的排泄率。此外，牛磺酸可保护缺血缺氧心肌、增强左心室功能、强化心肌收缩力，维护心肌线粒体膜的稳定性、抗心律失常、防止充血性心力衰竭。因此，牛磺酸具有保肝利胆、预防高胆固醇血症与抗动脉粥样硬化等功能。

⑤ 增强免疫功能　牛磺酸在淋巴细胞中的含量占整个游离氨基酸的 50%，在中性粒细胞中占所有游离氨基酸的 76%。此外，牛磺酸能促进脾脏的生长发育，调节细胞因子、中性粒细胞的防御机制，避免红细胞免疫功能的受损。

（4）缺乏后果　大多数动物都能合成牛磺酸，但猫却缺乏利用胱氨酸合成足量牛磺酸的酶系统，因此猫必须从日粮中获得牛磺酸以满足其需要。猫缺乏牛磺酸后，视网膜受损和退化，严重者心肌丧失收缩力；母猫缺乏牛磺酸后，胎儿被吸收、流产、死产或产弱小的猫，小猫脑形态异常，脑重明显减轻。

（5）来源与需要量　牛磺酸除存在于胆汁中外，还广泛分布于其他组织、器官中。肌肉、神经组织、视网膜中牛磺酸含量较多，且主要以游离态存在于组织间、细胞内和体液中，是体内含量最多的游离氨基酸。牛磺酸在海产品蛤蜊（0.52%）、牡蛎（0.40%）等以及火鸡黑肉（0.31%）、乌鸡肉（0.17%）中含量较高。植物性饲料中牛磺酸含量很少，因此动物尤其是猫的日粮中需要添加牛磺酸。

日粮中添加 0.1% 的牛磺酸，可提高肉仔鸡的生产性能和饲料转化率；添加 0.10%～0.15% 可改善肌肉品质，提高肉仔鸡的免疫机能和抗氧化能力。

3. 肉碱

（1）化学结构与理化性质　肉碱（L-carnitine），又被称为维生素 BT、肉毒碱等，是一种能促进脂肪氧化为能量的类氨基酸，广泛存在于动物体内。肉碱的学名为 3-羟基-三甲基铵丁酸，分子式为 $C_7H_{15}NO_3$，结构式如图 8-31。

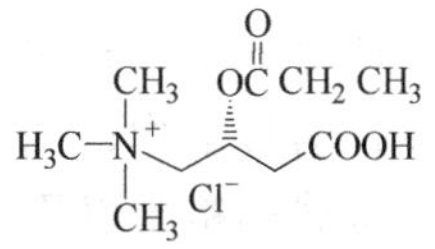

自然界中的肉碱有左旋（L）和右旋（D）两种形式，只有 L 型才具有生物学活性。左旋肉碱为白色结晶粉末，易吸潮，略有特殊腥味，稳定性较好，可在 pH 3～6 的溶液中放置 1 年以上，能耐 200℃ 以上的高温，其官能团有较好的溶水性和吸水性。

图 8-31　肉碱分子结构式

（2）代谢　动物体内 L-肉碱的来源有两种途径：一是从动物性饲料中直接摄取，二是以赖氨酸、蛋氨酸为原料，在肝、肾、脑组织中合成。L-肉碱通过主动转运机制被小肠壁吸收，吸收率为 50%～80%。被吸收的 L-肉碱约有 50% 以乙酰形式或游离形式进入血液，然后被输送到各个组织器官中。

进入组织的 L-肉碱参与生理生化反应，只有少部分在体内分解。在泌乳动物中，大量的 L-肉碱进入乳汁中。L-肉碱可在肾脏中被重吸收，重吸收能力因动物而异，草食动物的重吸收能力较肉食性动物强。

（3）生理功能

① 调节线粒体内乙酰 CoA/CoA 的比例，排除体内过量的酰基　肉碱作为载体以乙酰肉碱的形式将线粒体内的短链乙酰基运送到线粒体膜外，降低线粒体基质中的乙酰 CoA 与 CoA 比率，解除对丙酮酸脱氢酶系和丙酮酸激酶活性的抑制，使糖的降解顺利进行，使更

多的脂肪酸进入线粒体进行β-氧化，使线粒体氧化脂肪酸的能力增强。

②促进支链氨基酸的氧化利用　动物体内的一些支链酰基是亮氨酸、异亮氨酸和缬氨酸的代谢产物，L-肉碱可将体内这些支链酰基及时运出，以维持氨基酸的正常代谢。

③参与长链脂肪酸的转运，促进脂肪酸的β-氧化　脂肪酸不能直接进入线粒体内膜，需要借助载体才能进入。肉碱作为载体以脂酰肉碱的形式将长链脂肪酸从线粒体膜外转运到膜内，从而在线粒体内进行β-氧化，促进三羧酸循环的正常进行，协助细胞完成正常的能量代谢和生理功能（图8-32）。

④排毒作用　L-肉碱可将体内过量的和非生理性的酰基团排出，消除体内酰基累积性毒害作用，防止肌肉和血液中过量丙酮酸盐导致的肌肉疲劳和痛性痉挛等。

⑤其他生理功能　L-肉碱可清除自由基、维持膜稳定、提高免疫力与抗应激能力。近年研究发现，肉碱还有改善心肌功能和延缓脑细胞衰老的作用。

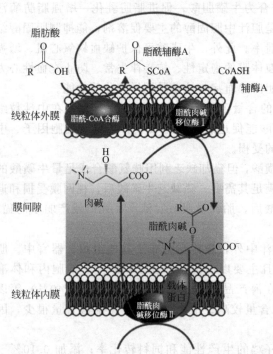

图8-32　肉碱转运脂肪酸进入线粒体内膜的机制

（4）缺乏后果　当L-肉碱不足时，脂肪酸转运受阻，影响脂肪酸氧化供能的效率，进而影响生产性能。动物缺乏L-肉碱后，生长缓慢、脂类代谢紊乱、抗逆性降低；禽类缺乏L-肉碱，还易发生脂肪肝。

（5）肉碱的来源与需要量　鱼粉、肉粉、血粉中肉碱含量较多，可达100～160mg/kg。但植物性饲料中肉碱含量很少，如玉米、大麦、小麦、高粱、大豆、豌豆中肉碱含量都低于10mg/kg。多数动物体内可合成左旋肉碱，骨骼肌、心肌内含有大量的左旋肉碱。

正常情况下，动物自身合成的和从饲粮中摄入的L-肉碱一般可满足其需要。但是，在以下情况下，需要在饲粮中以添加L-肉碱：饲粮中蛋氨酸和赖氨酸不足；饲粮中脂肪含量较多；幼龄动物；气候寒冷等。

蛋鸡饲粮中以添加L-肉碱25mg/kg为宜，种鸡饲粮中以添加L-肉碱50mg/kg为佳。

4. 甜菜碱

甜菜碱（betaine）因其最早从甜菜糖蜜中分离出来的一种生物碱而得名，学名为甘氨酸三甲基内酯，是一种季胺型生物碱，分子式为$C_5H_{11}NO_2$（图8-33），可溶于水和醇。甜菜碱味甜，与甘氨酸味道相似。

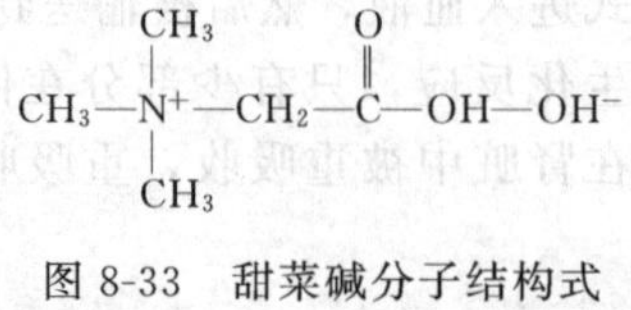

$$CH_3-\overset{\overset{\displaystyle CH_3}{|}}{\underset{\underset{\displaystyle CH_3}{|}}{N^+}}-CH_2-\overset{\overset{\displaystyle O}{\|}}{C}-OH-OH^-$$

图8-33　甜菜碱分子结构式

甜菜碱含有三个甲基，是一种高效活性甲基供体，可部分取代蛋氨酸和胆碱。甜菜碱能促进脂肪代谢、抑制脂肪沉积、提高瘦肉率。甜菜碱是渗透压激变的缓冲物质。当细胞渗透压发生变化时，甜菜碱能被细胞吸收，防止水分流失与盐类进入，调节机体渗透压，稳定酶等生物大分子的活性和功能，减轻应激。甜菜碱有甜味和鱼、虾等动物敏感的鲜味，对动物尤其是水生动物有诱食作用。

甜菜碱在动物饲粮中适宜的添加量分别为：断奶仔猪 0.2～2.0g/kg、肥育猪 1.0～2.0g/kg、妊娠母猪 0.5～1.5g/kg、肉鸡 0.5～2.0g/kg、蛋鸡 0.5～1.0g/kg、鲤鱼 1.0～5.0g/kg、河蟹 1.5g/kg。

（车传燕）

本 章 小 结

维生素是一组有机营养物质，在天然饲料中含量很少，但这些少量的维生素对动物是必需的。根据维生素的溶解性，可将其分为脂溶性维生素和水溶性维生素两类。脂溶性维生素包括维生素 A、维生素 D、维生素 E 和维生素 K 四种。脂溶性维生素一般能较独立地起作用，例如，维生素 A 和 E 作用的靶组织之一是膜性组织；维生素 D 和 K 作用的靶组织分别是骨骼和血液。水溶性维生素又被分为 B 组维生素和维生素 C。B 组维生素主要包括维生素 B_1、维生素 B_2、维生素 B_6、维生素 PP、泛酸、生物素、叶酸、维生素 B_{12}、胆碱等。该组维生素多以辅酶形式参与动物体的新陈代谢。

维生素 A、D_3 仅来源于肝粉、鱼粉、奶粉、卵黄粉等动物性食品或饲料，植物性饲料中胡萝卜素可在动物的肠壁、肝脏和乳腺中转化为维生素 A。维生素 D_2 来源于苜蓿、三叶草等（青）干草。维生素 E 在含脂多的饲料原料、绿色植物性饲料中含量较多；维生素 K 在微生物性饲料、植物性饲料中含量较多；动、植物不能合成维生素 B_{12}，仅微生物能合成维生素 B_{12}。其他 B 族维生素在微生物性饲料、青绿饲料含量较多；瓜、果类饲料富含维生素 C。

脂溶性维生素如维生素 A、维生素 D、维生素 E 能在动物体内储存，但多数 B 族维生素不能在体内储存，需要日常补充。动物缺乏某些维生素后，会产生较为典型的特异性症状，但一般只有通过检测饲粮中维生素的含量和动物体内某些生理生化指标才能确诊。

我国饲料工业使用的维生素几乎都是人工合成品，主要由化学工业和发酵工业等生产而得。许多饲料配方师通常的做法是，将基础饲粮中维生素含量作为安全裕量或假定为零，添加量等于或高于动物对维生素的营养需要量，有些维生素（如维生素 A、维生素 D 等）的添加量甚至数倍于其实际需要量。不少的动物营养与饲料方面的专家或学者也曾倡导这样做。然而，在倡导资源节约的今天，似乎有必要对上述做法或观点的合理性重新评价。

第九章 矿物质的营养

矿物质是一类无机营养物质。动物一旦缺乏这类物质，其生产性能下降，健康受损，甚至死亡。从 19 世纪 40 年代到 20 世纪 70 年代大约经历 130 多年，人们发现有 20 多种矿物元素为动物所必需。

第一节 概 述

矿物质（minerals）因最初源于矿物而得名，多以化合物的形式存在，有些是天然物，如石粉等；另一些是人类采用一定的化学工艺制得的产品，如一水硫酸亚铁、五水硫酸铜、一水硫酸锌、一水硫酸锰、亚硒酸钠、碘化钾、甘氨酸铁等；还有些是人类用动物的某些组织制得的产品，如贝壳粉、骨粉等。矿物质包括钙（Ca）、磷（P）、钾（K）、钠（Na）、镁（Mg）、氯（Cl）、硫（S）、铁（Fe）、锌（Zn）、锰（Mn）、铜（Cu）、钴（Co）、碘（I）、硒（Se）、钼（Mo）、氟（F）、硅（Si）、铬（Cr）、砷（As）、镍（Ni）、矾（V）、镉（Cd）、锡（Tn）、铅（Pb）、锂（Li）、硼（B）、溴（Br）等物质成分。饲料经燃烧后，即得灰分（Ash），或称矿物质。由于用燃烧法测得的灰分不仅源于饲料，而且还源于饲料杂质，如砂石等，故又将其称为粗灰分（crude ash）。

一、矿物质的测定与研究方法

测定矿物质的方法主要有如下几种：①化学法：将饲料样消化或灰化，制成溶液，在一定条件下，加入某种化学试剂，使其与待测的矿物元素结合形成某种颜色的复合物，然后进行光电比色以定量。②物理法：用这类方法都要借助精密仪器完成，有以下几种物理法测定饲料样中矿物质含量：极谱法、火焰光度比色法、原子吸收分光光度、发射光谱法、中子激活分析法和荧光法。

研究矿物质营养的方法主要有如下几种：①效应法：将矿物质用于动物后，观测动物的健康状况和生长发育情况、测定与矿物元素相关的生化参数等。②组织化学法：用同位素技术研究矿物元素在动物的器官、组织、细胞以及亚细胞结构甚至某物质分子中的特异分布情况，这样有助于发现矿物质的新作用。③代谢法：将矿物质用于动物，观测矿物质在动物体内吸收、存留、排泄等情况，借此为生产矿物元素富集型或贫乏型的动物产品（肉、蛋、奶等）提供参考依据。

二、矿物质元素的分类

关于矿物质元素的分类方法主要有以下两种。

① 根据其在动物体内含量，可分成大量元素（macroelements）和微量元素（microelements），如表 9-1 所示。

一般规定，在动物体内含量大于或等于 0.01% 的矿物元素被称为大量元素或常量元素，这类元素有钙、磷、钠、钾、氯、镁、硫七种。在动物体内含量小于 0.01% 的矿物元素被称为微量元素，该类元素有铁、锌、铜、锰、碘、硒、钴、钼、氟、铬、镉、硅、矾、镍、锡、砷、铅、锂、硼、溴等。这种分类方法简便常用，但不能回答一些重要问题，如每种矿物质元素在动物体内作用是什么？另外，一些矿物元素在动物体内含量相当大程度上取决于

表 9-1 矿物元素在动物体内含量与类别

元　素	在动物体内含量/%	类　别
Ca	1～9	大量元素
P、K、Na、S、Cl	0.1～0.9	大量元素
Mg	0.01～0.09	大量元素
Fe、Zn、F、Mo、Cu 等	0.001～0.009	微量元素
Br、Si、Cs、I、Mn、Pb 等	0.0001～0.0009	微量元素
Cd、B 等	0.00001～0.00009	微量元素
Se、Co、V、Cr、As、Ni、Li、Ge 等	0.000001～0.000009	微量元素

动物所处的地理位置、饲粮组成和饲养方式等。

② 根据矿物质元素的生物学意义，可将其分成：必需元素（生物元素、生命元素）、可能必需元素（在一定条件下必需）和非必需元素。目前已知 27 种矿物元素（钙、磷、钠、钾、氯、镁、硫、铁、锌、铜、锰、碘、硒、钴、钼、氟、铬、镉、硅、矾、镍、锡、砷、铅、锂、硼、溴）在动物体内具有营养或积极作用。现今，一般将这 27 种矿物元素称为动物必需矿物元素。作为必需矿物元素，须满足下面四个条件：该元素在每种动物体内以差异不大的浓度存在；该元素在各种动物不同组织中含量遵照同一次序；用缺乏该元素的合成饲粮饲喂，动物产生特定的缺乏症，组织或细胞表现特定的生化变化；向缺乏该元素的饲粮加入该元素，可预防缺乏症和生化变化，或消除缺乏症和生化变化。

三、自然界中的矿物元素与动物的关系

自然界存在的化学元素有 100 多种，在动物体内可找到的化学元素达 60 种以上。动物体内的矿物元素主要源于饮水和饲料。天然饲料和饮水中的矿物元素对动物健康和生产有着重要的影响。

植物性饲料中的矿物元素源于生长环境中的土壤和水，也有可能源于肥料，甚至空气。植物性饲料中矿物元素含量受生长地土壤和水中矿物元素含量、存在形式、气候条件、所施肥料中矿物元素含量以及植物对矿物元素的吸收能力等因素影响。不同地区土壤中矿物元素含量差异很大。例如，有些地区土壤缺硒（如我国黑龙江省克山县、淮北一些地区、四川西昌等地）；有些地区土壤又富硒，如我国湖北恩施县，此地生产的玉米含硒 17mg/kg，菜籽饼含硒竟高达 200mg/kg，可谓高硒地区（易治雄，1985）。我国许多地方土壤都缺锌。干旱气候条件下，植物性饲料中钙含量增加；高湿气候条件下，植物性饲料中钙含量减少，而磷含量增加。除块根、块茎外，植物的营养器官中矿物质含量较繁殖器官高，但磷、镁例外（表 9-2）。一般来说，植物性饲料中矿物元素含量随着生长期进程而渐降。

若采食一般的天然饲料，动物缺乏矿物元素的程度有以下规律：非反刍动物钙、磷、钠、氯不足；铁、锌、铜、锰、碘处于临界缺乏或缺乏；硒、氟和钼缺和不缺具有地区性。反刍动物通常是钙、磷、钠、钾、镁和硫不足；铁、铜、碘、钴、锰处于临界缺乏或不缺；硒、氟和钼缺或不缺具有地区性。在现代生产条件下，缺乏的矿物元素一般用矿物质添加剂补足。

水中矿物元素最易导致动物摄入过量矿物元素，出现中毒，影响健康和生产，严重者死亡。通过饮水可能出现中毒的矿物元素是动物需要量很低或不需要的元素，如硒、砷、铅、汞、氟等。因此，保证水质安全非常重要。

四、矿物质在动物体内的代谢与分布

饲料矿物质的主要吸收场所是小肠。它们在吸收前，须变成水溶性物质。但是，小肠内

表 9-2　大麦中矿物质含量

矿物元素	籽　实	茎
灰分/%	2.7	5.7
钙	0.7	3.8
磷	3.9	1.3
镁	1.4	0.9
钾	5.0	15.0
钠	0.19	1.0
铁	54	85
锰	41	101
锌	26	100
铜	5.1	5.3
钼	0.3	0.34
钴	0.02	0.2

注：常量元素含量的单位为 g/kg 干物质；微量元素含量的单位为 mg/kg 干物质。

一些矿物质往往因相互反应或矿物质与其他类物质反应形成不溶于水的沉淀而难于被吸收。水溶性盐类分解为阳离子和阴离子后即可通过细胞膜而被吸收。

矿物质吸收受离子种类、吸收部位、膜内、外浓度差、电位差等因素影响。因此，从整体上看，动物消化道内矿物质吸收和排出同时进行，十分复杂。因此，测定矿物质的利用率既麻烦又不够准确。

矿物质在动物体内不断地进行着吸收、转运、沉积和排出，此称矿物质的周转代谢。各种矿物质进入组织、器官或从组织、器官释出直至排泄都需经过血液。因此，血液在矿物质周转代谢中起着重要的作用，如图 9-1 所示。

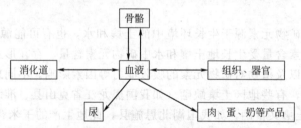

图 9-1　矿物质在动物体内的代谢

矿物质在不同组织、器官中周转代谢速度不同，如血浆中钙每天可周转代谢几次，而牙中钙几乎不动。矿物质通过粪、尿、产品（乳、蛋等）排出的量是评定动物对矿物质需要量的依据之一。

矿物质元素在动物体内一般分布规律如下：①按空腹无脂体重计，每种元素在各种动物体内含量较接近，常量元素含量近似度更大。尽管饲料原料中矿物元素含量有较大的差异，但动物体组织中矿物元素含量相当稳定。这是因为动物体对矿物元素有稳恒调控机制。然而，这种机制的有效性是有限的。②不同元素在动物（采食非人工配制的饲粮）体内含量一般按下列次序递减：Ca、P、Na、K、Cl、S、Mg、Fe、Zn、Cu、Mn、I、Se、Co。但通过调整饲粮的营养组成，可打乱上述次序。③电解质元素如钠、钾、氯等含量在生命各阶段基本上稳定。钠、钾、氯等是动物细胞膜产生一定的静息电位和动作电位以及体液维持一定的渗透压的物质基础。动物要保持健康，就须保持钠、钾、氯等电解质元素含量的基本稳定。④不同组织中矿物元素含量，随功能性质而变化。例如，钙、磷是骨骼的主要组分，故骨中钙、磷含量丰富；碘为甲状腺合成甲状腺素的原料，因而甲状腺含碘多；铁为血红蛋白的基本组分，故血液中铁量多。有资料报道，眼角膜中锌含量居然达到 14%（以干物质计）。这是否暗示，锌对眼角膜有特殊的作用。

五、矿物质与细胞生物电

细胞在静息状态或活动状态时，细胞膜都存在着电位差，此称生物电。在静态下，细胞膜存在着外正内负的电位，称静息电位。细胞膜产生静息电位的基础条件是：①膜内外许多离子浓度不同，如细胞膜内钾离子浓度远大于细胞膜外钾离子浓度，体内 90% 的钾含存于细胞内；细胞膜外钠离子浓度远大于细胞膜内钠离子浓度；细胞膜外氯离子浓度大于细胞膜内氯离子浓度；细胞膜内蛋白质阴离子浓度远大于细胞膜外蛋白质阴离子浓度。②细胞膜在静态时对各种离子的通透性大小不同。③细胞膜上有孔，其半径为 $3\sim4$ 埃（1 埃 $=10^{-6}$ m）。细胞膜产生静息电位的机理如下：细胞膜对钾离子的通透性很大（钾离子的半径为3.96埃），而其他离子由于半径大于膜孔半径不能通透。因为细胞膜内钾离子浓度远大于细胞膜外钾离子浓度，故钾离子在浓度差的作用下，迅速外流，随着钾离子正电荷外流，就打破了膜内外的电中性，逐渐形成内较负外较正的电位差，这样就阻碍钾离子外流，同时牵引流出的钾离子不至于离膜太远。当到一定的时候，钾离子在形成的电位差阻牵下不能外流而稳定下来，此时达到一种电-化学平衡，此电位差就是静息电位。由于它是钾离子外流的结果，故又称钾离子跨膜电位。

细胞在兴奋过程中，膜电位发生一系列变化（去极化、反极化、复极化），此过程中变化的电位被称为动作电位。细胞膜产生动作电位的基础条件是：①、②、③同上述；④细胞在不同生理状态对同一种离子的通透性也有很大的不同。细胞膜产生动作电位的机理如下：当细胞受到刺激时，膜的结构发生改变，对离子（Na^+、Ca^{2+}、K^+ 等）的通透性就有变化，膜电位就逐渐减小，当减小到一定的时候（阈电位），就激活了膜上的 Na 载体，从而打开膜上 Na^+ 的快通道，此时膜外的 Na^+ 在浓度差和电位差双重作用下就迅速流入膜内。由于 Na^+ 正电荷不断流入，就引起膜去极化、反极化，形成内正外负的膜电位，构成动作电位的上升相。当达到新的电-化学平衡时，Na^+ 内流停止，K^+ 的通透性又增大，此时 K^+ 在浓度差和电位差双重作用下就迅速外流而使膜电位快速复极化，构成动作电位的下降相。随着钾离子不断外流，最后恢复正常的膜电位，但 Na^+、K^+ 等在膜内外浓度发生了变化，这时就需 ATP 供能，通过 Na-K 泵作用，把流入的 Na^+ 排出，同时将流出的 K^+ 吸进，这样细胞就恢复了正常，完成了一次兴奋。

六、矿物质对动物的基本营养作用

① 作为动物体结构成分，如钙、磷和镁为骨骼、牙的组分，体内 80% 的矿物质含存于骨骼中；硫是体蛋白的组分；磷是生物膜的组分。

② 维持体液正常的渗透压，如 K^+、Na^+、Cl^-、Ca^{2+}、Mg^{2+} 等维持机体的晶体渗透压。矿物质的这种作用对生活在水中的鱼尤为重要。动物体内渗透压是一种重要的生理参数，它影响着组织或细胞中水和其他可溶性物质的迁移。细胞外液渗透压主要由 Na^+、Cl^- 和 HCO_3^- 维持，而细胞内液渗透压主要由 K^+、Mg^{2+} 和有机质维持。以等当量的 NaCl 浓度表示，哺乳动物血液渗透压为 0.9%，鸟类血液渗透压为 $0.93\%\sim0.95\%$，冷血动物血液渗透压为 0.7%。若饲粮含超量的食盐，则血浆中 NaCl 增加，渗透压就升高。血浆高渗时，水分由肠液进入血液；血浆低渗时，水分由血浆进入肠腔。

③ 作为机体内酶、激素、载体等的组分，如硒是谷胱甘肽过氧化物酶、$5'$-脱碘酶的组分；碘是甲状腺素合成的重要原料；铁是血红蛋白的成分；钴是维生素 B_{12} 的组分。

④ 许多矿物质，尤其是 K^+、Na^+、Ca^{2+}、Mg^{2+} 保持适宜比例，为维持细胞膜等生物

膜通透性与神经、肌肉兴奋性的必要条件。生物膜是一种精细结构，它将细胞与细胞隔开，或将细胞内各单位小体区域化，确保生物大分子有次序地化学反应。矿物质主要以离子形式，直接参与生物膜的结构与功能，如二价金属离子尤其是 Ca^{2+} 参与细胞膜的黏着作用。

⑤ 维持机体内酸、碱平衡，如 Na^+、K^+、Cl^-、PO_4^{3-}、HCO_3^- 等都参与维持机体内酸、碱平衡。

七、矿物元素生物学效价的衡量方法

饲料中矿物元素一般都以化合物的形式存在。不同来源和不同化学形式的矿物元素在体内吸收利用率差异较大或很大。由于矿物元素代谢的特殊性，所以用普通消化率的指标几乎不能说明其利用程度。鉴于此，主要采用以下指标。

① 净利用效率　是判定矿物质利用率的常用指标，是以矿物元素在体内收支平衡为基础，通过测定两组矿物质沉积量来计算。计算公式为：

$$净利用率(\%)=100\%\times(B_2-B_1)/(I_2-I_1)$$

式中，I_1、I_2 分别为第一和第二组待评定元素的摄入量；B_1、B_2 分别为第一和第二组待评定元素的沉积量（由摄入量减排泄量而得）。

② 相对利用率　以动物效应值为标识，用待测元素的效应值与所选含同样元素的标准物效应值比较而得。计算公式为：

$$相对利用率(\%)=(M/M_0)\times100\%$$

式中，M 和 M_0 分别为含待测元素的物质效应值和含同一元素标准物质的效应值。由于选用的标准物不同，故相对利用率可能大于100%。

③ 净吸收率　在测定净吸收率时，必需将从粪中排出的矿物元素的内源和外源部分区分开来。可通过同位素方法来求得粪中排出的内源矿物元素部分。净吸收率的计算公式为：

$$净吸收率(\%)=100\%\times(I-C_1+C_0)/I$$

式中，I 为测定元素的摄入量，C_1、C_0 分别为粪中排出元素的总量和内源排出量。这种方法是评定常量元素利用率的较理想方法。

第二节　常量（大量）元素

一、钙与磷

钙、磷在动物体内主要分布于骨、牙中，在代谢上又有许多关联之处，故本节将一起讨论钙、磷这两种元素。

1. 钙在植物、动物体内的分布

① 钙在植物体内分布情况如下　不同植物种类、部位和器官中含钙量差异很大。通常，双子叶植物含钙量较多，而单子叶植物含钙量较少；根部含钙量较少，而地上部较多；茎叶（特别是老叶）含钙量较多，果实、籽粒中含钙量较少。在植物细胞中，钙大部分存在于细胞壁上。细胞内含钙量较高的区域是中胶层和质膜外表面；细胞器中，钙主要分布在液泡中，细胞质内钙较少。植物体内含钙量受植物的遗传特性影响很大，而受介质中钙供应量的影响较小。

② 钙在动物体内分布情况如下　钙占动物体重1%～2%，其中98%～99%存在于骨、牙中，1%～2%含存于软组织和体液内。钙在骨灰分中含量为36%，钙在骨骼中以结晶型化合物和非晶型化合物两种形式存在。结晶型化合物为羟基磷灰石，分子式是 $Ca_{10}(PO_4)_6(OH)_2$，晶体具有六片形小板（35nm×30nm×5nm）的形状，其表面积为每克100～300m^2。非晶型

化合物是 $Ca_3(PO_4)_2$、$CaCO_3$ 和 $Mg_3(PO_4)_2$。钙在血液中基本存在于血浆中，在正常情况下，多数动物每100mL血浆含9~12mg钙，但产蛋鸡每100mL血浆含30~40mg钙。钙在血浆中存在形式及其比例为：游离钙和结合钙约各占50%。结合钙中，蛋白质结合钙约占90%，其余的是螯合钙。

③ 钙在常用饲料中的分布情况如下　贝壳粉和石粉等矿物质饲料含钙十分丰富（达36%以上）；骨粉含钙量（一般为25%~30%）高；鱼粉等动物性蛋白质饲料含钙量很多（如鱼粉含钙量达4%以上）；豆科干草（在1%以上）和饼粕类饲料（多在0.2%~0.8%之间）含钙量较多；禾本科干草含钙量（在0.4%以下）较少；糠麸类饲料（0.1%左右）与青贮饲料（在0.1%以下）低；谷实类饲料（0.02%~0.1%）很低；根茎瓜果类饲料（0.02%左右）十分乏钙。

2. 磷在自然界中的分布

① 磷在自然界中，主要存在于磷灰石和磷灰岩矿中，是钙氟磷灰石 [$3Ca_3(PO_4)_2 \cdot CaF_2$] 和羟基磷灰石 [$Ca_{10}(PO_4)_6(OH)_2$] 的组成元素。磷矿是一种重要的、难以再生的非金属矿资源。我国磷矿储量居世界第三位，目前探明磷矿资源储量约168亿吨，但其中能够满足现行采矿和生产所需指标要求的真正可利用矿产资源量即基础储量仅为40亿吨（折标矿），再扣除设计损失量和采矿损失量后的工业储量则仅为21亿吨。由此可见，我国磷矿资源真正可利用量并不丰富。我国的磷矿资源有几个显著的特点。一是中低品位磷矿比重大，在探明磷矿资源储量中，高品位矿（$P_2O_5 > 30\%$）只有10.7亿吨，占8%；其余绝大部分是中低品位的矿石（P_2O_5 为12%~30%）。另一特点是分布不均，主要集中在交通、经济欠发达的云南、贵州、四川、湖北和湖南五省，其贮量占全国总贮量的92.2%，这些特点给磷矿的开采和利用带来了不利。

② 磷在不同植物性饲料中含量相差很大，变幅一般为0.2%~1.6%（以干物质计），而多数饲料作物的含磷量为0.3%~0.4%。基本规律是：油料作物含磷量高于豆科作物，豆科作物高于谷实类作物，但谷实加工的副产品（糠麸类）含磷量可能最高，在1%以上。

植物性饲料中大部分磷是有机态磷，约占总磷量的85%，而无机态磷仅占15%左右。幼叶中有机态磷含量较高，而老叶中无机态磷较多。有机态磷主要以核酸、磷脂和植酸磷等形式存在；无机态磷主要以钙、镁、钾的磷酸盐（P_i）形式存在。一般来讲，大部分无机态磷（P_i）在液泡中，只有一小部分存在于细胞质和细胞器内。Loughman发现，玉米根尖细胞中，90%的无机态磷存在于液泡内，其余的10%则存在于细胞质中，而且磷进入细胞质后很快就参与磷脂的合成。两种形式的磷在植物体内均有重要作用。同一种饲料作物，生育期和器官不同，其中含磷量也有变化。生育前期的幼苗含磷量高于后期老熟的秸秆。就器官来说，则表现为幼嫩器官中含磷量高于衰老器官；繁殖器官中含磷量高于营养器官；种子中含磷量高于叶片，叶片中含磷量高于根系，根系中含磷量高于茎秆；纤维组织中含磷量最少。

③ 磷在动物体内分布情况如下：磷占动物体重近1%，其中约80%存在于骨、牙中，20%左右含存于软组织和体液内。磷在骨灰分中含量为17%，磷在骨骼中以结晶型化合物和非晶型化合物两种形式存在。血中含磷量较多，为每100mL血含35~45mg磷，但主要存在于血细胞中；血浆中含磷量较少，如成年动物每100mL血浆仅含4~9mg磷。磷在血中主要以离子状态存在，少量的与蛋白质、脂质、碳水化合物结合存在。

④ 磷酸盐等矿物质饲料含磷十分丰富；骨骼与动物性蛋白饲料中磷含量很高；禾本科植物性饲料中含磷较多；豆科植物性饲料中含磷较少；块根、块茎和瓜果类饲料中含磷量很低。谷实、糠麸和饼粕类等饲料含磷量虽较多，但所含的磷约有40%~70%以植酸磷形式

存在。由于单胃动物对植酸磷利用率低，因此对猪和家禽提出有效磷（又称可利用磷）的计算公式：可利用磷％＝无机磷％＋植物来源磷×30％。为保证单胃动物对磷的需要，最好使无机磷比例占总磷需要量30％以上。

3. 动物体内钙、磷代谢概况

（1）钙随着食糜进入肠内，在维生素 D_3 的作用下，与（载体）蛋白质形成钙结合蛋白质，被吸收进入细胞内，少量的钙以螯合形式或游离形式被吸收。钙主要在十二指肠被吸收；胃中的钙与盐酸形成氯化钙，也能被吸收。反刍动物对钙的吸收率为22％～55％，均值为45％；非反刍动物对钙的吸收率为40％～65％，猪对钙的平均吸收率为55％。

钙在奶牛体内的流向可简示于图9-2。不同种类动物体内钙代谢强度不同，随着动物年龄的增大，钙周转代谢率降低，但每天周转代谢钙量仍可达吸收的钙量4～5倍。成年动物正常情况下不存在钙的净沉积（0），但沉积和分解的钙量仍相当大。

正常情况下，所有动物可通过粪排出钙，但马、兔采食高钙时也可能经尿排出大量钙。

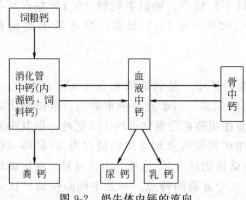

图9-2 奶牛体内钙的流向

（2）磷被动物摄入后，在胃酸作用下，形成磷酸，磷以离子态为主被吸收，也可能以结合态被吸收。难溶性磷酸盐如磷酸二钙、磷酸三钙与脂肪酸反应，在胆汁的参与下，形成微团被吸收。磷主要在十二指肠被吸收。反刍动物对磷的吸收率比钙高，平均为55％。非反刍动物对非植酸磷的吸收率在50％～85％之间，而对植酸磷的消化吸收率低。

被吸收的磷进入各组织中。磷在骨中以羟磷灰石形式（约占体内总磷的85％）存在，其余的磷存在于软组织和体液中。未被吸收的磷经粪排出；在体内代谢利用后的磷主要通过尿液排出。磷在反刍动物体内的代谢情况可简示于图9-3。

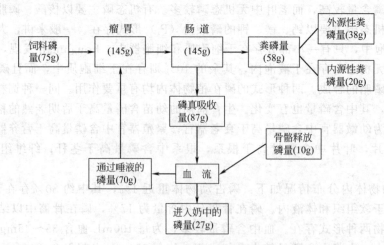

图9-3 泌乳母牛体内磷的收支情况（g/d）

反刍动物和单胃动物对钙、磷比例的耐受力差异很大：猪、非产蛋禽对钙、磷比例的耐受力比反刍动物弱，要求的钙、磷比例为（1～2）∶1；但反刍动物饲粮中钙、磷比例（1～7）∶1，都不会影响钙、磷的吸收。产蛋家禽对钙、磷比例的耐受力也强。

钙、磷的吸收受很多因素影响：①钙、磷的溶解度对钙、磷的吸收率起决定性作用，凡是在吸收细胞接触处可溶解的钙、磷，不管是何种存在形式都能被吸收；乳糖能增强吸收细胞通透性，促进钙吸收。②钙、磷与其他物质的相互作用，对钙、磷的吸收率影响也较大。肠道内大量存在铁、铝和镁时，这些物质可与磷形成不溶性磷酸盐而降低磷的吸收率；饲料中过量脂肪酸可与钙形成不溶性钙皂，大量草酸和植酸可与钙形成不溶的螯合钙，降低钙的吸收率。③钙含量太高，抑制钙的吸收；钙、磷之间比例不合理（高钙低磷或低磷高钙）也可抑制钙、磷的吸收。

4. 动物体内钙、磷代谢的调控

调节钙、磷代谢的主要因子有维生素 D（VD）、甲状旁腺素（PTH）、降钙素（CT）。它们主要通过影响钙、磷的吸收、调节钙、磷在骨组织和体液间的交换以及从肾脏排泄，维持钙、磷的正常代谢。

① VD   VD 能促进小肠对钙、磷的吸收，促使肾小管对磷的重吸收，从而提高血中钙、磷浓度，利于骨骼钙化。

② PTH   PTH 可促进破骨细胞的生成，动员骨盐的溶解；促进肾远曲小管重吸收钙，抑制肾近曲小管重吸收磷；促进 VD 的活化，从而进一步影响钙、磷的代谢；促进肠壁对钙的吸收。受上述多重作用，血钙浓度升高，血磷浓度降低。

PTH 的分泌对血钙浓度的变动极为敏感。当血钙浓度降低时，PTH 分泌量增多；当血钙浓度提高时，PTH 分泌量减少。产乳热（产后瘫痪）是高产奶牛因缺钙导致内分泌功能异常而产生的一种营养缺乏症。主要因为 PTH、CT 的分泌不能适应产乳引起钙需要量的突然变化所致。

③ CT   CT 可阻止钙由骨骼中释出；抑制肾近曲小管对磷的重吸收，使尿磷增加，血磷降低；生理浓度的 CT 抑制肠壁对钙的吸收，而高浓度时又促进钙吸收。受上述作用，血钙浓度降低。

CT 的分泌量与血钙浓度有密切的关系。当血钙浓度提高时，CT 的分泌量增多；当血钙浓度低于正常水平时，CT 的释放量则减少。

VD、PTH、CT 对钙、磷代谢的调控情况如图 9-4 所示。

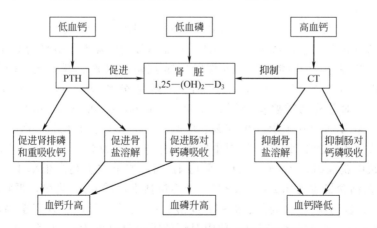

图 9-4   VD、PTH、CT 对钙、磷代谢的调控

5. 钙对动物的营养作用

① 作为结构物质，如钙是骨和牙的主要组分，主要以羟基磷灰石结晶形式存在，对动物起着支持保护作用。

② 控制神经递质的释放，调节神经细胞的兴奋性。

③ 通过神经-体液调节，改变细胞膜通透性，钙进入细胞内触发肌肉收缩。

④ 是血凝过程中一系列酶的激活剂。

⑤ 促进胰岛素、儿茶酚胺、肾上腺皮质醇的分泌。

⑥ 钙具有自身营养调节功能。在外源钙不足时，沉积钙特别是骨钙可被大量动员，供给代谢需要。此功能对产蛋、泌乳、妊娠动物十分重要。

⑦ 钙是补体的激活剂，对免疫系统有积极作用。

⑧ 钙离子能促进精子细胞的糖酵解，从而增强精子的活动；钙离子还能促进精子和卵子的结合以及精子穿过卵细胞透明带。但是，钙离子浓度过高，又会对精子活动产生不良影响。

⑨ 钙作为信号物质参与多种生命活动的调控，如钙参与基因表达的调控过程。

6. 磷对动物的营养作用

① 作为骨骼和牙的组分，也是体液的重要组分。

② 作为三磷酸腺苷（ATP）和磷酸肌酸（C~P）等的组分，参与能量代谢，也是底物磷酸化的重要参与者。

③ 在脂类吸收转运过程中，磷是构成磷酸酯的重要物质。

④ 作为生命遗传物质 DNA、RNA 和一些酶的组分。

⑤ 为磷脂（如卵磷脂、脑磷脂和丝氨酸磷脂等）的组分，而磷脂是生物膜的结构物质。

⑥ 参与维持体内酸、碱平衡，如磷酸氢二钠、磷酸二氢钠缓冲体系具有酸、碱缓冲作用。

7. 动物对钙、磷的需要量

① 生长肥育猪在体重 3～8kg、9～20kg、21～35kg、36～60kg、61～90kg 阶段对钙的需要量分别为 0.88%、0.74%、0.62%、0.55%、0.49%，对总磷的需要量分别为 0.74%、0.58%、0.53%、0.48%、0.43%，对有效磷的需要量分别为 0.50%、0.35%、0.25%、0.20%、0.15%。后备母猪对钙和磷的需要量分别为 0.60% 和 0.50%。母猪、种公猪对钙和磷的需要量分别为 0.75% 和 0.60%，对有效磷的需要量为 0.35%，钙、磷保持在 (1.5∶1)～(2∶1)。

② 肉用仔鸡在生长前、中、后期对钙的需要量分别为 1.00%、0.90%、0.80%，对总磷的需要量分别为 0.68%、0.65%、0.60%，对非植酸磷的需要量分别为 0.45%、0.40%、0.35%。肉用种鸡在 0～6 周龄、7～18 周龄、19 周龄～开产、开产至高峰期（产蛋率≥65%）、高峰期后（产蛋率＜65%）对钙的需要量分别为 1.00%、0.90%、2.00%、3.30%、3.50%，对总磷的需要量分别为 0.68%、0.65%、0.65%、0.68%、0.65%，对非植酸磷的需要量分别为 0.45%、0.40%、0.42%、0.45%、0.42%。产蛋鸡对钙的需要量特别多。一枚鸡蛋约含 2.2g 钙，饲料中钙的利用率一般为 50%～60%。因此，鸡每产 1 枚蛋需要从饲粮中获取约 3.7～4.4g 钙，平均 4g 钙。如果按蛋鸡产蛋率 100%，日采食量 115g 计，则饲粮钙含量应为 3.2%～3.8%（尚不包括维持需要）。当然，蛋鸡的产蛋率一般不会达到 100%。蛋鸡在 0～8 周龄、9～18 周龄、19 周龄～开产、开产至高峰期（产蛋率≥85%）、高峰期后（产蛋率＜85%）、种用对钙的需要量分别为 0.90%、0.80%、2.00%、3.50%、3.50%、3.50%，对总磷的需要量分别为 0.70%、0.60%、0.55%、0.60%、0.60%、0.60%，对非植酸磷的需要量分别为 0.40%、0.35%、0.32%、0.32%、0.32%、0.32%。

③ 肉用仔鸭对钙的需要量为 0.80%（生长前期）～0.70%（生长后期），对总磷的需

量为 0.70%（生长前期）~0.60%（生长后期），对有效磷的需要量分别为 0.45%（生长前期）~0.35%（生长后期）。蛋鸭在生长阶段 0~2 周龄、3~8 周龄、9~20 周龄对钙的需要量分别为 0.90%、0.80%、0.80%，开产至产蛋率在 65% 以下时，饲粮含钙量以 2.5% 为宜；产蛋率在 65%~80% 时，饲粮含钙量以 3% 为佳；产蛋率在 80% 以上时，饲粮含钙量要求达到 3.2%~3.5%。蛋鸭在各阶段对总磷的需要量为 0.45%~0.50%。

④ 鹅在种用期对钙的需要量为 2.25%、对有效磷的需要量为 0.30%。鹌鹑在幼龄与生长期对钙的需要量为 1.00%~0.80%、对总磷的需要量为 0.50%，在产蛋期对钙的需要量为 2.50%~3.00%、对总磷的需要量为 0.80%。童鸽、种鸽、产鸽对钙的需要量分别为 0.90%~1.00%、1.02%、2.00%~3.00%，对总磷的需要量分别为 0.65%~0.70%、0.65%、0.60%。火鸡在生长阶段 0~4 周龄、5~8 周龄、9~11 周龄、12~14 周龄、15~17 周龄、18~20 周龄对钙的需要量分别为 1.20%、1.00%、0.85%、0.75%、0.65%、0.55%，对非植酸磷的需要量分别为 0.60%、0.50%、0.42%、0.38%、0.32%、0.28%。种火鸡在非产蛋期与产蛋期对钙的需要量分别为 0.50%、2.25%，对非植酸磷的需要量分别为 0.25%、0.35%。

⑤ 犬在幼年时每天每千克体重需要钙 484mg、需要磷 396mg，而在成年时对钙、磷的需要量减半。生长猫每采食 1MJ 代谢能需要钙 382mg、需要磷 287mg。

⑥ NRC（2001）认为，犊牛代乳料、开食料、生长料中适宜含钙量分别为 1.00%、0.70%、0.60%，含磷量分别为 0.70%、0.45%、0.40%。奶牛（公、母）在育成期对钙的需要量为 0.40%，对磷的需要量为 0.26%。奶牛在产奶期对钙的需要量（g）为 0.06×体重（kg）+4.5×标准乳日产量（kg），对磷的需要量（g）为 0.045×体重（kg）+3.0×标准乳日产量（kg）。在怀孕 6、7、8、9 月份，每日还需加喂钙约 40g、45g、50g、55g，加喂磷约 27、30、33、36g。种公牛对钙、磷的需要量分别为 0.25%、0.20%。肉牛在生长肥育期对钙、磷的需要量取决于增重快慢，对钙的需要量一般为 0.20%~1.10%，对磷的需要量一般为 0.18%~0.48%。怀孕干奶肉牛对钙的需要量一般为 0.18%~0.38%，对磷的需要量一般为 0.17%~0.25%。肉用泌乳牛与种公牛对钙的需要量一般为 0.20%~0.58%，对磷的需要量一般为 0.20%~0.40%。生长兔（4~12 周龄）、育肥兔、孕兔、泌乳兔对钙的需要量分别为 0.60%、0.60%、0.80%、1.10%，对磷的需要量分别为 0.40%、0.40%、0.50%、0.80%。

⑦ 鱼类能有效地通过鳃、皮肤等从水中吸取相当数量的钙，很少出现缺钙症状。因此，我国农业行业标准对鱼类饲料钙指标未作规定。但规定：罗非鱼的鱼苗饲料、鱼种饲料、食用鱼饲料中磷含量分别为（≥）：1.2%、1.1%、1.0%；草鱼的鱼苗饲料、鱼种饲料、食用鱼饲料中磷含量分别为（≥）：1.0%、1.0%、0.9%；鲫鱼的鱼苗饲料、鱼种饲料、食用鱼饲料中磷含量分别为（≥）：1.2%、1.1%、1.0%；青鱼的鱼苗饲料、鱼种饲料、食用鱼饲料中磷含量分别为（≥）：1.2%、1.2%、1.0%。

8. 动物的缺钙、磷后果

牛血浆或血清钙水平 2.0~2.6mmol/L、羊血浆或血清钙水平 2.9~3.2mmol/L 为正常；若低于 2.0mmol/L，为不足或缺乏。若牧草钙含量超过 3.2g/kg 干物质，则可认为对泌乳牛是适宜的。

虽然人们在配制动物饲粮时注重使用含钙饲料，但是动物缺钙仍时有发生。

（1）幼龄动物缺钙后患佝偻病 由于日粮缺乏钙，软骨骨细胞不断增生，软骨细胞间质不能骨化，结果出现骨端粗大、关节肿大、腿骨弯曲、脊柱呈弓状、肋骨与肋软骨结合部位有算盘珠样突起。

（2）成年动物缺钙后患骨软症或骨疏松症　由于日粮缺钙或钙、磷比例不当，动物过多地动员了骨骼中钙贮备，而使骨组织呈海绵状，易骨折。多发生在骨盆骨、股骨和腰荐部椎骨。马出现上下腭骨显著肿大，头增大；产蛋鸡蛋壳变薄、粗糙、易破损、产蛋量和孵化率下降。母猪缺钙，不仅引起骨质疏松，而且还可导致胎儿发育阻滞其至死亡（图9-5）。

（3）钙痉挛　钙离子能维持神经、肌肉细胞正常的兴奋性。当血钙过低时，神经、肌肉细胞的兴奋性就亢进，出现痉挛，肌肉、心肌剧烈收缩。痉挛症（又称奶牛产后麻痹综合症）是钙痉挛的典型例子。高产奶牛多发生此病，发病时表现异常兴奋、肌肉痉挛、麻痹、每100mL血浆中钙降到5mg以下。通常治疗的方法是静注 $CaCl_2$。

图 9-5　猪的钙缺乏症

【附例】母牛的产后瘫痪

（1）症状　母牛知觉减弱或失去；肌肉无力；瘫软卧地；血钙血糖低。

（2）病因　缺钙致肌肉疲软；大脑皮质处于抑制状态，神经-体液调控机能下降，甚至丧失；CT和PTH对钙代谢稳恒调控能力下降，或紊乱；速效能源枯竭。上述四种原因中一种或多种综合作用，产生瘫痪。

（3）发病机理　有以下四种学说解释母牛产后瘫痪的机理：①母牛产仔时，大脑皮层过度兴奋，在难产时更是如此。大脑过度兴奋后，必然转为较长时间的抑制状态。于是，大脑皮层的调控机能下降。②母牛长期缺钙，又加上产后消耗大量的钙，骨骼变软；激发肌肉收缩的钙量减少，以致瘫痪。③母牛产前高钙饲养，使钙内分泌调节系统处于高CT低PTH状态，在产后大量钙随泌乳消耗后，这种状况不能迅速调整（中枢处于抑制状态），故使血钙进一步降低，肌肉无力，直至瘫痪。④产犊时，母牛消耗大量的糖原，产后由于食量少，不能得到及时补充，故血糖低。糖是大脑主要能源，又是肌肉收缩的能源物质。血糖少，导致瘫痪。

（4）预防　保证孕期母牛钙的充裕营养。产前1周，适当减少日粮钙的供量（减少10%～20%）。在产后，静注适量葡萄糖酸钙液（200～400mL）和适量葡萄糖液（500mL）。

（5）治疗　母牛瘫痪当日，注射500mL葡萄糖酸钙液和500mL葡萄糖液，最好同时注射适量的PTH。第2日后，根据病情，补注适量的葡萄糖酸钙液和葡萄糖液，直至病愈。

动物饲养实践中，磷不足是一种较常见现象。由于磷与钙共同构成骨骼，故当缺磷时同样也会引起幼龄动物佝偻症，成年动物软骨症。缺磷动物表现为食欲不良；增重减缓；产奶量和血磷量降低；全身虚弱；动物异食癖比缺钙时更严重，常啃食毛、骨、泥土与破布等；母畜发情异常，屡配不孕。缺磷可导致母畜不孕或流产，其可能的原因是：①磷是核酸合成的基本原料，而核酸是胚胎发育的原料。②磷不足时，β-胡萝卜素转化为维生素A的能力下降，维生素A也为胚胎发育所必需。

二、镁

1. 镁在饲料中的分布情况

镁含存于各种饲料中。糠麸（0.50%～0.95%）、饼粕（0.27%～0.64%）、青饲料（0.27%～0.62%，风干计）中含镁量较多。动物对镁的需要量较少，通常不会出现镁缺乏症。

2. 镁在动物体内的代谢

镁在胃中被胃酸转化成离子态，主要在十二指肠和大肠上段被吸收，但反刍动物前胃

（主要是网胃）也能吸收镁。影响镁吸收的因素如下：维生素D能促进镁吸收；钾、钙、氨等拮抗剂能阻碍镁吸收；粗饲料中镁吸收率较精饲料中镁吸收率低；镁的存在形式也影响镁的吸收。镁在动物体内的代谢情况可简示于图9-6。

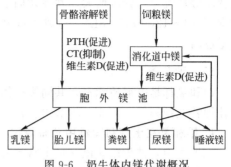

图9-6　奶牛体内镁代谢概况

3. 镁对动物的营养作用

① 作为骨骼和牙的组分。

② 作为酶（如磷酸酶、氧化酶、激酶、肽酶、精氨酸酶等）的组分或活化因子。镁几乎参与机体内各主要代谢过程。

③ 镁和钙是体液中两种最常见的二价阳离子，它们作为生物膜的稳定剂而发挥作用。这可能是钙、镁同磷脂基团形成离子键，使磷脂分子联系在一起，因而其流动性下降。

④ 镁离子能维持神经、肌肉细胞正常的兴奋性。当体液中镁浓度低时，神经、肌肉细胞的兴奋性就亢进，发生痉挛，甚至死亡。近几年来，镁离子较广泛地被用作抗应激剂。如在畜、禽转舍、运输时，常给其补充镁离子。

⑤ 镁离子为蛋白质分子修饰组排所必需，还以离子桥形式和各种RNA结合，从而维持其结构稳定。

⑥ 镁还为反刍动物瘤胃发酵所必需。许多学者报道，缺镁反刍动物的瘤胃微生物对纤维素的降解力下降。

4. 动物对镁的需要量

各生理阶段猪对镁的需要量均为0.04％。肉用仔鸡、鸭在生长前、中、后期对镁的需要量均为0.0575％～0.06％。蛋鸡在0～8周龄、9～18周龄、19周龄～开产、开产至高峰期（产蛋率≥85％）、高峰期后（产蛋率＜85％）、种用对镁的需要量分别为0.06％、0.05％、0.04％、0.05％、0.045％、0.055％。蛋鸭在各生理阶段对镁的需要量均为0.05％。火鸡对镁的需要量为0.05％。日本鹌鹑在生长期对镁的需要量为0.03％，在种用期对镁的需要量为0.05％。

犬在幼年时每天每千克体重需要镁8.8mg，而在成年时对镁的需要量减半。生长猫每采食1MJ代谢能需要镁19mg。

NRC（2001）认为，犊牛代乳料、开食料、生长料中适宜含镁量分别为0.07％、0.10％、0.10％。奶牛（公、母）在育成期对镁的需要量为0.16％。奶牛在产奶期对镁的需要量为0.20％。种公牛对镁的需要量为0.16％。肉牛在各生理阶段对镁的需要量为0.10％。生长兔（4～12周龄）、育肥兔、孕兔、泌乳兔对镁的需要量均为0.04％。

5. 动物的镁缺乏与过量后果

在实际饲养中，镁缺乏症主要见于反刍动物，如乳牛、肉牛和绵羊。牛血浆或血清镁水平1.3mmol/L、羊血浆或血清镁水平0.8～1.3mmol/L为正常；若牛血浆或血清镁水平低于0.4mmol/L，羊血浆或血清镁水平低于0.8mmol/L，为缺乏。反刍动物缺镁的早期阶段，表现为外周血管扩张，脉搏次数增加。随后，血清镁量显著降低，当含镁量从正常的1.7～4mg/100mL降到0.5mg/100mL时，动物出现神经过敏、震抖、面部肌肉痉挛与步态蹒跚。牛、羊在缺镁地区放牧，或晚冬和早春放牧在缺少籽实的牧地时，可适量补饲镁添加剂。可将两份硫酸镁混于一份食盐中，让动物自由舔食。

一般认为，每千克牧草干物质含镁量1.9g是适宜的。饲料镁量过高时，会降低动物采食量，食入镁过多会引起矿物质代谢障碍，鸡表现为内脏痛风，在整个内脏浆膜下有典型白垩状尿酸盐沉着。肾脏增大，并在切面上被尿酸浸润，血中尿酸盐含量高，经血清分析，镁浓度高（4~12mg/100mL）。造成产蛋鸡镁进食量过多的原因，常是用作钙质补充的石粉中镁量过高。

三、钠与氯

钠和氯都是电解质元素，共同维持体液酸、碱平衡和（晶体）渗透压，关系密切，补充食盐即补充钠和氯。因此，本节内容将一起讨论这两种元素。

1. 钠和氯在土壤和饲料中分布情况

在地壳中，钠为第6位含量丰富的元素，含量为2.8%。但是，土壤中可溶性钠易被冲洗掉，故土壤中可溶性钠含量很少。氯在地壳中含量为0.20%。钠可能只是部分植物（具有C_4光合途径和景天庚酸代谢途径的植物）的必需元素，而氯是植物的必需元素。植物性饲料中含氯量比钠多得多：一般来说，前者比后者多1~2倍。Keorgievskii等（1982）报道，植物性饲料中氯含量基本上能满足动物的营养需要。若将含食盐的鱼粉加到饲粮中，则猪、禽对氯的需要量可被满足。

2. 动物对钠和氯的吸收

动物摄入的钠中，50%在空肠内被吸收；25%在回肠内被吸收；其余的在结肠内被吸收。钠在空肠内吸收主要是随着葡萄糖、半乳糖、水的吸收而被动吸收的。小部分钠的主动吸收是肠腔内钠与肠壁细胞内H^+进行交换，伴有Cl^-吸收和HCO_3^-分泌。在回肠，钠的吸收是主动过程，也是通过Na^+-H^+与Cl^--HCO_3^-机制进行的。大多数钠的吸收都是通过钠泵完成的。

一般情况下，Cl^-的吸收是顺着电化学梯度的被动转运过程。但若肠腔内Cl^-浓度超过一定水平（如35mg当量/L）时，Cl^-就逆浓度梯度而转运。若Cl^-浓度低于35mg当量/L时，Cl^-就向相反方向移动。Cl^-的吸收和Na^+的吸收是紧密相联的，故大部分Cl^-的吸收只是Na^+吸收的结果。

3. 动物体内钠、钾和氯代谢的调控

体内钠、钾代谢受内分泌系统调控。盐皮质激素——醛固酮和脱氧皮质类固酮，前者活性为后者的25~50倍——对钠、钾代谢的调控起着关键作用。醛固酮调节着肾小管重吸收钠。钠（和水）的存留常伴随着尿钾的大量排泄。因被分泌到尿中的H^+同K^+竞争，故Na^+重吸收可伴随着K^+（在反刍动物）或H^+（在食果动物）优先排泄。醛固酮可能不仅对肾有作用，且对其他组织也有影响。用这种激素，可使唾液腺和汗腺中Na^+浓度降低，K^+浓度提高，也引起从粪中Na^+内源性排泄量减少，K^+排泄量增多。醛固酮的分泌受血中Na^+和K^+水平调节，在很大程度上也受肾素-血管紧张素系统控制。

体内Cl^-浓度的自动调控作用受体内Na^+浓度变化影响，也受K^+浓度变化的影响。这可能是，垂体分泌的抗利尿激素增强机体Cl^-的排泄（通过减少肾小管对Cl^-的重吸收量）。

4. 钠对动物的营养作用

① 钠主要分布在细胞外液，大量存在于体液中。钠离子对维持细胞间液晶体渗透压起主要作用，这是因为钠离子占血浆阳离子总量达90%以上。

② 钠离子为体内酸、碱缓冲系统的重要成员。

③ 钠离子对蛋白质胶团膨胀起作用。

④ 钠离子与钾离子相平衡，维持心肌的正常活力。

⑤ 钠离子参与神经、肌肉细胞的兴奋过程。

⑥ 钠离子参与许多养分如葡萄糖和氨基酸等的吸收过程。

⑦ 钠离子为胆汁酸盐的成分，对脂肪消化和吸收起促进作用。

⑧ 瘤胃中一定浓度的钠离子，对维持其中微生物活性是必需的。

5. 氯对动物的营养作用

① 氯为体液最重要的阴离子，参与维持晶体渗透压和酸、碱平衡。

② 氯离子能穿过红细胞膜，刺激血浆和红细胞之间的离子迁移。

③ 氯离子为胃酸的组分，胃酸能激活胃蛋白酶，并维持其活性。

④ 氯离子能活化某些酶如胰液中 α-淀粉酶。

6. 食盐缺乏与过量后果

（1）在通常情况下，动物不可能缺氯。这是因为动物需氯量较少，而饲粮中氯量一般能满足动物的营养需要。但动物饲粮常缺钠，故须常监测饲粮中钠水平。反刍动物尿钠浓度大于 7mmol/L 时为正常；低于 3mmol/L 时为缺乏。动物采食低盐量日粮时，能重用或在体内进行食盐重循环，几周后才出现缺乏症。动物无明显症状，仅表现食欲差，生长受阻，饲料转化效率降低，成年动物生产性能下降，体重减轻。动物由于缺钠，为了满足这种需要，常观察到有喝尿现象。据报道，鱼类缺钠时，表现为肌肉痉挛、神经不振、食欲减退等症状。

（2）食盐过多，饮水量少，会引起动物中毒。特别是鸡，对高剂量食盐忍受能力弱。雏鸡日粮中食盐达 2% 时便可死亡。采食含食盐为 2% 日粮的生长猪，在给水少的情况下，可出现食盐中毒，表现为步态不稳，后肢麻痹或全身麻痹，剧烈抽搐或死亡。现今，食盐在动物饲粮中用量有随意性，甚至盲目使用，大多数情况下总是多用，因而氯在饲粮中过多，进而在动物体内过多，产生不良影响：①碱性氨基酸赖氨酸、精氨酸、组氨酸等消耗量增加。②酸中毒发病率提高，其原因如下：a. 动物体内正常的 pH 值 7.24～7.54，低于 7.24——酸中毒，高于 7.54——碱中毒；b. 在代谢过程中，产酸性物质常比产碱性物质多，所产生的酸靠 HCO_3^- 和碱性氨基酸赖氨酸、精氨酸中和；c. Cl^- 和 HCO_3^- 在动物体内存在互为替换的关系，Cl^- 少，则 HCO_3^- 多；Cl^- 多，则 HCO_3^- 少。③繁殖机能可能下降：在母畜体内 Cl^- 多，HCO_3^- 少，不利于精子在母畜生殖道内的获能反应，因而可能影响受精率。

四、钾

1. 钾在饲料中分布情况

糖蜜、牧草、饼粕、酵母和糠麸等饲料中富含钾（1.2%～4.7%）；谷实类饲料中含钾量较少（一般为 0.3%～0.5%）；糟渣类饲料中含钾量很低（0.1%～0.2%）。

2. 钾在动物体内的代谢

① 植物性饲料中含有的碳酸钾、氯化钾和有机酸钾在消化道是易溶性的，易从饲料中释出。钾在消化道各段都可被吸收，但小肠是吸收钾的主要场所。钾的吸收方式可能是扩散。

② 已被吸收的钾进入血液，且通过血流进入组织。细胞内、外钾交换平衡可能在 48h 内完成。肌肉、肾、肝和脑中的钾代谢很快。钾离子进入乳、蛋是逆浓度梯度的，这是因为乳、蛋中钾浓度比血中钾浓度高几倍。

③ 所有的动物主要通过肾排泄钾。例如，奶牛通过肾排泄 75%～86% 的钾，绵羊为 85%～88%，猪为 90%。

3. 钾对动物的营养作用

①钾参与机体维持酸、碱平衡和晶体渗透压。钾作为一种碱，可中和酸。钾为磷酸参与的许多反应所必需，其部分功能可能就是缓冲或中和磷酸酯。②钾参与细胞内代谢过程，尤

其是通过活化 ATP 酶而参与糖代谢。钾离子与钠离子、钙离子、镁离子一起，参与产生神经、肌肉细胞"静息电位"和"动作电位"。③钾对反刍动物瘤胃内酸、碱度具有一定的缓冲作用，并保持瘤胃内容物的水分含量，从而为微生物发酵创造适宜的环境。钾为瘤胃微生物活性，尤其是纤维素分解菌活性所必需。④钾也与蛋白质生物合成有关。若将钾加到蛋白质不足的饲粮中，仔猪增重和饲料利用率提高。

4. 缺钾后果

实验性的动物长期缺钾，表现为生长停滞、肌肉软弱和异食癖。有资料报道，缺钾可引起肉种鸡猝死综合征的发生。由于植物性饲料含钾丰富，故通常情况下动物缺钾较少见。人的日常膳食中蛋白质原料和蔬菜少，会引起两腿无力甚至不能站立。

五、硫

1. 自然界中硫的分布与循环

地球上硫元素主要贮存于岩石与海洋中。硫是构成蛋白质的第五种化学元素，在一定程度上决定着蛋白质分子的立体结构。生物体先从水与土壤硫酸盐中获得硫，以 R-SH 形式生成胱氨酸、蛋氨酸等。这种过程要多种酶参与，多种细菌、藻类和植物能完成这一过程。植物、动物及其排泄物分解腐烂过程中产生 H_2S 等简单化合物，进入大气；海洋中相当一部分硫通过藻类以 $(CH_3)_2S$ 形式进入大气。硫黄菌和硫化菌可将 H_2S 进一步转化成元素硫或硫酸盐。火山爆发、生物质燃烧、微生物氨化以及反硫化作用可使少量硫以 H_2S、SO_2 等形式进入大气，在大气中经各种氧化作用低价硫形成硫酸、硫酸盐气溶胶，并通过沉降回到大地，形成硫的循环。人类对硫循环的主要影响是燃烧化石燃料，向大气输入大量二氧化硫，后者在大气中的含量为大气污染的主要指标。1952 年伦敦发生的毒雾事件就是由大气污染引起的。硫进入大气中，可与水汽结合形成酸雨。

自然界中硫的分布和循环分别见表 9-3 和图 9-7。

表 9-3　自然界中硫的分布

来　　源	数量/10^6 t	来　　源	数量/10^6 t
大气中氧化态硫	1.1	海洋中无机硫	1.3×10^9
大气中还原态硫	0.6	陆地植物中硫	3.3×10^3
气溶胶中的硫酸盐	3.2	海洋植物中硫	40
火成岩中硫	3×10^9	陆地动物中硫	20
沉积岩中硫	2.6×10^9	海洋动物中硫	10
土壤中有机硫(无生命)	3×10^4		

硫在饲料中分布情况如下：硫多以有机硫形式存在，主要含存于蛋白质饲料中。鱼粉、蛋粉、肉粉、血粉中含硫丰富（0.45％～0.50％）；豆实类和饼粕等饲料中含硫量较多（0.2％～0.4％）；谷实及其糠麸中含硫量较少（0.1％～0.2％）；青贮玉米、块根、块茎和瓜果类饲料中含硫量很少（一般不足 0.1％）。

2. 动物对硫的吸收与排泄

硫在小肠内被吸收。游离氨基酸、硫苷、硫胺素、吡哆醇和生物素不经降解就可被吸收；含硫氨基酸的蛋白质经裂解成含硫氨基酸后才被吸收；无机硫可被吸收，但吸收量很少。

硫的排泄途径是通过粪和尿。由尿排泄的硫主要是有机硫完全氧化的尾产物（SO_4^{2-}）和脱毒形成的含硫复合物。由于尿中排泄的硫主要源于蛋白质分解，因此尿中 S/N 的比例相当稳定。但动物在饥饿或蛋白质缺乏时，尿中 S/N 的比例升高；饲粮蛋白质提高时，

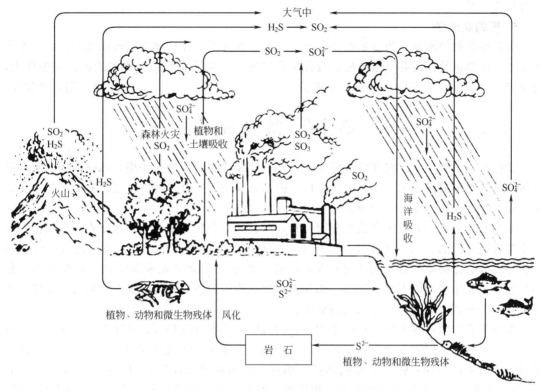

图 9-7 自然界中硫的循环

S/N的比例又下降。

3. 反刍动物硫营养代谢特点

① 反刍动物瘤胃液中含硫量变化很大（50～500mg/L），取决于饲粮中含硫量。

② 硫为瘤胃微生物消化纤维素、利用非蛋白氮和合成 B 族维生素所必需。从生化角度看，反刍动物的硫代谢特点表现为瘤胃微生物利用无机硫合成含硫氨基酸、含硫蛋白质和维生素等的能力。试验证明：反刍动物瘤胃微生物能用氨、糖类化合物、无机硫，合成含硫氨基酸。且在一定条件下，硫是限制性营养因子。瘤胃微生物将无机硫转化为半胱氨酸、蛋氨酸的途径如下：

③ 饲粮 N∶S 比例保持 10∶1，对动物生长和生产有积极作用。

4. 硫对动物的营养作用

在动物体内，硫主要以含硫化合物的形式发挥作用。含硫化合物主要有含硫氨基酸（半胱氨酸、胱氨酸、蛋氨酸）、维生素（维生素 B_1、生物素、维生素 B_6 等）、激素（胰岛素、催产素、加压素等）、谷胱甘肽、牛磺酸等。这些含硫化合物在动物体内起着各种各样的作用。

研究表明，在有足够胆碱存在的条件下，日粮添加无机硫化合物（如硫酸钾、硫酸钠、硫酸铵和硫酸钙等），能节省动物对含硫氨基酸的需要量，同时有助于牛磺酸的合成，从而促进雏鸡生长。

5. 硫的缺乏症

实验性动物缺硫症状为食欲丧失、掉毛、多泪和流涎，并因体质虚弱而死亡。由于大多数动物日粮都供给比需要量多的硫，故在正常情况下，硫缺乏症是很少出现的。一般认为，牧草硫含量超过 0.13％时，对反刍动物是适宜的。   （周　明，惠晓红）

第三节　微量元素

动物必需的微量元素在体内含量很少，却有许多重要的生物学作用，如这些微量元素多是体内酶的组分或激活剂而参与生化反应。但是，动物摄入过多的微量元素又会产生不良后果，发生急性或慢性中毒，严重者死亡。

动物必需的微量元素大多数为金属元素，少数为半金属元素和非金属元素，在元素周期表中都排列在前部，原子序数多为 23～34，而且多在第四周期内。在元素周期表中属于同一族的部分必需微量元素一般可相互置换，这一特点对以微量元素为组分的活性物质（如酶）发挥正常生理功能不利。例如，镉和铅能置换酶中的锌，钼可置换铜，砷可置换磷，铑可置换钴，从而使酶失活，导致代谢紊乱。

微量元素之间存在协同或拮抗作用。它们协同作用表现为相互促进吸收，并相互强化各自的作用；拮抗作用则有相反的表现。例如，铜可促进铁的吸收和利用；铜、锰、钴与铁在造血方面有协同作用；锰促进钼的利用。相反，高钙能抑制锌和锰的吸收；铜-锌、铜-钼、砷-硒间相互拮抗，彼此相互抑制吸收和作用。因此，不仅要了解各种微量元素的生理功能，而且要熟悉它们之间的互作关系，这样在动物生产上才能合理使用微量元素。

一、铁

1. 铁在动物体内含量与分布

动物体内含铁量随动物种类、年龄、性别、饲养水平和健康状况等不同而异，平均为 40mg/kg。各类成年动物体内铁含量差异不大，但铁在不同组织和器官的分布有很大差异：体内铁约 60％～70％存在于红细胞的血红蛋白中，20％与肌红蛋白质结合，以铁蛋白和血铁黄素形式，储存于肝、脾和骨髓中，1％存在于转铁蛋白和酶系统中，0.1％～0.4％分布于细胞色素中，其余 10％～20％为不可利用铁，沉积在各组织器官中。

2. 生理功能

① 作为氧的运输载体　铁主要被用于合成血红蛋白、肌红蛋白，这两种蛋白质中的铁是血液和肌肉组织中氧的运输载体。

② 作为酶的组分　铁是细胞色素氧化酶、过氧化物酶、过氧化氢酶、黄嘌呤氧化酶等的成分，与体内细胞生物氧化、电子传递及能量代谢密切相关。铁还是激活剂，活化糖类化合物代谢中的多种酶。

③ 免疫防卫机能　转铁蛋白具有增强机体抗病力、预防疾病的作用。同样，白细胞中的乳铁蛋白也具有广谱抗菌、抗病毒的作用，并可强化黏膜免疫功能，抑制肠道内大肠杆菌的生长、促进乳酸杆菌的生长，有助于预防新生动物的腹泻。

3. 铁在饲料中的分布情况

饼粕类（243～1112mg/kg 干物质）、动物性蛋白质饲料（1598～2260mg/kg 干物质）、糟渣类（103～1636mg/kg 干物质）和青绿饲料（137～1292mg/kg 干物质）中含铁很丰富，谷实（77～187mg/kg 干物质）和糠麸类饲料（150～299mg/kg 干物质）中含铁量也较多，块根、块茎和瓜果类饲料（122～162mg/kg 干物质）中含铁量相对较少，动物乳汁中含铁量（5～10mg/L）较低。此外，绿叶中铁含量与叶绿素含量成正比；幼嫩植物铁含量比老熟植物铁含量多；同一植株，部位不同，其含铁量也不一样。例如，青玉米叶每千克干物质中含铁约 280mg，而茎中仅含 41mg。植物中铁易和有机酸、蛋白质和糖类化合物形成不稳定的化合物。

4. 吸收和代谢

铁主要在十二指肠以二价铁的形式被吸收，但吸收率较低，通常只有 5%～30%，饲粮缺铁时可提高到 40%～60%，但吸收总量并不增加。胃也能吸收部分铁。铁与肠黏膜细胞上的转铁蛋白结合或与小分子有机化合物螯合后，经易化扩散被吸收。

动物的年龄、体内铁含量、饲粮因素、铁的形式和数量等均影响铁的吸收。一般幼龄动物比成年动物、缺铁动物比不缺铁动物吸收率高。例如，反刍动物饲粮铁含量越低，铁吸收率越高：当饲粮含铁 30mg/kg 时，吸收率可达 60%；当饲粮含铁 60mg/kg 时，则吸收率降至 30%。另外，维生素 C、维生素 E、有机酸、某些氨基酸和单糖可促进铁吸收；亚铁离子比正铁离子易被吸收；过量铜、锰、锌、钴、镉、磷和植酸可抑制铁吸收。无机铁盐中，硫酸亚铁的利用率和生物效价高于氯化亚铁和碳酸亚铁。

铁的利用部位主要是骨髓，吸收的铁约 60% 在骨髓中合成血红蛋白。由于红细胞寿命（120d）短，铁的周转代谢快，红细胞分解生成的内源铁可重被利用，吸收的铁一般反复参与合成与分解循环 9～10 次才被排出体外。铁主要随胆汁进入小肠后经粪排泄，而粪中内源铁排泄量少。尿中仅排泄少量铁。

5. 缺乏与过量后果

动物缺铁先是影响血红蛋白的合成，缺铁的典型症状是贫血。贫血的临床表现为生长缓慢、嗜睡、黏膜苍白、呼吸加快、抗病力弱，严重时死亡。当血红蛋白浓度低于正常值的 25% 时，即可作为贫血的诊断标准；低于正常值 50%～60% 时，则可能出现生理功能障碍。缺铁还可影响淋巴细胞增殖、降低白细胞内过氧化物酶的活性、降低溶菌酶的活性、抑制抗体的产生，从而抑制淋巴细胞的免疫功能、降低机体抗病力。此外，缺铁也可影响胚胎正常发育，引起胚胎畸变，形成畸形胚胎。

生产上，常用硫酸亚铁、氯化亚铁、柠檬酸铁、葡萄糖酸铁、酒石酸铁、赖氨酸螯合铁等作为含铁添加剂进行补充。

由于植物饲料含铁丰富，成年动物很少发生贫血。但母乳中的含铁量较少，一般不能保证幼畜对铁的需要，而导致幼畜发生贫血，有时伴有腹泻、生长抑制、抗病力弱，严重时死亡。初生仔猪易发生缺铁性贫血，这是由于一方面，初生仔猪体内铁储备量少（约 30mg/kg），而仔猪出生后生长快，平均每日需铁 6～8mg；另一方面，母猪乳中含铁量少，每日仅能为每头哺乳仔猪提供约 1mg 铁，因此仔猪常在生后 2～4 周内，血红蛋白可降至 3～4g/100mL 而出现贫血。在集约化饲养条件下，须及时给初生仔猪补铁，以防止其贫血：生后 2～3d 内一次性注射铁针剂 100～200mg，4 周龄时每千克仔猪饲粮中补加 100mg 铁（硫酸亚铁）。需要注意的是，如果在奶中添加铁制剂后饲喂哺乳幼畜，铁在奶中可形成不被吸收的铁化合物沉淀，并导致动物缺磷。另外，尽管高铜日粮一般可促进仔猪生长和提高饲料利用效率，但高铜能抑制铁吸收，可能造成仔猪贫血。

饲粮含铁 40～100mg/kg，即可满足猪的需要；鸡是 40～80mg/kg，奶牛则为 15mg/kg。

各种动物对过量铁的耐受力均较强，猪、禽、牛和绵羊对饲粮中铁的耐受量分别为 3000mg/kg、1000mg/kg、1000mg/kg 和 500mg/kg。反刍动物对过量铁敏感，急性中毒症状包括疼痛、呕吐、呕血、黑便，继而虚脱、呼吸频率加快、休克而死亡。慢性铁中毒可导致肝硬化、睾丸萎缩、繁殖机能减退、毛发脱落等。

二、锌

1. 体内含量与分布

动物体含锌量平均为 30mg/kg。体内锌的分布不均衡，其中 50%～60% 存在于骨骼肌中，30% 在骨骼中，其他组织器官含锌较少。以单位重量新鲜组织计，虹膜、脉络膜、前列腺、骨骼中含锌量最高。体内锌的分布与含锌酶的分布一致，如骨组织中碱性磷酸酶含量高，骨中锌含量亦多。

2. 生理功能

锌在动物生长发育、繁殖、免疫等很多方面起重要作用。由于锌在体内具有多样化的生理功能而被称为"生命元素"。

① 作为酶的组分和激活剂　锌是动物体内 200 多种金属酶如 Cu, Zn-超氧化物歧化酶、碳酸酐酶、醇脱氢酶、羧肽酶、碱性磷酸酶、DNA 聚合酶和 RNA 聚合酶等的组分。锌也是 300 多种酶的激活剂。在这些酶中，锌发挥调节酶活性和稳定酶蛋白质四级结构等多种作用，参与核酸、蛋白质代谢，加速细胞分裂、生长和再生。因此，锌能促进动物生长发育、促进创伤组织的愈合、修复和再生。

② 维持上皮细胞完整　锌参与胱氨酸和黏多糖代谢，从而保护皮肤和毛发健康，防止上皮细胞角质化和脱毛。

③ 维持生物膜的正常结构和功能　锌是一些抗氧化酶的组分，这些酶可防止过氧化物和自由基对生物膜的氧化损伤，从而保护细胞的正常结构和功能。

④ 维持胰岛素的正常功能　胰岛素是含锌的肽类激素，锌有利于胰岛素分子结构的稳定，并使胰岛素或胰岛素原形成可溶性聚合物而有利于胰岛素发挥生理作用，进而参与糖类化合物代谢。

⑤ 调节免疫功能　锌可维持淋巴细胞的正常功能，诱导 B 淋巴细胞分泌免疫球蛋白。缺锌可导致免疫器官萎缩、T 淋巴细胞功能障碍，机体免疫功能降低。另外，锌是胸腺素的成分，可调节细胞介导免疫。

⑥ 近几年来，生产实践中常用高剂量的氧化锌预防和控制断奶仔猪的腹泻。

3. 锌在饲料中的分布情况

谷实类饲料含锌量一般为 20～50mg/kg。其中，玉米、高粱等平均含锌量为 23.7mg/kg。豆实类饲料平均含锌量为 45.5mg/kg。缺锌地区的饲料含锌量低，如玉米、高粱中含锌量少于 15mg/kg，豆饼含锌量在 40mg/kg 以下。因此，在动物基础饲粮中一般都需要补锌，补锌量视基础饲粮中含锌量和其他条件而定。

一般来说，海产品中含锌极其丰富；酵母、糠麸、饼粕和动物性饲料中富含锌；青饲料中含锌量较多；谷实类饲料、块根、块茎饲料中含锌量较少。

4. 吸收和代谢

反刍动物对锌的吸收率约 20%～40%；单胃动物更低，只有 7%～15%。反刍动物的真胃、小肠均可吸收锌；非反刍动物吸收锌的部位主要是小肠。锌的吸收机制与铁类似，因而影响锌吸收的因素，与影响铁吸收的因素相似，如锌的吸收率与体内锌含量成反比关系；可与锌形成螯合物的有机酸、乳糖、小肽和氨基酸等有机配位体能促进锌吸收，而钙、铜、植酸等拮抗锌的吸收。锌与铁也存在拮抗作用，因此用锌和铁混合补饲动物，不如单独补锌效果好。同样，单独补锌的效果也比锌、铜合用为好。

锌在不同组织器官的周转代谢速度不同。肝是锌代谢的主要器官，周转速度较快；骨和神经系统中锌周转代谢较慢；毛发中锌基本不存在分解代谢。

锌主要经胆汁、胰液等消化液从粪中排泄，少量内源锌经尿排泄。生产动物也通过产品（如奶、蛋等）排出少量锌。公畜随精液排出大量锌。

5. 缺乏与过量后果

动物缺锌时，最初表现为食欲减退和生长受阻、皮肤和被毛损害，继而发生皮肤不全角化症。皮肤不全角化症（parakeratosis）是动物缺锌的典型表现。幼龄动物，尤其是2～3月龄仔猪易发此病，临床症状为皮肤变厚角化，但上皮细胞和核未完全退化。猪缺锌时，在四肢下部、眼、嘴周围和阴囊最易出现不全角化症。雏鸡缺锌则生长受阻和出现严重皮炎，脚爪特别明显，骨骼发育异常而显得短而粗。犊牛和羔羊缺锌表现为与猪同样部位的不全角化症，炎症部位脱毛、关节僵硬、肿大。缺锌还可影响成年动物的繁殖功能，使睾丸发育不良和精子生成异常。缺锌对家禽的繁殖功能影响更为严重，可使种蛋孵化率降至40%以下，鸡胚出现畸形。毛皮动物缺锌可出现掉毛、消瘦而影响经济价值。缺锌动物的血浆、内脏器官、肌肉、毛、羽中锌浓度低于正常值，血液中碱性磷酸酶活性下降。

除鱼粉外，其他饲料的含锌量均无法满足动物对锌的需要，因此需要在畜禽日粮中补充锌。当饲粮含锌不足时，可用硫酸锌、氧化锌、蛋氨酸锌等作为锌添加剂。饲粮含锌50～100mg/kg可满足猪的需要，鸡为30～40mg/kg，奶牛为30～55mg/kg。反刍动物对锌的需要量相对较低，一般饲料的含锌量均可满足其需要，因此缺锌的可能性较小。

饲粮锌过量，可影响铁、铜吸收，进而造成动物贫血、消化机能紊乱和生长抑制。各种动物对高锌均有较强耐受力，但与猪、禽等非反刍动物相比，反刍动物对锌过量更敏感。猪对饲粮中锌的最高耐受量为3000mg/kg，禽800～1000mg/kg，牛500mg/kg，羊300mg/kg。

三、铜

1. 体内含量与分布

动物体平均含铜量为2～3mg/kg，其中50%～70%分布在肌肉和骨骼中，20%储存在肝脏中，5%～10%存在于血液中，微量的铜分布在酶系统中。肝、脑、心、肾、眼、毛发中含铜量最多，胰腺、脾脏、肌肉、皮肤和骨骼含铜量次之，甲状腺、前列腺和胸腺中含铜量最少。肝是铜的主要贮存器官。以干物质计，猪、鼠、兔的肝中铜含量为10～50mg/kg，而牛、羊、鸭、鱼的肝中铜含量高达100～400mg/kg。

2. 生理功能

① 参与造血　铜可维持铁的正常代谢。铜可解除抑制铁吸收的因子，加速无机铁转化为有机铁、三价铁变为二价铁，从而促进铁的吸收。铜还可促进血红蛋白的合成和红细胞的成熟，参与造血过程。

② 酶的组分　铜是许多金属酶如超氧化物歧化酶、赖氨酰氧化酶、酪氨酸酶、尿酸氧化酶、铁氧化酶、铜胺氧化酶、细胞色素氧化酶和铜蓝蛋白等的成分，从而参与糖类化合物、蛋白质和氨基酸等的代谢。铜作为酪氨酸酶的组分，参与羽毛、毛发中色素（主要是黑色素）的合成与沉积，缺铜时毛就褪色；无酪氨酸酶，则发生白化病。铜还是胰脂肪酶的激活剂。

③ 参与骨骼形成　铜参与胶原蛋白和弹性蛋白的合成，增强胶原蛋白的稳定性和强度，促进骨骼的形成，防止骨质疏松和骨骼畸变。一些含铜酶，如赖氨酰氧化酶或胺氧化酶，可使骨胶的多肽链间交联更牢固。

④ 近几年来，将铜作为猪的促生长剂。

3. 铜在饲料中的分布情况

饼粕类和糠麸类饲料含铜丰富，一般为 $10\sim30$ mg/kg；动物性蛋白质饲料和豆科牧草含铜量也较高；但禾本科牧草和谷实类饲料中含铜量较少，一般为 $4\sim10$ mg/kg；秸秆类饲料铜含量贫乏。植物营养器官如根、茎、叶中铜含量较生殖器官如花、果、种子中含铜量高；土壤类型、施肥制度和植物生长阶段也影响植物性饲料含铜量。

4. 吸收和代谢

动物对铜的吸收率较低，仅为 5%～10%。铜的主要吸收部位是小肠。铜的吸收方式取决于饲粮中的铜水平：饲粮中铜浓度低时，主要经易化扩散被吸收；浓度高时，经简单扩散被吸收。

与铁的吸收类似，铜的吸收受体内含铜量影响，铜吸收率与体内铜含量成反比关系，缺铜动物对铜的吸收率高于不缺铜动物。饲粮中小分子有机配位体可促进铜吸收，而锌、硫、钼、铁、钙等可拮抗铜的吸收。例如，反刍动物饲粮中钼和硫含量不足时，铜吸收量增加，易引发铜中毒。猪饲粮中锌过量，可引起铜代谢紊乱，降低肝、肾与血液中含铜量，导致贫血；铜不足，可引起锌吸收过量而引起动物中毒。

吸收的铜主要与铜蓝蛋白结合，少量铜与清蛋白和氨基酸结合被转运到各组织器官。肝是铜代谢的主要器官。体内的铜主要经胆汁由粪排泄，肠壁和肾也排泄少量的内源铜。

5. 缺乏与过量后果

动物对铜的需要量少，通常很少出现铜缺乏。畜禽采食以玉米和其他谷物为基础饲料的日粮时，需要补充。常用硫酸铜、氯化铜和碳酸铜作为铜补充剂。

贫血为哺乳动物和禽类缺铜共有的症状，初生仔猪表现尤为明显。缺铜性贫血是由于铜缺乏不利于铁的利用，使血红蛋白的形成受阻，因此缺铜性贫血的实质是缺铜引起的铁代谢障碍。

牛、羊缺铜后，钙、磷难以在软骨基质上沉积，骨胶原可溶性提高，成年动物常患骨质疏松症、犊牛常患佝偻病。猪缺铜也有类似症状，骨骼发育异常而出现畸形，易发生骨折。缺铜使参与色素形成的含铜酪氨酸酶活性降低，绵羊出现羊毛褪色和弯曲逐渐消失而变直，其他畜（猪除外）、禽出现毛、羽，特别是黑色和灰色毛、羽褪色。缺铜时，母羊繁殖功能失常，出现死胎；家禽产蛋率下降与孵化过程中胚胎死亡，且孵出雏鸡也往往难以成活。

猪饲粮中适宜含铜量为 $3\sim6$ mg/kg，鸡为 8mg/kg，奶牛为 10mg/kg。

牛和羊对铜过量最敏感，对饲粮中铜的耐受量为 $25\sim100$ mg/kg；猪、鸡对铜耐受量较高，为 $200\sim250$ mg/kg；马最高，为 $800\sim1000$ mg/kg。反刍动物铜中毒的症状为严重溶血、黄疸，眼结膜、皮肤因黄疸而呈淡黄色（黄染），其他动物可出现生长受阻、贫血、肌肉营养不良和繁殖障碍等症状。

四、锰

1. 体内含量与分布

锰广泛分布在体内各组织器官中，但含量很少，约 $0.2\sim0.3$ mg/kg。肝、骨、脾、胰腺和垂体中含量较多（$1\sim3$ mg/kg），肌肉中则较少（$0.1\sim0.2$ mg/kg）。体内锰总量的 25% 存在于骨中，主要沉积在骨的无机质中。肝中含锰量相当稳定，且不受锰摄入量的影响；相反，骨中含锰量则随锰摄入量而变化：饲粮缺锰，则骨中锰含量降低。由此可见，骨中锰含量是动物锰营养状况的良好标识。

2. 生理功能

① 作为酶的组分和激活剂　锰是精氨酸酶、丙酮酸羧化酶、脯氨酸肽酶、超氧化物歧

化酶、RNA 多聚酶等的组分，也是磷酸化酶、羧化酶、胆碱酯酶、异柠檬酸脱氢酶、醛缩酶、RNA 和 DNA 聚合酶的激活剂。通过这些酶，锰参与体内遗传物质合成，以及糖类化合物、蛋白质和脂肪的代谢。

② 参与造血　锰可促进机体对铜的利用，而铜又可提高机体对铁的吸收和利用、促进红细胞成熟，即锰通过锰-铜-铁间的调节链，间接参与造血过程。

③ 维持骨骼的正常生长　锰参与骨骼基质中硫酸软骨素以及骨组织和软骨中黏多糖的合成，是维持骨骼生长和正常结构的必需物质。

④ 维持正常生长发育和繁殖机能　锰可维持动物器官的正常发育、繁殖机能、受胎率和后代成活率。锰对繁殖机能的影响机制可能有两种：一是锰作为垂体合成性激素所需酶的组分，调节垂体的性激素分泌；二是锰参与胆固醇的合成，而胆固醇是性激素的前体，从而调节性激素的合成，维持正常繁殖功能。

3. 锰在饲料中的分布情况

植物性饲料中锰量多于动物性饲料中锰量。在植物性饲料中，青、粗料与糠麸中含锰丰富；饼粕饲料含锰量较多；但谷实与块根、块茎类饲料中锰量较少。

4. 吸收和代谢

动物对锰的吸收部位主要是十二指肠，但吸收率仅为 5%～10%。动物缺锰时，锰吸收率较高。饲粮过量的铁、钙、磷和植酸，抑制锰的吸收；有机酸、氨基酸、小肽和单糖则促进锰的吸收。以玉米等低锰饲料作为猪、鸡基础饲料时应补充锰。常用的锰补充剂包括硫酸锰、碳酸锰、氯化锰、氧化锰或有机锰（如蛋氨酸锰等）。

吸收的锰以游离形式或与蛋白质结合形成复合物被转运至肝。肝锰和血锰在激素控制下保持动态的平衡。锰主要经胆汁和胰液由粪排泄，小肠黏膜和肾也排出一部分。即使饲粮中锰含量较多，尿中也仅排泄微量的锰。

5. 缺乏与过量后果

饲粮含锰 5mg/kg，一般可满足猪的需要，鸡为 60mg/kg 以上，奶牛为 20mg/kg。畜、禽锰缺乏症的共同症状是生长停滞、骨骼畸形、繁殖机能低下、初生动物四肢运动失调等。骨骼发育异常是缺锰的典型表现。禽类缺锰时发生滑腱症（persois），主要表现为腿关节肿大畸形、腿骨粗短，腓长肌腱滑出骨突，严重时无法站立，甚至死亡。锰缺乏时，蛋鸡产蛋率下降、蛋壳变薄，种蛋孵化率降低；猪缺锰时表现为腿跛、后踝关节肿大和腿变形、粗短和繁殖机能异常；绵羊和犊牛缺锰时表现为站立和行走困难、关节疼痛和不能保持平衡；山羊缺锰时出现跗骨小瘤和腿变形。

锰是对畜禽毒性最低的微量元素之一。锰过量，可引起动物生长受阻、贫血和胃肠道损伤。禽对饲粮中过量锰的耐受力强，可耐受 2000mg/kg，牛、羊可耐受 1000mg/kg，猪对过量锰则敏感，只能耐受 400mg/kg。

五、硒

1. 体内含量与分布

动物所有组织器官中均含有硒，平均含量为 0.05～0.20mg/kg，以肝、肾、肌肉中含量最多。体内总硒量的 50% 存在于肌肉中，15% 分布于皮肤、毛发和角中，10% 分布于骨中，8% 在肝中，其余分布在其他组织中。硒摄入量增加时，各组织器官含硒量亦相应增加。当硒摄入量达到中毒水平时（5～10mg/kg 体重），肝、肾的含硒量可达 5～7mg/kg。

2. 生理功能

① 作为抗氧化剂　硒最重要的生理作用，是作为谷胱甘肽过氧化物酶的组分，而发挥

抗氧化剂的作用，防止过氧化物和自由基对细胞膜脂质结构的氧化损伤，保护细胞膜结构的完整和功能正常。同时，硒与维生素 E 有协同作用，加强维生素 E 的抗氧化作用。因此，硒可保护胰腺、心肌和肝脏的正常功能。

② 解毒　硒可拮抗和降低汞、铊、铅等重金属元素对动物的毒性，缓解维生素 D 中毒引起的病变，降低黄曲霉毒素对动物的急性毒性损伤和中毒死亡率。

③ 维持正常繁殖功能　硒维持雄性生殖器官的发育与精子的生成，从而维持公畜的繁殖机能。缺硒公畜的睾丸和附睾重量减轻，睾丸曲细精管生殖细胞发育不良，精液品质下降。精液中含硒的谷胱甘肽过氧化物酶可保护精子细胞免受过氧化物和自由基的损害，增强精子活力。同样，硒可维持雌性反刍动物的正常繁殖机能、提高多胎率。

④ 增强免疫功能　硒可增强机体免疫系统功能，促进抗体合成，增强动物对疾病的抵抗力。

⑤ 硒是 5′-脱碘酶（5′-DI）的组分，5′-DI 是催化四碘甲腺乙酸（T_4）转化为三碘甲腺乙酸（T_3）的酶。

此外，硒可维持胰腺组织结构完整和功能；维持肠道脂肪酶活性，促进乳糜微粒正常形成，从而促进脂类包括脂溶性维生素物质的消化吸收；促进蛋白质生物合成，参与辅酶 A 和辅酶 Q 的合成。

3. 硒在饲料中的分布情况

硒并不为植物所必需，但所有植物器官都含有硒。硒在植物体内存在形式为含硒氨基酸、亚硒酸盐离子、硒酸盐离子。

酵母、饼粕、糟渣和动物性饲料中含硒量较多；豆科牧草含硒量高于禾本科牧草。以每千克干物质计，硒在粗饲料中含量为 0.1～0.2mg，在牧草饲料中含量为 0.4～0.8mg。硒在巢菜等植物中含量很高，每千克干物质可达 3～4g。

4. 吸收和代谢

硒主要在十二指肠被吸收。动物对硒的吸收率通常高于其他微量元素，猪对硒的吸收率可达 85％，绵羊为 35％。硒吸收入血后，主要与血浆蛋白结合，一小部分与血浆脂蛋白结合。饲粮中铜、锌、砷、汞和镉含量较高时，干扰硒的吸收、降低其生物学效价；银和硫酸盐含量过高，也抑制硒的吸收。

硒大部分经粪排泄，通过尿排泄次之，少量硒由汗排出。尿中硒含量与硒摄入量呈正相关，因此尿中硒含量可作为动物硒缺乏或硒中毒的确诊指标。

5. 缺乏与过量后果

动物缺硒后表现为生长受阻、肝坏死、脾脏纤维化、出血、水肿、肌肉坏死、繁殖机能低下等。反刍动物缺硒后主要表现为白肌病，特别是羔羊和犊牛易发，缺硒使横纹肌变性而在肌肉表面出现白色条纹。家禽对缺硒较家畜更敏感。鸡缺硒后主要表现为渗出性素质症，缺硒引起体液渗出毛细血管而积聚皮下，特别是腹部皮下蓄积蓝绿色体液，病鸡生长缓慢、死亡率高。缺硒亦可导致公猪精子生成不良、精子数量减少、活力降低和畸形率增加。缺硒可使母猪产仔数下降、种鸡产蛋率下降、母羊不育、母牛产后胎衣不下等。

硒的毒性很强，且中毒剂量与动物需要量较接近，安全范围小，因此饲粮中添加硒补充剂时，应防止称量不准确和混合不匀而导致硒中毒。慢性硒中毒症状为食欲减退、消瘦、贫血、关节强直、蹄壳脱落、脱毛、心肌坏死、繁殖性能低下等。急性或亚急性硒中毒，轻者失明、痉挛和瘫痪，重者死亡。急性中毒动物呼出大蒜味气体。反刍动物对硒过量敏感，饲粮中硒含量达到 2mg/kg 即可导致硒中毒，猪是 7.5～10mg/kg，家禽则为 10～20mg/kg。

六、碘

1. 体内含量与分布

碘分布于动物体内各组织器官中，但含量很少，平均含碘 $0.2 \sim 0.3mg/kg$。体内碘的 $70\% \sim 80\%$ 是以甲状腺素原的形式储存在甲状腺内，碘元素占甲状腺干重的 $2\% \sim 5\%$。其余的碘分布在胃、肠、皮肤、唾液腺、卵巢、胎盘等组织。

2. 生理功能

碘的主要生理功能是甲状腺素的组分。甲状腺素是含 3 个和 4 个碘原子的结合球蛋白（T_3 和 T_4），调节体内许多代谢过程，包括：①促进糖的有氧氧化过程，调节能量代谢和维持体内热平衡。②促进蛋白质合成和骨骼发育，促进生长发育。③促进维生素的吸收和利用：甲状腺素可促进烟酸的吸收和利用，促进胡萝卜素转化为维生素 A、核黄素转化为核黄素腺嘌呤二核苷酸等过程。④维持垂体和生殖腺的功能乃至繁殖机能。⑤维持中枢神经系统的功能，保持正常的精神和形体状态。

3. 碘在饲料中的分布情况

碘在土壤中含量相当少，仅 0.0004%。碘在植物性饲料中含量也是很少的。例如，以每千克干物质计，在饼粕类中为 $0.4 \sim 0.8mg$，在牧草中为 $0.2 \sim 0.4mg$，在谷实中为 $0.05 \sim 0.3mg$，在块茎类饲料中为 $0.2 \sim 0.5mg$。动物性饲料尤其是鱼粉中含碘量（$2.8mg/kg$）较多。海产品含碘量最多。

4. 吸收和代谢

动物摄入的碘在消化道内转化为碘离子（I^-）后主要在小肠被吸收入血，再与血浆蛋白质结合后被转运至甲状腺，再被甲状腺上皮细胞摄取和储存。

在甲状腺内，I^- 先被氧化成活性碘（I_2）后用于合成碘化甲状腺球蛋白质，再被水解酶分解，生成较多量四碘甲状腺原氨酸（T_4）和少量三碘甲状腺原氨酸（T_3），即甲状腺素。甲状腺素经血液循环进入组织器官而发挥作用。在组织器官中，80% 的甲状腺素被脱碘酶分解，释放出的碘又被运输到甲状腺进行循环利用。铅可抑制甲状腺摄取和利用碘。碘主要经尿排泄，生产动物也通过产品（奶、蛋等）排出碘。

5. 缺乏与过量后果

饲粮中含碘 $0.14mg/kg$ 可满足猪的需要，鸡为 $0.35mg/kg$，奶牛是 $0.4mg/kg$。生活在远离海洋的内陆缺碘地区的动物，由于土壤、饲料和饮水中含碘量极少，易缺碘。缺碘的典型症状是甲状腺肿大，即动物因碘摄入量不足，无法满足甲状腺素合成的需要，甲状腺出现补偿性增生而肿大。另外，母畜缺碘则发情不规律和不育，胎儿死亡或被重吸收、产死胎（猪、羊），初生幼畜无毛（猪、牛、羊）和体弱；公畜缺碘后精液品质降低、繁殖力低下。幼畜缺碘后骨骼生长发育受阻，体格发育迟缓或停滞。仔猪、犊牛、羔羊缺碘后甲状腺明显肿大。种母鸡对碘缺乏较敏感，蛋中碘含量通常随日粮碘水平而变化。用碘化钾、碘化食盐、含碘丰富的饲料（如海带等）配制日粮或饮水加碘，可有效预防动物缺碘，其中以碘盐形式补碘最为方便、有效。

过量的碘有毒性，但碘的中毒剂量远高于动物的需要量，安全范围较大。家禽饲粮中含碘量达到 $500mg/kg$，才导致中毒，生长猪为 $400mg/kg$，成年反刍动物为 $50mg/kg$，犊牛则为 $5mg/kg$。过量的碘，导致猪血中血红蛋白下降、鸡产蛋率下降和奶牛产奶量减少。过量的碘，还可能透过胎盘而影响胎儿的发育。

七、钴

1. 体内含量与分布

钴在动物体内含量极少，一般为 $0.05 \sim 0.20mg/kg$。钴分布在所有器官组织中，以肝、肾、脾和胰腺中的含钴量较多。体内钴约 40% 贮存于肌肉中，14% 贮存于骨骼中，其余则分布在其他组织中。反刍动物体内的钴大部分以维生素 B_{12} 为主要形式贮存在肝中。

2. 生理功能

① 作为维生素 B_{12} 的组分 含钴的维生素 B_{12} 参与核糖核酸代谢、糖的异生过程、蛋氨酸和叶酸代谢等。瘤胃微生物可利用钴合成维生素 B_{12}，再被反刍动物吸收和利用，因此钴对反刍动物的营养代谢和生长发育尤为重要。

② 参与造血 钴至少在两个方面参与造血过程：一方面促进铁的吸收、加速体内铁贮的动用；另一方面，钴增强骨髓的造血机能，促进血红蛋白的合成，增加红细胞的数量。

③ 钴还是磷酸葡萄糖变位酶、精氨酸酶等激活剂。

3. 钴在饲料中的分布情况

植物性饲料中钴含量取决于植物种类（如豆科植物含钴量多于谷实类）、土壤类型和生长阶段。富钴饲料包括肉骨粉、糖蜜、酵母；钴量较多的饲料有饼粕类、甘蔗渣、甜菜茎叶等。谷实类饲料、牧草中钴含量较少。

4. 吸收和代谢

饲料中的钴盐和维生素 B_{12} 所含的钴主要在十二指肠和回肠被吸收。钴的吸收率不高，仅为 20% 左右，其余随粪排出。瘤胃微生物利用钴合成的维生素 B_{12} 进入反刍动物小肠后，可被吸收和利用；单胃动物肠道微生物合成的维生素 B_{12} 很少被吸收而随粪排出，因此营养价值不大。吸收的钴与血浆运钴蛋白结合，被转运至肝和其他组织器官；吸收的维生素 B_{12} 则与特异性血浆运输蛋白结合，也被运至肝、骨髓和其他组织器官。

维生素 B_{12} 中钴的生物学活性比无机钴高约 1000 倍，因此在体内发挥生理功能的多是存在于维生素 B_{12} 中的有机钴。体内钴主要经尿排泄，其次是经胆汁排泄，汗中也排泄微量的钴。

5. 缺乏与过量后果

动物钴缺乏导致维生素 B_{12} 缺乏而发生贫血。牛、羊易发生钴缺乏。钴缺乏，影响反刍动物瘤胃微生物合成维生素 B_{12}，导致反刍动物体内糖异生过程障碍，临床表现为食欲减退、精神不振、消瘦和生长停滞、异食癖、贫血等。长期钴缺乏，可导致反刍动物死亡。

与碘类似，钴中毒的剂量远高于动物的需要量。钴摄入量超过动物的需要量 300 倍时，才导致中毒，因此钴的安全范围也较宽。例如，饲粮中含钴 0.11mg/kg 可满足奶牛的需要，而中毒量为 10mg/kg。肉鸡对钴的耐受量为饲粮含钴 70mg/kg，仔猪为 150mg/kg。反刍动物钴中毒症状为食欲减退、消瘦和贫血；肉鸡钴中毒症状为红细胞增多和腹水症；仔猪钴中毒症状为食欲减退、运动失调和贫血。

八、其他微量元素

1. 钼

动物体内含钼量一般为 1~4mg/kg，主要分布在骨骼、皮肤、毛发、肌肉和肝脏中。动物对钼吸收较快。反刍动物能有效吸收水溶性钼和牧草中钼。体内钼经代谢后由肾、胆汁等排泄。

钼的主要生理作用是：①作为黄嘌呤氧化酶、醛氧化酶、亚硫酸氧化酶和硝酸还原酶的组分而参与体内氧化还原反应，包括禽类尿酸代谢、瘤胃微生物对纤维物质的分解代谢等；②是反刍动物瘤胃微生物的生长因子，可维持微生物正常活性、增强反刍动物对纤维性物质的消化能力；③参与铁代谢，促进铁储的动用和铁向肝脏、骨髓的运输；④提高种蛋孵化率、促进雏鸡生长和改善牛、猪的繁殖性能。

常用饲料中含钼量一般可满足动物的需要，因此很少出现钼缺乏症。鸡缺钼的表现为生长缓慢、尿酸代谢障碍。哺乳动物缺钼后食欲减退、生长受阻、消瘦、繁殖力下降、流产等。

过量的钼可致动物中毒，且反刍动物更为敏感。钼中毒的症状为腹泻、食欲减退、消瘦、贫血、被毛蓬乱等。猪对钼的耐受性强于牛、羊。钼过量，还影响钙、磷代谢和拮抗铜的吸收，导致动物出现佝偻病、骨质疏松症或缺铜性骨骼病和贫血。

2. 氟

动物体内氟含量一般为 $0.02\sim0.05mg/kg$，骨中含氟量较多，其次是毛、齿，体内氟的80%以上存在于骨骼和牙齿中。饲粮中氟的吸收率可达80%，钙、铝、镁能干扰氟的吸收。

氟虽是有毒元素，但氟也是动物必需的微量元素。氟的主要生理作用是参与骨骼和牙齿的形成，可将骨骼和牙齿中羟磷灰石转化为氟磷灰石，从而增强骨骼的硬度、提高牙齿的耐磨性和抗酸腐蚀力，氟能抑制口腔内细菌将糖分解为酸，防止龋齿、保护牙齿健康。此外，氟可刺激成骨细胞生长，促进骨骼生长发育。氟还是鼠生长发育的必需因子。

动物对氟的需要量很少，普通饲料和饮水中的氟即可满足其需要，因此动物一般不易缺氟。氟缺乏的症状主要为骨骼结构异常、钙化不良和硬度降低而导致骨质疏松症，牙齿丧失抗酸腐蚀力而形成龋齿。

过量的氟可引起动物中毒。用含氟量超标的石粉、磷酸氢钙等作为矿物质饲料时，易引起动物氟中毒，这种情况在动物生产上偶有发生。反刍动物较猪、鸡敏感。牛、羊、猪、肉鸡和蛋鸡对氟的耐受量分别为饲粮含氟 $40mg/kg$、$60mg/kg$、$150mg/kg$、$300mg/kg$ 和 $400mg/kg$。氟中毒的症状为牙齿变色，出现黄色、褐色或黑色斑牙；骨骼和牙齿结构异常；厌食；感觉迟钝；消瘦等。

3. 铬

铬在动物体内分布广泛，但含量很少，仅为 $0.1\sim1.0mg/kg$，且随年龄增大而降低。动物对无机铬的吸收率很低，约 $0.1\%\sim1.0\%$；对有机铬的吸收率较高，约 $10\%\sim25\%$；六价铬的吸收率高于三价铬。铁、锌、植酸能抑制铬的吸收。

铬有二价、三价和六价三种化合物，只有三价铬在动物代谢中具有活性。铬的主要生理功能是与尼克酸、谷氨酸、胱氨酸和甘氨酸等形成有机螯合物，又称葡萄糖耐受因子，发挥类似胰岛素的生物学作用，调节糖类化合物、蛋白质和脂肪的代谢：①促进葡萄糖进入细胞分解代谢而产生能量；②促进氨基酸进入细胞而被用于蛋白质的合成，从而促进肌肉和其他组织中的蛋白质沉积；③降低血液中胆固醇和甘油三酯含量，降低腹脂率，改善胴体品质。每千克猪饲粮中添加 $0.2mg$ 有机铬，可提高胴体瘦肉率。此外，铬能提高动物的抗应激作用、增强免疫机能；铬还可增加母猪的窝产仔数。

铬的缺乏症状为血液中葡萄糖和胆固醇增高、生长缓慢、繁殖性能低下等。

各种动物对铬的耐受力较强，当饲粮中铬氧化物含量超过 $3000mg/kg$ 时，才导致中毒。六价铬毒性大于三价铬。铬中毒表现为皮炎、胃炎，反刍动物瘤胃或皱胃溃疡，甚至引发肺癌。

4. 砷

动物体内含砷量很少，一般为 $0.4\sim1.1mg/kg$，肝、脾、肾、肌肉、肠壁、皮肤中含砷量较多，肌肉中含砷量较少。无机砷被吸收后在肝中经甲基化代谢形成有机砷。砷的主要生理作用是作为许多酶的激活剂，参与造血、促进精氨酸代谢和蛋白质合成，促进生长发育，改善动物对营养物质的吸收和同化，提高动物的生产性能，维持正常繁殖机能。

在生产实践中，动物一般不会缺砷。在以玉米、大豆饼、鱼粉和苜蓿粉为主的饲粮中砷含量可达 0.36mg/kg。饲粮含砷量低于 0.01～0.05mg/kg，可导致缺砷症。鸡、山羊、猪缺砷后生长受阻和繁殖性能低下。家禽缺砷后还会发生贫血。

砷过量可抑制细胞内酶活性，干扰细胞的正常代谢、呼吸与氧化过程，出现发育不良、消化和呼吸器官炎症、肝和肾功能损害，甚至休克死亡。家禽饮水中砷含量不应超过 0.2mg/L，饲粮中五氧化二砷的含量不应超过 10mg/kg。

目前，在动物生产上较广泛地使用有机砷饲料添加剂。一些学者认为，使用砷制剂的最大后患可能是毒染环境（土壤、水源等）。其实，完全可用较安全的饲料添加剂取代砷制剂。

动物体内还有许多其他微量元素，包括硅（Si）、硼（B）、钒（V）、镍（Ni）、锂（Li）、溴（Br）、锗（Ge）、铅（Pb）、镉（Cd）、锡（Sn）等，对高等动物可能是必需的。这些元素在体内含量极少，可能具有某些生理作用，动物如果缺乏，可能表现为食欲减退、生长缓慢、产奶量和产蛋率下降、繁殖机能障碍等症状。
(邓凯东)

本 章 小 结

矿物质是动物的一类无机营养物质，包括常量元素钙、磷、钾、钠、镁、氯、硫（在动物体内含量都大于或等于 0.01%），微量元素铁、锌、锰、铜、钴、碘、硒、钼、氟、硅、铬、砷、硼、镍、钒、锂、镉、锡、溴、铅（在动物体内含量都小于 0.01%）等物质成分。

尽管每种矿物元素都有各自的生物学作用，但它们的基本营养作用为：①作为动物体结构成分，如钙、磷和镁为骨和牙的组分，体内 80% 的矿物质含存于骨骼中；硫是体蛋白的组分；磷是生物膜的组分；②维持体液正常的渗透压，如 K^+、Na^+、Cl^-、Ca^{2+}、Mg^{2+} 等维持体液的晶体渗透压；③作为机体内酶、激素、载体等的组分，如硒是谷胱甘肽过氧化物酶、$5'$-脱碘酶的组分，碘是甲状腺素合成的重要原料，铁是血红蛋白的成分，钴是维生素 B_{12} 的组分；④许多矿物质，尤其是 K^+、Na^+、Ca^{2+}、Mg^{2+} 保持适宜比例，为维持细胞膜等生物膜通透性与神经、肌肉兴奋性的必要条件；⑤维持体内酸、碱平衡，如 Na^+、K^+、Cl^-、PO_4^{3-}、HCO_3^- 等都参与维持机体内酸、碱平衡。

动物缺乏某种矿物质时，会表现特异的临床症状。例如，动物缺钙或磷后，幼龄动物出现佝偻症，成年动物患软骨症；动物缺铁或铜后，可发生贫血；禽缺锰后，出现滑腱症；猪缺锌后，皮肤发生不全角化症；缺硒后，猪、鼠、兔肝细胞变性和坏死，鸡发生渗出性素质症，牛、羊肌肉营养不良，出现桑椹心或白肌病；动物缺碘后，甲状腺肿大。

动物摄入过多的矿物质会发生中毒。实际生产中，动物氟中毒、砷中毒、铜中毒、硒中毒、铅中毒、镉中毒等时有发生。近些年来，往往在饲粮中使用过多矿物质添加剂，这不仅增大动物矿物质中毒的几率，而且更重要的是污染环境，加快矿物质资源耗竭的进程。

第十章　营养素之间的相互关系

动物体内糖、脂、蛋白质、维生素、矿物质和水等的代谢不是彼此孤立，而是相互依存和制约，部分营养物质还可相互转化。

第一节　营养物质之间的相互关系

一、有机营养物质之间的相互关系

① 三大有机营养物质代谢的交汇点与主要分工　动物体内糖、脂和蛋白质三大有机营养物质尽管代谢途径各不相同，但有一个共同的代谢途径，即三羧酸循环，分解释出的能量均以三磷酸腺苷（ATP）的形式储存。糖、脂和蛋白质虽都可作为能源物质，但实际上它们在动物体内有主要的分工，即蛋白质主要作为机体构造物质和活性物质，如肌肉组织主要含蛋白质，抗体、受体、载体、酶、许多激素和神经递质等活性物质都是蛋白质；糖在动物体内主要作为供能物质；脂类物质虽在饲粮中含量较少，但在动物体内含量较多或很多，含量可占体重的 20%～40%，甚至更高，又因脂的能值高，所以它是动物体内主要的能储物质。虽然糖原也是能储物质，但其量少，能值又不高，作速效能源，以备短暂的应急之需。

② 糖、脂代谢的相互关系　糖在体内富余时，通过分别转化为甘油和乙酰辅酶 A 而转化为脂肪。相反，脂肪又通过甘油异生为糖。

③ 糖、氨基酸代谢的相互关系　糖通过丙酮酸分别转化为丙氨酸、丝氨酸等，通过 α-酮戊二酸转化为谷氨酸，再转化为谷氨酰胺。另一方面，丙氨酸、丝氨酸和色氨酸可通过丙酮酸，精氨酸、组氨酸、脯氨酸经谷氨酸通过 α-酮戊二酸，缬氨酸、蛋氨酸、异亮氨酸、苏氨酸通过琥珀酸，酪氨酸、苯丙氨酸通过延胡索酸，天冬氨酸通过草酰乙酸，分别异生为糖。

④ 脂、氨基酸代谢的相互关系　脂肪中的甘油可转化为丙酮酸，进而可分别转化为丙氨酸、丝氨酸、谷氨酸和谷氨酰胺等。另一方面，氨基酸无论是生糖（前已述及）、还是生酮（亮氨酸、赖氨酸），或是生糖并生酮氨基酸（异亮氨酸、苏氨酸、酪氨酸、苯丙氨酸、色氨酸），分解后均可生成乙酰辅酶 A，最终可合成为脂肪。此外，氨基酸（如丝氨酸）可作为合成磷脂的原料。

⑤ 核酸、氨基酸、糖代谢的相互关系　氨基酸是核酸（DNA、RNA）合成的原料，如嘌呤的合成需要甘氨酸、天冬氨酸和谷氨酰胺；嘧啶的合成需要天冬氨酸和谷氨酰胺，合成核苷酸时又需要核糖和脱氧核糖（由磷酸戊糖途径提供）。

⑥ 维生素 E 与其他有机养分的关系　维生素 E 能促进维生素 C 在动物体内合成；维生素 C 可使被氧化了的维生素 E 转变为还原状态，而继续发挥作用；维生素 E 和维生素 C 都是抗氧化剂，维生素 C 在水相中起抗氧化作用，维生素 E 在脂相中起抗氧化作用。

维生素 E 可保护对氧敏感的维生素 A 和类胡萝卜素，免受氧化破坏而失效；维生素 E

可促进维生素 A 在肝中沉积，抑制肝中维生素 A 的消耗；维生素 E 还可预防过量维生素 A 所产生的有害作用。

Weisier 等（1977）认为，多不饱和脂肪酸（PUFA）进食量与维生素 E 需要量有一定的关系：当动物每进食 1g PUFA，就需要 0.5～3.0mg 维生素 E。

当饲粮中含硫氨基酸供量不足时，动物体内还原型谷胱甘肽合成量减少，维生素 E 损耗量增多，因此，维生素 E 需要量增大。

⑦ 有机营养物质之间的其他关系　如葡萄糖可在许多动物体内被合成为维生素 C；维生素 C 可促进氧化型叶酸转化为有活性的还原型叶酸；色氨酸可在猪等动物体内被合成为烟酸。

⑧ 有机营养物质代谢的精细调控　有机营养物质在动物体内代谢既相互联系，又相对独立，有条不紊地进行，这是因为受到精细的调控。代谢调控可分为两级水平，即细胞水平调控和神经-内分泌水平调控。细胞水平调控主要通过细胞内物质代谢的区域化的隔离分布（图 10-1）和改变关键酶的活性等来实现；神经-内分泌水平调控主要通过对靶细胞或靶组织等施加影响以保证物质代谢正常进行。

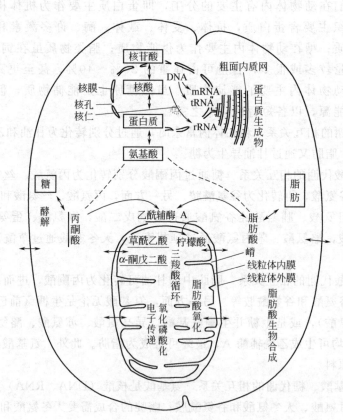

图 10-1　细胞内营养物质代谢的区域化定位

二、无机营养物质之间的相互关系

钙、磷同为骨骼的基本组分，两者在动物饲粮中含量充足且比例适宜（1:1～2:1），可使骨骼生长发育良好。但是，钙、磷超出适宜范围，如高钙低磷，它们在肠道中的吸收和在骨骼中的沉积就会相互制约。另外，产蛋鸡饲粮高磷（高于 0.6%），就影响钙在蛋壳中的沉积，使得蛋壳质量下降。饲粮中钙和锌存在着拮抗关系。饲粮中钙和锌两者任一水平过高或过低，均不利于另一元素的吸收和利用。

实验表明：铜、铁、锌等金属元素存在着明显的竞争性作用。例如，饲粮高锌，会降低铜和铁的吸收，同时饲粮中铜和铁的浓度又影响锌的吸收。铜能维持铁的正常代谢，有利于血红蛋白（Hb）合成和红细胞成熟。Gublet（1952）报道，饲粮铜不足，铁吸收受阻；铜过量时，铁吸收也受阻。铜蓝蛋白中含有铜，铜蓝蛋白的主要作用之一是使铁从铁蛋白中释放出来，并使三价铁转变为二价铁。因此在 Hb 合成中，如果缺铜或铜蓝蛋白不足，铁蛋白中的铁就不能释放出来而造成小细胞性贫血。Hill 等（1983）报道，降低饲粮锌和铁水平或者升高饲粮中钙水平，会加重铜中毒。一些资料报道，高铜可引起猪条件性缺铁或缺锌，导致血液 Hb 水平下降、贫血和生长停滞。但在高铜饲粮中补铁、补锌，能提高铜的促生长效应，可使猪免遭铜中毒的危险。

研究证明，饲粮高铜（134～259mg/kg），可降低微量元素铁、锌的吸收和利用，从而导致血清铁、血清锌量减少，血液 Hb 浓度和血清碱性磷酸酶活性下降。并且，前期猪血液生化指标对饲粮高铜的敏感性强于中期猪。

猪饲粮高铜影响铁、锌生物学有效性的可能原因是：铜与铁、锌在吸收水平上竞争（与蛋白质载体结合的）结合位点。在猪饲粮中超剂量地使用铜，必然影响铁、锌的吸收，因而血清铁、锌量减少，造成猪条件性缺铁、缺锌症（即由高铜引起的），所以含锌酶血清碱性磷酸酶活性和含铁蛋白 Hb 浓度必然下降。

其他矿物元素如钾、钠、镁、氯、硫、锰、钴、碘、硒、钼、氟、硅、铬、砷、镍、矾、镉、锡、铅、锂、硼、溴等在动物体内既具有独特的生理作用，但它们又并非孤立地发挥作用，而是多存在着互作：或协同；或拮抗。这种相互作用可能发生于消化吸收过程，也可能发生于中间代谢过程。因此，在确定动物的矿物质供给量时，除要准确掌握动物对矿物元素的具体需要量外，尚应注意各种矿物元素间的相互比例。

三、无机营养物质与有机营养物质之间的相互关系

（1）矿物元素是酶的组分和激活剂　例如：①钙是血凝过程中一系列酶的激活剂；②镁作为磷酸酶、氧化酶、激酶、肽酶、精氨酸酶等的活化因子或直接参与酶组成；③铁是细胞色素氧化酶、过氧化氢酶、过氧化物酶、黄嘌呤氧化酶、琥珀酸脱氢酶、延胡索酸脱氢酶的组分；④铜是细胞色素氧化酶、尿酸氧化酶、氨基酸氧化酶、酪氨酸酶、赖氨酰氧化酶、二胺氧化酶、铁氧化酶、过氧化物歧化酶的组分；⑤已知 200 多种酶含有锌；⑥锰为水解酶类、激酶类的非特异性激活剂，为精氨酸酶特异性激活剂；⑦硒是谷胱甘肽过氧化物酶、$5'$-脱碘酶的组分；⑧钴是磷酸葡萄糖变位酶、精氨酸酶等激活剂；⑨钼是黄嘌呤氧化酶、醛氧化酶和亚硫酸盐氧化酶的组分。

（2）矿物元素是激素和其他功能性物质的组分　例如：①碘是甲状腺素的组分；②硫是维生素（维生素 B_1、生物素、维生素 B_6 等）、激素（胰岛素、催产素、加压素等）、谷胱甘肽等的组分，硫主要以这些含硫化合物形式发挥作用；③磷作为三磷酸腺苷（ATP）和磷酸肌酸（C～P）等的组分而参与能量代谢；④钴是维生素 B_{12} 的组分，并通过维生素 B_{12} 发挥生理作用；⑤铬是葡萄糖耐量因子（GTF）的重要组分，通过 GTF 增强胰岛素的作用。

（3）硒与维生素 E 有多重互作关系　①维生素 E 可保持硒处于活性状态；②维生素 E

可减小或消除硒的毒性（副作用）；③硒能促进维生素E的吸收和在动物体内的存留；④硒能通过GSH-Px，可催化被氧化了的维生素E转化为还原形式，而继续发挥作用；⑤硒与维生素E在减少动物体内过氧化物方面有协同作用：维生素E阻止过氧化物的产生；硒通过GSH-Px，清除过氧化物；⑥在饲粮中，硒与维生素E处于临界水平或其以上时，两者补充量可相互节省；但它们各自的含量低于临界水平，则不能相互代替。

（4）矿物元素参与有机营养物质的代谢　例如：锌参与色氨酸、蛋氨酸、半胱氨酸、亮氨酸、甘氨酸等氨基酸的合成代谢，补饲锌，能提高这些氨基酸在动物体内的存留率。研究表明，锌参与核酸代谢。动物缺锌时，同位素标记的胸腺嘧啶掺入到DNA的量显著减少。

（5）维生素E与微量元素的关系　当饲粮中铁、锌、铜、锰等微量元素添加量增多时，维生素E损耗量增多，因此，维生素E需要量增大。

第二节　能量与营养物质之间的相互关系

一、能量与蛋白质之间的相互关系

动物饲粮中能量和蛋白质应保持适宜的比例。比例不当会降低动物生产性能和养分转化率。例如，家禽对饲粮能量浓度非常敏感，具有按能量调节采食量的本能，若喂高能饲粮，采食量就相应减少，这样就会降低蛋白质以及其他养分的食入量而造成营养不足，最终使得生产性能下降。相反，若饲粮能量浓度低，则家禽的采食量反射性增多，因而蛋白质等养分的食入量相应增多，可能造成这些养分的浪费。在其他动物饲粮中能量和蛋白质的比例不当，也有类似的后果。

二、能量与维生素、矿物质之间的相互关系

① 能量与维生素之间的相互关系　几乎所有的B族维生素都与能量代谢有关：多数B族维生素作为辅酶参与动物体内三大有机营养物质的代谢。例如，维生素B_1以辅酶焦磷酸硫胺素（TPP）的形式参与丙酮酸、α-酮戊二酸氧化脱羧反应；维生素B_2以黄素腺嘌呤二核苷酸（FAD）的形式参与琥珀酸脱氢反应；烟酸以辅酶Ⅰ的形式参与异柠檬酸脱氢反应、苹果酸脱氢反应；泛酸以辅酶A的形式参与脂肪代谢。

② 矿物质　磷对能量的有效利用起着重要作用，这是因为在物质代谢过程中，释放的能量能以高能磷酸键的形式储存在三磷酸腺苷（ATP）与磷酸肌酸（C～P）中，用时再释放出来。镁也是能量代谢所必需的矿物元素，是因镁为焦磷酸酶、三磷酸腺苷酶等的活化剂，并能促使三磷酸腺苷的高能键断裂而释放出能量。此外，还有其他的矿物元素（如铁是顺乌头酸酶、琥珀酸脱氢酶的辅助因子）参与能量代谢。

本 章 小 结

动物体内各种物质代谢是相互联系、相互制约的。营养物质代谢的特点是：①整体性；②在精细调节下进行；③有共同的代谢池；④释放的能量以ATP形式储存；⑤营养物质各代谢途径能通过共同枢纽（三羧酸循环）中间产物相互联系和转化，可用图10-2总结。对营养物质精细的调控主要是通过细胞水平调控和神经-内分泌水平调控来实现的。　（周　明）

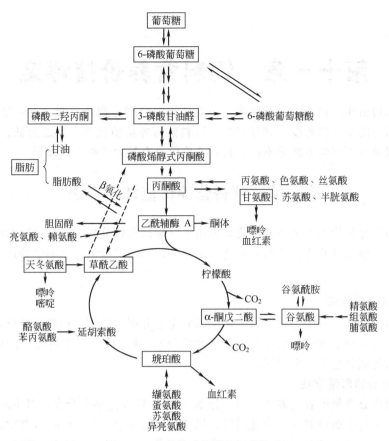

图 10-2　营养物质代谢之间的关系

第十一章　饲料营养价值评定

饲料营养价值作为饲料的一种属性，一般是指饲料营养物质及能量被动物消化、吸收、利用和满足营养需要等的程度。其程度高，饲料的营养价值就高；反之则低。饲料的种类、来源、产地以及加工调制方法等不同，其营养价值也有较大或很大的差异。

第一节　饲料营养价值评定方法

评定饲料营养价值的方法主要有化学分析法（包括仪器分析法）与生物学评价法，生物学评价法又包括消化试验法、代谢（平衡）试验法、饲养试验法、屠宰试验法以及同位素示踪技术等。

一、饲料成分分析

也称化学分析法，主要是对饲料的化学成分定量分析，是评定饲料营养价值的最基本方法。化学分析的成分通常包括概略养分（近似成分）、纯养分、有害物质等。对不同种类的饲料，所分析的成分也不完全相同。

1. 饲料养分的衡量方法

（1）饲料养分含量的表达方法　①百分率（%）：即表达某养分在饲料中的重量百分率。主要用于表达饲料中概略养分、常量元素、氨基酸等的含量。②mg/kg（有时还用 μg/kg）：通常被用来表达饲料中微量元素、水溶性维生素等养分的含量。③IU（国际单位）：常被用于表达脂溶性维生素 A、维生素 D、维生素 E 在饲料中的含量。④CIU（国际雏鸡单位）：如 1CIU 维生素 D 相当于 0.025μg 维生素 D_3。

（2）样品干燥程度　饲料的干燥程度不同，其中养分含量有很大差异。①原样基础：有时可能是鲜样基础或潮湿基础。原样基础的饲料中水分含量变异较大，不便于饲料间的营养价值比较。②风干基础：指饲料样在空气中自然干燥状态，亦称风干状态。该状态下，饲料中水分含量一般为 13% 左右。③绝干基础（DM）：指饲料样在 $100\sim105℃$ 烘干至恒重时的状态。绝干基础下，饲料间营养价值的可比性较强。

2. 概略养分分析法

概略养分分析法通常也被称为饲料常规成分分析。1864 年，德国 Weende 试验站的 Henneberg 与 Stohmann 二人创建了饲料概略养分分析方法（feed proximate analysis），被称为 Weende 饲料分析体系。将饲料分为 6 个组分进行分析测定，包括：水分（moisture）、粗灰分（ash）、粗蛋白（CP）、粗脂肪（或乙醚浸出物，EE）、无氮浸出物（NFE）和粗纤维（CF）。

用该法测得的各类组分，并非化学上某种确定的化合物，故人们称之为"粗养分"。尽管 Weende 饲料分析体系还存在某些不足或缺陷，但它在科研与实际生产中有较大的应用价值，因此，该体系一直被沿用至今。其分析方案如图 11-1。

根据概略成分测定值，可大致推断饲料的营养价值。若饲料中粗蛋白质、无氮浸出物或粗脂肪含量较高，则一般认为，该饲料营养价值可能较高。

饲料常规成分分析法操作简便，测试设备也不复杂，按此法可粗略地估计饲料营养价值。但是，该法有以下局限性。

（1）按饲料常规分析方案只能测出饲料中的"粗养分"含量，不能测出饲料中某种具体的养分含量，如钙含量、赖氨酸含量等。在粗纤维的测定过程中，酸处理会使很大一部分半纤维素被溶解，使饲料中难以被利用的成分并未完全被归入到粗纤维中，而增大了无氮浸出物的测算误差。

（2）根据饲料中各粗成分含量，难以准确评定饲料的营养价值，因：①粗蛋白质是以含氮量估算的，反刍动物对真蛋白和非蛋白氮利用率相似，而单胃动物不然。②蛋白质中氨基酸组成可能不同。③粗纤维中三种主要组分的比例也可能不同。④饲料中灰分

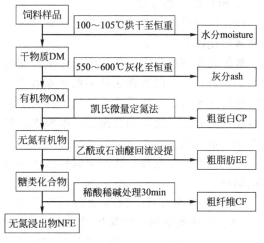

图 11-1　饲料概略成分分析

高，不能说该饲料营养价值就高，也不能说其中必需矿物元素含量高。⑤粗脂肪中组分可能不同。

3. 纯养分分析

随着动物营养科学的发展和测试技术的进步，饲料营养价值的评定逐渐深入细致，也趋于自动化和快速化。

饲料纯养分的分析项目，包括蛋白质中氨基酸、维生素、矿物质元素和必需脂肪酸等。目前，许多纯养分的分析技术已实现自动化和快速化。例如，氨基酸自动分析仪和原子吸收分光光度计的应用，不仅简化了相应养分测定程序和分析工作强度，而且大大提高了测定值的准确性。

二、消化率测定——消化试验

1. 消化试验的概念

饲料化学成分的分析值只能反映饲料中各种养分的含量，而不能表明它们能被动物消化利用的程度。饲料养分进入动物消化道后，一般只有一部分经物理性的、化学性的消化后才能被动物吸收利用。还有或多或少的养分不能被动物消化，与一些消化道分泌物、脱落黏膜和微生物一起以粪便的形式排到体外。消化试验法就是评定饲料养分在动物消化道内被消化吸收程度的一种方法。动物食入饲料的养分量减去粪中排出的该养分量，所得的差值即为可消化的养分量。

$$养分表观消化率＝\frac{食入养分量－粪中养分量}{食入养分量}×100\%$$

然而，由粪中排出的养分并非全部源于饲料中未被消化吸收的养分，还有一部分源于动物消化道本身的产物（消化液、消化道脱落黏膜和消化道微生物等），通常将后一部分产物称为消化道代谢性产物（养分）。饲料养分的真消化率可用下列公式计算：

$$饲料养分真消化率＝\frac{食入养分量－（粪中养分量－代谢性养分量）}{食入养分量}×100\%$$

从理论上讲，饲料养分的表观消化率总是低于其真实消化率。因此，用真消化率表示饲料养分的可消化性比用表观消化率更真实、可靠。但是，准确测定试验动物代谢性养分量是非常困难的。因此，用表观消化率指标来评定饲料的可消化性仍被普遍使用。

2. 消化试验的方法

消化试验可被分为：体内消化试验（*in vivo*）、尼龙袋消化试验（nylon bag technique）和离体消化试验（*in vitro*）。

根据收集粪的程度，将体内消化试验又可分为全收粪法和部分收粪法（指示剂法）；根据收粪部位，分肛门收粪法和回肠末端收粪法。回肠末端收粪法要做瘘管、回-直肠吻合术和盲肠切除术等，以期消除大肠微生物的干扰。根据待测饲料营养组成的全面性，将体内消化试验还可分为一次法和二次法；根据指示剂的来源，将指示剂法进一步分为内源指示剂法和外源指示剂法。

（1）一次（全收粪）法测定饲料消化率的方法与步骤　本法适用于饲粮或营养组成较全面的饲料。

① 试验动物选择：试验动物须符合以下要求：a. 健康、发育良好、消化机能正常。b. 品种、经济类型和月龄等相同，体重应相似。为了便于粪、尿分离，对哺乳动物一般应选雄性。c. 试验动物数量视试验目的和要求确定，一般不得少于 3 头。

② 对待测饲料应一次备足，所需饲料总量按动物采食量与试验天数估算。按生产常规方法饲喂动物。

③ 按试验要求，准备试验设备，如消化笼、料槽、饮水器、集粪装置和检测仪器等。

④ 预试期工作　在试验前，将动物放入试验装置，用待测饲料（饲粮）预试，以使动物适应环境、试验装置和待测饲料（饲粮）；并使其消化道内非试验饲粮排空。预试期和正试期天数视动物种类而定，可参照表 11-1。

表 11-1　动物消化试验期天数

动　物	预试期天数/d	正试期天数/d
成年牛	10	10
犊牛(哺乳期)		4
育成牛(6～12 月龄)	6	6
绵羊	10	10
水牛	10	10
马	8	8
猪(成年)	8	8
育成猪(4～8 月龄)	6	5
禽类	6	5
家兔	7	7
狐狸	5	7
黑貂	4	4
水獭	5	5

⑤ 正试期工作　正试期中对粪定时无损地收集，并及时处理。收粪设备有多种：最简单的是粪袋，适于大型草食动物消化试验收粪。猪和家禽有专用消化试验栏或笼。栏式要求水磨石地面，笼式多为钢质结构；鱼类消化试验另有特殊设备。对动物采食的剩料须无损回收和称量。测定待测饲料（饲粮）样与粪样成分，并计算待测饲料（饲粮）养分的消化率。

（2）二次（全收粪）法测定饲料消化率的方法与步骤　本法适用于某些不宜单一喂给动物的饲料，如谷实和糠、麸等。测定这类饲料，应做两次试验，第一次用 100% 基础饲粮喂给动物，以测得基础饲粮中某养分消化率。第二次用待测料部分地（20％～30％）取代基础饲粮，从而测得待测料中某养分的消化率。测定方案如表 11-2 所示。

表 11-2　二次（全收粪）法测定饲料消化率的方案

	100％基粮 → 预试	100％基粮 → 正试	70％～80％基粮 20％～30％待测料预试	70％～80％基粮 20％～30％待测料正试
测定指标	基粮中养分含量（BN_0）		待测料中养分含量（EN）	
	第一次粪中养分含量（FN_0）		第二次粪中养分含量（FN）	

$$\text{基粮养分消化率（BND）} = \frac{\text{基粮养分含量（}BN_0\text{）} - \text{粪中养分含量（}FN_0\text{）}}{\text{基粮养分含量（}BN_0\text{）}} \times 100\%$$

$$\text{待测料养分消化率} = \frac{EN - [FN - (70\%～80\%\text{基粮养分含量})(1-BND)]}{EN} \times 100\%$$

二次（全收粪）法第一次消化试验与第二次消化试验的方法与步骤同一次法。

（3）指示剂法测定饲料消化率　其原理是：假定指示剂为稳定性物质，通过动物消化道后能完全由粪中排出，通过饲料与粪中养分和指示剂含量的变化而计算养分的消化率。

在饲料中加入指示剂（外源性指示剂，如 Cr_2O_3 等）或利用饲料中固有的指示剂（内源性指示剂，如酸不溶灰分）来测定饲料消化率。用该法无需全部收集粪样，每日只需取少量粪样，而后将多日粪样混匀，并定量分析。使用外源性指示剂法，在待测料中加 0.5％ Cr_2O_3 指示剂，混匀后备用。使用内源性指示剂，检测待测料和粪样中酸不溶灰分即可（检测法见后）。其余工作和全粪法（常规法）中的一次法相同。指示剂法计算待测料消化率公式如下：

$$DC = 100 - 100 \times \left(\frac{A_1}{A_2} \times \frac{F_2}{F_1} \right)$$

式中，DC 为消化率（digestion coefficient）；A_1 为待测料中指示剂含量，％；F_1 为待测料中养分含量，％；F_2 为粪中养分含量，％；A_2 为粪中指示剂含量，％。

［附］酸不溶灰分（acid insoluble ash，AIA）检测法：准确称取 5～10g（粗饲料 5g，精饲料 10g）饲料与粪样各两份，分别放入 250mL 三角瓶内。各加入 50ml 4N 盐酸，并在三角瓶口装入回流冷凝器（防止盐酸挥发而降低盐酸浓度）。然后在电炉上加热，煮沸 30min。取下，用定量滤纸过滤，用 85～100℃热蒸馏水洗残渣，至中性止。将残渣和滤纸置入已知重量的坩埚中，烘干，在 600℃下灰化 6～10h，取出冷后称重。

与全粪法比较，指示剂法测定饲料消化率的工作量稍少，但准确性欠佳，尤其是外源性指示剂法准确性较差。

（4）体外消化试验法　即模拟动物消化道内环境，在体外对饲料做消化试验。根据消化液的来源，分为消化道消化液法和人工消化液法。

人工瘤胃法适用于反刍动物饲料的离体消化试验。先通过瘘管从瘤胃中取出瘤胃液，并除去其中的饲料颗粒后，置于一容器中，再将待测饲料样（0.5g）加入其中，在中性、39℃、厌氧避光条件下处理和测定，即可求得未校正的干物质和能量消化率。但其测定值一般低于体内法的测定值，故需要对其校正。

（5）尼龙袋法　主要被用于反刍动物饲料蛋白质的瘤胃降解率测定，如美国的可代谢蛋白体系与英国的降解和非降解蛋白体系，都需要测定饲料蛋白质在瘤胃的降解率。其基本步骤是：将饲料蛋白质（定量）放入特制的尼龙袋中，通过瘤胃瘘管将装有料样的尼龙袋放入瘤胃中，在 24～48h 后取出尼龙袋，将其冲洗干净，烘干称重。根据尼龙袋中蛋白质的消失量可求得饲料蛋白质的降解率。

该法简单易行、重复性好、耗时耗力少，目前国际上已经普遍用来测定饲料蛋白质的降解率。

三、代谢率测定——代谢试验

通过消化试验，可测定饲料中可消化营养物质的含量。但是，动物对不同饲料可消化营养物质的利用率可能有差异。因此，为测定营养物质在动物体内的利用情况，须进行代谢试验。

1. 代谢试验的概念

为测定饲料成分在动物中可储留的量占可吸收的量的比例（百分率）而做的试验就是代谢试验。这个比例（百分率）就是代谢率（metabolic coefficient）。饲料成分代谢率愈大，其营养价值就可能愈高。代谢试验又被称为平衡试验。

$$
代谢率测定法
\begin{cases}
氮代谢试验——氮代谢率 \\
碳代谢试验——碳代谢率 \\
能量代谢试验——能量代谢率
\end{cases}
$$

2. 方法

① 氮代谢试验　在消化试验基础上增加一项集尿装置（收集尿氮）就可完成，其计算公式如下：

$$氮表观代谢率 = \frac{食入氮 - 粪氮 - 尿氮}{食入氮 - 粪氮} \times 100\%$$

$$氮真代谢率 = \frac{食入氮 - [(粪氮 - 代谢氮) + (尿氮 - 内源氮)]}{食入氮 - (粪氮 - 代谢氮)} \times 100\%$$

氮表观代谢率和真代谢率分别表示蛋白质表观生物价和真生物价。在氮平衡试验中，还有以下平衡关系式：

$$体内沉积氮 = 食入氮 - 粪氮 - 尿氮 - 体外产品氮$$

当体内沉积氮大于零时，则称为氮的正平衡；沉积氮小于零时，则称为氮的负平衡；沉积氮等于零时，则称为氮的零平衡。

② 碳代谢试验　在消化试验基础上增设集尿和集气装置就可完成。因此，需用呼吸装置。其计算公式如下：

$$碳代谢率 = \frac{食入碳 - (粪碳 + 尿碳 + 气态碳)}{食入碳 - 粪碳} \times 100\%$$

在碳平衡试验中，同样有以下平衡关系式：

$$体内沉积碳 = 饲料（粮）碳 - 粪碳 - 尿碳 - 气体碳 - 体外产品碳$$

③ 能量代谢试验　在消化试验基础上增加集尿集气装置即可完成。其计算公式如下：

$$能量代谢率 = \frac{食入能 - 粪能 - 尿能 - 可燃气体（甲烷等）能}{食入能 - 粪能} \times 100\%$$

3. 评价

一般地，通过测定饲料成分代谢率，评定饲料营养价值较饲料成分分析法和消化试验法可靠，但工作量大，所需设备较多。

四、饲养试验与比较屠宰试验

1. 饲养试验

饲养试验是动物营养学研究中最常用的一种试验方法，它被广泛用于饲料营养价质评定，也可被用于测定动物的营养需要量以及饲养方法的筛选等。饲养试验就是选择品种、性别、月龄、体重和生产性能等相同或相似的动物群体，将其分为若干组（其中一组为对照组），在规定时间内分别饲喂不同的饲料或不同的饲粮（待测养分水平不同），通过观察动物健康状况，测定动物生产性能、组织及血液生化指标等，以期比较饲料的优劣，或测定动物对某养分的需要量。动物的生理功能和生产性能是衡量饲料营养价值、确定营养需要的重要综合指标。因此，饲养试验是评定饲料营养价值和测定动物营养需要的一种重要综合方法。但是，影响饲养试验结果的因素很多，试验条件有时难以控制。因此，精准地完成饲养试验较困难。

饲养试验常用的方法有：对照试验、配对试验、单因子试验设计、随机化完全区组设计、复因子试验设计、拉丁方设计、正交试验设计。

① 对照试验　如要考察某一营养因子或非营养因子对动物是否有影响，就可采用对照试验。例如，比较玉米和糙米对猪的饲用价值时，就可选择两组条件相似的猪，一组猪喂以含玉米的饲粮，另一组猪喂以含糙米的饲粮。对照试验是最简单的饲养试验方法。

② 配对试验　为了使对照组和处理组动物尽可能一致，常选择各方面条件相同的动物，双双配成对。再将每对动物随机分到对照组和处理组，同一对动物分别喂以不同的饲粮，同一对动物的采食量相同。该方法不适于自由采食的动物试验。试验结果处理方法可用 t 检验。

③ 单因子试验设计　与对照试验和配对试验相比，单因子试验有更多的处理组。通常又将其称为剂量反应法（Dose-response）。试验结果处理方法简单，常用 SAS 软件的 GLM 模型进行方差分析。

④ 随机化完全区组试验　根据动物的月龄、性别等因素将其分组或分区。每一区组的动物则可被随机地分配到各处理组，一个区组可以是任何一个可影响重复之间变异的任何因素。例如，比较研究 3 种饲粮对犊牛生长的影响，犊牛的始重对试验的结果有较大影响，但无必要研究开始体重的效应。设计方法：先将动物按体重分组，再将每组动物随机分配到各处理组。该设计方法可区分饲粮、起始体重的效应，同时可估计饲粮和起始体重之间的交互作用。

⑤ 复因子试验设计　在同一试验中需要考虑的影响因子不止一个。例如，研究小麦对猪生产性能影响的同时，又想确定酶制剂的合理使用方案，就需要采用复因子设计方法。该试验设计方法可允许在一个试验中考察多个因子，并可测定因子之间的交互作用，试验处理数共有 M^n 个（M 代表因子数，n 代表水平数）。因子和水平数较多时，所需的试验组较多，如 3 因子 3 水平的试验组共有 27 个。

⑥ 拉丁方设计　常被用于产蛋家禽和泌乳母牛短期的饲养试验和饲料养分消化率的测定。因试验时间短，同一动物要在不同时间内接受不同的试验处理。当研究的因子较多时，该方法可减少试验动物的数量，仍可测定试验处理的效应。每个因子必须有相同的处理水平或重复。

⑦ 正交试验设计　根据试验考察的因子和水平数，选择相应的正交试验设计表，按表安排试验。选择正交表安排试验，使用正确的统计分析方法。

2. 比较屠宰试验

① 概念　所谓比较屠宰试验，就是在试验开始时从对照组动物中抽取具有代表性的样本，屠宰后分析其化学成分，作为基样；对试验组动物，用已知养分含量的饲料定量饲喂一阶段，然后屠宰，比较分析对照组与试验组动物的体成分与胴体品质在试验前、后的变化情况，从而评定饲料的营养价值或测定动物的营养需要量。

② 屠宰方式　可先放血，收集血液、称重、取样；也可不放血，用药物麻醉，再向血

管或心脏注入凝血剂，然后剖腹清洗消化道内容物。屠体称重，经冷冻后粉碎测定。对骨骼的粉碎较困难，一般需粉碎 2~3 次。另外，动物体含脂较多，干样粉碎后很难通过0.45mm 网筛。样品中骨粒较大，对灰分和粗蛋白质的分析值影响较大。因此，也可将屠体称重后，分离血、内脏、骨、肉、脂肪等，分别测定不同部位的营养物质含量与能值。

③ 测定指标　对屠体或组织，主要是测定氮、能量、矿物元素等以及某些酶的活性。测定胴体品质时，一般选用左侧胴体，测定项目主要包括肉色、肌间脂肪、眼肌面积、背膘厚、胴体长与屠宰率等。

比较屠宰试验也是评定饲料营养价值与测定动物营养需要的一种综合试验方法，但耗资多，工作量大。

第二节　饲料蛋白质营养价值评定

所谓蛋白质营养价值，是指蛋白质被动物消化、吸收、利用以及满足动物对蛋白质需要的程度。衡量饲料蛋白质营养价值的指标通常是蛋白质中氨基酸组成、蛋白质消化率、利用率、生物学效价、必需氨基酸指数、化学积分和饲料蛋白质中氨基酸消化率与有效率等。

一、蛋白质中氨基酸组成

饲料蛋白质中氨基酸组成（amino acid composition in protein）与动物营养需要吻合的程度越大，就表明该饲料蛋白质营养价值可能越高；反之，其营养价值就越低。若两者相吻合，就说明该饲料蛋白质中氨基酸组成是平衡的。体现其平衡程度的主要参数是：①必需氨基酸和非必需氨基酸间比例；②必需氨基酸含量；③赖氨酸与蛋氨酸间比例；④赖氨酸与精氨酸间比例。根据这些参数，可判断饲料蛋白质营养价值的高低。

对单胃动物而言，蛋白质的营养价值因蛋白质中氨基酸的种类和结合状态不同而异，特别是必需氨基酸（EAA）的含量对蛋白质的营养价值影响很大。如果 EAA 含量少，则蛋白质的营养价值就低。因此，饲料蛋白质中 EAA 的含量可在较大程度上反映饲料蛋白质的营养价值。

二、饲料蛋白质消化率与利用率

饲料蛋白质被动物采食后一般只有一部分被消化吸收，其余则随粪便排到体外。同一种动物对不同饲料蛋白质的消化率可能不同，不同动物对同一种饲料蛋白质的消化率也可能不同。因此，饲料蛋白质的消化率或可消化粗蛋白质可作为评定饲料蛋白质营养价值的指标，从而反映蛋白质在动物体内的可消化性。

饲料蛋白质的消化率高，其营养价值就可能高；反之，则低。但是，消化率指标不能反映饲料蛋白质在动物体内的利用情况。

通常把饲料蛋白质在动物体内储留的百分率称为该饲料蛋白质利用率（protein utilization coefficient）。不同饲料蛋白质，其利用率不同。利用率高，就说明该饲料蛋白质营养价值高；反之，则低。

三、饲料蛋白质生物学价值

饲料蛋白质生物学价值（protein biological value，PBV）由 Thomas（1909）提出，为评定饲料蛋白质营养价值的经典指标。把饲料蛋白质在动物体内被储留量与被吸收量的比值，称为饲料蛋白质生物学价值，即：

$$\text{PBV（蛋白质的表观生物价）} = \frac{\text{食入氮} - (\text{粪氮} + \text{尿氮})}{\text{食入氮} - \text{粪氮}} \times 100\%$$

但粪中氮除来自饲料中氮外，尚含消化道脱落黏膜氮、残余消化液氮和消化道微生物氮。将这三部分氮一般合称为代谢氮（metabolic nitrogen）。尿中氮除来自饲料中氮外，尚含体组织降解的少量氮，一般将之称为内源氮（endocrine nitrogen）。因此，Mitchel（1924）对上式作了修正，即：

$$PBV = \frac{食入氮 - [(粪氮 - 代谢氮) + (尿氮 - 内源氮)]}{食入氮 - (粪氮 - 代谢氮)} \times 100\%$$

蛋白质的营养实质上是氨基酸的营养。将不同氨基酸组成的多种蛋白质按照一定比例配合，通过氨基酸的互补作用，可使蛋白质的生物学价值提高；或在饲粮中添加限制性氨基酸，改善氨基酸的平衡性，也可提高蛋白质的生物学价值。

四、饲料蛋白质中氨基酸消化率

氨基酸消化率是指可消化氨基酸的数量占饲料（粮）中氨基酸总量的比值。可消化氨基酸是指饲料（粮）中氨基酸的总量减去粪中氨基酸数量。由于大肠微生物对大肠内容物中氨基酸有改造作用，通过测定粪中氨基酸含量，不能真实反映饲料（粮）中氨基酸在猪、禽等动物体内的消化吸收情况，所以测定饲料（粮）氨基酸回肠末端消化率更准确。

测定氨基酸消化率的方法有体内法和体外法，体内法又可被分为直接法和间接法。饲料氨基酸消化率可能有 4 种形式，即表观消化率、真消化率、粪法消化率和回肠末端法消化率。关于其具体测定方法，这里从略。

五、饲料蛋白质必需氨基酸指数

假定鸡蛋蛋白质为全价蛋白质，其中氨基酸含量及其比例均是理想的。在评定某饲料蛋白质营养价值时，先测定其中各必需氨基酸含量，然后按下式即可求得该饲料蛋白质必需氨基酸指数（essential amino acid index in protein，EAAI）。

$$EAAI = \sqrt[10]{\frac{100a}{A} \times \frac{100b}{B} \times \frac{100c}{C} \times \cdots \frac{100j}{J}}$$

式中，a、b、c、$\cdots$、j 为饲料蛋白质中 10 种必需氨基酸含量；A、B、C、$\cdots$、J 为鸡蛋蛋白质中相应必需氨基酸含量。

饲料蛋白质必需氨基酸指数大，其营养价值就高；反之，则低。

六、饲料蛋白质化学积分

该法以第一限制性氨基酸为依据，评定饲料蛋白质营养价值。在评定饲料蛋白质营养价值时，先测定其中第一限制性氨基酸含量，后将该含量与鸡蛋蛋白质中相应氨基酸含量比较，两者的比值即为该饲料蛋白质的化学积分（protein chemical score）。化学积分高的饲料蛋白质营养价值就高；反之，则低。

$$蛋白质化学积分 = \frac{饲料蛋白质中第一限制性氨基酸含量}{鸡蛋蛋白质中相应氨基酸含量} \times 100$$

第三节　饲料能值评定

通过测定饲料总能（gross energy，GE）、消化能（digestible energy，DE）、代谢能（metabolic energy，ME）和净能（net energy，NE），可在不同层次上评定饲料能值。评定指标与方法如下：

一、饲料总能测定

1. 方法

① 直接法　用氧弹式测热器直接测定饲料总能。测定程序为：先将准确称量的料样放

入测热器的钢质弹筒内，充入氧气，通电燃烧，放出的热量由弹壁导出，为筒外定量水分吸收。根据料样燃烧前后的水温差，即可求得饲料样的总能量。

② 间接推算法　先测定饲料中粗蛋白质（x_1）、粗脂肪（x_2）、粗纤维（x_3）和无氮浸出物（x_4）含量（g/kg），然后按下式计算，即可求得饲料总能（kcal/kg）。

$$饲料总能(kcal/kg) = 5.65x_1 + 9.40x_2 + 4.17x_3 + 4.18x_4$$

2. 评价

饲料总能值与营养价值有一定关系，有时呈正相关，但饲料总能中多少比例被动物利用，无法知晓。因此，通过测定饲料总能，难以准确评定饲料能量的营养价值。

二、饲料消化能测定

1. 方法

① 直测法　进行消化试验，并用氧弹式测热器，即可求得饲料消化能（DE）。其计算公式如下：

$$DE = 食入饲料总能 - 粪能$$

② 间接推算法　先用消化试验求得每千克饲料中可消化粗蛋白质（x_1）、可消化粗脂肪（x_2）、可消化粗纤维（x_3）和可消化无氮浸出物（x_4）的克数，然后按下式即可求得饲料消化能。

$$猪：DE(kcal/kg) = 5.78x_1 + 9.42x_2 + 4.40x_3 + 4.07x_4$$
$$牛：DE(kcal/kg) = 5.79x_1 + 8.15x_2 + 4.42x_3 + 4.06x_4$$
$$绵羊：DE(kcal/kg) = 5.72x_1 + 9.05x_2 + 4.38x_3 + 4.06x_4$$

另可根据饲料中的酸性洗涤纤维（ADF）或粗纤维（CF）的百分率估测饲料消化能：

$$DE(kJ/kg 干物质) = 4.184 \times (4179 - 86ADF\%)$$
$$DE(kJ/kg 干物质) = 4.184 \times (4228 - 140CF\%)$$

2. 评价

消化能为生理能值指标，它把饲料与动物结合起来，以评定饲料能量的营养价值，因而其科学性较总能指标强。但饲料消化能中尚有一定量的能量（如尿能和可燃烧气体能）不能被动物利用，且这部分能量的比例随饲料种类和动物类别变化而变化。所以，消化能作为评定饲料能值的指标，尚有缺点。

3. 应用性

目前，我国猪饲养标准和饲料营养价值表中，能量指标均用消化能。其主要理由如下：①猪消化道中可燃气体（CH_4）少，因而可燃气体能量损失少（不超过1%）。②代谢能与消化能比值（96/100）相对稳定。③消化能测定较代谢能或净能测定简便。

三、饲料代谢能测定

1. 方法

（1）直测法　用代谢试验可测得饲料代谢能（ME），计算公式为：

$$ME = 食入饲料总能 - 粪能 - 尿能 - 可燃气体能$$

（2）间接推算法

① 根据饲料消化能，推算代谢能

$$反刍动物：ME = DE \times 0.82$$
$$猪：ME = \frac{DE \times [96 - 0.202 \times 粗蛋白含量(\%)]}{100}$$

② 根据饲料中可消化养分，推算代谢能：先通过消化试验测得每千克饲料中可消化粗蛋白质（x_1）、可消化粗脂肪（x_2）、可消化粗纤维（x_3）和可消化无氮浸出物（x_4）的克数，然后按下式即可求得饲料代谢能。

牛：　$ME(kcal/kg) = 4.32x_1 + 7.73x_2 + 3.59x_3 + 3.63x_4$

绵羊：$ME(kcal/kg) = 4.49x_1 + 9.05x_2 + 3.61x_3 + 3.66x_4$

猪：　$ME(kcal/kg) = 5.01x_1 + 8.93x_2 + 3.44x_3 + 4.08x_4$

鸡：　$ME(kcal/kg) = 4.26x_1 + 9.50x_2 + 4.23x_3 + 4.23x_4$

2. 评价

饲料代谢能是饲料在动物体内产热量的准确估计，可用来精确测定和表示动物维持能量需要；实测不太难，也可间接推算。但代谢能未扣除热增耗。

3. 应用性

目前，我国鸡饲养标准和饲料营养价值表中，能量指标均用代谢能。其主要理由如下：①在理论上，ME 较 DE 准确，但比 NE 差；②由于鸡的解剖生理学特点（尿和粪均由泄殖腔排出），所以测定 ME 比测定 DE 更方便。

四、饲料净能

饲料净能（NE），是饲料能量被利用的最终指标。饲料代谢能减去热增耗（heat increment，HI）即为饲料净能。在测定饲料代谢能值的基础上，测定热增耗值，即可求得饲料净能值。若是用作生长乳牛、肉牛的饲料，该饲料的维持净能（NEm）和增重净能（NEg）可用下式估测：

$$NEm(MJ/kg\,DM) = 0.12\,TDN - 1.2$$

$$NEg(MJ/kg\,DM) = 0.12\,TDN - 4.23$$

（注：TDN 为总消化养分，单位为%。）

若是用作肥育动物的饲料，该饲料的肥育净能（NEf，kJ/kg）可用下式估测：

$$NEf = 10.41 \times DCP + 36.00 \times DEE + 6.27 \times DCF + 12.67 \times NFE（德国、荷兰）$$

〔注：DCP 为可消化粗蛋白质（g）；DEE 为可消化粗脂肪（g）；DCF 为可消化粗纤维（g）；NFE 为无氮浸出物（g）。〕

饲料净能可用于动物维持生命活动（即维持净能）和生产产品（即生产净能）。生产净能可分为产脂净能（NE_f）、产乳净能（NE_L）、产蛋净能（Ne_{egg}）、产毛净能（NE_w）和增重净能（NE_g）等。等值饲料代谢能，转化为不同类型净能时，其净能值不一样。因此，测定饲料净能时，不能脱离其使用类型。

目前，我国奶牛饲养标准和饲料营养价值表中，能量指标常用泌乳净能（NE_L）。其主要理由如下：①在理论上，NE 较 ME、DE、GE 准确。②饲料代谢能作不同用途时，利用率不一样。因此，对奶牛，宜用 NE_L。③由于奶牛的生理解剖学特点和代谢上特点，可燃气体能量多，热增耗值也大，所以为更好指导生产，须用 NE_L。

本 章 小 结

评定饲料营养价值的方法主要有化学分析法与生物学评价法，生物学评价法又包括消化试验法、代谢（平衡）试验法、饲养试验法、屠宰试验法与同位素示踪技术等。

化学分析法是测定各类饲料营养价值的最基本方法。消化试验可被分为体内消化试验、尼龙袋法和体外消化试验，通过消化试验可测定饲料中各种养分的消化率。

研究动物对养分的摄入与排出的数量平衡关系的试验被称为代谢（平衡）试验。通过平衡试验，可估测动物的营养需要量和饲料养分的利用率。平衡试验可被分为物质平衡试验与能量平衡试验，而物质平衡试验又包括碳、氮平衡试验。

饲养试验是动物营养与饲料科学研究中应用最广泛和最基本的试验方法。它通过喂给动物已知的饲料（粮），观测对动物的饲养效应。屠宰试验是在饲养试验的基础上观测饲料（粮）对动物体成分的影响。

同位素示踪技术主要是将标记的同位素引入实验动物体内，通过测定放射性或稳定性同位素在体内的分布规律或在靶器官中的富集性或在体内的沉积量，来研究养分的代谢规律或生物学效价。

蛋白质被动物消化、吸收和利用，满足机体需要的程度，被称为蛋白质营养价值。衡量饲料蛋白质营养价值的指标通常是蛋白质中氨基酸组成、蛋白质消化率、利用率、生物学效价、必需氨基酸指数、化学积分和饲料蛋白质中氨基酸消化率与有效率等。

能量评定体系包括总能、消化能、代谢能、净能评定体系。现今，世界各国表达猪的能量需要，多采用消化能体系；表达家禽的能量需要，采用代谢能体系；表达反刍动物的能量需要，采用净能体系。

评定饲料营养价值是动物营养学的重要内容，随着动物营养学及相关学科的发展，其评定方法也在不断改进和完善。通过饲料营养价值的评定，可对饲料的饲用品质和营养价值作出全面评估，为合理利用饲料和科学配合全价饲粮提供依据。　　　（汪海峰，王　翀，王永侠）

第十二章　动物的营养需要

在前面各章已介绍了各种营养素（养分，nutrients）在动物体内的代谢、作用和缺乏后果等，本章将着重讨论动物对营养素需要的数量，未述及的养分的需要量参见相关的饲养标准。

第一节　营养需要概论

养动物的目的，不止是保持动物健康，更重要的是要动物生产量多质优的肉、蛋、奶、毛、皮等产品。因此，动物在生存和生产过程中需要一定的质和量的营养性原料，这就是营养需要量，包括生存（维持）营养需要量和生产营养需要量。

一、营养需要量的概念

简单地说，营养需要量（nutritive requirement）是指动物为了维持健康和理想的生产性能，对能量和各种营养物质需要的数量。

若动物处在最佳生理状态，饲粮中各养分含量和比例完全符合动物的营养要求，且可利用性强，环境温度为等热区内等热温度，则在这种条件下动物的营养需要量达到最低，将这种最低的营养需要量称为代谢营养需要量（metabolic nutritive requirement，MNR）。

在实际生产中，上述最佳条件并不多见。在实际条件下，动物对能量和各种营养物质需要的数量就称为实际营养需要量（actual nutritive requirement，ANR）。动物的实际营养需要量往往都超过其代谢营养需要量。代谢营养需要量是实际营养需要量的一个特例。缩小动物实际营养需要量与代谢营养需要量的差距，是提高动物生产力和减少饲料消耗的基本技术措施。

二、动物需从日粮中获得的养分

养分为动物生命和生产活动所需，此为养分的生理需要。但是，未必所有的养分都要从日粮中获取。只有靠日粮提供某养分，动物才能健康和有较理想的生产性能，此为该养分的日粮需要。换言之，只有日粮中含有该养分，且量足，动物才能健康，生产性能也较理想。表 12-1 列出了动物需从日粮中获得的养分种类。

表 12-1　动物需从日粮中获得的养分

养　分	反刍动物	非反刍动物
能量	+	+
蛋白质	+	+
必需氨基酸	-	+
维生素 A(胡萝卜素)	+	+
维生素 D	+	+
维生素 E	+	+
维生素 K	-	+
B 族维生素	-	+
维生素 C	-	-
矿物质	+	+
必需脂肪酸	-	+

注："+"——需从日粮中获取；"-"——不需从日粮中获取。

这里须对表12-1强调以下几点：①幼龄反刍动物瘤胃微生物区系尚未建立，不能合成必需氨基酸、B族维生素、维生素K和必需脂肪酸，仍需从日粮中获取这些养分；②高产反刍动物对蛋氨酸、烟酸等的需要量多，必要时还需从日粮中补充一部分；③大多数动物能合成维生素C，但人类、灵长类动物（猴、猩、猿）、豚鼠、某些鱼类（如虹鳟、香鱼、鳗鲡、真鲷、罗非鱼等）、印度果蝙蝠、夜莺、某些昆虫等不能合成维生素C或合成能力很弱，需从日粮中获取维生素C；④虽然大多数动物体内能合成维生素C，一般无需在日粮中添加，但若在日粮中添加了适量的维生素C，可增强动物的抗逆能力；⑤对于鱼类，一般还需要在日粮中补充肌醇；⑥虽未强调要在日粮中补充非必需氨基酸，但若补充非必需氨基酸，可节省必需氨基酸的需要量。

三、动物营养状况的标识

反映动物营养状况的指标即为营养状况的标识。基于这种标识，确定动物的营养需要量。动物营养状况的标识主要有以下三类：

① 缺乏症　动物缺乏某养分时，会表现出特异的临床症状。例如，动物缺钙，出现骨骼病变，表现为佝偻症；家禽缺锰，可产生滑腱症；动物缺乏维生素A，出现夜盲症等。动物出现临床症状，表明它缺乏某养分已很严重了，若不补充或继续缺乏，预后则是死亡。

② 生产性能　动物缺乏某养分时，后果之一是生产性能下降，饲料转化率降低。出现这种情况，表明动物已较严重缺乏某养分了。生产性能的降低，是动物营养缺乏的非特异性症状，也是营养缺乏的必然结果。

③ 生理生化指标　动物缺乏某养分时，血液和其他组织中相关的代谢酶活性或激素含量或其他某种成分含量会显著变化。动物轻度缺乏某养分时，往往不出现临床症状，生产性能的降低也不明显，但生理生化参数却有显著的变化。在实际生产中，正是因为动物不出现临床症状，生产性能的降低也不明显，所以这种营养缺乏症易被忽视。实际上，动物轻度缺乏某养分时，新陈代谢已不够顺畅或障碍，动物的生产潜力不能发挥。在生产实际中，这种隐性损失可能是巨大的。

近几年来，人们发现，动物缺乏某些养分时，相关的基因表达受到影响。从另一方面说，通过测定某基因的表达量，也可评定动物的营养状况。基因表达是反映动物营养状况的灵敏指标，为营养状况的分子标识。

测定动物的营养需要量，首先要明确测定的依据（即营养状况的标识），依据不同，测定出来的营养需要量有明显的差异。一般来说，基于缺乏症指标测定的营养需要量最低；基于生产性能指标测定的营养需要量较多；基于生理生化指标测定的营养需要量最高。

四、营养需要量的测定方法

动物营养需要量的测定方法有两大类：一是综合法，另一是析因法。

1. 综合法

是指把动物的营养需要量看成是一个整体，不分维持营养需要量和生产营养需要量，而是笼统地测定动物营养需要量的一种方法。综合法又可分饲养试验法、平衡试验法和屠宰试验法等。其中，饲养试验法是最常用的一种，因此这里只讨论饲养试验法。

用饲养试验法测定动物营养需要量的基本技术路线是：先配制基础饲粮，在基础饲粮中加入不同水平的待测养分，一组饲粮喂一组动物，观察各组动物对饲粮的反应，效果（健康状况、生产性能和相关生理生化指标等）最好的动物采食的饲粮中待测养分的水平，即是该待测养分的适宜营养需要量。

用综合法可测定动物对各种养分的营养需要量，但用综合法测定的营养需要量不能区分各个组成部分，更不能导出各分项营养需要量的变化规律。

2. 析因法

是指把动物的营养需要量分成维持营养需要量和生产营养需要量，必要时又把生产营养需要量分成若干项，可用下式表达：

$$R = a \times W^b \times C + \frac{X}{d} + \frac{Y}{e} + \frac{Z}{f} + \cdots$$

式中　　R——总营养需要量；

$a \times W^b \times C$——将在后面解析；

X、Y、Z——分别代表不同产品中某养分数量；

d、e、f——分别代表饲粮养分转化为产品养分的效率。

析因法最突出的优点是：将总营养需要量剖分成若干项，这样就可了解各分项营养需要量的变化规律，但不能用析因法测定动物对维生素和矿物质的营养需要量。

五、动物营养需要量的表达方式

主要有五种表达方式，即：

① 每头（只）动物每日对养分的需要量，如体重 500kg 奶牛在不生产时每头每日大约需要 315g 可消化蛋白质。

② 每千克饲粮含养分量，如猪、禽每千克饲粮中硒适宜供量为 0.1~0.3mg。

③ 营养配比（比例），如能量蛋白比、钙磷比等。产蛋鸡（产蛋率 80％）饲粮代谢能（kJ）与粗蛋白质（g）的适宜比例约为 87；哺乳动物和非产蛋家禽饲粮中钙、磷含量适宜比例为 （1：1）~（1.5：1）。

④ 按动物自然体重或代谢体重表达养分需要量，如牛每千克自然体重对维生素 A 的最低保健需要量为 30~40IU，维生素 D 为 7~10IU；猪每千克自然体重对维生素 A 的最低保健需要量为 90~100IU，维生素 D 为 8~10IU。奶牛在不生产时每千克代谢体重需要 3g 可消化蛋白质；泌乳母猪在不生产时每千克代谢体重需要 376kJ 消化能。

⑤ 按动物产品数量表达养分需要量，如奶牛每产 1kg 标准奶（乳脂率 4％）需要 32g 净蛋白质，3135kJ 泌乳净能。

第二节　维持营养需要

一、维持和维持营养需要的涵义

Blaxter（1972）认为，动物体内养分既不丢失，又不增加，此时的状态就称为维持状态或称为维持（maintenance）。其实，要保证动物维持状态，须满足三个要素：①健康；②体重相对稳定；③必要的非生产性随意活动。

动物为了保证维持状态，对能量和各种营养物质需要的数量就称为维持营养需要量（maintenance nutritive requirement）。

维持营养需要量包含以下三个部分。

① 基础代谢营养需要量　动物为了维持最基本的生命活动（如心脏跳动、呼吸活动、腺体分泌、肌肉紧张等）而进行的代谢就称为基础代谢。动物为了保证基础代谢正常进行而对能量和各种营养物质需要的数量就称为基础代谢营养需要量。若不供给这部分养分，则动物就消耗自身养分，直至耗尽体储而死亡。

② 维持体温稳定营养需要量　恒温动物为了维持体温稳定对养分的需要量就称为维持

体温稳定营养需要量。若环境温度为等热区内等热温度，则基础代谢的产热量能维持恒温动物体温稳定。这种条件下，动物的体温稳定营养需要量等于零。环境温度低于或高于等热区内等热温度时，这部分营养需要量都大于零。

③ 非生产性随意活动营养需要量　动物在一天内总是要进行或多或少的非生产性随意活动，从而消耗养分，这就构成了非生产性随意活动营养需要量，其大小与动物的种类和饲养方式等因素有关。

二、维持营养需要量的测定方法

用饲养试验法可测定动物对所有养分的维持需要量。此外，用基础代谢法或能量平衡法也可测定动物的维持能量需要量；用氮素平衡法也可测定动物的维持蛋白质需要量。

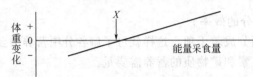

图 12-1　动物体重变化与能量采食量之间的关系

① 用饲养试验法测定动物的维持能量需要量　将动物分为数组，分别喂以近似维持体重水平的不等量饲粮。再根据体重的变化，找出保持体重不变的饲养水平，该饲养水平的饲粮能量即为动物的维持能量需要量（图 12-1 的 X）。此法简单易行。缺点是体重不变，体成分未必不变。表 12-2 列举了一些成年动物的维持能量需要量。

表 12-2　一些成年动物的维持能量需要量

动物类别	基础代谢需能量 /(kJ/$W^{0.75}$)	随意活动增加系数	维持净能（NEm, kJ/$W^{0.75}$）	MEm 转化 NEm 效率	MEm /(kJ/$W^{0.75}$)	DEm 转化 MEm 效率	DEm /(kJ/$W^{0.75}$)
母猪	300.00	0.20	360.00	0.80	450.00	0.96	468.75
种公猪	300.00	0.45	435.00	0.80	543.75	0.96	566.41
轻型蛋鸡	300.00	0.35	405.00	0.80	506.25	—	—
重型蛋鸡	300.00	0.25	375.00	0.80	468.75	—	—
奶牛	300.00	0.15	345.00	0.68	507.35	0.82	618.72
种公牛	300.00	0.25	375.00	0.68	551.47	0.82	672.52
母绵羊	255.00	0.15	293.25	0.68	431.25	0.82	525.91
公绵羊	255.00	0.25	318.75	0.68	468.75	0.82	571.65
鼠	300.00	0.23	369.00	0.80	461.25	0.96	480.69

注：$W^{0.75}$——代谢体重；NEm——维持净能；MEm——维持代谢；DEm——维持消化能。

② 动物维持蛋白质需要量的测定依据和基本参数　动物即使不食蛋白质，从粪中仍排出较稳定数量的氮。这种粪氮被称为代谢氮，包括消化液（消化酶）氮、消化道微生物氮和消化道脱落黏膜氮等。动物只食能量不食蛋白质，经一定时间后，尿氮降到较恒定的水平，此时的尿氮源于体组织在更新过程中降解的氮，被称为内源氮。代谢氮与内源氮之和即为动物的维持氮，乘以 6.25，即为动物的维持蛋白质需要量。

内源氮与维持能量需要量成一定的比例关系，大概为每兆焦维持净能需 480mg 净氮，即需 3g 净蛋白质。代谢氮与内源氮也有相对稳定的比例关系：猪、鸡代谢氮约为内源氮的 40%，马、兔代谢氮约为内源氮的 60%，反刍动物代谢氮约为内源氮的 80%。因此，猪、鸡每兆焦维持净能需 4.2g 净蛋白质；马、兔每兆焦维持净能需 4.8g 净蛋白质；反刍动物每兆焦维持净能需 5.4g 净蛋白质。

③ 动物对维生素和矿物质维持需要的依据　动物在维持（生命）代谢过程中，维生素和矿物质都有不同程度的消耗，因此需要补充，以保证动物的健康。关于动物对维生素和矿

物质维持需要量的研究较少，且研究结果的差异也较大，这里不一一列述。

三、动物代谢体重的提出

人们最初认为，动物的维持能量需要量与（自然）体重有关。因此，Voit 于 1901 年做了一个基础代谢试验，试图找出一个参数，乘以体重就可得到动物非生产时所消耗的能量（即维持能量需要量）。但令人失望，他测得的参数很不相同（参见表 12-3 第 3 列数据）。Voit 又设想：动物的基础代谢产热量可能与动物的体表面积有关，当他用动物的体表面积除以基础代谢产热量，得到了相近的数据（参见表 12-3 第 4 列数据）。后来，Voit 又做了大象和原生虫的基础代谢试验，发现它们的基础代谢产热量与体表面积的比值也很接近。

表 12-3　Voit 的基础代谢试验数据（1901）

动物	体重/kg	基础代谢产热量(kcal)/体重(kg)	基础代谢产热量(kcal)/体表面积(m²)
马	441	11.3	948
猪	128	19.1	1078
狗	15	51.5	1039
母鸡	2	71.0	943
小鼠	0.02	212.0	1188

Voit 的发现是营养学上著名的"体表定律"创立的依据。但是，在实际应用中，测量动物的体表面积很困难。于是，科学家们试图找出其他方法，使动物的基础代谢产热量和体重联系起来。1960 年，Kleiber 终于发现：动物的基础代谢产热量与（自然）体重的 0.75 次方成正相关。基于这个发现，在动物营养学上，将（自然）体重的 0.75 次方（即 $W^{0.75}$）称为代谢体重。

业已证明：动物的维持能量需要量、维持蛋白质需要量、B 族维生素的维持需要量均与代谢体重成正比；而脂溶性维生素的维持需要量与（自然）体重成正比。

四、$aW^b \times C$ 的解析

$aW^b \times C$ 为动物维持营养需要量的数学表达式。其中，W 为动物的自然体重。W^b 为动物的代谢体重（b 是常数，通常为 0.75）。a 也是常数，对于具体动物、具体代谢阶段的养分，a 就是一个具体的数值，其大小为静卧动物每千克代谢体重所需的养分量，如静卧成年牛每千克代谢体重需要 293kJ（70kcal）净能。C 为动物非生产性随意活动量的校正系数，活动量大，C 值就大，其大小与动物的类别和饲养方式有关，如对舍饲牛，C 值一般被定为 1.2；对放牧牛，C 值一般被定为 1.5～2.0。下面列出了动物对养分维持需要量的一些较为典型的公式，仅供参考：

（舍饲牛维持净能需要量，kcal）$R = 70W^{0.75} \times 1.2$

（放牧牛维持净能需要量，kcal）$R = 70W^{0.75} \times (1.5 \sim 2.0)$

（体重 20kg 以下猪维持消化能需要量，kcal）$R = 160W^{0.75}$　　　　　（中国）

（成年猪维持消化能需要量，kcal）$R = 90W^{0.75}$　　　　　（中国）

（地面平养产蛋鸡维持净能需要量，kcal）$R = 83W^{0.75} \times 1.5$　　　　　（美国）

（笼养产蛋鸡维持净能需要量，kcal）$R = 83W^{0.75} \times 1.37$　　　　　（美国）

（地面平养产蛋鸡维持净能需要量，kcal）$R = 68W^{0.75} \times 1.5$　　　　　（中国）

（笼养产蛋鸡维持净能需要量，kcal）$R = 68W^{0.75} \times 1.37$　　　　　（中国）

（奶牛维持可消化粗蛋白质需要量，g）$R = 3.0W^{0.75}$

五、测定维持营养需要量的意义

① 阐明动物维持营养需要的原因，可为制定减少这一近乎无偿消耗的措施提供理论依据，以期提高养殖经济效益。

② 搞清维持营养需要量与动物的自然体重、代谢体重的关系，就能推算任何大小动物的维持营养需要量，进一步剖分供生产的营养需要的组分。

③ 测定动物的维持营养需要量，可合理地饲养空怀母畜、非繁殖季节的种公畜和休闲的役用动物等。

第三节　生长育肥动物的营养需要

生长发育是动物重要的生理学过程，育肥是动物生产产品的方式之一。动物种类及其生长阶段不同，生长发育的模式有异，因而对养分的需要也有别。本节主要讨论出生后动物的生长发育以及养分沉积规律，在此基础上介绍测定生长育肥动物营养需要量的程序。

一、生长与发育的涵义

从细胞学角度看，生长是动物体内细胞数量增加和细胞体积增大的过程；发育则是细胞分化的过程。从营养学角度看，生长发育是动物体内蛋白质、脂肪、矿物质等养分的沉积以及沉积模式变化的过程。

二、生长与发育的基本规律

动物的生长发育是遗传因素和营养等环境因素共同作用的结果。各种动物生长发育都有其规律。了解其规律，可对动物定向培育，科学饲养。根据动物的生长发育特点，供给适量的养分，既能使动物高产，又可使产品优质。

① 组织生长时序　动物组织生长优势顺序为：脑——骨骼——肌肉——脂肪。在生长初期，骨骼组织生长最快，肌肉组织生长较慢，脂肪组织生长最慢；在生长中期，肌肉组织生长最快，骨骼组织生长渐趋缓慢，脂肪组织生长渐快；在生长后期，脂肪组织生长很快，肌肉组织生长变慢，骨骼组织生长基本停止。例如，大花白猪骨骼的生长强度是随年龄的增长而缓慢下降，皮的生长保持相稳定的水平，肌肉的生长强度升到一定水平后又开始下降，脂肪生长强度则随年龄的增长而加强。

② 消化管生长时序　胃在最初生长最快。例如，仔猪出生时，胃重约 8g，仅能容纳 40～50g 乳汁；21 日龄时胃重 35g，容积增大 3～4 倍；60 日龄时胃重 150g，容积增大 19～20 倍。而后是小肠生长最快，最后是大肠生长最快。消化管的这种生长时序性，既为动物消化食物提供条件，又是食物刺激的结果。

在实际饲养中，幼龄反刍动物早期采食粗饲料，有助于刺激消化机能的发育，增强其对粗纤维的消化能力。但是，对种用和役用动物，不宜大力促进胃、肠的早期发育，以免形成"草腹"而失去种用和役用价值。

动物的消化酶分泌量随周龄或月龄增大而增多（表 12-4）。

表 12-4　仔猪胃肠总酶活性单位

周龄	脂肪酶	淀粉酶	胰凝乳蛋白酶	胰蛋白酶
初生	934	121	133	284
1	2956	11422	469	769
2	12142	17614	838	1197
3	15421	37729	1535	1759
4	48756	62406	2222	3251
（断奶）				
5	15711	15809	714	1800
6	15163	80125	2521	7006

③ 动物体尺生长时序　草食动物体尺生长时序为：体高——体长——体宽；杂食动物体尺生长时序为：体长——胸深——体高。

④ 动物在几个重要阶段生长发育特点　动物在生后时期，月龄越小，相对增重越大；在断乳至性成熟阶段，消化机能发育强烈，生殖器官发育很快；在性成熟至体成熟阶段，各组织器官的结构和机能日趋完善，绝对增重达到高峰。生殖器官发育完善，母畜的乳腺生长强度加大。

三、动物体内养分沉积规律

① 动物体内蛋白质、脂肪、糖类化合物等养分是不断合成和分解的，当合成过程大于分解过程，养分就在体内沉积，表现为体重增大，即生长，见于生长动物。当分解过程大于合成过程，体内养分就耗损，表现为体重减轻，多见于发病动物和老龄动物。

② 各养分在不同生长时期沉积量不一样。一般地，在生长初期，体内主要沉积矿物质和蛋白质；在生长中期，体内主要沉积蛋白质和矿物质；在生长后期，体内主要沉积脂肪。

③ 了解动物体内养分沉积规律，可合理地配制饲粮：在动物生长前、中期，饲粮中矿物质和蛋白质含量应较多，在动物生长后期，饲粮中能量应较高。

四、测定生长育肥动物的营养需要量的参数和程序

（1）首先要测得生长育肥动物的营养需要量的参数，基于这些参数，拟定营养需要量，即：

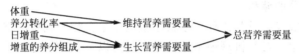

（2）拟定生长育肥动物的营养需要量的基本程序　以生长育肥猪的消化能需要量为例说明：①体重分段；②每阶段日增重及增重内容（蛋白质沉积量、脂肪沉积量等）；③饲料消化能分别用作沉积蛋白质和脂肪的效率；④每日消化能需要量。测算过程如表 12-5 所示。

表 12-5　瘦肉型生长育肥猪在不同体重阶段的消化能需要量

消化能	体重/kg							
	20	30	40	50	60	70	80	90
日沉积氮/g	13	15	17	19	20	20	20	19
折合能量(×6.25×23.8)/(MJ/d)	1.93	2.23	2.53	2.83	2.98	2.98	2.98	2.83
折合消化能(÷0.46)/(MJ/d)	4.20	4.85	5.50	6.15	6.48	6.48	6.48	6.15
日沉积脂肪/g	80	110	150	200	255	310	350	380
折合消化能(×39.3÷0.76)/(MJ/d)	4.14	5.69	7.76	10.34	13.19	16.03	18.10	19.65
维持消化能需要量/(MJ/d)	5.96	7.66	9.00	10.04	10.88	11.38	12.13	11.92
总消化能需要量/(MJ/d)	14.30	18.20	22.26	26.53	30.55	33.89	36.71	37.72

注：6.25——蛋白质换算系数；23.8——每克蛋白质含能量（kJ）；0.46——蛋白质消化能转化净能的效率；39.3——每克脂肪含能量（kJ）；0.76——脂肪消化能转化净能的效率。

（3）用氮平衡法测定不同体重猪的可消化粗蛋白质需要量　测算方法如表 12-6 所示。

表 12-6　氮平衡法测定不同体重猪的可消化粗蛋白质需要量

可消化粗蛋白	体重/kg							
	20	30	40	50	60	70	80	90
日沉积氮/g	13	15	17	19	20	20	20	19
折合粗蛋白(×6.25)/g	81.3	93.8	106.3	118.8	125.0	125.0	125.0	118.8
折合可消化粗蛋白(÷0.5)/g	162.6	187.6	212.6	237.6	250.0	250.0	250.0	237.6
维持可消化粗蛋白需要量/g	19	26	32	38	44	49	54	59
总可消化粗蛋白需要量/g	181.6	213.6	244.6	275.6	294	299	304	296.6

注：0.5——可消化粗蛋白转化体蛋白的效率。

第四节　繁殖动物的营养需要

繁殖是动物延续后代的生理机能。种公畜的任务是提供量多质优的精液；母畜的任务是提供体壮量多的幼仔。本节简述营养对繁殖机能的影响，介绍供应种畜养分的基本方案。

一、配种准备期母畜的基本要求和饲养原则

① 母畜繁殖过程（繁殖周期）的分期　可将母畜的繁殖过程分为配种准备期、妊娠期和哺乳期，进一步将妊娠期细分为妊娠前期、妊娠中期和妊娠后期，将产仔前后一段时间称为围产期。

② 配种准备期母畜的基本要求　健康、体况好、肥瘦适中、按期发情、受胎率高。

③ 配种准备期母畜的饲养原则　对体况较好的空怀母畜，按维持营养水平饲养；对体况较差（较瘦）的空怀母畜，要短期优饲，即在配种前的较短时期（1~20d）内提高饲粮能量水平（至少高于维持营养水平50%~100%）。

二、妊娠母畜的一些生理特点

（1）妊娠母畜体重增加内容　由两部分组成，即子宫及其内容物（胎儿、胎衣、胎水）的增加和母畜本身养分的储积。

（2）母畜妊娠合成代谢及其机理　孕畜增重快于采食相同饲粮的空怀母畜，这种生理现象被称为妊娠合成代谢。对其机理还不够清楚，仅有以下几种推论：①孕畜对养分利用率提高：在低饲养水平下，能量利用率提高18.1%，氮素利用率提高12.9%；在高饲养水平下，能量利用率提高9.2%，氮素利用率提高6.4%。②妊娠期间内分泌活动增强，提高了母畜合成新组织的能力。③孕畜子宫内沉积物中多是水分和蛋白质，而空怀母畜沉积的成分多是脂肪。

三、动物胚胎期生长发育规律

① 动物在胚胎期各阶段生长发育细节　一般来说，大家畜胚胎期较长，小动物胚胎期则较短。动物在胚胎期要经历胚期、胎前期和胎儿期。胚期是自受精卵起，到与母体建立联系（胚通过养分渗透方式获取营养）止，猪和绵羊在第10d、牛在第12d、兔在第8d结束此期。在胎前期，胎盘完全形成，胎通过绒毛膜牢固地与母体子宫壁建立联系，牛第35~第60d止，绵羊第29~第45d止。此期结束时，几乎所有器官的原基均已形成，出现动物种类的特征。在胎儿期，各组织器官快速生长，同时形成被毛和汗腺。动物在胚胎期各阶段生长发育的具体细节参见表12-7。

表 12-7　动物在胚胎期生长发育的细节　　　　　　单位：胚龄（d）

发育阶段	牛	绵羊	猪
桑椹期	6~7	3~4	3.5
囊胚	8~12	4~10	4.75
胚层分化	14	10~14	7~8
体节分化	20(第1对)	17(9对)	14(3~4对)
绒毛膜向子宫深处伸长	20	14	—
心搏明显	21~22	20	16
尿囊显现（呈钩形）	23	21~28	16~17
前肢等可见	25	28~35	17~18
后肢等可见	27~28	28~35	17~19

发育阶段	牛	绵羊	猪
鼻和眼已分化	30～45	42～49	21～28
附植	33	21～30	24
毛囊初现	90	42～49	28
牙齿出现	110	98～105	—
体表有毛	230	119～126	—
出生	280	147～155	112～114

② 动物在胚胎期胎重、胎尺生长和胎成分变化规律　胎重生长在前期慢，中期快，后期更快（表12-8和图12-2）；胎长（高）的生长在前、中期较快；动物胎体水分渐少，蛋白质和矿物质渐多。

表 12-8　动物胚胎在不同时期的生长强度　　　　　　　　　　单位:%

动物	前 1/3 期	中 1/3 期	后 1/3 期	全 期
兔	0.02	9.3	90.68	100
猪	2.00	24.0	74.00	100
羊	0.50	23.7	75.80	100

四、营养对母猪繁殖机能的影响

（1）能量和蛋白质对初情期的影响　营养可影响雌激素的分泌，因此营养不良会使猪的初情期推迟。Anderson 等（1972）总结了 14 次试验的结果后发现，自由采食［37.2MJ 代谢能/（头·日）］的母猪，平均初情期日龄较限制饲养（23.0MJ 代谢能/头·日）的提早 16d（201：217d）。Friend 等（1981）也报道，自由采食的母猪较限食的初情期早（159：170d）。但是，若营养水平过高，使母猪过肥，对以后的生殖机能也会有不良影响而延迟初情期。

饲粮粗蛋白质水平能影响后备母猪初情月龄和初情体重。例如，采食粗蛋白质 14% 饲粮的后备母猪初情日龄比采食粗蛋白质 10% 饲粮的后备母猪提早 18.9d。另外，饲粮氨基酸不平衡也推迟后备母猪初情期。

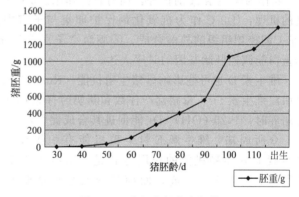

图 12-2　猪胚生长发育规律

（2）能量对排卵数的影响　能量对母猪排卵数的影响如表 12-9 所示。另外，提高能量摄入量，可增加母猪卵子重量和大卵子的比例。由此可见，提高能量摄入量，可促进母猪卵子的增殖和生长。其机理可能是：能量——促进促性腺激素的分泌——促进雌激素的分泌——促进卵子的增殖和生长。

表 12-9　能量对母猪排卵数的影响

生理阶段性	供试母猪数	ME/(MJ/d)	排卵数/枚
初情期	19	26.3	14.0
	46	16.3	12.9
发情周期中	36	28.4	13.8
	31	15.9	12.4

（3）能量和蛋白质对胚胎存活率的影响　从表12-10可看出，增加母猪对能量的摄入量，胚胎存活率下降。其可能的原因是：能量摄入量多——→雌激素分泌量增加——→拮抗孕酮的作用——→抑制胚胎的定植和发育。

表 12-10　能量对胚胎存活率的影响

ME/(MJ/d)	胚胎存活率/%
37.6	67～74
20.9	77～88

饲粮粗蛋白质不足，对猪胚存活率影响不大。这是因为：母体能动用体蛋白，以供猪胚所需。

（4）能量和蛋白质对仔猪初生重的影响　母猪妊娠后期能量水平提高，仔猪初生重增加，平均可增加50g。但当母猪消化能日摄入量在25.1MJ时，仔猪初生重不再增加。饲粮粗蛋白质对母猪产仔数和仔猪初生重的影响不大。同样是因为：母体能动用体蛋白，以供猪胚生长发育所需。

（5）维生素对母猪繁殖机能的影响　维生素A为维持母猪生殖机能及胚胎发育所必需。Kirkwood等（1988）报道，给母猪补饲维生素A，可提高猪胚存活率和窝产仔数。母猪缺乏维生素A后，性周期紊乱、流产或产死胎、弱胎、畸形胎或瞎眼仔猪。维生素A可能通过影响固醇类物质合成而发挥对生殖机能的作用。缺乏维生素A后，孕酮合成和分泌量减少。给维生素A营养充裕的母猪补饲β-胡萝卜素（β-C），可提高母猪窝产仔数。这是因为：β-C除作为维生素A前体外，尚有直接作用。β-C对母猪生殖机能有直接的积极作用。其可能的机理：①β-C作为抗氧化剂保护卵巢与子宫中合成固醇类物质的细胞免受氧化损伤。②β-C调控靶组织的核酸合成。③刺激"子宫乳"分泌，"子宫乳"中含有一种糖蛋白，该糖蛋白能调控胚胎基因的时序表达。

维生素D也可能影响母猪生殖机能。Ruda（1994）分别在母猪妊娠第30日和泌乳第21日肌注维生素D_3，母猪窝产仔数和断奶时仔猪存活率提高。已试验证实：鼠甲状腺细胞体外培养时，$1,25-(OH)_2-D_3$能促进其合成促乳素。

众所周知，维生素E对生殖机能有积极作用。正因如此，维生素E又名生育酚。维生素E对生殖机能的作用方式是：①维生素E作为抗氧化剂保护生殖膜。②维生素E参与前列腺素的合成，而前列腺素是很重要的生殖激素。③促进垂体促性腺激素的分泌。

叶酸对母猪生殖机能有明显的积极作用，乃因母猪是多胎动物，其子宫内胚胎细胞增殖强度大，需要大量的嘌呤、嘧啶物质，而叶酸就参与嘌呤、嘧啶等物质的合成。叶酸可促进前列腺素E_2（PGE_2）的分泌，PGE_2有扩张子宫血管，舒张子宫平滑肌的作用。叶酸还可降低胚胎细胞中17β-雌二醇的合成，减小雌激素对孕酮的拮抗作用，从而提高胚胎存活率。补饲叶酸增加窝产仔数，主要是提高了胚胎存活率，而不是增加了排卵数。

生物素是维持生殖机能的重要因子。猪缺乏生物素后，主要表现为后腿痉挛，足裂缝和干燥并出现以粗糙和棕色渗出物为特征的皮炎。近几年来发现，许多种猪场的母猪肢蹄病较多，主要表现是跛行、蹄裂、蹄垫发红，甚至有出血情况。根据发病母猪的生化参数分析，这种肢蹄病的主要病因可能是生物素供量不足。

Brooks等（1997）报道，饲粮中添加生物素可能改善母猪的繁殖机能，包括产仔数增加，母猪空怀天数减少等。生物素参与前列腺素的合成（参与羧化反应）。前列腺素与生殖机能有关，如能促进子宫肌肉的生长，使其伸长，增大子宫内的空间，从而促进其内的胎儿发育。前列腺素还能使子宫与输卵管收缩，可被用于引产。前列腺素能溶解黄体，从而被用于治疗持久性黄体，提高妊娠率。

核黄素对母猪生殖机能的影响主要表现在提高母猪的受胎率。Pettigrew（1996）报道，在妊娠期前21d给母猪补充10mg/d、60mg/d、110mg/d、160mg/d核黄素，其受胎率分别为66.7%、85.7%、93.3%与86.7%。

B族维生素在母猪体内主要代谢途径上作为辅助因子发挥作用。几乎所有的B族维生素均为生殖及胚胎生长发育所必需。例如，泛酸、胆碱、维生素B_{12}不足，都能单独地阻碍妊娠。另外，维生素C参与氧化型叶酸的还原过程，而叶酸为胚胎发育所必需。表12-11是一些学者对母猪的维生素建议供量，仅供参考。

表 12-11　对母猪的维生素建议供量

维生素	妊娠母猪	泌乳母猪
维生素 A/(IU/kg)	5000～6000	3000
维生素 D/(IU/kg)	500	500
维生素 E/(mg/kg)	80～100	50～60
维生素 B_2/(mg/kg)	7	5
生物素/(mg/kg)	0.6～0.8	0.4
叶酸/(mg/kg)	6(孕期前60d)～3(妊娠后期)	1～2

（6）矿物质对母猪繁殖机能的影响　钙和磷在母猪生殖活动中起着重要作用。母猪缺钙，不仅引起骨质疏松，而且还可导致胎儿发育阻滞甚至死亡。钙离子能促进精细胞的糖酵解过程，从而加强精子的活动。钙离子还能促进精子和卵子的结合以及精子穿过卵细胞透明带。但是，钙离子浓度过高，又会对精子活动产生不良影响。缺磷可导致母猪不孕或流产，其可能的原因是：①磷是核酸合成的基本原料，而核酸是猪胚发育的原料。②磷不足时，β-胡萝卜素转化为维生素A的能力下降，维生素A也为猪胚发育所必需。母猪对钙和磷的需要量分别为0.75%和0.6%。钙、磷保持在（1.5:1）～（2:1）。

母猪缺锌，会引起发情周期紊乱、出现假发情，屡配不孕、怀孕母猪分娩推迟、窝产仔数减少、仔猪成活率低。锌是肾上腺皮质的固有成分，并在垂体、性腺中含量高。锌不仅影响垂体促性腺激素的释放，而且对丘脑-垂体-性腺轴的功能活动起着协调作用。母猪缺锌后，许多生殖激素如FSH、LH等的合成和分泌量减少。NRC（1998）规定，妊娠母猪、泌乳母猪对锌的需要量均为50mg/kg。

母猪饲粮锰含量过低时，其生殖机能受损或下降，表现为乏情、发情不明显、不规则发情或发情期延迟，即使配种，受胎率也很低。锰影响生殖机能的机理尚不够清楚。一些研究发现，锰参与胆固醇的合成。缺锰时，胆固醇及其前体合成受阻，从而性激素合成障碍。NRC（1998）规定，妊娠母猪、泌乳母猪对锰的需要量均为20mg/kg。

铜参与一些酶的合成。母猪缺铜时，生殖机能紊乱，胚胎早亡。母猪补铜后，其胚胎成活率提高，窝产仔数增加。铜能增强前列腺素的作用，因此铜可能通过前列腺素而对生殖机能起作用。NRC（1998）规定，妊娠母猪、泌乳母猪对铜的需要量均仅为5mg/kg。

铁对母猪体内猪胚的影响似乎不大（这是因为实际生产上母猪一般不会缺铁），但对生后仔猪健康和生长发育影响很大。因此，有人提倡，给妊娠母猪补充易通过胎盘的铁制剂（如氨基酸铁），以增加仔猪的铁储。NRC（1998）规定，妊娠母猪、泌乳母猪对铁的需要量均为80mg/kg。

母猪缺硒时表现为不规律发情或根本不发情，受胎率低。有的母猪虽能排卵和受胎，但胎儿在母体内不能正常发育。然而，硒过多，对生殖机能也有不利的影响。硒中毒时，母猪受胎率和产仔数均下降，仔猪生长发育缓慢，还可导致胚胎畸形。母猪饲粮中硒含量以0.1～0.3mg/kg为宜。

缺碘能引起母猪生殖机能下降。母猪缺碘常引起流产，妊娠期延长，分娩困难，胎衣不下或产弱仔。碘可能通过参与甲状腺素的合成而影响母猪的生殖机能。缺碘能抑制甲状腺素的合成，而甲状腺素与丘脑-垂体-性腺轴的功能活动有关。另外，甲状腺素能促进蛋白质的合成，从而促进胎儿的生长发育。母猪饲粮中碘含量以0.2～0.5mg/kg为宜。

铬是葡萄糖耐受因子的组分，是胰岛素发挥最大功能所必需的微量元素。在饲粮中添加铬可通过提高胰岛素活性而改善母猪的生殖机能。研究表明：母猪连续三胎采食含铬（吡啶羧酸铬）0.2mg/kg的饲粮，窝产仔数能增加2头。

五、营养对母牛母羊繁殖机能的影响

1. 能量

牛、羊等初情期的出现在很大程度上受营养状况影响。营养水平正常时，牛、羊体重分别在达到成年体重的35%～70%（6～8月龄）和60%（5～10月龄）左右开始发情。营养不足时，生长缓慢，初情期推迟。若营养水平偏高，则初情期提前。在不同营养水平下，乳牛初情期周龄和初情期体重出现明显差异（表12-12）。

表 12-12　营养水平对黑白花乳母牛初情期周龄和生长的影响

营养水平(饲养标准的%)	初情期周龄	初情期体重/kg	初情期体高/cm
高(129)	37	270	108
中(93)	49	271	113
低(61)	72	341	113

母牛妊娠后期能量摄入量不足，其产后受胎率下降。即使在产犊后满足能量，其受胎率也达不到正常水平。若产犊后能量供给还不足，则产后受胎率进一步下降。例如，有实验表明，对产后母牛限制饲养，产后受胎率为50%～76%；若供以充足的能量，则受胎率为87%～95%。在母羊，虽关于配种期能量水平对受胎率和胚胎成活率的影响不太清楚，但已发现母羊获得能维持其体重不变的养分时，可较营养不足的母羊能产出更多的羔羊。

在青年母牛妊娠最后5个月，能量水平对胎儿发育与犊牛断奶体重有影响。若能量不足，则胎儿发育不良，犊牛断奶体重随之减轻。母羊在妊娠后期，若能量严重不足，则会影响羔羊初生重和生活力，还能影响胎儿次级毛囊的成熟，这种影响以双羔时最为敏感。

能量负平衡，似乎主要影响下丘脑-垂体轴维持促黄体素脉冲释放的能力，而促黄体素为卵巢卵泡发育和排卵所必需。能量不足和胰岛素分泌量减少有关，并可能降低卵巢对促性腺激素的效应。产后第一次排卵所需的时间取决于下丘脑-垂体-卵巢轴和生殖道正常机能的恢复，而能量负平衡影响下丘脑-垂体-卵巢轴的活动。

2. 蛋白质

关于日粮蛋白质含量对泌乳母牛生殖机能影响的研究较多。从表12-13可看出，日粮蛋白质含量提高时，泌乳母牛的一次受胎的配种次数和空怀天数几乎都增多。因此，从生殖机能角度考虑，母牛日粮中蛋白质含量不宜过高。否则，其生殖机能下降。Canfield 等(1990) 报道，采食高蛋白（粗蛋白质含量19.2%）日粮的母牛，其第一次配种受胎率较采食中等蛋白质含量（粗蛋白质含量16.5%）日粮的母牛低（$P<0.05$），而血清尿素氮含量较后者高（$P<0.01$）。Kaim 等报道，日粮蛋白质过量，对4胎以上的老龄母牛生殖机能的不良影响较大，而对青年母牛生殖机能的不良影响较小。但是，若蛋白质摄入量不足，对母牛生殖机能也有不良影响。

日粮蛋白质含量过多对母牛生殖机能不良影响的原因可能主要是蛋白质代谢的尾产物氨、尿素等对精子、卵子或早期胚胎有毒害作用。

表 12-13　日粮蛋白质含量对泌乳母牛生殖机能的影响

| 日粮粗蛋白质含量(占干物质的%) | | | | | | | 研究者 |
| 12%～13% | | 15%～16% | | 17%～20% | | | |
SPC	DO	SPC	DO	SPC	DO		
0.88	0.87	1.00(2.6)	1.00(141)	1.04	0.99		Edwardes 等,1980
—		1.00(1.8)	1.00(96)	1.25	1.04		Jolman 等,1981
0.79	0.72	1.00(1.9)	1.00(98)	1.37	1.10		Jordan 等,1979
		1.00(1.8)	—	1.31	—		Kaim 等,1983
—		1.00(2.0)	1.00(82)	1.40	1.55		Piatowski 等,1981
1.12	1.16	1.00(1.9)	1.00(107)	1.01	—		Huber 等,1983
—		1.00(1.5)	1.00(82)	1.14	0.98		Aalseth 等,1986
1.13	1.08	1.00(2.1)	1.00(130)	—	—		Chandler 等,1976
1.00(1.5)	1.00(72)	—	—	1.20	1.13		Caroll 等,1976

注：粗蛋白质含量 15%～16%组奶牛的 SPC 和 DO 值假定为 1.00，实际值在括弧内，其余组奶牛的 SPC 和 DO 值为相对值；SPC：一次受胎的配种次数；DO：空怀天数。

六、营养对种公畜繁殖机能的影响

① 能量　能量水平可影响种公畜初情期月龄。Hugher 等观察到，当降低后备公猪能量饲养水平时，初情期月龄推迟，并且纯种公猪较杂种公猪受到饲养水平影响更甚（表 12-14）。饲养水平对黑白花公牛初情期月龄也有明显影响：能量水平高的初情期要较能量水平低的早（表 12-15）。

表 12-14　饲养水平对公猪初情期日龄的影响

遗传类型	饲养水平	初情期日龄/d
纯种公猪	标准饲粮	215
	70%的标准饲粮	262
杂种公猪	标准饲粮	179
	70%的标准饲粮	209

表 12-15　营养水平对黑白花乳公牛初情期周龄和生长的影响

营养水平(饲养标准的%)	初情期周龄	初情期体重/kg	初情期体高/cm
高(150)	37	292	116
中(100)	43	262	116
低(66)	51	236	114

初情期以前，过高的饲养水平，可降低种公畜的终生生殖力。因为过高的饲养水平会使种公畜过肥，因而其性欲和性功能降低，且以后的精液生产量减少，品质差。但过低的饲养水平又使种公畜体况变差，配种能力下降。

成年种公畜配种期的营养水平可影响与配母畜的受胎率。王振海等（1982）报道，2 岁以上的吉林黑种公猪，秋季配种，日喂消化能 9.56MJ，可消化粗蛋白 616.7g，与配母猪的受胎率为 65.9%；春季配种，日喂消化能 11.8MJ，可消化粗蛋白 799.8g，其受胎率为 81.4%。种公畜的营养水平对与配母畜的产仔数也有一定影响。

② 蛋白质　蛋白质对种公畜生殖机能是至关重要的。日粮中蛋白质不足，会影响种公畜精子生成，减少射精量。青年公牛对日粮蛋白质不足特别敏感，易发生睾丸发育不良和无

精子等症状。然而，日粮中蛋白质过多，对种公畜生殖机能也有不良影响。前苏联学者就蛋白质喂量对种公猪生殖机能的影响作了系统研究，结果发现：蛋白质平均日喂量400～407g时，公猪的射精量最大，精液品质最好，与配母猪的受胎率、产活仔数等指标也最高；而蛋白质平均日喂量439～453g时，上述指标均显著降低（$P < 0.05～0.01$）。美国学者McDaniel（1987）对日粮蛋白质含量与种公禽生殖的关系进行了研究。他将25日龄的公鸡分为四组，分别喂以12%、14%、16%和18%的蛋白质日粮，饲喂52周。结果是：饲喂12%和14%蛋白质日粮的公鸡产精时间早，精液量多；12%蛋白质日粮组的产精效率最高。由此可见，日粮中适宜的蛋白质含量，对维持种公畜（禽）的生殖机能是十分重要的。

③ 维生素　维生素A对于种公畜尤为重要。成年公牛缺乏维生素A时，生殖上皮萎缩，从而导致生殖机能下降，甚至停止。青年公牛缺乏维生素A时，性成熟延迟，性欲降低，生精过程受阻。公猪缺乏维生素A时，则出现性机能衰退，精液品质下降。β-C对公畜生殖机能的维持亦很重要，前苏联学者给种公牛补饲β-C[500mg/（头·天）]，其生精量增加14%～15%。维生素E能促进精子的生成与活动。雄鼠缺乏维生素E时，其睾丸萎缩。

④ 矿物元素　锌不仅影响垂体促性腺激素的释放，而且对丘脑下部-垂体-性腺轴的功能活动起着协调作用。例如，睾酮的合成需依赖睾丸中锌含量。缺锌时，睾酮的生物合成和分泌量明显减少。睾丸、附睾、输精管、前列腺等器官中都含有大量的锌。组织学研究表明：缺锌时，曲细精管萎缩、变性、管壁变薄、塌陷、受损，生殖细胞数量减少。电镜观察发现，缺锌猪的睾丸间质细胞滑面内质网降解，胞质中出现螺纹状纤维。公山羊缺锌时，所有性器官变小，性成熟推迟。Martin等（1994）给青年美利奴公羊补饲锌，睾丸重、附睾重、血浆睾酮水平、输精管直径均显著大于未补饲锌的羊。Pipe（1985）给小公牛补饲锌（0.2g 锌/kg 饲粮），能显著地促进其睾丸生长发育。

精子尾部具有浓集锌的能力，且锌与巯基和二硫化合物连接酶关系密切，已从公牛精子尾部中分离出锌结合纤维蛋白。对大鼠的试验表明，锌在精子形成后期进入精子中，与精子尾部牢固结合。体外试验表明，添加锌，能抑制精子尾部巯基的氧化和烷基化，这可能是锌与巯基形成稳定的结构有关。王建辰等（1998）报道，含锌酶碱性磷酸酶活性与性器官发育、精子活率呈显著的正相关。另外，锌与精子头部的DNA、RNA聚合酶、胸腺嘧啶核苷酸酶等的合成与激活都有关。研究表明，锌直接参与精子的生成、成熟、激活和获能过程，并能延缓精子膜的脂质氧化，维持细胞膜的渗透性和稳定性，从而使精子保持良好的活力。锌还能有效地抑制精子体内的代谢过程，防止早衰。

用放射性同位素法测定公畜体内硒分布状况发现，除肾脏外，含量最高的器官为睾丸、附睾、前列腺和精囊腺。谷胱甘肽过氧化物酶（GSH-Px）通过保护精子免受氧化，从而保护精子形态结构和功能完整性。动物缺硒时，精子细胞膜形态结构和功能被破坏，因而精子活力和受精能力降低，具体表现为精子尾部、中段和主段细胞膜破裂，轴丝外露，线粒体异常。幼龄公猪缺乏硒，会导致睾丸曲精细管生殖细胞发育不良，精子活力低下，畸形率增加，精液品质下降。Marin-Guzman等（1997）发现，补硒（500μg/kg 日粮）的公猪精子活力比对照组提高27.5%。王珏等（1994）报道，公猪缺硒时，其性行为减弱，睾丸、附睾与副性腺重量减轻，精子活力与受精能力降低，死精数增加；组织学检查发现缺硒公猪睾丸曲精细管内生殖细胞发育不良。

种公畜缺锰时，性欲丧失，睾丸退化、萎缩，精子缺乏等。给公牛补饲铜，可改善精液品质，提高精子活力，减少死精。动物碘缺乏，可导致甲状腺功能丧失，因而睾丸、阴茎的发育也受阻，曲细小管发生退行性变化。

七、母畜妊娠期与种公畜部分养分供应基本方案

1. 母猪

① 能量　对妊娠前期（前 74d）的母猪，能量供应水平为维持能量需要量的 1.1 倍；对妊娠后期（后 40d）的母猪，能量供应水平为妊娠前期能量供量的 1.5 倍。

② 蛋白质　对妊娠前期（前 74d）的母猪，蛋白质供应水平为维持蛋白质需要量的 1.1 倍；对妊娠后期（后 40d）的母猪，蛋白质供应水平为妊娠前期蛋白质供量的 2.0 倍。

③ 钙、磷　对妊娠前期（前 74d）的母猪，钙、磷供应水平为维持钙、磷需要量的 1.1 倍；对妊娠后期（后 40d）的母猪，钙、磷供应水平为在妊娠前期供量的基础之上，每天分别加喂 4.4g 钙和 2.4g 磷。

2. 母牛

① 能量　对妊娠前期（前 5 个月）的母牛，按维持营养水平饲养；对妊娠后期（后 4 个月）的母牛，能量供应水平为维持能量需要量的 1.3 倍。

② 蛋白质　对妊娠前期（前 5 个月）的母牛，按维持营养水平饲养；对妊娠的第 6、7、8 和 9 个月的母牛，在维持营养水平之上，每天分别加喂 602g、669g、780g 和 928g 蛋白质。

3. 种公畜

① 对在非种用期的种公畜，按维持营养水平饲养。

② 对在配种期的种公畜，能量供应水平为维持能量需要量的 1.2 倍；蛋白质供应水平为维持蛋白质需要量的 1.7 倍，同时要注重蛋白质的品质。

第五节　泌乳动物的营养需要

母畜产仔后就进入泌乳期。本节先探讨母畜的泌乳规律，在此基础上，介绍泌乳母畜的营养需要量。

一、乳成分及其形成

血液流经乳腺，其腺泡细胞选择性地吸收养分，并将其改造成乳。一些母畜的乳成分含量如表 12-16 所示。

表 12-16　各种母畜的乳成分含量

动物种类	水分/%	乳脂肪/%	乳蛋白质/%	乳糖/%	灰分/%	能量/(MJ/kg)
奶牛	87.8	3.5	3.1	4.9	0.7	2.93
山羊	88.0	3.5	3.1	4.6	0.8	2.89
牦牛	—	7.0	5.2	4.6	—	—
水牛	76.8	12.6	6.0	3.7	0.9	6.95
绵羊	78.2	10.4	6.8	3.7	0.9	6.28
马	89.4	1.6	2.4	6.1	0.5	2.22
驴	90.3	1.3	1.8	6.2	0.4	1.97
猪	80.4	7.9	5.9	4.9	0.9	5.31
骆驼	86.8	4.2	3.5	4.8	0.7	3.26
兔	73.6	12.2	10.4	1.8	2.0	7.53

① 乳脂肪　在反刍动物中，合成乳脂肪的主要原料为挥发性脂肪酸，乙酸又是最主要的先体。反刍动物采食精料型日粮，乳脂率下降，是因这种日粮可造成瘤胃发酵物中乙酸比例下降。粗料型日粮可使瘤胃发酵物中乙酸比例上升，有助于乳脂率的提高。在猪中，葡萄

糖则是合成乳脂肪的主要原料（表 12-17）。

② 乳蛋白质　血液氨基酸进入乳腺泡细胞，在其内被合成为乳蛋白质。

③ 乳糖　在反刍动物中，丙酸是合成乳糖的主要原料；而在猪中，葡萄糖则是合成乳糖的主要原料。

④ 乳中矿物质和维生素　乳中矿物质全部源于血液，通过提高日粮中矿物质的浓度，可增加乳中大多数矿物元素的含量。乳中维生素也来自血液。胡萝卜素在乳腺中可转化为维生素 A。

⑤ 乳中还含有一些具有生物活性的物质，如游离氨基酸、多胺、激素、肽类生长因子等（表 12-18）。初乳和常乳中都含有抗体免疫球蛋白，只是在种类和含量上有一定的差异（表 12-19）。

表 12-17　猪乳养分含量（产后 21d 分泌的乳）

养分	含量	养分	含量
干物质/%	19.4	赖氨酸/%	0.43
粗蛋白质/%	5.6	蛋氨酸＋胱氨酸/%	0.18
粗脂肪/%	7.6	苏氨酸/%	0.23
乳糖/%	5.3	色氨酸/%	0.07
灰分/%	0.88	维生素 A/(IU/kg)	97
钙/%	0.21	维生素 E/(mg/kg)	0.54
磷/%	0.16	维生素 C/(mg/kg)	85.36
		维生素 B_2/(mg/kg)	2.13

表 12-18　猪乳中生长因子的浓度　　　　　　　　　　　　单位：$\mu g/L$

生长因子	初乳	常乳
表皮生长因子(EGF)	1500±525	160～240
胰岛素样生长因子 I (IGF-I)	39±22	11.4±1.4
胰岛素样生长因子 II (IGF-II)	82.3±57.5	16.8±5.6
胰岛素(Insulin)	12.3±3.3	1.6～3.3

表 12-19　母猪乳清中免疫球蛋白含量　　　　　　　　　　单位：mg/mL

泌乳阶段	IgG	IgM	IgA
0h	95.6	9.1	21.2
6h	64.8	6.9	15.6
12h	32.1	4.2	10.1
24h	14.2	2.7	6.7
48h	6.3	2.7	5.2
72h	3.5	2.4	5.4
5d	1.8	2.1	5.2
7d	1.5	1.8	4.8
14d	1.0	1.5	4.8
21d	0.9	1.4	5.3
28d	0.8	1.4	5.7
35d	0.8	1.7	7.8
42d	0.8	1.8	9.4

二、乳成分的测定方法

（1）直测法　在实验室，可直接测定乳中各种成分含量。其中，用氧弹测热计可测定乳中能量含量。

（2）计算法　用经验公式，可估测乳中某些成分的含量。

① $SCM(kg) = 12.3F + 6.56SNF - 0.0752M$

② $E = 179.26 + 92.73F + 39.16P + 13.15L$

③ $E = 342.65 + 99.26F$

④ $E = -39.72 + 59.55DM$

⑤ $E = 152.71 + 99.21SNF + 21.97F$

⑥ $SM = (0.4 + 15F)M$

注：SCM——固形物校正乳；F——乳脂率（%）；SNF——无脂固形物（kg）；M——产乳量（kg）；E——乳能量（kcal/kg）；P——乳蛋白含量（%）；L——乳糖含量（%）；SM——标准乳（kg）。

三、母畜泌乳量变化规律

（1）母牛泌乳量变化规律　①母牛泌乳量随胎次和年龄而变化：由第一胎到第四胎，母牛泌乳量逐渐上升，7岁时达到高峰，而后又下降。②母牛泌乳量随泌乳月份而变化：母牛产犊后，日泌乳量逐渐上升，约在产乳第二月份达到高峰，而后渐降，形成一泌乳曲线。

（2）母猪泌乳量变化规律　母猪在分娩后开始泌乳，日泌乳量逐日上升，至3～4周龄时达到高峰，而后渐降，形成一泌乳曲线（图12-3）。

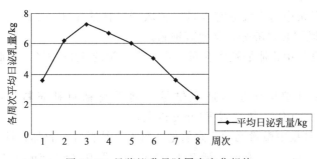

图12-3　母猪泌乳量随周次变化规律

四、泌乳母牛的营养需要量

（1）泌乳母牛每天通过奶和排泄物中排出大量的水，因此须供给充裕的水。泌乳母牛每天的饮水量与产奶量、气温、干物质和食盐等的进食量密切相关，如下式所示：

水摄入量(kg/d) = 15.99 + (1.58±0.271)×干物质(kg/d) + (0.90±0.157)×产奶量(kg/d) + (0.05±0.023)×钠摄入量(g/d) + (1.2±0.106)×当天最低温度(℃)

（2）泌乳母牛对干物质（DM）的需要量

① $DM(kg) = 0.062W^{0.75} + 0.40Y$（精料型）

② $DM(kg) = 0.062W^{0.75} + 0.45Y$（粗料型）

注：W——体重（kg）；Y——标准乳日产量（kg）。

（3）泌乳母牛日需泌乳净能（NE_L）

$$NE_L = 85W^{0.75} + 750Y + \cdots (kcal)$$

若：

① 奶牛在第一个泌乳期，尚加：$0.2 \times 85W^{0.75}$

② 奶牛在第二个泌乳期，尚加：$0.1 \times 85W^{0.75}$

③ 奶牛在孕期最后4个月，尚加：$0.3 \times 85W^{0.75}$

（4）泌乳母牛日需粗蛋白质（CP）
$$CP = (3.0W^{0.75} + 32 \div 0.65 \times Y) \div 0.65 + \cdots (g)$$

若奶牛在孕期最后 4 个月，

① 孕期第 6 个月，每日加喂约 600g 粗蛋白质

② 孕期第 7 个月，每日加喂约 670g 粗蛋白质

③ 孕期第 8 个月，每日加喂约 780g 粗蛋白质

④ 孕期第 9 个月，每日加喂约 930g 粗蛋白质

注：32——1kg 乳中约含 32g 蛋白质；0.65——分别为可消化粗蛋白转化为乳蛋白以及粗蛋白转化为可消化粗蛋白的效率。

（5）泌乳母牛日需钙
$$Ca = (3/50) \times W + 4.5Y + \cdots (g)$$

在孕期最后 4 个月，每日加喂约 35 →55g 钙

（6）泌乳母牛日需磷
$$P = (1/22) \times W + 3Y + \cdots (g)$$

在孕期最后 4 个月，每日加喂约 25 →30g 磷

（7）泌乳母牛对食盐的需要量

占风干日粮的 0.46%～0.50%。

（8）泌乳母牛日粮中粗纤维适宜含量　占风干日粮的 15%～20%。对于高产奶牛，最低不能低于 13%，既要食足养分，又要有饱感。

（9）泌乳母牛日粮中粗脂肪适宜含量　占风干日粮的 5%～7%。最低不得低于 4%；最高不得高于 12%。

（10）泌乳母牛日粮中维生素适宜供量　每千克精料补充料加：维生素 A7000～10000IU；维生素 D1000IU；维生素 E40mg 以上。

（11）泌乳母牛日粮中微量元素适宜供量　每千克精料补充料加：铁40～60mg；锌40～80mg；铜 5～15mg；锰 20～40mg；硒 0.1～0.3mg；碘 0.2～0.6mg；钴 0.1～0.5mg。

五、泌乳母猪的营养需要量

（1）泌乳母猪对消化能的需要量

① $DE = [90W^{0.75} + 1270 \times 日泌乳量(kg) \div 0.6]kcal$

② $DE = [90W^{0.75} + 1073 \times 吮乳仔猪头数]kcal$

注：1270——每千克猪乳中含能量（kcal）；0.6——消化能转化为泌乳净能的效率；1073——每头仔猪日需的消化能（kcal）。

（2）泌乳母猪对可消化粗蛋白质（DCP）的需要量
$$DCP(g) = [2.04W^{0.75} + 60 \times 日泌乳量(kg) \div 0.7]$$

注：60——每千克猪乳中含蛋白质量（g）；0.7——可消化粗蛋白质转化为乳蛋白质的效率。

（3）泌乳母猪对钙、磷的需要量　泌乳母猪对钙的吸收率为 30%～50%，对磷的吸收率取决于磷的来源，一般不超过 40%。一般规定，泌乳母猪对钙、磷的需要量是在维持需要量的基础上，每哺乳 1 头仔猪增加钙 3g，磷 2g。

泌乳母猪对微量元素和维生素的需要量参阅第四节。

第六节　产蛋动物的营养需要

产蛋动物的主要产品是蛋。到目前为止发现，蛋中蛋白质的营养价值可能是最高的。

鸡、鸭、鹅、鹌鹑、鸽等动物对饲粮氨基酸的改造能力很弱，这就要求其饲粮氨基酸的平衡性好。产蛋率、蛋重、蛋成分、蛋品质显著地受营养因素影响。

一、蛋成分及其影响因素

1. 蛋重及其影响因素

禽种类不同，其蛋重有显著的差异（表12-20）。在同一种禽（如鸡）内，其蛋重受以下因素影响：

表 12-20　各种禽蛋的重量

蛋类	鸡蛋	鸭蛋	鹅蛋	鹌鹑蛋	鸽蛋	火鸡蛋
蛋重/g	56～60	60～80	110～180	10.0～12.5	17～19	70～80

（1）品种　如成年白壳鸡产的平均蛋重60g；成年褐壳鸡产的平均蛋重63g；粉壳鸡产的蛋重介于前两者之间。

（2）产蛋月龄　初产鸡产的蛋最小；随鸡月龄增长，其蛋重逐渐增大。

（3）产蛋月份　鸡刚开始产蛋时，蛋很小，而后渐大，达到最大后，保持一定时间，而后又减小。

（4）产蛋季节　春季开产的初产母鸡与秋季开产的相比，产蛋率较高而蛋较小。

（5）环境温度　舍温在26.7℃以上，鸡产蛋量、蛋重和蛋壳质量都呈下降趋势。舍温越高、高温持续时间愈长，这些指标降低得愈厉害。此外，高温对产蛋后期鸡的危害性比前期更大。

（6）营养因素　蛋形成时，需要能量和氨基酸合成蛋黄和蛋清，故要保证产蛋动物对能量和氨基酸等养分的需要。①亚油酸：动物必需脂肪酸之一，参与脂肪的合成代谢。因此，亚油酸营养水平影响蛋黄的质量和重量，从而影响蛋的大小。保证最大蛋重的日粮亚油酸水平被公认为1.5%。②能量：能量通过影响饲料的进食量、蛋白质进食量来影响蛋重。足够的能量供给，使产蛋动物将蛋白质尽可能多地用于维持产蛋和增加蛋重。能量摄入不足，会导致蛋重变小，产蛋量下降。14～20周龄的鸡对能量浓度最为敏感，商品蛋鸡日粮中能量含量增加，使蛋黄占整个鸡蛋重量的百分率提高，用作产蛋黄脂蛋白的脂类物质的数量增加。③蛋白质：日粮蛋白质水平或者更精确地说蛋白质进食量是影响鸡蛋大小的主要营养因素。多数情况下，产蛋母鸡（来航鸡）每日进食17g氨基酸平衡良好的蛋白质是足够的，而在产蛋后期蛋白质进食量减少几克并不影响产蛋量。通过调整饲粮蛋白质水平可改变蛋的大小。具体实施时，每次增减蛋白质的幅度最好不要超过一个百分点，而且要持续进行。根据马克·诺斯的资料，饲料蛋白质水平每增减1%，约可使蛋重增减1.2g。氨基酸的营养是蛋白质营养的实质。近期研究证明，初产蛋鸡的体重低于标准体重时，若增加饲粮中蛋氨酸的添加量，例如对伊沙褐壳蛋鸡每天由标准规定的410mg蛋氨酸增到450mg，就有助于提高蛋重，这可能是由于添加的氨基酸用来补偿继续生长的需要。

2. 蛋成分及其形成

（1）蛋成分　各种禽蛋成分如表12-21所示。各种禽蛋成分百分含量相近，如蛋壳占全蛋12%以上，蛋黄约占1/3，蛋白质为13%左右，水分达70%以上。从表12-22中可看出，蛋壳中无机成分在95%以上，且绝大多数是碳酸钙。

蛋中成分的分布规律如下：①绝大部分钙、磷和镁存于蛋壳中；②几乎所有的脂质、大部分维生素和微量元素含存于蛋黄中（表12-24）；③蛋中蛋白质含量高，且氨基酸组成平衡（表12-23）。

表 12-21　各类蛋成分百分含量

蛋类	蛋壳/%	蛋清/%	蛋黄/%	水分/%	蛋白质/%	脂质/%	糖类/%	灰分/%	能量/kJ
鸡蛋	12.3	55.8	31.9	73.6	12.8	11.8	1.0	0.8	400
鸭蛋	12.0	52.6	35.4	69.7	13.7	14.4	1.2	1.0	640
鹅蛋	12.4	52.6	35.0	70.6	14.0	13.0	1.2	1.2	1470
火鸡蛋	12.8	55.9	32.3	73.7	13.7	11.7	0.7	0.8	675
鸽蛋	8.1	74.0	17.9	—	—	—	—	—	—

注：蛋白质、脂质、糖类、灰分为占除壳蛋的百分率。

表 12-22　鸡、鸭、鹅蛋壳组分

组分	鸡蛋壳	鸭蛋壳	鹅蛋壳
有机物/%	4.0	4.3	3.5
碳酸钙/%	93.0	94.4	95.3
碳酸镁/%	1.0	0.5	0.7
碳酸钙镁/%	2.8	0.8	0.5

表 12-23　鸡、鸭蛋蛋白质中必需氨基酸含量　　　　　　　　　　单位：%

蛋类	赖氨酸	蛋氨酸	色氨酸	亮氨酸	异亮氨酸	苏氨酸	缬氨酸	苯丙氨酸	精氨酸	组氨酸
鸡蛋	7.20	3.40	1.50	9.20	8.00	4.90	7.30	6.30	6.40	2.10
鸭蛋	5.68	2.79	—	8.34	4.61	6.32	11.80	7.29	4.08	2.19

表 12-24　鸡蛋蛋黄中维生素和矿物质含量（蛋黄以 19 克重计）

维生素	含量/μg	矿物质	含量/mg
A	200～1000IU	Na	10.5
D	20IU	K	17.9
E	15000	Ca	25.7
K_1	25	Mg	2.6
B_1	49	Fe	1.5
B_2	84	S	29.8
烟酸	3	Cl	24.7
B_6	58.5	P	98.4
泛酸	580		
叶酸	4.5		
B_{12}	342		

（2）蛋成分的形成

① 蛋黄由许许多多的小球形体组成，这些球形体的直径为 $25\sim150\mu m$，分散在一个连续相中。蛋黄约含 50% 的水分，其余大部分是蛋白质和脂肪（二者的比例约为 2∶1）。这些蛋白质和脂肪主要以低密度脂蛋白、卵黄脂磷蛋白（又名高密度脂蛋白）、卵黄高磷蛋白和卵黄蛋白组成。一般认为，卵黄蛋白质和脂肪是在肝中合成的，这些成分经血液转运到卵巢，再转运到发育的卵中。

② 现已发现，蛋清中含有近 40 种蛋白质。其中，主要有卵清蛋白（约占蛋清总蛋白的 54%；虽对它的特殊生理功能不清楚，但它是禽胚发育的蛋白源）、伴清蛋白（约占蛋清总蛋白的 13%；它能与细菌酶竞争金属离子，因此它可作为抗菌剂）、卵类黏蛋白（约占蛋清总蛋白的 11%；它能抑制胰蛋白酶等）、卵球蛋白（约占蛋清总蛋白的 8%）、溶菌酶（占蛋清总蛋白的 $3\%\sim4\%$；它对细菌胞壁有降解作用）、卵黏蛋白（占蛋清总蛋白的 $2.0\%\sim2.9\%$）、黄素蛋白（占蛋清总蛋白的 $0.8\%\sim1.0\%$；它能与核黄素结合，其作用可能是将

核黄素转移到胚胎中)、卵巨球蛋白(约占蛋清总蛋白的0.5%;它可能具有免疫作用)、抗生物素蛋白(约占蛋清总蛋白的0.05%;它能抑制细菌对生物素的摄取,从而起抗菌作用)、卵抑制剂(占蛋清总蛋白的0.1%~1.5%;它能抑制胰蛋白酶和糜蛋白酶)、木瓜蛋白酶抑制剂(约占蛋清总蛋白的1%;它能抑制木瓜蛋白酶和无花果蛋白酶)等。

蛋清有层次之分,较明显的有四层,即:内层稀蛋白、中层浓蛋白、外层稀蛋白、系带。蛋清的各层蛋白质是由输卵管的漏斗部、膨大部、狭部分泌的蛋白质而沉积的。蛋清中其他成分如葡萄糖由狭部提供并到壳腺而进入蛋清中;Na^+、Ca^{2+}、Mg^{2+}主要在膨大部进入蛋清里;K^+在壳腺里进入蛋清中。

③ 在蛋壳内面,有(内、外两层)蛋壳膜,厚度约为$70\mu m$,在蛋的钝端分离成封闭的气室。内壳膜先在狭部形成,外壳膜可能在壳腺里形成。

④ 前已述及,蛋壳主要成分是碳酸钙。蛋壳是在壳腺中形成的,主要是壳腺内生成的碳酸钙(还有少量的其他物质)在卵外壳膜的沉积过程。壳腺中CO_3^{2-}可能来自血中HCO_3^-,或源于壳腺本身生成的HCO_3^-。蛋壳中钙源于饲粮中钙(60%或80%)和骨骼中钙(40%或20%),而骨骼中钙又源于饲粮中钙。

⑤ 蛋的形成过程大致如下:肝中合成的卵黄蛋白和脂质转运到卵巢,沉积于卵泡中。卵泡成熟后,释放卵子,卵子被输卵管漏斗部纳入,运至输卵管膨大部,由膨大部腺体分泌的蛋清将卵黄包围。包围卵黄的稠蛋清,因旋转而形成系带,随后形成稀蛋清层,再在表面形成稠蛋清层和外稀蛋清层。卵子进入狭部后形成外蛋壳膜并吸收水分。当卵细胞通过输卵管狭部和子宫部(壳腺)的连接处时,蛋壳上乳头核附着在外膜上,在子宫部钙化,形成完整的蛋壳层。

3. 影响蛋品质的因素

(1) 营养因子对蛋壳质量的影响

① 钙 蛋壳主要由碳酸钙组成,一个鸡蛋含钙2.0~2.2g,产蛋鸡饲粮适宜的钙水平为3.2%~3.5%。蛋壳在子宫(壳腺)中钙化时间长达20h,夜间是蛋壳的钙化时间,粉状钙在胃肠道存留时间短,在夜间不能给蛋壳供钙,蛋壳须从骨骼中获取钙。供给较大颗粒的钙源可存留于肌胃里,供母鸡在夜间形成蛋壳时用,这样就能形成良好的蛋壳。如果缺钙,蛋壳变薄、软壳、无壳;饲粮含钙过高(>4.5%)会使饲粮适口性下降,蛋壳呈白垩状,蛋两端粗糙。如果含钙原料(如石粉)氟超标,也影响蛋壳质量。

② 磷 一个鸡蛋壳含磷约20mg。磷是蛋壳形成的重要成分。钙决定蛋壳的硬度,而磷决定蛋壳的韧性和弹性。饲粮磷只要能满足最大产蛋率的需要即可。大量的研究表明:0.30%~0.35%可利用磷配合3.5%钙,对产蛋率和蛋壳质量的效果最好。磷过高或过低都影响蛋壳的质量。饲粮磷水平高,则需高钙水平降低其对蛋壳质量的负面影响。

③ 铜 饲粮中适量的铜可促进母鸡促黄体素、雌激素等分泌,提高蛋鸡的生产性能。饲粮铜过少,可造成蛋壳膜缺乏完整性、均匀性,在钙化过程中导致蛋壳起皱褶;饲粮铜过多,影响矿物元素的平衡。蛋鸡对铜的最低需要量为3~5mg/kg。一般地,蛋鸡全价料中铜含量为10~20mg/kg,不会缺乏。

④ 锌 动物体内近300种酶的活性与锌有关,其中碳酸酐酶含0.33%的锌。产蛋鸡壳腺组织中碳酸酐酶的浓度很高,此酶对机体内酸碱平衡和肺中二氧化碳释放有重要作用,并参与骨骼钙化和蛋壳形成。锌缺乏,产蛋母鸡卵巢、输卵管发育不良,使蛋壳变薄、脆、粗糙等。蛋鸡对锌的最低需要量为40mg/kg,一般基础饲粮含锌25~30mg/kg,不能满足需要,必须另外添加。

⑤ 锰 锰与黏多糖合成过程中的糖基转移酶有关。锰缺乏,黏多糖合成受阻,表现为

骨骼与蛋壳中的黏多糖含量减少，钙化基质形成受阻，骨骼和蛋壳强度下降，裂缝蛋比例上升，蛋的破损率提高。饲粮高钙高磷在肠道形成磷酸钙沉淀，这种沉淀可吸附锰并一起被排到体外，加剧锰缺乏。蛋鸡对锰的最低需要量为 60mg/kg，生产上要根据钙、磷等其他营养成分含量来确定锰的适宜添加量。

⑥ 镁　镁可影响蛋壳质量，这点易被人们忽视。饲料原料中镁的含量可满足蛋鸡需要。缺乏镁虽可导致蛋壳厚度和强度下降，但实际生产中镁对蛋壳质量的影响主要是因为其过量。试验证明：饲粮镁 500mg/kg 以上，就可使蛋壳变薄。造成饲粮高镁的原因主要是不合格的原料，如劣质石粉含镁量高达 10% 以上。

⑦ 维生素 C　正常情况下，鸡自身合成的维生素 C 能满足需要，但在应激情况下，尤其是在热应激下，高产蛋鸡合成维生素 C 的能力下降，合成的量不能满足需要，造成维生素 D_3 的转化和钙吸收障碍、蛋壳质量和产蛋率下降。饲粮添加 300mg/kg 维生素 C，可提高蛋壳质量。据报道，饲粮钙水平低时，添加维生素 C 的效果显著。

⑧ 维生素 D_3　维生素 D_3 及其活性代谢产物的作用主要是促进钙、磷离子通过肠上皮细胞的主动转运，诱导鸡十二指肠黏膜与蛋壳腺中钙结合蛋白的形成，促进钙的吸收和在蛋壳中的沉积，并增强小肠对磷的吸收。蛋鸡缺乏维生素 D_3，3 周后产蛋率急剧下降，出现大量无壳蛋、薄壳蛋。蛋鸡对维生素 D_3 的最低需要量为 300IU/kg。维生素 D_3 过量，对蛋壳质量也无益。

⑨ 电解质平衡　鸡在形成蛋壳的过程中，壳腺产生碳酸根。子宫液和血液中 pH 值下降，对蛋壳形成有不利的影响。改变饲粮 Na^+、K^+、Cl^- 离子的浓度，可调节酸碱平衡。弱碱性饲粮有利于改善蛋壳质量，饲粮添加 0.5% 左右的 $NaHCO_3$，能提高蛋壳厚度和强度，降低蛋的破损率。在饲粮添加 $NaHCO_3$ 时，应减少 NaCl 用量，以防 Cl^- 离子过量。

（2）营养因子对蛋成分的影响

① 饲粮中多不饱和脂肪酸（如亚油酸、亚麻酸、花生四烯酸、20 碳五烯酸、22 碳六烯酸等）含量能影响蛋中多不饱和脂肪酸含量。提高饲粮中多不饱和脂肪酸浓度，可增加蛋中多不饱和脂肪酸含量。

② 家禽维生素营养状况对蛋中维生素含量影响很大。维生素由饲粮向蛋中转移的效率大小顺序为：维生素 A（60%～80%），维生素 B_2、泛酸、生物素、维生素 B_{12}（40%～60%），维生素 D_3、维生素 E（15%～25%），维生素 K、维生素 B_1、叶酸（5%～10%）。

③ 饲粮中微量元素也较易向蛋中转移。利用此原理，可生产微量元素富集蛋，如高碘蛋、高硒蛋、高锌蛋、高铁蛋等。

④ 某些营养因子能影响蛋黄中胆固醇含量。例如，饲粮高铜（125mg/kg），可降低禽体内脂肪酸合成酶和 7α-胆固醇羟化酶活性，从而使得蛋黄中胆固醇含量由 11.7mg 降至 8.6mg。提高饲粮中粗纤维含量或向饲粮中添加甲壳素、大蒜素、有机铬等，可在不同程度上降低蛋黄中胆固醇含量。

二、产蛋鸡的营养需要

在产蛋动物中，蛋鸡数量最多，因此蛋鸡是代表性产蛋动物，本节着重讨论产蛋鸡的营养需要。

1. 产蛋鸡的营养生理特点

鸡喙为锥体形，便于啄食粒状饲料。鸡采食饲料后，不经咀嚼，借舌帮助，很快将饲料咽下。成年母鸡一昼夜可分泌唾液 7～25mL，略偏酸性（pH 均值为 6.75），含少量的淀粉酶，主要有润滑食物的作用。鸡的嗉囊较发达，其黏膜能分泌黏液，嗉囊内栖居有大量的微生物（乳酸菌占优势）。嗉囊的主要作用是储存食物，并对食物初步发酵。鸡等禽类胃腺无壁细胞，盐酸和胃蛋白酶均由主细胞分泌。其胃液、胰液均连续性分泌，胰液消化酶种类与哺乳类动物相似。肌胃是鸡等禽类特有的结构，其功能是通过胃壁肌肉强有力的收缩来磨碎食物。给鸡等禽类喂点砂砾，能促进其对食物的消化。鸡的胆汁呈酸性（pH 5.88），所含胆汁酸主要是鹅胆酸、胆酸和别胆酸。鸡大肠有两条盲肠和一条短的直肠，对饲料粗纤维的消化率变动于 0～43.5％，取决于粗纤维的组成和含量。

2. 鸡的产蛋规律

鸡的产蛋期可被分成三个时期，即始产期、主产期和终产期。从母鸡产第一个蛋到正常产蛋的时期称始产期，约经 1～2 周。在此期，鸡产蛋无规律，出现多种异常情况，主要有：①产蛋间隔长；②产双黄蛋；③产软壳蛋；④产异状蛋。1～2 周后，母鸡进入主产期，形成一定的产蛋模式（每只母鸡都有特定的产蛋模式），产蛋率逐渐增高，约在母鸡 32～34 周龄，产蛋率达到高峰，而后又缓慢下降。最后，母鸡进入终产期，产蛋率快速下降，直到不能形成卵子而结束。

了解母鸡的产蛋规律，对如何配制母鸡饲粮有指导作用。在母鸡即将开产时，要逐渐增加饲粮中能量、蛋白质和钙等养分水平。到母鸡进入始产期时，其饲粮营养水平尤其是蛋白质和钙水平略低于主产期饲粮的营养水平。在母鸡进入主产期后，要充分满足其营养需要，以维持并延长母鸡的产蛋高峰期。在母鸡进入终产期后，其饲粮中钙等养分水平要锐减。在母鸡停产后，淘汰前，必要时要进行育肥饲养，此时主要提高母鸡饲粮的能量水平。

3. 产蛋鸡的营养需要

（1）产蛋鸡的能量需要

产蛋鸡的能量需要多用析因法研究确定，即：

产蛋鸡能量需要＝维持能量需要＋产蛋能量需要＋增重能量需要

对于产蛋鸡（假设每天产 1 蛋），其能量需要量的计算方法一般采用以下公式：

笼养方式：$TME=(350W^{0.75}\times1.37\div0.8)+(蛋能量\div0.65)+(8.7\times日增重克数\div0.7)$

平养方式：$TME=(350W^{0.75}\times1.50\div0.8)+(蛋能量\div0.65)+(8.7\times日增重克数\div0.7)$

式中，TME——总代谢能需要量（kJ/d）；350——成年蛋鸡每 kg 代谢体重基础代谢所需的净能（kJ）；1.37 或 1.50——蛋鸡非生产性随意活动所需的能量校正系数；0.8——饲料代谢能转化为维持净能的效率；蛋能量——1 个鸡蛋中所含的能量（净能），如 1 个 60g 重的鸡蛋约含 376.5kJ 能量（净能）；0.65——饲料代谢能转化为蛋净能的效率；8.7——蛋鸡每 1g 增重所需的能量（净能，kJ），按每 1g 增重含蛋白质 18％、脂肪 15％算得；0.7——饲料代谢能转化为增重净能的效率。

举例说明如下：蛋鸡 28 周龄，笼养，体重 2kg，日增重 5g，蛋重 60g，产蛋率 80％，求该蛋鸡代谢能需要量。

根据上述参数，该蛋鸡代谢能需要量为：

$TME(kJ/d)=(350\times2^{0.75}\times1.37\div0.8)+(376.5\div0.65)\times0.8+(8.7\times5\div0.7)$

TME（kJ/d）≈1418，即：该蛋鸡代谢能需要量为 1418kJ/d。

当然，蛋鸡代谢能需要量除取决于上述参数外，还受蛋鸡品种、环境温度等因素的影响。

在实际生产中，由于鸡有根据饲粮能量浓度调节采食量的能力，因此可根据正常的采食量确定饲粮适宜的能量浓度。我国饲养标准规定：产蛋鸡饲粮代谢能浓度为 11.51MJ/kg。NRC（1994）规定：商品产蛋鸡的饲粮代谢能浓度为 12.13MJ/kg。采食量可根据产蛋率调整。

（2）产蛋鸡的蛋白质需要

产蛋鸡的蛋白质需要可用析因法测定，即：

蛋白质需要＝维持蛋白质需要＋产蛋蛋白质需要＋增重蛋白质需要＋羽毛生长蛋白质需要

对于产蛋鸡（假设每天产1蛋），其蛋白质需要量的计算方法一般可采用以下公式：

$$TP=(0.201W^{0.75}\times6.25\div0.55)+(P_e\div0.5)+(W_g\times0.18\div0.5)+(P_w\div0.5)$$

式中，TP——蛋白质总需要量（g/d）；0.201——成年母鸡每日每千克代谢体重内源氮损失量（g）；6.25——氮素换算为蛋白质的系数；0.55——饲料蛋白质转化为体内蛋白质的效率；P_e——1个鸡蛋中所含的蛋白质（g），假若鸡蛋含蛋白质12%，则一个60g重的鸡蛋含7.2g蛋白质；0.5——饲料蛋白质转化为蛋中蛋白质的效率；W_g——蛋鸡日增重克数（g）；0.18——增重成分所含的蛋白质；0.5——饲料蛋白质转化为体蛋白质的效率；P_w——蛋鸡日生长羽毛所需蛋白质克数（g），通过测定，鸡产蛋前期（42周龄前），每日在羽毛中沉积的蛋白质为0.22g，后期（43周龄后）为0.06g；0.5——饲料蛋白质转化为羽毛蛋白质的效率。

举例说明如下：蛋鸡30周龄，笼养，体重2kg，日增重5g，蛋重60g，产蛋率80%，求该蛋鸡蛋白质需要量。

根据上述参数，该蛋鸡蛋白质需要量为：

$$TP(g/d)=(0.201\times2^{0.75}\times6.25\div0.55)+(7.2\div0.5)\times$$
$$0.8+(5\times0.18\div0.5)+(0.22\div0.5)$$

TP（g/d）≈17.6，即：该蛋鸡蛋白质需要量为17.6g/d。如果该蛋鸡日采食量为115g，则饲粮蛋白质含量应为15.3%。

当然，蛋鸡蛋白质需要量除取决于上述参数外，还受饲粮能量浓度、饲粮蛋白质消化率、饲粮蛋白质中氨基酸的平衡性等因素的影响。

（3）产蛋鸡的氨基酸需要　鸡对蛋白质的需要，实质上是对氨基酸的需要。产蛋鸡的必需氨基酸种类有蛋氨酸、赖氨酸、色氨酸、亮氨酸、异亮氨酸、苯丙氨酸、苏氨酸、缬氨酸、精氨酸、组氨酸和甘氨酸。前三种一般为鸡常用饲粮的限制性氨基酸。

① 可用析因法确定鸡对必需氨基酸的需要量，以维持、产蛋、增重和羽毛生长为参数确定。根据蛋中氨基酸含量和饲粮氨基酸转化为蛋中氨基酸的效率计算产蛋氨基酸需要量。饲粮氨基酸用于产蛋的效率一般为0.55～0.88，实际应用中，定为0.85。如：蛋中赖氨酸含量为7.9g/kg，则每产1kg蛋需饲粮赖氨酸9.5g（7.9÷0.85）。鸡的蛋氨酸、赖氨酸需要量的计算方法如表12-25所示。

表12-25　产蛋鸡对蛋氨酸、赖氨酸的需要量

需　　　要	蛋氨酸/（mg/d）	赖氨酸/（mg/d）
维持需要	31	128
增重需要	14	58
羽毛生长需要	2	6
产蛋需要（产蛋率100%）	229	483
总需要	276	675
转化率/%	76	84
饲粮需要	363	803

② 用综合法（如饲养试验），根据产蛋率、蛋重、孵化率甚至生化指标测定氨基酸的需要量。NRC确定鸡对氨基酸的需要量一般都是用这种方法。依据的指标不同，测定的蛋鸡氨基酸需要量有较大的差异。以饲粮利用率为指标确定的氨基酸需要量要高于以产蛋率为指

标确定的需要量。

③ 蛋氨酸常为蛋鸡饲粮第一限制性氨基酸，其需要量也可根据蛋鸡体重、日增重和产蛋量等参数建立的回归方程来计算。Combs 根据大量的试验结果，建立了蛋鸡对蛋氨酸需要量的计算公式：

$$蛋氨酸需要量(mg/d) = 5E + 50W + 6.2GW$$

式中，E 为产蛋量 [g/(只·日)]；W 为体重（kg）；GW 为增重 [g/(只·日)]。

如：1 只体重 1.5kg 的蛋鸡，产蛋量 56g/d，日增重 4g，则该蛋鸡对蛋氨酸的需要量为 $5×56 + 50×1.5 + 6.2×4 = 380mg/d$。

当饲粮蛋白质或必需氨基酸不足时，蛋中氨基酸的组成不会变化，但产蛋量和饲粮利用率下降。补加合成氨基酸可提高蛋鸡的产蛋量和饲粮利用率。饲粮氨基酸过量也有不利影响。因此，保证蛋鸡饲粮氨基酸的平衡非常重要。

（4）产蛋鸡的矿物质需要　确定蛋鸡对矿物质需要量的方法主要有平衡试验法和饲养试验法等。

① 钙的需要　产蛋鸡对钙的需要量特别多。一枚鸡蛋约含 2.2g 钙，饲料中钙的利用率一般为 50%～60%。因此，鸡每产 1 枚蛋需要从饲粮中获取约 3.7～4.4g 钙，平均 4g 钙。如果按蛋鸡产蛋率 100%，日采食量 115g 计，则饲粮钙含量应为 3.2%～3.8%（尚不包括维持需要）。当然，蛋鸡的产蛋率一般不会达到 100%。

蛋鸡多在上午 09～10 时产蛋，产蛋前 16h 是蛋壳的钙化时间。因此，在每天的黄昏时间（下午 05 时左右）投喂钙料，既能使蛋壳充分钙化，又可提高钙的利用效率。

② 磷的需要　蛋壳含磷较少，约 20mg；但蛋内容物中磷较多，约 120mg。家禽饲粮中磷大部分是植物源性磷。在植物源性磷中，植酸磷又占大多数。鸡对植物源性磷利用率低，但对动物性饲料如鱼粉和骨粉中的磷几乎能完全利用。因此，确定鸡对磷的需要量，不仅要考虑总磷需要量，而且还要考虑有效磷需要量。一般将植物源性磷的有效率按 30% 计算。试验表明：饲粮有效磷 0.3% 和钙 4.0%，可使蛋鸡获得最大产蛋量和最佳蛋壳质量；3.5% 的钙和 0.55% 的总磷，可使来航鸡种蛋获得最高孵化率，而肉用种鸡则以 2.25% 的钙和 0.41% 的总磷为最好。我国饲养标准规定，蛋鸡和种鸡对总磷的需要量为 0.6%。有人认为，笼养鸡由于不能从其排泄物中获得磷，所以它对磷的需要量多于平养鸡。近几年来，对蛋鸡磷的供量逐渐减少，其原因可能是：a. 应用植酸酶，使得鸡能有效地利用饲粮中植物源性磷；b. 磷供量偏多，反而损害蛋壳质量（血液高磷，通过内分泌机制，负反馈性阻碍蛋壳的钙化）；c. 磷源性饲料经济价格较高。

③ 钠和氯的需要：一般规定，产蛋鸡对食盐的需要量为 0.37%。

④ 微量元素的需要：在实际研究中，主要采用饲养实验，根据蛋的用途，选用不同的指标来确定蛋鸡对微量元素的需要量。对种鸡，采用的指标除蛋壳质量外，更注重种蛋的受精率、孵化率和幼雏的早期生长发育情况。对种蛋受精率和孵化率影响较大的微量元素是铁、锰和锌，种鸡对其需要量高于商品蛋鸡。对商品蛋鸡，确定其营养需要量的指标主要是产蛋量和蛋壳质量。我国（2004）制定的蛋鸡和种鸡主要微量元素需要量参见表 12-26。

表 12-26　蛋鸡和种鸡的微量元素需要量　　　　　　　　单位：mg/kg

微量元素	铁	铜	锰	锌	碘	硒
产蛋鸡	60	8	60	80	0.35	0.30
种母鸡	60	6	60	60	0.35	0.30

⑤ 维生素的需要　迄今为止，评定鸡等家禽对维生素的需要量尚无一致的标准。目前

多以生产成绩为指标，较少以生化参数为指标。最常用的指标是，在幼禽中为生长率，在成年产蛋禽中则为产蛋量和孵化率。通常以含不同水平维生素的饲粮进行饲养实验（表12-27），根据所选指标的最佳效应，确定该维生素的需要量。

表 12-27 评定产蛋鸡维生素需要量的指标

维生素种类	评定的指标
维生素 A	产蛋量、孵化率
维生素 D	产蛋量、蛋壳品质
维生素 E	孵化率
维生素 K	孵化率
硫胺素	孵化率
核黄素	产蛋量、孵化率和雏鸡质量
吡多醇	产蛋量、孵化率
泛酸	产蛋量、孵化率和后代的生活力
烟酸	产蛋量、孵化率
生物素	产蛋量
叶酸	产蛋量、孵化率
维生素 B_{12}	孵化率
胆碱	产蛋量

⑥ 水的需要　饮水对鸡的产蛋率影响很大。供水不足，产蛋率严重下降。一般认为，鸡对水的需要量为采食量的 2 倍。实际生产中，多采用不间断方式供水（自由饮水），这样可充分保证蛋鸡的需水量。水的质量对鸡的产蛋率影响也很大。水中亚硝酸盐多，可致蛋鸡腹泻，产蛋率和种蛋孵化率下降。另外，蛋鸡饮用氯离子多的水，其蛋壳质量下降。

三、产蛋鸭的营养需要

中国是生产鸭等水禽的第一大国，每年生产鸭蛋在 382.8 万吨以上。但我国对蛋鸭营养的研究还相对较少，这里基于有限的资料，简单介绍一下蛋鸭营养需要的研究情况，以期抛砖引玉。

鸭喙扁而长，边缘呈锯齿状，相互嵌合，适于在水中采食。鸭无真正的嗉囊，仅在食管颈段形成一纺锤形膨大部以储存食物。鸭盲肠中微生物对饲料粗纤维降解能力比鸡强，但又比鹅弱。鸭的其他消化生理特点与鸡相似。鸭可在两种不同的环境（开放式和密闭式）中生长或生产。前者有运动场和水域，鸭可自由活动或游泳，其营养源可能不仅仅是投喂的饲粮。后者将鸭养在环境控制的鸭舍中，或平养或网养或笼养，其营养源基本上或完全是投喂的饲粮。由于饲养方式不同，因而鸭对饲粮的营养要求也会有异。

① 蛋鸭对能量的需要　蛋鸭对能量的需要量主要取决于其体重、产蛋率、蛋重、环境温度与饲养方式等。仍可用析因法研究确定，即：产蛋鸭能量需要＝维持能量需要＋产蛋能量需要＋增重能量需要。鸭在产蛋季节产蛋率很高，可达 $85\% \sim 100\%$，其蛋重和能值都大于鸡蛋，因此应给蛋鸭提供充裕的能量。假定成年蛋鸭体重 2kg，平养，蛋重 70g，产蛋率 90%，参照蛋鸡能值计算公式：TME（kJ/d）＝（$350 \times 2^{0.75} \times 1.5 \div 0.8$）＋（$439.3 \div 0.65$）$\times 0.9 \approx 1712$。郑黎等（2002）曾建议蛋鸭夏季饲粮代谢能值为 10.58MJ/kg，冬季为 10.78MJ/kg。一般认为，蛋鸭饲粮代谢能量应为 $11 \sim 12$MJ/kg。投喂该饲粮，蛋鸭的日采食量应为 $143 \sim 155$g。

② 蛋鸭对蛋白质及氨基酸的需要　蛋鸭对蛋白质的需要量主要取决于其体重、产蛋率、

蛋重和蛋白质的转化率等参数。体重大、产蛋率高、蛋重大，蛋鸭所需蛋白质就多，反之就少。蛋白质的转化率受蛋鸭的年龄、健康状况、饲粮能量浓度、蛋白质的消化率和氨基酸的平衡性等因素影响。

许多学者对不同品种蛋鸭饲粮蛋白质的适宜水平进行了一系列研究。陈安国（1998）研究了生长期饲粮蛋白质水平对绍兴鸭产蛋期生产性能的影响。结果表明，饲粮代谢能水平为11.51MJ/kg 时，绍兴鸭 0~4、5~12、13~18 周龄饲粮粗蛋白适宜水平分别为 16%~18%、14%~16% 和 12%~13%。郭万红等研究了山麻鸭对蛋白质的营养需要量。其试验结果表明，饲粮 ME11.30MJ/kg、粗蛋白水平 19% 时，能最大限度地发挥蛋鸭的生产潜力、维持最高产蛋率。像鸡一样，鸭对饲粮能量浓度的敏感性较强，其采食量受饲粮能量浓度调节，因而蛋白质的进食量受饲粮能量浓度调节，所以用蛋、能比来衡量蛋鸭的蛋白质营养需要量似乎更为妥当。一般认为，蛋鸭饲粮中蛋、能比是：低限为 56g/Mcal；最高产蛋量和蛋重时为 70g/Mcal；最佳经济效益时为 63g/Mcal。

蛋鸭（北京鸭）对赖氨酸、蛋氨酸、色氨酸、异亮氨酸、亮氨酸和缬氨酸的营养需要量分别为 0.60%、0.27%、0.14%、0.38%、0.76% 和 0.47%。一些学者认为，蛋鸭饲粮中赖氨酸应≥0.65%、蛋氨酸应≥0.30%；适宜：0.78%、0.36%；最优：0.88%、0.40%（郭万红，1994；沈添富，1988，2000）。

③ 蛋鸭对矿物质的需要　主要根据鸭产蛋率、蛋重、体重等参数确定其对钙的需要量。蛋壳占鸭蛋重 12%，鸭蛋壳中约含 38% 的钙。现举例探讨鸭对钙的需要量：1 只 1.5kg 重的蛋鸭，日维持需要钙约 0.18g；生产 1 个 70g 重的蛋，则用于形成蛋壳需钙 3.19g（70×12%×38%）；另蛋内还含有钙 0.03g。三项合计为：0.18g+3.19g+0.03g=3.4g。假定蛋鸭将饲粮钙转化为产品钙的效率为 60%，则该蛋鸭日需饲粮钙为 3.4g/0.6=5.67g（产蛋率按 100% 计算）。如果其日采食量为 155g，则饲粮含钙量应为 3.65%（5.67/155）。

圈养蛋鸭所需的养分完全由投喂的饲料供给。应从蛋鸭 15 周龄开始补钙，补钙量介于青年鸭与产蛋鸭之间，以占饲粮的 2.5% 为宜，以后逐步提高。鸭产蛋率在 65%以下时，饲粮含钙量以 2.5% 为宜；产蛋率在 65%~80% 时，饲粮含钙量以 3% 为佳；产蛋率在 80% 以上时，饲粮含钙量要求达到 3.2%~3.5%。给蛋鸭补钙，可用石粉、贝壳粉作钙源，两者比例以 2:3 为宜，另加喂 1% 骨粉。颗粒钙在消化道内停留时间长，在蛋壳形成阶段可均匀地供钙。另外，颗粒状钙在肌胃内有类似砂子的磨碎作用，可促进鸭对饲料的消化。给蛋鸭提供 0.25%~0.43% 的有效磷较宜（Elkin，1988）；适宜的钙磷比例为（5~6.5）:1。

给蛋鸭提供充足的光照（每天 14h 以上的光照），能促进鸭体内维生素 D 形成，有利于钙的吸收和利用。

据有关资料报道，蛋鸭对钠、氯的营养需要量（%）各为 0.15%；对镁、铁、锰、锌、铜、碘、硒的营养需要量（mg/kg）分别为 500、80、80、100、8、0.6、0.1~0.3。

④ 蛋鸭对维生素的需要　蛋鸭对维生素 A、维生素 D 的营养需要量（IU/kg）分别为8000、1000；对维生素 E、维生素 K、维生素 B_1、维生素 B_2、维生素 B_6、维生素 PP、泛酸、生物素、叶酸、维生素 B_{12}、胆碱的营养需要量（mg/kg）分别为 20、2、2、8、9、60、15、0.2、1.5、0.01、1100。

四、其他产蛋动物的营养需要

（1）产蛋鹅的营养需要　鹅一般在秋季至春季产蛋。同样可用析因法确定产蛋鹅的能量、蛋白质、氨基酸、钙等养分的需要量。应注意的是，鹅的品种不同，其体重、产蛋量、蛋重等的差异较大或很大。因此，同是产蛋鹅，由于品种不同，其营养需要量的差异可能很大。另外，鹅是草食性家禽，每只每天可采食1～2kg青饲料，所以在配制产蛋鹅的饲粮时要考虑到这点。关于产蛋鹅营养需要量的资料很少，这里仅列举鹅在种用期对部分养分的需要量：代谢能12.1MJ/kg、粗蛋白质15.0%、赖氨酸0.6%、钙2.25%、有效磷0.3%、维生素A 4000 IU/kg、维生素D 200 ICU/kg、核黄素4.0mg/kg、烟酸20.0mg/kg。

（2）产蛋鹌鹑的营养需要　近几年来，我国饲养的产蛋鹌鹑数量较多。鹌鹑蛋营养成分丰富，如表12-28所示。不同产蛋率鹌鹑饲粮主要养分含量参见表12-29。

表 12-28　每枚鹌鹑蛋（11g）营养成分含量

成　分	含　量	成　分	含　量
水分/g	8.02	铁/mg	0.42
蛋白质/g	1.44	维生素A/IU	110
脂肪/g	1.35	维生素B₁/mg	0.012
糖/g	0.17	维生素B₂/mg	0.095
能量/kcal	18.26	维生素PP/mg	0.033
钙/mg	7.92(不包括蛋壳)	全蛋胆固醇/mg	74.14
磷/mg	26.18		

表 12-29　不同产蛋率鹌鹑饲粮主要养分含量

饲养阶段	产蛋率/%	ME/(Mcal/kg)	粗蛋白质/%	钙/%	磷/%
6～10周龄 （开产初期）	30～60	2.7～2.9	20～23	1.0	0.5
11～21周龄 （产蛋旺季）	60～95	2.8～3.0	24～26	3.0	0.8
22～60周龄 （产蛋后期）	40～70	2.6～2.8	20～22	2.5	0.8

据报道，日本鹌鹑（Coturnix）在种用期对精氨酸、甘氨酸＋丝氨酸、组氨酸、异亮氨酸、亮氨酸、赖氨酸、蛋氨酸、苯丙氨酸、苏氨酸、色氨酸、缬氨酸的营养需要量（%）分别为1.26、1.17、0.42、0.90、1.42、1.15、0.45、0.78、0.74、0.19、0.92；对亚油酸的营养需要量为1.0%；对钠、氯的营养需要量（%）各为0.15%；对镁、铁、锰、锌、铜、碘、硒的营养需要量（mg/kg）分别为500、60、70、50、6、0.3、0.2；对VA、VD的营养需要量（IU/kg）分别为5000、1200；对维生素E、维生素K、维生素B₁、维生素B₂、维生素B₆、维生素PP、泛酸、生物素、叶酸、维生素B₁₂、胆碱的营养需要量（mg/kg）分别为25、1、2、4、3、20、15、0.15、1.0、0.003、1500。

（3）种鸽（产鸽）的营养需要　鸽子被孵出后，经过4～6个月的生长发育便性成熟，进入繁殖期。鸽子在生育行为上与其他家禽不同，即鸽子成双成对，遵循"一夫一妻"制。雌鸽每隔40～50d产1窝蛋，高产者窝间隔可能短一些；每窝常产2枚蛋。在产下2枚蛋后，雌、雄种鸽就轮换孵蛋（孵化期17～18d）和摄食。这里的"摄食"为广义的，包括吃饲料、采食保健砂和饮水。

种鸽在营养需要上，除维持营养需要外，尚包括繁殖（即产蛋、孵化、育雏）营养需要，甚至还有生长（青年种鸽还在生长）营养需要。这里的"育雏"是指在哺育初生雏鸽期间（雏鸽出壳后10d左右），雌、雄种鸽的嗉囊分泌"鸽乳"，供作雏鸽的营养源。鸽乳的一些成分含量（%）为：水分65～81、粗蛋白质13.3～18.6、脂肪6.9～12.7、灰分1.2～1.8、钙0.12～0.13、磷0.14～0.17、钠0.11～0.15、钾0.13～0.15。种鸽的营养需要量参见表12-30。

表 12-30 产鸽（种鸽）的营养需要量

营养指标	育雏期产鸽	非育雏期产鸽	营养指标	育雏期产鸽	非育雏期产鸽
代谢能/(MJ/kg)	12.0	11.6	维生素 D_3/(IU/kg)	400	200
粗蛋白质/%	17.0	14.0	维生素 E/(mg/kg)	10	8
钙/%	3.0	2.0	维生素 B_1/(mg/kg)	1.5	1.2
总磷/%	0.6	0.6	维生素 B_2/(mg/kg)	4	3
有效磷/%	0.4	0.4	泛酸/(mg/kg)	3	3
食盐/%	0.35	0.35	尼克酸/(mg/kg)	10	8
蛋氨酸/%	0.3	0.27	维生素 B_6/(mg/kg)	3	3
赖氨酸/%	0.78	0.56	生物素/(mg/kg)	0.2	0.2
色氨酸/%	0.15	0.13	胆碱/(mg/kg)	400	200
亚麻酸/%	0.8	0.6	维生素 B_{12}/(μg/kg)	3	3
维生素 A/(IU/kg)	2000	1500	维生素 C/(mg/kg)	6	2

传统养鸽实践中，需用保健砂。应用保健砂，主要目的有二：①有助于鸽子对食物进行物理性消化；②通过保健砂，给鸽子补充矿物质。但现今，应用营养全价平衡的饲粮，不用保健砂，仍然可将鸽子养得很好。

（周　明　吕秋凤）

第七节　产毛动物的营养需要

产毛动物主要包括绵羊、长毛兔等，其产品羊毛、羊绒、兔毛等是重要的纺织原料。了解产毛动物对能量、蛋白质、维生素和矿物质等的需要特点，是养好产毛动物、提高毛产量和品质的前提。本节着重介绍绵羊的营养需要，其他产毛动物营养需要的特点也类似。

一、毛的结构和成分

1. 毛的结构

毛是由动物皮肤毛囊生成的纤维。羊毛纤维由外向内可被分为三层，即鳞片层、皮质层和髓质层。

① 鳞片层　鳞片层包覆在毛纤维的表面，约占羊毛重量的10%，由角质化的扁平状细胞通过细胞间质连接而成。鳞片层的主要作用是保护羊毛纤维不受外界的机械损伤和化学侵蚀。鳞片层重叠覆盖在毛纤维表面，每毫米长的细羊毛有100层左右的鳞片，粗羊毛约有50层。细羊毛鳞片一般呈环状覆盖，粗羊毛呈瓦状或龟裂状覆盖。

鳞片层又可被分为鳞片表层、鳞片外层和鳞片内层。鳞片表层厚约3nm，约占羊毛重量的0.1%。鳞片表层的表面覆盖厚度约为0.9nm的单类脂层，使羊毛具有疏水性。类脂层之下为含12%胱氨酸的蛋白质层，其中的肽链间除有二硫键交联外，还有谷氨酸和赖氨酸间形成的酰胺键交联，类脂层和蛋白质层又以酯键和硫酯键结合，因此鳞片表层的化学稳定性强，可抵抗碱、氧化剂、还原剂和蛋白酶的作用。

鳞片外层位于鳞片表层之下，是羊毛鳞片的主要组成部分，约占羊毛重量的6.4%。它主要由角质化的蛋白质构成，胱氨酸含量高，是羊毛纤维中含硫量最高的部位。胱氨酸结构中的二硫键使得鳞片外层结构致密、坚硬，可耐受氧化剂、还原剂以及酸、碱的作用。

鳞片内层是鳞片层的最内层，由含硫量很低的非角质化蛋白质构成，在细羊毛中约占羊毛重量的3.6%。鳞片内层胱氨酸含量少，极性氨基酸含量多，化学性质活跃。

② 皮质层　皮质层是毛纤维的主体，占羊毛总体积的75%～90%，细羊毛的皮质层占羊毛总重的87%。皮质层是角蛋白结构，皮质细胞内仍残余细胞核，并通过细胞间质中含硫量多的蛋白质相互连接。皮质层的完整性及其在毛纤维中的比例决定了羊毛纤维的理化性

能。皮质层发达，则羊毛的强度高、伸展性好、弹性强。有色羊毛的色素也主要沉积在皮质层。

③ 髓质层　髓质层位于羊毛纤维中央。细羊毛无髓质层。髓质层由相互连接的松散、形状不规则的多边形空心细胞构成，充满空气，沿毛纤维中心轴呈连续线状、断续状或腔状分布。髓质层含少量或不含胱氨酸。

2. 毛的成分

刚剪下的羊毛被称为污毛。污毛中主要是羊毛纤维，此外还有羊脂、羊汗、砂土、植物性杂质和水（表 12-31）。羊脂和羊汗在自然环境中具有保护羊毛的作用。羊脂是皮脂腺分泌的脂肪族己醇、固醇和含 8~26 个碳原子的脂肪酸等物质，其中脂肪酸约占羊脂总量的 45%~55%，醇约占 30%~35%。羊汗含皮肤汗腺分泌的无机盐、皂钾和低级脂肪酸的钾盐等物质，其中碳酸钾等无机盐约占 90%，脂肪酸钾盐约占 3%~5%。绵羊种类和生活环境不同，羊毛含杂亦不同，一般细羊毛较粗羊毛含杂量多。

表 12-31　污毛的组成　　　　　　　　　　单位:%

成　分	细羊毛	粗羊毛
角蛋白	25~50	60~80
羊脂、羊汗	25~50	5~15
砂　土	5~40	5~10
植物性杂质	0.2~2	0~2
水　分	8~12	8~12

羊毛的化学组成随纤维种类不同而异。羊毛主要的化学成分是角蛋白以及少量脂肪和矿物质。羊毛角蛋白是由多种 α-氨基酸缩合而成的链状大分子，其中二氨基氨基酸（精氨酸、赖氨酸）、二羧基氨基酸（天冬氨酸、谷氨酸）和胱氨酸的含量很高，分子间形成许多二硫键、盐键和氢键，使角蛋白大分子形成网状结构。

羊毛角蛋白的特点是含硫氨基酸的比例高。羊毛角蛋白的元素组成为：碳 50.2%~52.5%、氢 6.4%~7.3%、氧 20.7%~25.0%、氮 16.2%~17.7%、硫 0.7%~5.0%。根据含硫量或氨基酸含量不同，羊毛角蛋白分为高硫蛋白质（富含胱氨酸）、低硫蛋白质（富含蛋氨酸和赖氨酸）和高酪氨酸蛋白质（富含酪氨酸和谷氨酸）三类。在羊毛蛋白质中，低硫蛋白质、高硫蛋白质和高酪氨酸蛋白质含量分别为 60%、18%~35% 和 1~12%。羊毛角蛋白质中各种氨基酸含量如表 12-32 所示。

表 12-32　羊毛角蛋白质中 α-氨基酸含量　　　　　　单位:%

氨基酸	含量	氨基酸	含量
丙氨酸	3.29~5.70	赖氨酸	2.80~5.70
精氨酸	7.90~12.10	蛋氨酸	0.49~0.71
天冬氨酸	5.94~9.20	苯丙氨酸	3.26~5.86
胱氨酸	10.8~12.3	脯氨酸	3.40~7.20
谷氨酸	12.3~16.0	丝氨酸	2.90~9.60
甘氨酸	3.10~6.50	苏氨酸	5.00~7.02
组氨酸	0.62~2.05	酪氨酸	2.24~6.76
异亮氨酸	3.35~3.74	缬氨酸	2.80~6.80
亮氨酸	7.43~9.75	半胱氨酸	1.44~1.77

引自：杨凤（2004）。

山羊绒的化学组成与羊毛相似。山羊绒毛纤维含蛋白质 91%，角蛋白中含硫量高达 3.39%。兔毛含蛋白质 93%，几乎全是角蛋白质，兔毛蛋白质中含硫氨基酸胱氨酸的含量为13.8%～15.5%，高于羊毛。

二、毛囊发育与毛的形成

毛囊被分为初级毛囊和次级毛囊。初级毛囊直径较大，有汗腺、皮脂腺和竖毛肌，发育时间早，在胎儿出生前发育完成；次级毛囊直径较小，只有皮脂腺，在初级毛囊之后开始发育。胚胎发育的第60d左右，皮肤表皮生发层开始迅速分裂增殖，向皮肤深处延伸，形成毛囊。当毛囊向下伸展时，真皮的乳头层也被挤压到皮肤深处，形成毛乳头。毛乳头上方的生发层细胞分裂增殖，不断向上生长，细胞逐渐角质化形成毛纤维，穿过表皮伸出体外，此过程共需30～40d。

毛囊的发生有先后顺序。首先形成并发育的是中央初级毛囊，在胚胎发育的第90d，初级毛囊全部发育完成。在胚胎发育的第75d，次级毛囊才开始在各中央初级毛囊两旁形成和发育，一直到出生后100d，仍有次级毛囊形成和发育，随后次级毛囊的形成速度逐渐减慢。一般地，3个初级毛囊和若干次级毛囊组成一个毛囊群。在胚胎发育的第100d左右，初级毛囊生成的毛纤维长出体表；第110～115d时次级毛囊生成的毛纤维长出体表。

三、养分供应与产毛

1. 能量

能量供应是影响产毛量的重要因素。能量摄入量不足，绵、山羊毛的质和量均下降。产毛期能量水平低于维持需要，羊毛生长将显著降低。冬、春季节养分供应短缺，往往造成绵羊的毛纤维变细。相反，能量水平提高，则产毛量增加、毛纤维直径增大、毛强度提高（表12-33）。泌乳母羊能量摄入不足时，能量优先被用于泌乳，对羊毛生长更加不利。

表 12-33 绵羊饲粮中能量、蛋白质水平与产毛性能

组　　别	1	2	3	4
总能采食量/(kJ/d)	2883	5837	9514	14226
氮采食量/(g/d)	3.84	7.86	12.5	19.3
体内总沉积氮/(g/d)	−2.61	0.67	2.54	5.68
沉积氮/食入氮/%	—	8.52	20.3	29.5
羊毛沉积氮/(g/d)	0.22	0.28	0.51	1.18
羊毛沉积氮/食入氮/%	6.32	3.56	4.08	6.13
羊毛沉积氮/总沉积氮/%	—	41.7	22.8	20.8
生产能/(kJ/d)	−1799	−146	1590	2992
(生产能/总能)/%	—	—	16.7	21.0
150cm² 皮肤产毛量/(g/14d)	0.46	0.64	1.22	2.48
羊毛细度/μm	14.9	16.4	18.8	21.8

引自：杨凤（2004）。

2. 蛋白质

羊毛的主要成分是角蛋白，因此羊毛的生长与饲粮蛋白质的数量和质量密切相关。体内蛋白质为负平衡时，羊毛虽能生长，但生长速度大大降低，产毛量减少。相反，绵羊补饲蛋白质饲料，或补饲过瘤胃蛋白质可提高羊毛生长速度、增加产毛量（表12-33）。妊娠最后两个月为母羊提供充足的蛋白质饲料，可提高羊毛密度和羊毛生长速度。

在蛋白质品质方面，含硫氨基酸是限制毛纤维生长的主要氨基酸。绵羊常用饲料中含硫氨基酸仅为羊毛角蛋白质中含量的1/3，因此饲料蛋白质向毛中沉积的效率低。在绵羊蛋白质摄入量充足时，补饲含硫氨基酸（胱氨酸、半胱氨酸和蛋氨酸）可显著提高产毛量和毛中含硫量。同样，饲粮含硫氨基酸由0.4%提高到0.6%～0.7%，长毛兔的产毛量提高15%～

27%。另外，饲粮赖氨酸可促进毛囊的生长。羔羊每千克代谢体重供应 0.9g 赖氨酸，毛囊及毛纤维生长正常；低于 0.9g 则生长异常。

3. 矿物质

① 硫　羊毛含硫量占羊体硫总量的 40%。羊毛中的硫主要存在于角蛋白中的含硫氨基酸肽链间所形成的二硫键中。硫可被瘤胃微生物用于合成含硫氨基酸。绵羊饲粮中补充亚硫酸盐、硫酸盐等无机硫可促进羊毛生长。绒山羊饲粮中添加硫，可促进纤维性物质消化和蛋白质的利用与沉积，从而改善绒毛品质。饲粮缺硫时，绒山羊表现为食欲减退、生长缓慢、掉毛、绒毛纤维品质下降。

② 铜　绵羊缺铜可导致产毛量下降和羊毛弯曲度减少；严重缺铜时，毛纤维丧失弯曲度而变直，羊毛延伸力、弹性下降而影响羊毛品质。缺铜还影响毛色素的形成而导致毛纤维脱色，从而降低有色羊裘皮品质。

③ 铁　铁与毛品质相关。缺铁使毛的光泽度降低，质量变差。

④ 锌　锌参与维持上皮细胞完整。缺锌引起羊皮肤角化不全，导致脱毛、毛纤维强度下降而易断裂。

⑤ 钴　钴参与维生素 B_{12} 的合成。钴缺乏使绵羊产毛量下降，毛变脆而易断裂。

⑥ 碘　碘可维持羊毛正常生长。缺碘后，脱毛或羊毛纤维粗短、密度下降、易断裂。

⑦ 硒　硒的充足供应有利于羊毛生长。给放牧的美利奴羊和羔羊注射硒或经瘤胃投喂硒丸后，产毛量可分别提高 9% 和 17%。

4. 维生素

① 维生素 A　具有维持皮肤健康的功能。维生素 A 缺乏将导致表皮及毛囊角质化而影响毛的正常生长。

② 维生素 B_2、生物素、泛酸与烟酸　对皮肤的健康亦很重要，缺乏这些维生素也影响毛的生长。

③ 叶酸和吡多醇　饲粮添加叶酸和吡多醇可提高成年绵羊的产毛量。

四、产毛动物的营养需要

1. 能量

通常采用析因法测定产毛动物的能量需要。英国 ARC（1993）将产毛动物的能量需要剖分为维持、增重、妊娠、泌乳和产毛五个部分，即：

$$ME(MJ/d) = NEm/km + NEg/kf + NEc/kc + NE_L/kl + NEw/kw$$

式中，ME 为代谢能总需要量；NEm、NEg、NEc、NE_L 和 NEw 分别代表维持、增重、妊娠、泌乳和产毛的净能需要量；km、kf、kc、kl 和 kw 分别代表以上各部分的代谢能转化效率。维持、增重、妊娠、泌乳和产毛的代谢能转化效率分别采用以下公式或常数计算：km = 0.35×qm + 0.503、kf = 0.78×qm + 0.006、kc = 0.133、kl = 0.35×qm + 0.420、kw = 0.18，其中 qm 为维持水平下饲粮的总能代谢率（ME/GE）。

绵羊日产毛 5.5g/d 时，在羊毛中沉积的能量为 0.13MJ/d，即绝干的净毛能值为 23.7MJ/kg（ARC，1993）。因此，根据日产毛量可计算产毛净能（NEw）需要，即 NEw（MJ/d）= 23.7×FL，其中 FL 为日产毛量（kg/d）。根据毛的能值（23.7MJ/kg）和产毛的代谢能转化效率（kw = 0.18），可计算出绵羊每产出 1kg 绝干的净毛需要 131.7MJ 的代谢能。

ARC（1993）也提出了产毛山羊的净能需要量：绒山羊（cashmere goats）每天向毛中沉积能量 0.08MJ，安哥拉山羊（Angora goats）则为 0.25MJ。

产毛的能量需要占动物能量总需要的比例很低，通常可忽略不计。体重50kg、年产毛4kg的美利奴绵羊，每天基础代谢需要的能量为5.02MJ，沉积于毛中的能量仅为0.26MJ。毛兔的年产毛量为800g时，每生产1g绝干的净毛需消化能711.3kJ。

2. 蛋白质

当前的反刍动物蛋白质饲养体系均采用小肠可代谢蛋白质（MP）作为蛋白质需要的指标。与能量类似，也常采用析因法测定产毛动物对小肠可代谢蛋白质的需要量，将其剖分为维持、增重、妊娠、泌乳和产毛五个部分（ARC，1993），用公式表示如下：

$$MP(g/d) = MPm + NPg/kf + NPc/kc + NP_L/kl + NPw/kw$$

式中，MP为可代谢蛋白质总需要量，MPm为可代谢蛋白质的维持需要，NPg、NPc、NP_L和NPw分别代表增重、妊娠、泌乳和产毛的净蛋白质沉积量，kf、kc、kl和kw分别表示可代谢蛋白质用于增重、妊娠、泌乳和产毛的蛋白质沉积转化效率。

生长羔羊的羊毛生长量与日增重成正比。因此，ARC（1993）提出以生长羔羊增重的净蛋白质沉积量（NPg）计算产毛的净蛋白质需要量（NPw）的公式：

$$NPw(g/d) = 3 + 0.1 \times NPg$$

另外，可代谢蛋白质用于产毛的蛋白质沉积转化效率为0.26，因此产毛的可代谢蛋白质需要量（MPw）为：

$$MPw(g/d) = 11.54 + 0.3846 \times NPg$$

对于年产毛（绝干的净毛）2.6kg的成年母羊，每天羊毛生长量为6.6g/d，羊毛的蛋白质含量以80%计，则每天向羊毛中沉积蛋白质5.3g/d，可代谢蛋白质用于产毛的蛋白质沉积转化效率为0.26（ARC，1993），因此成年母羊的可代谢蛋白质需要量（MPw）为：MPw(g/d) = 5.3/0.26 = 20.4。

绒山羊每天向毛中沉积蛋白质3.6g/d，安哥拉山羊（Angora goats）则为10.0g/d。山羊的可代谢蛋白质用于产毛的蛋白质沉积转化效率与绵羊相同，为0.26（ARC，1993）。因此，绒山羊可代谢蛋白质需要量（MPw）为：MPw(g/d) = 3.6/0.26 = 13.6；安哥拉山羊则为：MPw(g/d) = 10.0/0.26 = 38.5。

3. 矿物质

① 钙和磷　绵羊和绒山羊饲粮中适宜的钙、磷比例为1.5：1，否则可导致骨骼生长不良而影响产毛。

② 硫　瘤胃微生物可利用硫和尿素等非蛋白氮（NPN）合成含硫氨基酸。饲粮中添加NPN时，应补充硫，并保持硫、氮比例为1：（10～13）。可按饲粮干物质的0.1%～0.2%添加无机硫化物，但最高不应超过0.35%。绒山羊毛中含硫量高达2.7%～4.2%，因此硫对绒山羊产毛非常重要。绒山羊饲粮中硫的适宜水平为饲粮干物质的0.20%～0.23%，适宜的硫、氮比例为1：7.2。

③ 微量元素　绵羊缺铜表现为产毛量下降、羊毛弯曲减少。每千克饲粮干物质中含铜量达5～10mg即可满足绵羊生长、产毛和其他需要。绵羊对铜过量也非常敏感，每千克饲粮干物质中含铜量超过20mg，就可能导致铜中毒，严重时致死。另外，每千克饲粮含铁30～50mg、含锌40mg、含钴0.1mg、含碘0.1～0.2mg、含硒0.1～0.3mg可满足羊的生长、产毛和其他需要。绵羊对矿物元素的需要量如表12-34所示。

4. 维生素

成年羊瘤胃微生物可合成充足的B族维生素和维生素K，通常不会缺乏。但对瘤胃未充分发育的羔羊应注意补充。舍饲条件下，也应注意为羊补充维生素A、维生素D和维生素E，尤其是产毛量和产绒量较多的动物。对绒山羊每天的供给量为：3500～11000IU维生

表 12-34　绵羊矿物元素推荐需要量

元素	空怀、妊娠前期	妊娠后期	泌乳期
常量元素(干物质中)/(g/kg)			
钠	0.4	0.6	1.0
钾	3.6	4.5	5.0
镁	0.4	0.6	0.8
钙	4.0	5.5	5.3
磷	2.3	2.8	3.2
硫	2.5	3.0	4.5
氯	0.5	0.9	1.0
微量元素(干物质中)/(mg/kg)			
铜	5.0～10.0	6.0～10.6	8.0～10.0
铁	40.0	50.0	30.0～40.0
锰	40.0～50.0	50.0～60.0	40.0
锌	20.0～30.0	20.0～40.0	50.0
钴	0.30～0.40	0.30～0.50	0.10
碘	0.20～0.40	0.30～0.40	0.40～0.60
硒	0.10	0.10	0.10

引自：郝正里主编《畜禽营养与标准化饲养》，2004。

素 A、250～1500IU 维生素 D 和 5～100IU 维生素 E。

五、毛用兔的营养需要

① 能量的需要　据报道，生长兔体重每增重 1g，需要消化能 39.75kJ；每沉积 1g 蛋白质，需要消化能 47.7kJ；每增长 1g 脂肪，需要消化能 81.17kJ。妊娠母兔、泌乳母兔每千克日粮应含消化能 10.46～11.29MJ，产毛兔每千克日粮应含消化能 10.04～10.88MJ。

② 蛋白质需要　根据大多数试验结果，生长兔、妊娠兔和泌乳兔日粮中较适宜的蛋白质水平分别为 16%、15%和 17%，赖氨酸和其他几种必需氨基酸的含量应满足需要。含硫氨基酸对兔毛的产量和质量影响很大，试验表明，生长兔日粮中赖氨酸和含硫氨基酸的最佳水平为 0.60%～0.65%。在我国饲料条件下，常用饲料配制的毛用兔日粮中含硫氨基酸水平一般为 0.4%～0.5%。

③ 粗纤维　粗纤维对毛用兔是不可缺少的，日粮中应保持适宜的粗纤维水平。据试验，幼兔日粮中粗纤维的适宜含量为 10%～12%，成年兔为 14%～17%，泌乳母兔（哺育 5 只仔兔）不高于 10%。

④ 维生素需要　与毛用兔生长、繁殖等关系密切的维生素主要有维生素 A、维生素 D、维生素 E、维生素 K、维生素 B_1、维生素 B_6、维生素 B_{12}、胆碱和维生素 C。据研究，生长兔和种公兔每千克日粮中应含维生素 A 580IU 和 1160IU。生长兔、妊娠兔每千克日粮中应含维生素 D 900～1000IU；维生素 E 的最低需要量为每千克日粮 16～18mg；维生素 K 为每千克日粮 2mg；生长兔每千克饲粮中维生素 B_1 1mg、维生素 B_6 3mg、维生素 B_{12} 2.5～2.8μg、胆碱 1500mg、维生素 C 50～200mg。

⑤ 矿物质需要　矿物质在毛用兔体内含量较少，约占成年体重的 4.8%。据研究，生长兔日粮中钙、磷需要量分别为 0.45%和 0.22%，妊娠兔为 0.50%、0.37%，泌乳兔为 0.75%、0.50%；食盐的添加量为 0.5%；对钾的推荐量为 0.6%～0.8%；每千克日粮中镁的添加量为 300～400mg，锌为 50mg，铜为 5mg，钴为 1mg，硒为 0.1mg。　　　　　（邓凯东）

第八节 役用动物的营养需要

役用动物主要有马、黄牛、水牛、骆驼、驴、牦牛等，役用方式主要是拉、驮等。本节以马为例讨论役用动物的营养需要。

一、役用动物做功的能源

役用动物在劳役过程中，以骨骼为支架，通过肌肉的收缩而做功。肌肉收缩时所需的能量来源于肌肉中储存的三磷酸腺苷（ATP）。

由图12-4可知，役用动物做功的最终能源是糖原、葡萄糖等含能物质。

二、Cori氏循环与肌肉剧烈活动易疲劳的原因分析

1. Cori氏循环

参见图12-5。

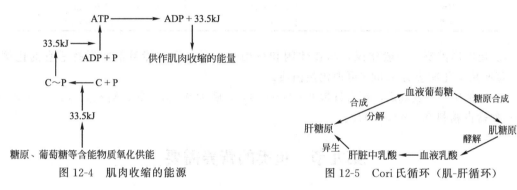

图12-4 肌肉收缩的能源

图12-5 Cori氏循环（肌-肝循环）

2. 肌肉剧烈活动易疲劳的原因分析

① 肌肉活动的能源物质是糖原。糖原释能过程如下：

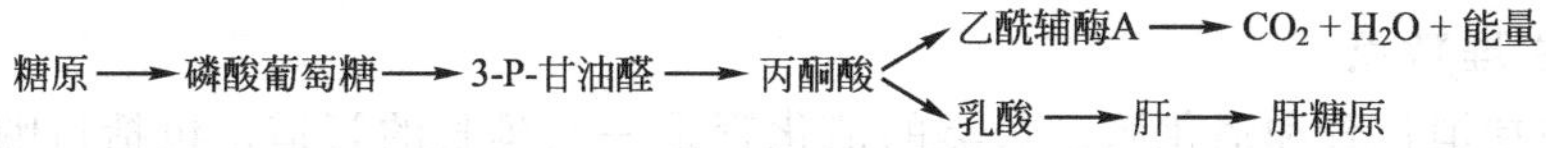

糖原 ⟶ 磷酸葡萄糖 ⟶ 3-P-甘油醛 ⟶ 丙酮酸 ⟶ 乙酰辅酶A ⟶ $CO_2 + H_2O$ + 能量
丙酮酸 ⟶ 乳酸 ⟶ 肝 ⟶ 肝糖原

当氧充足时，丙酮酸 ⟶ 乙酰辅酶A为主要途径；
当氧不足时，丙酮酸 ⟶ 乳酸为主要途径。

② 肌肉剧烈活动时，氧供不应求，于是氧不足，丙酮酸 ⟶ 乙酰辅酶A，渐为次要途径；丙酮酸 ⟶ 乳酸，为主要途径，从而乳酸在肌肉中大量积聚。

另一方面，肌肉剧烈活动压迫血管，阻止氧的输入和乳酸运入肝脏合成肝糖原，阻碍了肌肉中乳酸的消除。因此，肌肉中乳酸就更大量地积聚。乳酸为酸性物质，大量的乳酸使肌肉有酸感，此时就称肌肉疲劳。

三、役用动物劳役量的划分与劳役率的影响因素

（1）劳役量的划分方法如表12-35所示。

表12-35 不同役种的劳役量

役种	每日完成劳役量		劳役类别		
	15%挽力	全日劳役（挽力）	运输（满载）	乘骑	田间作业
轻役	2～3h	3%～4%	15km	35km	4h
中役	4～5h	6%～8%	25km	58km	6h
重役	8h	12%～16%	35km	80km	9h

（2）影响役用动物劳役效率的因素　①体重：役用动物的挽力一般为体重的15%。故体重大，挽力也大。②调教：经过调教的动物的劳役效率比未经调教的动物高。役用动物驾驭人员的技术也影响役用动物的劳役效率。③路面状况：路面平坦、宽敞，役用动物劳役效率高。相反，路面坡度大、泥泞不平，役用动物劳役效率低。④速度：在一定范围内，速度与劳役效率成正相关。但速度超出动物耐力范围，将会因体内乳酸过量积聚，使动物很快感到疲劳。

四、马的营养需要量

① 能量需要　参见表12-36。

表 12-36　马的能量需要（每100kg体重所需的能量）

役用强度	净能/MJ	消化能/MJ
休闲	5.9~7.7	11.5~15.0
轻役	8.9~10.1	17.3~19.6
中役	11.8~13.0	23.0~25.3
重役	14.8~16.0	28.8~31.1

② 蛋白质需要　一般建议，马在休闲和役用时，蛋白质和能量都要保持适宜的比例，即：每兆焦消化能应有4.64g可消化蛋白质。

③ 矿物质　一般规定，钙占日粮0.6%~0.9%，磷为0.5%，钙、磷比为（1.0~1.3）：1.0；食盐占精料0.5%~1.0%。

第九节　鱼类的营养需要

鱼类为了维持健康和生长、生殖等，需要从外界摄取养分。本节简介鱼类的消化生理特点和对主要养分的需要量。

一、鱼类的消化生理特点

鱼类的消化器官包括消化管和消化腺。鱼类的消化管是一条延长的管道，包括口咽腔、食道、胃和肠等部分。也有学者将消化管划分为头肠（指口咽腔）、前肠（指食道和胃）、中肠（指小肠）和后肠（指大肠和泄殖腔）。

口咽腔内有齿、舌、鳃耙等构造。这些构造与摄食有密切关系，故可将其称为摄食器官。鳃耙是鱼滤取食物的器官。在鳃耙的顶端、鳃弓的前缘分布有味蕾，故鳃耙还有味觉作用。

鱼的食道除有输送食物的作用外，还有择食功能。这是因为其管壁有味蕾和环肌，当环肌收缩时，可将异物抛出口外。

胃为消化管最膨大的部分，但有些鱼类无胃，如鲤科、海龙科、飞鱼科等，具有胃腺，是胃组织的主要特征之一。胃腺能分泌胃蛋白酶和盐酸，它们可能是由一种细胞分泌的。

鱼肠的长短随鱼的种类和食性而异。肉食性鱼（如鳜鱼、乌鳢、青鱼、硬头鳟、鳗鲡、虹鳟等）肠道一般较短，为体长的1/3~1/4。以植物为主食的鱼类（如草鱼、团头鲂等）的肠较长，一般为体长的2~5倍，有的甚至达15倍。杂食性鱼（鲤、鲫、鳊、罗非鱼、斑点叉尾鮰等）的肠短于草食性鱼，而长于肉食性鱼。肠是消化食物和吸收养分的主要场所。

一般鱼类消化道末端以肛门与外界相通，有肛门括约肌控制肛门启闭。肛门开口位于生殖导管和排泄导管开口的前方。板鳃鱼类、肺鱼类和矛尾鱼等具有泄殖腔。它除接受肛门开孔外，还接受生殖导管和排泄导管的开孔。

鱼类的消化腺有两类，一类是埋在消化管壁的小型消化腺，如胃腺和肠腺等。另一类是位于消化管附近的大型消化腺，如肝脏和胰腺，有输出导管连于消化管上。

二、鱼类对蛋白质的需要

鱼类对蛋白质的需要量较多（表 12-37），一般为陆上动物的 2～4 倍，是因为部分蛋白质被作为能源物质。鱼类必需氨基酸的种类共 10 种（表 12-38），对蛋氨酸羟基类似物（MHA）的利用率仅为 L-蛋氨酸（L-Met）的 20%，而畜、禽对 MHA 的利用率为 L-Met 的 80%。

表 12-37　鱼、虾对蛋白质的需要量（占饲粮的%）

鲤鱼	鱼苗至鱼种 鱼种至成鱼 成鱼	43～47 37～42 28～32	草鱼	鱼苗至鱼种 鱼种至成鱼 成鱼	30 25 20
尼罗罗非鱼	鱼苗至鱼种 成鱼至亲鱼	30～35 28～30	团头鲂	鱼苗至鱼种 鱼种至成鱼 成鱼	30 25 20
鲫鱼 湘鲫		28.9 23～31	鲶鱼	鱼苗至鱼种 鱼种至接近成鱼 成鱼和亲鱼	35～20 25～38 28～32
斑点叉尾鮰	鱼苗至鱼种 鱼种至成鱼 成鱼	35～40 25～36 28～32	青石斑鱼 眼斑拟石首鱼 鲻鱼		52.55 35～45 40
鲈鱼		43	红唇鲻鱼	当龄 1 龄	40～45 35
鳗鲡	鱼苗至鱼种 鱼种至成鱼	50～56 45～52	赤眼梭鱼	当龄 1 龄	40～45 35
黑鲷		52	珍珠毛腹幼鱼		26～36
虹鳟	生长前期 生长后期	40 35	带点石斑幼鱼 黄鳝		47.8 28.6～34.9
香鱼	鱼苗至鱼种 鱼种至成鱼	44～51 45～48	厚唇鲍幼鱼 斑节对虾		30～35 40(海水)～ 44(咸淡水)
青鱼	鱼苗至鱼种 鱼种至成鱼 成鱼	41 33 28	长毛对虾		46.5～56.6
甲鱼 幼甲鱼		43～48 46.6～50			

表 12-38　鱼类对必需氨基酸的需要量（占饲粮的%）

氨基酸	鲤鱼	草鱼	虹鳟	团头鲂	斑点 叉尾鮰	美国 河鲶	大鳞大 马哈鱼	大马 哈鱼	日本 鳗鲡	尼罗 罗非鱼	沟鲇
赖氨酸	5.7	7.1	5.0	7.1	5.1	5.0	5.0	4.8	5.3	5.1	5.1
精氨酸	4.3	7.0	6.0	7.0	4.3	4.3	6.0	6.0	4.5	4.2	4.3
组氨酸	2.1	2.1	1.8	2.1	1.5	1.5	1.8	1.6	2.1	1.7	1.5
异亮氨酸	2.5	4.9	2.2	4.9	2.6	2.6	2.2	2.4	4.0	3.1	2.6
亮氨酸	3.3	8.5	3.9	8.5	3.5	3.5	3.9	3.8	5.3	3.4	3.5
缬氨酸	3.6	4.3	3.2	4.3	3.0	3.0	3.2	3.0	4.0	2.8	3.0
苏氨酸	3.9	4.2	2.2	4.2	2.0	2.0	2.2	3.0	4.0	3.8	2.0
色氨酸	0.8	0.9	0.5	0.8	0.5	0.5	0.5	0.7	1.1	1.0	0.5
蛋氨酸	3.1	1.6	4.0	1.6	2.3	2.3	4.0	3.0	3.2	3.2	2.3
苯丙氨酸	6.5	3.4	5.1	3.4	5.0	5.0	5.1	6.3	5.8	5.5	5.0

三、鱼对脂类的需要

脂肪是鱼类所需能量的重要来源。另一方面，鱼类对脂肪的利用能力较强，利用率可高达90％以上。因此，从鱼饲粮中提供适量脂肪，既符合鱼的营养生理特点，又可减少鱼饲粮中蛋白质用于供能的比例，从而节省鱼饲粮中蛋白质用量。鱼类需要较多的脂肪（表12-39），需要 5 种必需脂肪酸，即亚油酸、亚麻酸、花生四烯酸、20 碳五烯酸和 22 碳六烯酸（表12-40）。

表 12-39　鱼饲粮中适宜含脂量　　　　　　　　　　　　单位：%

胡子鲶	6~8	眼斑拟石首鱼	5~6
鲤鱼	5~10	虹鳟	20~30
青石斑鱼	9.87	厚唇鲃	4
黑鲷	17.6	杂交条纹鲈	20
真鲷	15	草鱼	3.5
罗非鱼	10	青鱼	6.5
甲鱼	4.2~6.7	鲮鱼	4~5

表 12-40　鱼类对必需脂肪酸的需要量（占饲粮的%）

鱼类	必需脂肪酸	需要量	鱼类	必需脂肪酸	需要量
虹鳟	18：3ω3	1.0	吉里罗非鱼	18：2ω6	1.0
鲤鱼	18：2ω6	1.0		20：4ω6	1.0
	18：3ω3	1.0	尼罗罗非鱼	18：2ω6	0.5
鳗鲡	18：2ω6	0.5	真鲷	20：5ω3	0.5
	18：3ω3	0.5	杂交条纹鲈	ω3PUFA	1.0
大马哈鱼	18：2ω6	1.0	大菱鲆	ω3PUFA	0.8
	18：3ω3	1.0	白鲑	ω3PUFA	1.0
银大马哈鱼	18：3ω3	1.0~1.25	竹荚鱼幼鱼	ω3PUFA	1.7
吉里罗非鱼、香鱼	18：3ω3	1.0	斑点叉尾鮰	ω3PUFA	1.0
	20：5ω3	1.0	杂交狼鲈	ω3PUFA	1.0

鱼饲粮中磷脂是必不可少的。在饲粮中加适量磷脂，可显著地提高幼鱼存活率。幼鱼合成新的细胞成分时，需要大量的磷脂，幼鱼体内磷脂合成量是不能满足这种大量需要的。磷脂、胆固醇为甲壳类（虾、蟹等）的必需养分。中国对虾对磷脂和胆固醇的需要量分别占饲粮的 3％和 0.5％。Chen（1993）报道，在斑节对虾饵料中磷脂和胆固醇的最适添加量分别为 1.25％和 0.5％。Sheens 等（1994）报道，斑节对虾对胆固醇的需要量为占饲粮的 1％。

四、鱼饲粮中糖的适宜含量

鱼对糖类化合物的利用能力较弱，原因主要是：消化液中 α-淀粉酶活性较低；体内己糖激酶活性弱；胰岛素分泌量少。据研究，鱼类饲粮中糖类化合物的适宜含量如下：罗非鱼30％~40％，鳗鲡、虹鳟在 20％左右，鲤鱼在 40％左右，团头鲂 25％~30％，鲮鱼 28％左右，青鱼 25％~36％，湘鲫 29％~35％，厚唇鲃 35％。

一般鱼类饲粮中粗纤维含量不宜超过 8％，粗纤维含量高（8％~30％）就会抑制鱼的生长。

五、鱼对能量的需要

鱼类对能量需要量相对较少，仅为陆上动物的 50％~67％，是因为鱼为变温动物，无需为维持体温而对能量的需要；水的浮力，因而鱼随意活动消耗的能量少。

表 12-41 总结了部分鱼类对能量的需要量。另外，王道尊等（1992）报道，每千克青鱼饲粮中可含 14.9~16.3MJ 总能。包吉墅等（1992）报道，每100g 体重幼甲鱼日需总能

表 12-41　鱼类饲粮中最适总能含量　　　　　　　单位：MJ/kg

草鱼	13.0～14.3	罗非鱼	14.6～18.8
虹鳟	10.9～13.8	鲤鱼	12.8～16.7
团头鲂	12.3	鲮鱼	12.6～12.7
青鱼	12.8～13.1		

18.8～19.6kJ。Hassau 等（1994）报道，胡子鲶对总能的需要量 42.11kJ/[体重(kg)$^{0.8}$·天]。Wageniugen（1989）报道，每千克虹鳟饲粮中最适消化能为 15MJ。雍文岳等（1989）对平均体重 34g 的尼罗罗非鱼，在水温 25～28℃下，以增重率、饲料效率、净蛋白利用率、最大体氮和能量积累为指标，测得尼罗罗非鱼需消化能 502kJ/[体重(kg)·天]，每千克饲粮中最适消化能为 16.7MJ。王基炜等（1985）从 6～9g 鱼，在水温 21～25℃下测得尼罗罗非鱼需消化能 544kJ/[体重(kg)·天]，每千克饲粮中消化能为 17.2MJ，饲粮中最适能量蛋白比例为 16.9（克蛋白质/兆焦消化能）。

六、鱼对维生素的需要量

鱼类对维生素的需要量与其种类、品种、体重、饲粮组成、评定指标、维生素的来源与鱼所处的环境条件（如水温、水质）等有关。正因为如此，不同学者对同一鱼种的维生素需要量的研究结果有较大差异。可见，在配制鱼类饲粮、确定维生素供量时，要分析具体情况，在此基础上制定适宜供给方案（表 12-42、表 12-43）。

表 12-42　鱼、虾对脂溶性维生素的需要量（每千克饲粮含）

鱼类	维生素 A/IU	维生素 D/IU	维生素 E/mg	维生素 K/mg
鲤鱼	2000～10000	1000～2000	100	0.5～6.0
斑点叉尾鮰	1000～2000	250～1000	25	
鲑鱼	4000～12000	2400		
鳗鱼	15000	1800～3000		
虹鳟	2500	1600～2400	25～100	6～20
黄条鰤鱼	5.68mg	—	119	—
鲇鱼	1000～2000	500	—	—
香鱼	1000	2000	100	10
罗非鱼	1000	375～2000	50～100	10
大西洋鲑鱼	360	3000	100	48
大鳞大马哈鱼	—	2400		
草鱼	—		200	
鲶鱼	—		100	
中国对虾	120000～180000	6000	360～440	185
斑节对虾		0.2mg	99	30～40
日本对虾			200	

表 12-43　鱼、虾对水溶性维生素的需要量（每千克饲粮含毫克数）

维生素 B$_1$	鲤鱼	1～10	虹鳟	1～12	真鲷	10
	斑点叉尾鮰	1	香鱼	12	大西洋鲑	24
	罗非鱼	10	鲥鱼	23	中国对虾	60
维生素 B$_2$	鲤鱼	7～30	鳗鱼	40～55	虹鳟	20～130
	斑点叉尾鮰	9	鲇鱼	9	香鱼	40
	罗非鱼	6～30	红罗非鱼	5	蓝罗非鱼	6
	鲥鱼	22	真鲷	20	大西洋鲑	24
	硬头鳟	2.7	中国对虾	100	斑节对虾	22.3

维生素 PP	虹鳟	1~10	中国对虾	14	罗非鱼	12~26
	斑点叉尾鮰	14	鲤鱼	25~28	中国对虾	40
维生素 B$_6$	鲤鱼	3~15	鳗鱼	18	斑点叉尾鮰	3
	虹鳟	6~40	鲇鱼	3	鲶鱼	20~25
	鲑鱼	10	中国对虾	140	长毛对虾	24
泛酸	鲤鱼	30~50	鲇鱼	15	鲶鱼	40~50
	罗非鱼	10	虹鳟	12	中国对虾	100
	斑点叉尾鮰	10~20				
生物素	鲤鱼	1~1.5	罗非鱼	0.16	鲥鱼	1.4
	虹鳟	1~1.5	真鲷	0.05	大西洋鲑	1.2
	鳗鱼	0.4~1.0	香鱼	0.3	中国对虾	0.8
叶酸	鲤鱼	0.5~1.0	罗非鱼	2	鲥鱼	2.4
	虹鳟	0.6~10	真鲷	3	香鱼	3
	鲇鱼	1.5	大西洋鲑	6	斑点叉尾鮰	1
	鳗鱼	4~6	鲶鱼	5~7	中国对虾	5
维生素 B$_{12}$	虹鳟	0.007~0.1	鲥鱼	0.4	罗非鱼	0.015
	鲤鱼	0.01	真鲷	0.2	大西洋鲑	0.036
	鳗鱼	0.04~0.1	香鱼	0.02		
	鲶鱼	0.015~0.02	中国对虾	0.01	斑节对虾	0.2
胆碱	鲤鱼	500~4000	鲥鱼	5860	真鲷	5000
	虹鳟	50~800	大西洋鲑	1200	鲶鱼	500~600
	斑点叉尾鮰	400	鳗鱼	500~600	罗非鱼	350
	鲇鱼	400	香鱼	350	中国对虾	4000
肌醇	虹鳟	200~440	罗非鱼	400	鲥鱼	845
	鲤鱼	200~300	真鲷	2000	香鱼	400
	鳗鱼	200~500	鲶鱼	100~150	中国对虾	4000
维生素 C	虹鳟	40~500	大西洋鲑	50	太平洋鲑	50
	银大马哈鱼	50~200	罗非鱼	50~200	杂交罗非鱼	79
	斑点叉尾鮰	25~60	鳗鱼	500	鲶鱼	60
	草鱼	600	中国对虾	600~1000	斑节对虾	600
	鲤鱼	160~700	罗氏沼虾	104		

七、鱼对矿物质的需要量

鱼类可通过渗透作用从生活的水中摄取一些矿物元素，但不能满足需要，仍需从饲粮中获取。

1. 钙

通常，在鱼类栖息的水中溶有大量的钙，并且鱼类能吸收这些钙。例如，对鲤鱼、虹鳟、真鲷、对虾等投喂钙质添加剂，未发现营养学效果，表明鱼、虾对饲粮钙无明显的需求性。尽管如此，还是要求饲粮中有适量的钙。例如，以占饲粮的%计，鲤需钙 0.028~0.03，大西洋鲑需 0.3，罗非鱼需 0.7，鲇鱼需 0.45，中国对虾需 2.2。

2. 磷

与钙不同，鱼类对磷主要是通过采食摄取的。因此，鱼类饲粮中应含有足够的磷。表12-44 总结了一些鱼、虾对磷的需要量。

3. 镁

部分鱼类和虾对镁的需要量如表 12-45 所示。

4. 硫、钠、钾、氯

硫在饲料尤其是蛋白质饲料中含量较多，一般无需在饲粮中再补充其他的硫源。若鱼饲粮中含有鱼粉或加有食盐，则其中的钠和氯已能充分满足鱼的营养需要。关于鱼、虾对钾需

表 12-44　鱼、虾对磷的需要量（占饲粮的％）

鱼虾	需要量	鱼虾	需要量	鱼虾	需要量
鲤鱼	0.5～0.7	斑点叉尾鮰	0.45	条纹狼鲈	0.58
虹鳟	0.7～0.8	鲇鱼	0.45	河鲶	0.42
罗非鱼	0.50	黑鲷	0.68	鳗鱼	0.58
尼罗罗非鱼	0.8～1.0	真鲷	0.70	吴郭鱼	0.90
大西洋鲑	0.70	杂交狼鲈	0.50	中国对虾	0.91

表 12-45　鱼、虾对镁的需要量（每千克饲粮含毫克数）

鱼虾	需要量	鱼虾	需要量	鱼虾	需要量
虹鳟	500～700	尼罗罗非鱼	590～770	吴郭鱼	600～800
鲤鱼	400～500	鲇鱼	400～600	中国对虾	1100～3900
罗非鱼	500～800	大西洋鲑	700		
斑点叉尾鮰	500	鳗鱼	400		

要量的研究资料很少。Wilson 等（1992）报道，斑点叉尾鮰对钾的需要量为 0.26％。刘发义等（1992）和周洪琪等（1993）分别报道，中国对虾对钾的需要量为 1.3％和 0.32％。两种结果差异很大的原因可能是虾体大小、钾源和水质等不同。

5. 微量元素

从表 12-46 可看出，对同一鱼种的微量元素需要量，由于试验条件（参数）不同，不同的研究者所取得的结果差异较大。鱼对微量元素的需要量与其种类、品种、体重、评定指标、水中微量元素含量及其有效性、水温、微量元素来源等有关。

表 12-46　鱼、虾对微量元素的需要量（每千克饲粮含毫克数）

铁	斑点叉尾鮰	20～30	鲤鱼	150	鲷鱼	150
	尼罗罗非鱼	150	鳗鱼	170	鲇鱼	30
锌	斑点叉尾鮰	20（合成饲粮）～150（自然饲粮）			大西洋鲑	90
	虹鳟	15～30	吴郭鱼	10	尼罗罗非鱼	10
	罗非鱼	30	眼斑拟石首鱼	20	网纹花鳉鱼	100
	鲤鱼	15～30	鳗鱼	50～100	鲇鱼	20
	中国对虾	100～200			太平洋白对虾	15
	长毛对虾	60			罗氏沼虾	50～90
铜	斑点叉尾鮰	4～5	鲤鱼	3	吴郭鱼	3～4
	虹鳟	3	鳗鱼	5	长毛对虾	5
			中国对虾	20～53		
锰	斑点叉尾鮰	25	虹鳟	13	吴郭鱼	12
	草鱼	15	鳗鱼	20～30	尼罗罗非鱼	12
	团头鲂	12.9	鲤鱼	12	中国对虾	60～80
硒	斑点叉尾鮰	0.25			鲇鱼	0.25
	大西洋鲑	0.15～0.40			中国对虾	0.44
碘	大西洋鲑	0.5～1.1			中国对虾	30
钴	鲤鱼	0.1	团头鲂	23.4	鳗鱼	0.27
	虹鳟	0.1			中国对虾	50～75

本 章 小 结

营养需要量是指动物为了维持健康和理想的生产性能，对能量和各种营养物质需要的数量。一般可将营养需要量分为代谢营养需要量和实际营养需要量，后者往往超过前者，缩小两者的差距，是提高动物生产力和减少饲料消耗的基本技术措施。

反映动物营养状况的指标（营养状况的标识），主要有缺乏症、生产性能和生理生化指标三种标识。基于这些标识，确定动物的营养需要量。

测定动物营养需要量的方法有两大类：一是综合法，另一是析因法。用综合法（其中饲养试验法是最常用的一种）可测定动物对各种养分的营养需要量。用析因法可测定动物对能量、蛋白质、氨基酸等的营养需要量，但一般不能测定动物对维生素和矿物质的营养需要量。

动物的营养需要包括维持营养需要和生产营养需要。维持营养需要包括基础代谢营养需要、维持体温稳定营养需要和非生产性随意活动营养需要。在生产上，要采用多种技术措施压缩近乎无偿消耗的维持营养需要。生产营养需要分生长育肥营养需要量、繁殖营养需要、泌乳营养需要、产蛋营养需要、产毛营养需要、使役营养需要等。

饲养动物的目的是通过动物这部活机器获取肉、蛋、奶、毛、皮等产品，这就得提供养分原料。只有提供各种适量的养分原料及其最佳配比，动物的产品量才多，质量才好，养分原料的转化率才高，这是提高动物生产综合效益的主要技术措施之一。　　　　（周　明）

第十三章 动物饲养标准与饲粮配合

动物在维持生命和生产等活动过程中，需要能量和各种营养物质，并且，在一定条件下，动物对能量和各种营养物质需要的数量是相对稳定的。动物的营养需要量是科学饲养动物的基本理论依据。动物所需要的养分主要或全部是从采食的饲料中获取的，饲料是动物生存和生产的物质基础。本章主要介绍猪、禽、反刍动物、兔和鱼饲粮的配制方法。

第一节 有 关 概 念

一、供给量

供给量（allowance）是指在实际条件下，为保证满足动物的营养需要量，从日粮中供给的能量和营养物质的数量。供给量由营养需要量和安全裕量两部分组成，增设安全裕量是为了消除不易量化的因子影响。这些不易量化的因子包括动物营养需要量的个体差异、同一饲料不同批次养分含量和利用率的差异、饲料养分在加工和储存期间的损失、环境条件的差异、动物体的亚健康、营养需要量估测的不准确性等。

二、饲养标准

1. 饲养标准的涵义

不同种类、经济类型、品种、性别、生长阶段、体重、生理状态、生产性能等的动物对能量和各种营养物质需要量的汇总及其具体使用方法一般被称为饲养标准（feeding standard）。饲养标准是指给动物所需要的一系列养分的供额。饲养标准是根据大量饲养试验研究结果和动物生产实践经验总结而来的。它经专家审定，并经权威机构颁布发行，方能作为饲养标准。

饲养标准反映了动物生存和生产对饲料养分即能量和营养物质的客观要求，是动物生产中组织饲料供给、设计饲粮配方、生产饲料的科学依据。现今畜牧生产水平较高的国家，均已制定了适应本国情况的饲养标准，如英国的 ARC（农业科学研究委员会）、美国的 NRC（国家科学研究委员会）等制定的饲养标准。我国根据畜牧水产业生产的发展，20 世纪 80 年代以来，相继制定了猪、鸡、乳牛、肉牛和鱼类等动物的饲养标准。

2. 饲养标准的属性

饲养标准有双重属性，即科学性和灵活可变性。饲养标准是经过科学试验和生产实践检验而总结出来的，因而具有科学性。然而，饲养标准毕竟是在一定条件下制定出来的。这些条件包括：实验动物群体大小有限；一定的自然环境条件；实验动物一定的生产力；营养需要量测定方法的科学性程度和准确性；其他条件。这些条件中一种或多种改变，动物的营养需要量也会有相应的变化。这就是饲养标准灵活可变性的原因。

3. 选择饲养标准的原则

选择饲养标准的原则就是两个字——"新、近"。具体来说，在时间上要选择最新的饲养标准。最新的饲养标准一般都较次新的饲养标准先进和完善。在空间上要选择最接近、最适合当地的饲养标准。当地的饲养标准在被制定时一般都考虑了当地的动物生理特点、生产性能和饲料资源等参数。

4. 饲养标准的指标

① 采食量　指动物对干物质或风干物质的日采食量。

② 能量　在猪中，我国通常用消化能（DE）指标表示；在家禽中，我国通常用代谢能（ME）指标表示；在奶牛中，我国通常用泌乳净能（NE_L）或奶牛能量单位（NND）指标表示；在肉牛中，我国通常用增重净能（NE_G）或肉牛能量单位（RND）指标表示。

③ 蛋白质　我国一般多用粗蛋白（CP）或可消化粗蛋白（DCP）衡量。

④ 氨基酸　必需氨基酸（EAA）与半必需氨基酸（Semi-EAA）；在饲养标准中通常表示为占饲粮的比例，或每天需要的绝对量。

⑤ 脂肪酸　以必需脂肪酸（EFA）作指标，如亚油酸等。

⑥ 维生素　脂溶性维生素与水溶性维生素等 15 种左右的维生素。

⑦ 矿物元素　常量元素、微量元素。前者通常列钙、磷、钠、氯、镁、钾、硫；后者通常列铁、铜、锰、锌、碘、硒、钴等。

三、日粮与饲粮

1. 日粮与饲粮的涵义

日粮（ration）是指一头（只）动物一昼夜采食的各种饲料数量。选择适宜的原料，按饲养标准规定的每日每头动物所需养分的数量进行搭配，就能配合出 1 头（只）动物的日粮。

在实际生产中，单独饲喂一头（只）动物是很少的。绝大多数是群养，故在实际工作中为同一生产目的的动物群体按营养需要量配制大批量（全价）配合饲料，然后分次投喂，将这类由多种饲料原料按动物营养需要量科学组合而成的批量性（全价）配合饲料就称为饲粮（diet）。换言之，按日粮中各种饲料原料的百分比配制的大量配合饲料就称为饲粮。

日粮是饲粮的构成单位与基础，饲粮则是日粮的延伸与扩展。

2. 饲粮（日粮）的基本要求

① 营养全价而平衡　动物需要什么养分，饲粮（日粮）就有什么养分；动物需要多少量的养分，饲粮（日粮）就有多少量的养分；饲粮（日粮）中营养配比（比例）完全符合动物的营养要求。

② 适口性好　动物要喜食所配制的饲粮（日粮）。

③ 经济成本尽可能低。

④ 当地适用　组成饲粮（日粮）的饲料原料在当地产量较多，较易采购或收集；配制的饲粮（日粮）易被用户接受。

⑤ 安全环保　饲粮对动物乃至对人类健康无损害作用，对环境不产生污染。

四、饲粮配制原则

科学地配制饲粮是提高动物生产水平的重要技术措施。只有供给动物营养全价、平衡的饲粮，方能发挥动物生产潜力、提高饲料效率和降低生产成本。在设计饲粮配方时，应考虑以下一些基本原则。

① 科学性　饲养标准是配制饲粮的科学依据。饲粮中能量和各种营养物质含量要参照饲养标准，并在饲养标准基础上进行适当调整。例如，饲粮中各种维生素供量，要根据饲粮的加工方法（如制粒等）、储存时间、环境条件、动物的健康状况等酌情调整；饲粮中微量元素补充量要根据基础饲粮的本底值来确定。

② 适用性　设计饲粮配方时要清楚饲喂对象的品种、经济类型、生产水平、饲养方式和所用饲料原料的质量等级以及自然环境条件等。综合各方面情况，优化饲粮配方，且兼顾

生产投入和经济效益的平衡。

③ 适口性　饲粮应具有良好的适口性。在饲粮中使用一些营养价值较高而适口性较差的原料，如血粉等，其用量要加以控制；酸败和霉变的原料不用；含毒的原料（如菜籽饼粕、棉籽饼粕等）要少用；生的或熟化不够的大豆饼粕不用；肌胃糜烂素含量高的鱼粉要少用或不用。惟有做到以上所述，才能确保畜禽有较强的食欲和饲用安全。

④ 经济性　为了降低成本，获得最大经济效益，产品定位要准确、营养参数的确定要合理、饲料原料的选用应注意因地制宜和因时制宜。

⑤ 安全环保性和合法性　各项营养指标应达到或略超过该产品登记注册时的企业标准；不添加禁止使用的添加剂产品。配方设计要综合考虑产品对生态环境和其他生物的影响，尽量提高营养物质的利用率，减少动物废弃物中氮、磷、药物及其他物质对人类、生态系统的污染与不利影响。

⑥ 原料相对稳定性　饲粮中饲料原料种类和比例应保持相对稳定，不宜突然变化。如需改变原料种类或比例，应逐渐变化，使动物有个适应过程，避免产生较大的应激反应。

⑦ 饲料配方动态化　其理由很多，如：a. 随着日龄（周龄）增大，动物体内沉积的化学成分是不断变化的，因而营养需要不断变化。b. 动物在出生后，消化系统快速发育，消化机能不断增强，甚至在前、后两天消化机能也有显著差异。因此，划分动物生理阶段的数量应较传统的段数多，这样既能发挥动物的生产潜能，又可提高饲料转化率。

⑧ 饲粮体积要适中　饲粮体积过大，则动物不能摄取足够的养分；反之，饲粮体积过小，畜禽虽能摄入足量的养分，但会缺乏饱感，也影响生产性能。

五、饲粮配合的一般步骤

（1）确定目标　饲粮配合的第一步是确定饲粮应用的目标，不同的目标对饲粮配方设计的要求不同。目标可包括整个产业的目标、整个产业中养殖企业的目标和养殖企业中某批动物的目标等不同层次。主要目标包含：①每头上市动物收益最大；②畜（禽）群收益最大；③整个集团收益最大；④动物达到最佳生产性能；⑤对环境的影响最小；⑥生产含某种特定品质的畜（禽）产品。根据饲粮应用的目标的不同，对饲粮配方要作相应的调整，以实现各种层次的需求。

（2）估测并确定动物的采食量　由于采食量与饲粮中养分浓度相关联，所以在配合饲粮前要大致确定动物的采食量，这样才能设定饲粮中养分浓度。当然，动物的采食量受饲粮的适口性、环境温度等因素影响。

（3）确定饲粮中养分浓度　将最适合当地的畜禽饲养标准作为饲粮养分供量（饲粮中养分浓度）的基本依据。由于养殖企业的情况不同，动物的生产性能有高低，再加上环境条件的差异，因此不能机械地照搬饲养标准，而应在参考饲养标准的同时，根据实际情况，对动物的养分供量做必要的调整。稳妥的方法是先配少量的饲粮进行饲养试验，饲养试验效果理想后再配制批量的配合饲料（饲粮）。

（4）选择饲料原料　选择的饲料原料要适合动物的习性、嗜好，原料的生物学效价、经济成本、养分含量等。同一饲料原料不同来源或不同批次，其中养分含量有时相差较大，甚至差异达 20% 以上。因此，要求饲料原料的营养数据尽可能的准确。必要时，要对其实测。

（5）制订饲粮配方　对以上四个方面的信息进行综合处理分析，形成配方，配制饲粮。制订饲粮配方时，既可用手工计算，也可应用配方软件计算。

（6）饲粮配方质量评价　饲粮被配制出来后，要想了解其质量，就需对饲粮取样进行化学分析，将化学分析值和配方计算值进行比对。比对结果在允许误差的范围内，就说明饲粮配制过程可信。反之，若比对结果超出一定的范围，则说明饲粮配合和加工过程中存在问题：①饲料原料的营养数据不准确；②饲料原料称量不准；③饲粮混合不匀；④饲粮样品化学分析有误等。

饲粮的实际饲用效果是评价饲粮配制质量的最好标准。中大型的企业都以实际饲用效果和生产的动物产品质量作为评判饲粮质量的标准。随着社会的进步，饲粮的安全性、生态环境效应也被作为衡量饲粮质量的指标之一。

第二节　饲粮配方的设计方法

设计饲粮配方是根据动物营养学原理，利用数学方法，求得各种饲料原料的合理配比。设计配方的方法很多，本节介绍几种常见方法。

一、试差法

试差法又被称为凑数法，即以饲养标准规定的营养需要量为基础，根据经验或参照经典配方初步拟出饲粮中各种饲料原料比例，再以各饲料原料中能量和各种营养物质之和分别与饲养标准比较。若出现差额，再调整饲粮中饲料原料配比，直到满足营养需要量为止。

配制步骤如下：

（1）查饲养标准，明确动物对能量与各种营养物质的需要量。

（2）根据饲料营养价值表查出各种饲料中能量和营养物质含量。

（3）根据能量和蛋白质要求，初步拟定能量饲料和蛋白质饲料在饲粮中的配比，并计算能量和蛋白质实际含量，与饲养标准比较。通过调整，使之符合动物营养需要。初步拟定饲料配方时，各类饲料大致比例如表 13-1 所示。

表 13-1　各类饲料原料在饲粮中大致比例

饲 料 种 类	百分比/%
谷实类饲料	45～70
糠麸类饲料	5～15
植物性蛋白质饲料	15～25
动物性蛋白质饲料	3～7
矿物质饲料	5～7
微量元素和维生素添加剂	1～2
草粉类饲料	2～5

（4）用矿物质饲料和某些必需的添加剂，对配方进行调整。

① 计算饲粮中钙、磷含量与差额；

② 确定钙、磷源性饲料用量；

③ 确定食盐用量；

④ 确定微量元素和维生素添加剂用量；

⑤ 确定 EAA 用量；

⑥ 列出配方。

二、对角线法

对角线法又被称为四角法、交叉法、方形法或图解法。在饲料原料种类不多与营养指标较少的情况下，可用此法。但在采用多种饲料原料和多项营养指标的情况下，此法显得烦琐且不能同时满足多项营养指标的要求。

1. 示例一

现有市售（蛋白质）浓缩饲料含粗蛋白质 41.0%，可供利用的混合型能量饲料（玉米 60%、高粱 20%、小麦麸 20%）含粗蛋白质 9.3%。试为生长肥育猪配制含粗蛋白质 14% 的饲粮。

计算步骤：

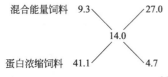

$$混合能量料应占比例 = \frac{27}{27+4.7} = 85.17\%$$

$$（蛋白质）浓缩饲料应占比例 = \frac{4.7}{27+4.7} = 14.83\%$$

则饲粮中，

玉米比例为：$60\% \times 0.8517 = 51.10\%$

高粱比例为：$20\% \times 0.8517 = 17.03\%$

小麦麸比例为：$20\% \times 0.8517 = 17.03\%$

由上可见，饲粮中玉米占 51.10%、高粱占 17.03%、小麦麸占 17.03%、（蛋白质）浓缩饲料占 14.83%。

2. 示例二

某企业现有玉米、高粱、小麦麸、大豆粕、棉籽粕、菜籽粕和矿物质饲料（骨粉和食盐）。请为体重 35～60kg 的生长育肥猪配制一种粗蛋白质为 14% 的饲粮。

配制步骤如下。

① 确定玉米、高粱、小麦麸、大豆粕、棉籽粕、菜籽粕和矿物质饲料中的粗蛋白质含量。一般情况下，玉米中的粗蛋白质含量为 8.6%、高粱 8.3%、小麦麸 15.7%、大豆粕 45.6%、棉籽粕 42.6%、菜籽粕 35.5%，矿物质饲料（骨粉和食盐）中的粗蛋白质含量为 0%。

② 先将饲料原料按能量饲料和蛋白质饲料分组，然后按类别计算能量饲料组和蛋白质饲料组粗蛋白质的平均含量。设能量饲料组由 60% 玉米、20% 高粱、20% 小麦麸组成，蛋白质饲料组由 70% 豆粕、20% 棉籽粕、10% 菜籽粕构成。则：

能量饲料组的蛋白质含量为：$60\% \times 8.6\% + 20\% \times 8.3\% + 20\% \times 15.7\% = 10\%$

蛋白质饲料组蛋白质含量为：$70\% \times 45.6\% + 20\% \times 42.6\% + 10\% \times 35.5\% = 44\%$

矿物质饲料，一般占混合料的 2%，其成分为骨粉和食盐。按饲养标准食盐宜占混合料的 0.3%，则食盐在矿物质饲料中应占 15%（$0.3/2 \times 100\%$），骨粉则占 85%。

③ 算出添加矿物质料前混合料中粗蛋白质的含量。

添加矿物质饲料前混合料的总量为 $100\% - 2\% = 98\%$，则添加矿物质饲料前混合料的粗蛋白质含量应为：$14\% \div 98\% \times 100\% = 14.3\%$。

④ 将能量混合料和蛋白质混合料作为 2 种复合原料，做交叉。即：

$$能量混合料应占比例=\frac{29.7}{29.7+4.3}=87.4\%$$

$$混合蛋白质料应占比例=\frac{4.3}{29.7+4.3}=12.6\%$$

⑤ 计算出总混合料即饲粮中各饲料原料应占的比例。即：

玉米：$60\%\times0.874\times0.98=51.4\%$

高粱：$20\%\times0.874\times0.98=17.1\%$

麦麸：$20\%\times0.874\times0.98=17.1\%$

豆饼：$70\%\times0.126\times0.98=8.7\%$

棉籽粕：$20\%\times0.126\times0.98=2.5\%$

菜籽粕：$10\%\times0.126\times0.98=1.2\%$

骨粉：　　　　　　　　　　　　1.7%

食盐：　　　　　　　　　　　　0.3%

合计：　　　　　　　　　　　　100%

三、线性规划与计算机在饲粮配方设计中的应用

采用试差法、对角线法等初等代数的方法，可设计出相对简单的饲粮配方，但计算量较大。尤其当配方选用饲料原料较多，且须满足多个营养指标时，用上述方法配合饲粮便显得十分困难。另外，各种原料有多种不同的组合以构成一系列配方，其营养物质含量均能满足饲料标准的要求。在这一系列配方中，必有一个成本最低，而上述两种方法很难找出这个成本最低的最优配方。

采用计算机强大运算功能，可实现饲粮配方的优化设计。线性规划是用计算机设计饲粮配方的基本方法。目前，随着许多软件功能逐渐增强，适应面扩大，相信用计算机配合饲粮越来越灵活方便。软件设计趋于功能化、模块化，因而用计算机设计饲粮配方也越来越广泛。

线性规划的基本原理如下：任何一组线性方程均可能存在满足相应目标函数要求的最优解。这一组方程就是线性规划的约束条件。因此，进行线性规划须具备两个条件：约束条件；目标函数。即：

约束条件（约束方程）：$a_{11}\times x_1+a_{12}\times x_2+\cdots+a_{1n}\times x_n\geqslant b_1$

$$a_{21}\times x_1+a_{22}\times x_2+\cdots+a_{2n}\times x_n\geqslant b_2$$

$$\vdots\quad\vdots\quad\vdots\quad\vdots\quad\vdots\quad\vdots\quad\vdots$$

$$a_{n1}\times x_1+a_{m2}\times x_2+\cdots+a_{mn}\times x_n\geqslant b_m$$

目标函数：$c_1\times x_1+c_2\times x_2+\cdots+c_n\times x_n\longrightarrow$ 最小值

式中　x_n——不同饲料原料的用量，%；

　　　a_{mn}——不同饲料原料中不同养分的含量；

　　　b_m——动物对不同养分的需要量；

　　　c_n——不同饲料原料的经济价格；

最小值——最低经济成本。x_1、x_2、$x_3\cdots x_n$ 的集合就是优选的饲料配方。

当今，最低成本配方几乎被所有饲料公司、畜禽养殖场采用。电子计算机的扩大应用使养殖业得以实现最低成本生产。近年来，在配制动物饲粮时，开始使用概率饲料配方技术和最大效益配方技术。

四、猪饲粮配方设计

1. 基本原则

根据猪消化生理特点，配制猪饲粮时应注意如下几点。

① 饲粮养分浓度，尤其是能量（消化能）和蛋白质以及能量蛋白比应符合猪的营养需要。在此基础上，通过饲料原料配比的调整或使用添加剂，使饲粮中各种营养物质达到足量。

② 猪为杂食动物，对粗纤维消化能力较弱。因此，应适度控制饲粮中粗纤维含量。不同生长阶段、经济类型、生理状况的猪饲粮中粗纤维适宜含量如下所示：生长肥育猪体重 6～20kg 为 2％～3％，21～55kg 为 4％，56～100kg 为 5％～6％（肉脂型）或 ≤7％；妊娠母猪为 10％～12％；哺乳母猪为 5％～6％。

③ 日粮体积应与猪消化道容量一致。猪日食风干料量一般为（占体重的％）：种公猪 1.5～2.0；妊娠母猪 2.0～2.5；哺乳母猪 3.2～4.0；体重 50kg 以下的生长肥育猪为 4.4～6.5，体重 50kg 以上的生长肥育猪 3.8～4.4。

④ 饲粮尽可能由多种饲料原料组成，利用饲料原料在营养上互补以增强饲粮营养全价性。

⑤ 所配制的饲粮应符合国家卫生标准。

⑥ 经济合算。

2. 示例

生长肥育猪（肉脂型）体重 35～60kg。现有玉米、大豆粕、小麦麸、鱼粉、贝壳粉、骨粉、食盐和多种饲料添加剂等。试用试差法配制符合上述猪营养需要的饲粮。

配合步骤如下：

① 根据我国饲养标准，查出营养需要量，见表 13-2。

表 13-2　35～60kg 生长肥育猪（肉脂型）的营养需要

消化能/MJ	粗蛋白/％	钙/％	磷/％	食盐/％
12.97	14	0.50	0.41	0.30

② 查饲料营养价值表，查出现有各种饲料原料中消化能与各种营养物质含量，见表 13-3。

表 13-3　饲料原料中营养物质含量

饲料	消化能/(MJ/kg)	粗蛋白/％	钙/％	磷/％
玉米	14.35	8.5	0.02	0.21
大豆粕	13.56	41.6	0.32	0.50
小麦麸	10.59	13.5	0.22	1.09
鱼粉	11.42	53.6	3.10	1.17
贝壳粉	—	—	32.6	—
骨粉	—	—	30.12	13.46

③ 根据饲料原料营养数据，初步拟出各种饲料原料用量，并计算其中消化能与粗蛋白含量，见表 13-4。

④ 调整配方。根据表 13-4 计算结果，消化能与饲养标准相近，粗蛋白比饲养标准高 0.43％，故调整配方时可降低大豆粕用量，使消化能与粗蛋白含量符合饲养标准规定（表 13-5）。

表 13-4　初拟的猪饲粮配方

饲料	占饲粮/%	消化能/MJ	粗蛋白/%
玉米	58	14.35×0.58=8.32	8.5×0.58=4.93
大豆粕	16	13.56×0.16=2.170	41.6×0.16=6.656
小麦麸	20	10.59×0.2=2.118	13.5×0.20=2.70
鱼粉	4	11.42×0.04=0.457	53.6×0.04=2.144
贝壳粉	2	—	—
合计		13.067	14.43

表 13-5　初步调整后的猪饲粮配方

饲料	占饲粮/%	消化能/MJ	粗蛋白/%
玉米	62	14.35×0.62=8.897	8.5×0.62=5.27
大豆粕	9	13.56×0.09=1.220	41.6×0.16=3.744
小麦麸	23	10.59×0.23=2.436	13.5×0.23=3.105
鱼粉	4	11.42×0.04=0.457	53.6×0.04=2.144
贝壳粉	2	—	—
合计		13.010	14.263

⑤ 计算饲粮配方中钙、磷含量，见表 13-6。

表 13-6　猪饲粮配方中钙、磷含量

饲料	占饲粮/%	钙/%	磷/%
玉米	62	0.02×0.62=0.0124	0.21×0.62=0.1302
大豆粕	9	0.32×0.09=0.0288	0.50×0.16=0.045
小麦麸	23	0.22×0.23=0.0506	1.09×0.23=0.2507
鱼粉	4	3.10×0.04=0.124	1.17×0.04=0.0468
贝壳粉	2	32.6×0.02=0.625	—
合计		0.8678	0.4727

从表 13-6 可见，饲粮中磷含量基本接近标准，而钙含量偏高。将贝壳粉比例调整为 1％ 即可，最后补足食盐和必要的饲料添加剂。将小麦麸用量适当调整，以使配制后的饲粮为 100％。至此，饲粮配制工作可告结束。配制的饲粮配方如下：玉米 62％、大豆粕 9％、小麦麸 23.5％、鱼粉 4％、贝壳粉 1％、食盐 0.3％、必要的饲料添加剂 0.2％。

五、家禽饲粮配方设计

1. 家禽饲粮配制原则

（1）家禽尤其是鸡消化道内微生物少，因此纤维素酶、半纤维素酶少，故对粗纤维消化能力弱。所以，鸡的饲粮组成中应以精饲料为主，饲粮中粗纤维含量不应超过 5％，但成年鹅、鸭饲粮中粗纤维含量可酌情增加。

（2）家禽尤其是产蛋家禽饲粮蛋白质的品质应好，应有一定比例的动物性蛋白质饲料（如鱼粉），这样才有可能保证饲粮中氨基酸较好的平衡性。

（3）家禽具有腺胃和肌胃。肌胃起物理性消化食物的作用。因此，给家禽喂点沙石，使其在肌胃内磨碎饲料，以提高饲料的消化率。

（4）家禽消化道短，食物在消化道内停留时间短，一般为 2～6h，因此家禽对饲料消化率较低。另外，家禽的饲料不能粉碎过细，否则其消化率更低。给家禽饲用颗粒效果较好，乃因：①便于家禽采食；②食物在消化道内停留时间延长；③确保家禽能食入饲粮中全部养分。

2. 家禽饲粮配制方法与步骤

现今常用试差法配制家禽饲粮，其步骤为查表、试配、调整、补充，具体配制方法基本上同猪饲粮配制方法，这里以0～3周龄肉用仔鸡饲粮的配合为例，配合步骤如下：

① 查0～3周龄肉用仔鸡的饲养标准（表13-7）。

表 13-7　0～3周龄肉用仔鸡饲粮配合示例

饲料原料	百分比/%	代谢能/(MJ/kg)	粗蛋白/%	钙/%	有效磷/%
玉米	62.3	8.72	4.98	0.025	0.037
大豆粕	20	2.06	9.40	0.064	0.038
菜籽粕	5	0.40	1.93	0.040	0.015
进口鱼粉	5	0.61	3.13	0.196	0.145
蚕蛹粉	4	0.57	2.15	0.01	0.023
骨粉	1.5			0.36	0.18
石粉	0.8			0.28	
食盐	0.4				
添加剂	1				
合计	100	12.36	21.59	0.98	0.44
饲养标准		12.54	21.50	1.00	0.45

② 查出拟用的饲料如玉米、大豆粕、菜籽粕、进口鱼粉、蚕蛹粉、骨粉、石粉、食盐、维生素和微量元素添加剂等的营养数据。

③ 草拟饲粮配方　根据经验，肉用仔鸡饲粮中能量饲料一般占60%～70%、蛋白质饲料一般占25%～35%、矿物质饲料一般占3%、维生素和微量元素添加剂等一般占1%。

④ 调整　由表13-7中可看出，草拟的饲粮基本上能满足0～3周龄肉用仔鸡对代谢能、蛋白质、钙和有效磷的需要量，一般无需调整。

⑤ 补充　一般将基础饲粮中维生素和微量元素含量作为安全裕量，按营养需要量再向基础饲粮中补添维生素和微量元素。如果某些必需氨基酸不足，再向基础饲粮中补添适量的氨基酸。

六、反刍动物日粮配方设计

1. 奶牛日粮配合

（1）配合原则

① 要考虑的主要营养指标：泌乳净能（NE_L）或奶牛能量单位（NND），粗蛋白质（CP）或可消化粗蛋白质（DCP）、钙（Ca）、磷（P）及其比例，胡萝卜素，钴（Co），硫（S），锌（Zn）等。

② 日粮干物质供量要适宜：

高产奶牛，宜用精料型日粮，干物质供量为 $0.062W^{0.75} + 0.40Y$

中低产奶牛，宜用偏粗料型日粮，干物质供量为 $0.062W^{0.75} + 0.45Y$

[W——奶牛体重（kg）；Y——奶牛日标准乳产量（kg）]

③ 日粮干草和青饲料（或青贮料或块根、块茎、瓜果类饲料）供量要适宜，一般为占奶牛体重2.0%（以风干计）左右。在生产上，一般有以下具体供给方案：a. 奶牛每100kg体重供给2kg优质干草；b. 奶牛每100kg体重供给1kg优质干草和3kg青饲料；c. 奶牛每100kg体重供给1kg优质干草和3kg青贮料；d. 奶牛每100kg体重供给1kg优质干草和4kg块根、块茎、瓜果类饲料。

④ 日粮粗纤维含量应适宜，一般为15%～20%，高产奶牛日粮粗纤维含量不得低

于 13%。

⑤ 日粮粗脂肪含量应适宜，一般为 5%～7%。低于 4% 或高于 12%，均不利于奶牛生产。粗脂肪过低，脂溶性维生素不易被吸收；粗脂肪过高，瘤胃微生物活性下降，这是因为脂肪降解后，游离的不饱和脂肪酸对细菌的细胞膜有损害作用。

（2）配合方法与步骤

也常用试差法配合奶牛日粮。其步骤如下。

① 查饲养标准表，算得饲喂对象奶牛的营养需要量（维持营养需要＋泌乳营养需要＋…）。

② 查饲料营养价值表，列出拟用饲料养分含量和营养价值。

③ 发挥奶牛对粗纤维有较强的消化能力，充分使用干草、青饲料（或青贮料或块根、块茎、瓜果类饲料），进行初配。

④ 所用的干草、青饲料（或青贮料或块根、块茎、瓜果类饲料）中养分含量与奶牛的营养需要量的差额由混合精料补充。到此步，泌乳净能（NE$_L$）或奶牛能量单位（NND），粗蛋白质（CP）或可消化粗蛋白质（DCP）应满足奶牛的营养需要。

⑤ 补充钙、磷、食盐等常量元素以及微量元素。

⑥ 补充维生素 A、维生素 D、维生素 E 等。

（3）奶牛日粮配合实例

【例题 1】 奶牛体重 500kg，日产奶 20kg，乳脂率 4%。现场有饲料：玉米青贮料、羊草干草、玉米籽实、大豆饼、小麦麸、骨粉、石粉、食盐等。请给奶牛配制一种全价日粮。

配制步骤如下。

① 查奶牛饲养标准表，结果如表 13-8。

表 13-8　奶牛营养需要量

	日粮干物质/kg	泌乳净能/MJ	粗蛋白质/g	食盐/g	钙/g	磷/g	胡萝卜素/mg
维持需要	6.56	37.57	488	15	30	22	53
泌乳需要	8.0～9.0	62.8	1700	24	90	60	
总营养需要	14.56～15.56	100.37	2188	39	120	82	>53

② 查饲料营养价值表，结果如表 13-9。

表 13-9　拟用饲料营养价值

	干物质/%	泌乳净能/(MJ/kg)	粗蛋白质/%	钙/%	磷/%	胡萝卜素/(mg/kg)
玉米青贮料	25.6	1.68	2.1	0.08	0.06	11.7
羊草干草	91.6	4.31	7.4	0.37	0.18	—
玉米籽实	88.4	7.16	8.6	0.08	0.21	—
小麦麸	88.6	6.03	14.0	0.18	0.78	—
大豆饼	90.6	8.29	43.0	0.32	0.50	—
骨粉	95.2	—	—	36.39	16.37	—
石粉	92.1	—	—	33.98	—	—

③ 试配：按原则，充分使用干草和青贮料，见表 13-10。

④ 补充：再补充适量的维生素 A、维生素 D、维生素 E 等以及微量元素 Fe、Cu、Zn、Mn、Se、I、Co 等。

表 13-10　奶牛饲粮配制过程

用量/kg		DM/kg	NE_L/MJ	CP/g	钙/g	磷/g	食盐/g	胡萝卜素/mg
羊草干草	5.0	4.58	21.55	370	18.5	9.0	—	—
玉米青贮料	15.0	3.84	25.20	315	12.0	9.0	—	175.5
合计	20.0	8.42	46.75	685	30.5	18.0	—	175.5
尚缺			53.62	1503	89.5	64.0	39.0	0
补以下精饲料								
玉米籽实	3.5	3.094	25.06	301	2.8	7.35	—	—
小麦麸	1.8	1.595	10.85	252	3.24	14.04	—	—
大豆饼	2.2	1.993	18.236	946	7.04	11.0	—	—
补以下矿物质饲料								
骨粉	0.2	0.19	—	—	72.78	32.74	—	—
石粉	0.01	0.0092	—	—	3.398		—	—
食盐	0.04	0.04	—	—			—	—
合计	7.75	6.92	54.146	1499	89.26	65.13	40	0
总计	27.75	15.34	100.9	2184	119.76	83.13	40	175.5
与标准比较(±)		吻合	+0.53	—4	—0.24	+1.13	+1	富余

综上所述,体重500kg,日产奶20kg,乳脂率4%的奶牛全价日粮配方如下:羊草干草5kg、青贮玉米15kg、玉米籽实3.5kg、小麦麸1.8kg、大豆饼2.2kg、骨粉0.2kg、石粉0.01kg、食盐0.04kg,并补充适量的维生素A、维生素D、维生素E等以及微量元素Fe、Cu、Zn、Mn、Se、I、Co等添加剂。

反刍动物乃至草食动物全价日粮实际上由三部分组成,即:青饲料(或青贮料或块根、块茎、瓜果类饲料)＋精料补充料＋粗饲料(干草、秸秆等)。上述的奶牛全价日粮中的玉米籽实3.5kg、小麦麸1.8kg、大豆饼2.2kg、骨粉0.2kg、石粉0.01kg、食盐0.04kg,并补充适量的维生素A、维生素D、维生素E等以及微量元素Fe、Cu、Zn、Mn、Se、I、Co等添加剂即为精料补充料。

【例题2】　某奶牛场成年奶牛平均体重为500kg,日产奶量15kg,乳脂率3.5%,该场饲料原料有稻草、青贮玉米、玉米、小麦麸、大豆饼、石粉、骨粉、食盐等。试给该奶牛配一种平衡日粮。

第一步:确定奶牛的营养需要。

从奶牛饲养标准中查得平均体重为500kg,日产奶量15kg,乳脂率3.5%的奶牛营养需要量如表13-11所示。

表 13-11　该奶牛的营养需要

营养需要量	干物质/kg	产奶净能/MJ	粗蛋白质/g	钙/g	磷/g
维持需要量	6.56	37.57	488	30	22
产奶需要量	5.6	43.93	1200	63	42
总　计	12.16	81.50	1688	93	64

第二步:从饲料成分表中查出所用饲料原料的营养成分含量(表13-12)。

第三步:先满足奶牛对粗饲料、青贮料的需要。如按奶牛体重每天给以1%～2%的粗饲料或相当于粗饲料的青贮料的要求,500kg体重的奶牛可喂7.5kg粗饲料、青贮料(风干计)(取中等用量1.5%),其中设干稻草用量为2.5kg,玉米青贮用量为15kg(3kg玉米青贮料相当于1kg粗饲料),则由粗饲料、青贮料组成的初配日粮的营养成分含量如表13-13所示。

表 13-12　原料营养成分的含量

原料/kg	干物质/%	产奶净能/MJ	粗蛋白质/g	钙/g	磷/g
稻草	90.3	2.55	62	5.6	1.7
青贮玉米	22.7	1.13	16	1.0	0.6
玉米	87.6	8.58	86	0.9	1.8
小麦麸	89.3	6.28	150	1.4	5.4
大豆饼	87.6	8.16	434	3.0	5.0

表 13-13　初配日粮的营养成分含量

原料/kg	干物质/kg	产奶净能/MJ	粗蛋白质/g	钙/g	磷/g
2.5kg 稻草	2.258	6.38	155.0	14.00	4.25
15kg 青贮玉米	3.405	16.95	240.0	15.00	9.00
总　计	5.663	23.33	395.0	29.00	13.25
与标准相差	6.497	58.20	1293	64.00	50.75

第四步：不足的养分，再以混合精料补充。若以每千克含 7.53MJ（1.80Mcal）产奶净能的混合精料（一般所配混合精料的产奶净能为 2Mcal 左右）补充，则需 7.728（即 13.91÷1.80）kg 混合精料先满足奶牛对产奶净能的需要量。设玉米、小麦麸用量分别为 4.637kg 和 3.091kg（分别按占混合精料的 60% 和 40% 的比例计算），则补充能量饲料后的日粮组成如表 13-14 所示。

表 13-14　补充能量饲料后的日粮组成

原料/kg	干物质/kg	产奶净能/MJ	粗蛋白质/g	钙/g	磷/g
2.5kg 稻草	2.258	6.38	155.0	14.00	4.25
15kg 青贮玉米	3.405	16.95	240.0	15.00	9.00
4.637kg 玉米	4.062	41.45	398.8	4.173	8.347
3.091kg 小麦麸	2.760	19.40	463.7	4.327	16.69
总　计	12.485	82.51	1258	37.50	38.29

与奶牛营养需要量相比，上述日粮中产奶净能已满足需要量，但蛋白质、钙、磷尚不足。

第五步：用蛋白质含量高的大豆饼代替部分玉米。日粮中尚缺粗蛋白质数量为 430g（1688－1258＝430），每千克大豆饼与玉米粗蛋白质含量之差为 348g（434－86＝348），则大豆饼替代量为 1.236kg（430÷348）。由部分大豆饼代替等量玉米后的日粮营养成分含量如表 13-15 所示。

表 13-15　大豆饼代替部分玉米后的日粮组成

原料/kg	干物质/kg	产奶净能/MJ	粗蛋白质/g	钙/g	磷/g
2.5kg 稻草	2.258	6.38	155.0	14.00	4.25
15kg 青贮玉米	3.405	16.95	240.0	15.00	9.00
3.401kg 玉米	2.979	29.17	292.5	3.061	6.122
3.091kg 麸皮	2.760	19.40	463.7	4.327	16.69
1.236kg 豆饼	1.083	10.08	536.4	3.708	6.180
总　计	12.485	81.98	1687.6	40.10	42.24

第六步：补充矿物质

日粮中缺钙 52.90g（93－40.10＝52.90）、磷 21.76g（64－42.24＝21.76），则补充骨

粉（设含钙 34.26%、磷 15.06%）144.489g（21.76÷15.06%）来满足磷的需要量，此时仍缺钙 3.3981g（52.9－144.489×34.26%＝52.9－49.5019），因此，可补充石粉（设含钙 38%）8.9424g（3.3981÷38%）。另外，按每 100kg 体重给 5g 食盐，每产 1kg 奶给 2g 食盐，则应补充食盐为 5×500÷100＋2×15＝55g。日粮配方如表 13-16 所示。

表 13-16　奶牛的日粮配方

原料/kg	干物质/kg	产奶净能/MJ	粗蛋白质/g	钙/g	磷/g
2.5kg 稻草	2.258	6.38	155.0	14.00	4.25
15kg 青贮玉米	3.405	16.95	240.0	15.00	9.00
3.401kg 玉米	2.979	29.17	292.5	3.061	6.122
3.091kg 麸皮	2.760	19.40	463.7	4.327	16.69
1.236kg 豆饼	1.083	10.08	536.4	3.708	6.180
144.489g 骨粉	0.1445			49.5019	21.76
8.9424g 石粉	0.0089			3.3981	
55g 食盐	0.055				
总　计	12.6934	81.98	1687.6	92.996	64.002

第七步：列出全混合日粮配方，见表 13-17。

表 13-17　全混合日粮配方

原料	配比/%	原料	配比/%	原料	配比/%
稻草	9.83	小麦麸	12.15	石粉	0.04
青贮玉米	58.96	大豆饼	4.86	食盐	0.22
玉米	13.37	骨粉	0.57		

2. 肉牛日粮配合

（1）配合步骤

① 查饲养标准表，算得饲喂对象肉牛的营养需要量。

② 查饲料营养价值表，列出拟用饲料养分含量和营养价值。

③ 发挥肉牛对粗纤维有较强的消化能力，充分使用秸秆、干草、青饲料（或青贮料或块根、块茎、瓜果类饲料），进行初配。

④ 所用的秸秆、干草、青饲料（或青贮料或块根、块茎、瓜果类饲料）中养分含量与肉牛的营养需要量的差额由混合精料补充。到此步，能量（净能）、粗蛋白质（CP）应满足肉牛的营养需要。

⑤ 补充钙、磷、食盐等常量元素以及微量元素。

⑥ 补充维生素 A、维生素 D、维生素 E 等。

（2）示例　生长肥育肉牛体重 350kg，预期日增重 1.2kg。现场有饲料：稻秸（稻草）、玉米青贮料、苜蓿干草、玉米籽实、大豆粕、磷酸氢钙、食盐、维生素 A、维生素 D、维生素 E 和微量元素制剂等。请给该肉牛配制一种全价日粮。

配合步骤如下：

① 查肉牛饲养标准表，结果如表 13-18。

表 13-18　体重 350kg 肉牛营养需要量（预期日增重 1.2kg）

	干物质/(kg/d)	维持净能/(MJ/d)	增重净能/(MJ/d)	粗蛋白质/(g/d)	钙/(g/d)	磷/(g/d)
需要量	8.41	26.06	16.48	889	38	20

② 查饲料营养价值表，结果如表 13-19。

表 13-19 拟用饲料原料营养价值

	干物质/%	维持净能/(MJ/kg)	增重净能/(MJ/kg)	粗蛋白质/%	钙/%	磷/%
玉米青贮料	25.6	1.96	1.17	2.1	0.08	0.06
苜蓿干草	91.4	4.97	1.96	15.5	1.29	0.21
玉米籽实	88.4	9.25	7.09	8.0	0.02	0.27
稻秸（稻草）	92.0	3.35	—	4.2	0.40	0.10
大豆粕	92.0	8.68	6.06	45.0	0.5	0.6
磷酸氢钙	83.5	—	—	—	21.0	16.5

注：稻秸（稻草）的增重净能很低，甚至是负值。

③ 试配：按原则，充分使用秸秆（如稻草等）、干草和青贮料，并用必要量的能量饲料、蛋白质饲料、常量矿物质饲料，配制过程详见表 13-20。

表 13-20 肉牛日粮配制过程

	用量/kg	干物质/kg	维持净能/MJ	增重净能/MJ	粗蛋白质/%	钙/%	磷/%
苜蓿干草	2.0	1.83	9.94	3.92	310.0	25.8	4.2
玉米青贮料	7.0	1.79	13.72	8.19	147.0	5.6	4.2
稻秸（稻草）	4.5	4.14	15.07	—	189.0	18.0	4.5
合计	13.5	7.76	38.73	12.11	646.0	49.4	12.9
尚缺		0.65	富余	4.37	243.0	富余	7.1
补以下精饲料							
玉米籽实	0.20	0.18	1.85	1.42	16.0	0.04	0.54
大豆粕	0.50	0.46	4.34	3.03	225.0	2.5	3.0
补以下矿物质饲料							
磷酸氢钙	0.022	0.018	—	—		4.62	3.63
食盐	0.04	0.038	—	—		—	—
合计	0.762	0.69	6.19	4.45	241.0	7.16	7.17
总计	14.262	8.45	44.92	16.56	887.0	56.56	20.07
与标准比较(±)		+0.04	富余	+0.08	-2.0	富余	+0.07

注：虽然该日粮中维持净能和钙含量高出肉牛的需要量较多，但绝大部分维持净能和钙都源于营养价值较低的稻草、玉米青贮料和苜蓿干草。因此，该日粮中维持净能和钙含量实际上并非一定过多。此外，该日粮中其他营养成分虽略多或略少于肉牛的需要量，但其实并非是真正地多或真正地少。

④ 补充：补充适量的维生素 A、维生素 D、维生素 E 等以及微量元素 Fe、Cu、Zn、Mn、Se、I、Co 等（参照肉牛对维生素和微量元素的需要量补充）。

综上所述，体重 350kg，预期日增重 1.2kg 的肉牛全价日粮配方如下：苜蓿干草 2.0kg、青贮玉米 7.0kg、稻草 4.5kg、玉米籽实 0.2kg、大豆粕 0.5kg、磷酸氢钙 0.022kg、食盐 0.04kg，并补充适量的维生素 A、维生素 D、维生素 E 等以及微量元素 Fe、Cu、Zn、Mn、Se、I、Co 等添加剂。

七、兔饲粮配合

假定现有玉米、大麦、小麦麸、大豆粕、鱼粉、苜蓿草粉、磷酸氢钙、食盐、赖氨酸、蛋氨酸、多种维生素和微量元素添加剂等饲料原料。以生长兔饲粮配合为例，介绍配合步骤。

第一步：查生长兔饲养标准：该兔对主要养分的需要量参见表 13-21。再查上述饲料原料相关营养数据（具体数据这里从略）。

表 13-21 拟配饲粮的营养组成

原料	配比/%	DE/(MJ/kg)	CP/%	CF/%	Ca/%	P/%
玉米	20.0	3.21	1.79	0.54	0.01	0.08
大麦	14.0	1.96	1.43	0.56	0.01	0.06
小麦麸	10.0	1.33	1.72	1.02	0.02	0.11
大豆粕	13.0	1.76	5.50	0.47	0.04	0.07
鱼粉	1.5	0.24	0.93		0.06	0.04
苜蓿草粉	39.0	2.30	4.55	11.79	0.63	0.06
磷酸氢钙	1.0	0	0	0	0.23	0.17
食盐	0.5	0	0	0	0	0
1%添加剂预混合饲料	1.0					
合计	100.0	10.80	15.92	14.38	1.0	0.59
饲养标准		11.00	16.0	10～14	0.9～1.1	0.5～0.7
与标准比较(±)		基本吻合	基本吻合	略高	吻合	吻合

第二步：试配，即初步拟定上述饲料原料的大致比例，参见表 13-21。

第三步：调整，由表 13-21 可见，拟配的饲粮基本上达到了生长兔的饲养标准。

第四步：补充，1%添加剂预混合饲料就含有多种维生素、微量元素和赖氨酸等。用该饲粮试验性饲喂生长兔，根据其生长发育状况，进一步完善该饲粮的营养组成。

八、鱼类饲粮配合

现有饲料原料如下：玉米、小麦、米糠饼、大豆粕、菜籽粕、鱼粉（秘鲁）、矿物质和维生素添加剂等。请给 3 龄草鱼配制一全价饲粮。饲粮配合步骤如下。

（1）查表　先查 3 龄草鱼的营养需要量。分别查出 3 龄草鱼对能量、蛋白质、必需氨基酸、必需脂肪酸、各种维生素和矿物质等的需要量；并查出 3 龄草鱼饲粮中粗脂肪和糖类化合物的适宜含量允许量。为了简便说明问题，这里仅列出 3 龄草鱼对总能、蛋白质的需要量以及其饲粮中适宜含脂量、含糖量和能蛋比，详见表 13-22。

表 13-22　3 龄草鱼饲粮中部分养分适宜含量

总能/(MJ/kg)	粗蛋白质/%	粗脂肪/%	糖分/%	能量蛋白比/(kJ/g)
12.76	20	5	45	63.8

后查拟用的饲料原料养分含量，查得的结果见表 13-23。

表 13-23　拟用的饲料原料中部分养分含量

饲料原料	总能/(MJ/kg)	粗蛋白质/%	粗脂肪/%	糖分/%
玉米	18.09	8.75	3.80	77.18
大麦	12.92	10.94	1.02	73.73
大豆粕	15.12	42.70	4.25	51.80
鱼粉(秘鲁)	19.70	61.80	5.20	2.69
菜籽饼	11.36	35.50	8.22	39.00
米糠饼	10.87	15.10	10.72	58.60

（2）试配　根据 3 龄草鱼的营养需要、拟用的饲料原料中养分含量和实践经验等，拟订一试配饲粮配方，如表 13-24 所示。从表 13-24 可看出，试配的饲粮中总能量偏多，能蛋比偏高，粗脂肪偏少，糖分也偏多。因此，须对其适当调整。

表 13-24　试配饲粮原料组成和养分含量

饲料原料	占饲粮的百分比/%	总能/(MJ/kg)	粗蛋白质/%	粗脂肪/%	糖分/%	能蛋比/(kJ/g)
玉米	25	4.52	2.19	0.95	19.30	
大麦	35	4.52	3.89	0.36	25.81	
大豆粕	10	1.51	4.27	0.43	5.18	
鱼粉(秘鲁)	10	1.97	6.18	0.52	0.27	
菜籽饼	7	0.80	2.49	0.58	2.73	
米糠饼	10	1.09	1.51	1.07	5.86	
添加剂	3					
合计	100	14.41	20.46	3.90	59.14	70.4
饲养标准		12.76	20	5	45	63.8
差异比较(±)		+1.65	+0.46	-1.10	+14.14	+6.6

（3）调整　调整试配饲粮配方的目标是使拟配的饲粮养分含量和饲养标准吻合或接近。调整后的饲粮配方如表 13-25 所示。表 13-25 所列的玉米（10%）、大麦（35%）、大豆粕（8%）、进口鱼粉（4%）、菜籽饼（20%）、米糠饼（20%）可被认为是 3 龄草鱼的初步饲粮配方，该配方能满足 3 龄草鱼对能量、蛋白质、脂肪、糖分、能量蛋白比等需要量。

表 13-25　调整后的饲粮原料组成和养分含量

饲料原料	占饲粮的百分比/%	总能/(MJ/kg)	粗蛋白质/%	粗脂肪/%	糖分/%	能蛋比/(kJ/g)
玉米	10	1.81	0.86	0.38	7.72	
大麦	35	4.52	3.89	0.36	25.81	
大豆粕	8	1.21	3.42	0.34	4.14	
鱼粉(秘鲁)	4	0.79	2.47	0.21	0.11	
菜籽饼	20	2.27	7.10	1.64	7.80	
米糠饼	20	2.17	3.02	2.14	11.72	
添加剂	3					
合计	100	12.78	20.71	5.07	57.30	61.6
饲养标准		12.76	20	5	45	63.8
差异比较(±)		+0.02	+0.71	+0.07	+12.30	-2.2

（4）补充　上述的初步饲粮配方可能还不能满足 3 龄草鱼对必需氨基酸、必需脂肪酸、维生素和矿物质的需要量，通过预混料的形式补充。

本章小结

动物对能量和各种营养物质需要量的汇总及其具体使用方法一般可被称为饲养标准。饲养标准有双重属性，即科学性和灵活可变性。饲养标准是配制动物日粮的基本依据。日粮是指一头（只）动物一昼夜采食的各种饲料数量。按日粮中各种饲料原料的百分比配制的大批量配合饲料就称为饲粮。日粮是饲粮的构成单位与基础，饲粮则是日粮的延伸与扩展。

对饲粮（日粮）的基本要求为：营养全价而平衡；适口性好；经济成本尽可能低；当地适用；安全环保。在设计饲粮配方时，应考虑的基本原则为：科学性；适用性；适口性；经济性；安全环保性和合法性；原料相对稳定性；饲料配方动态化；饲粮体积要适中。

饲粮配合的方法很多，主要有试差法和对角线法等。采用试差法、对角线法等初等代数的方法，可设计出相对简单的饲粮配方，但计算量较大。当配方选用的饲料原料较多，且须满足多个营养指标时，用上述方法配合饲粮便显得十分困难。采用计算机强大运算功能，可实现饲粮配方的优化设计。线性规划是用计算机设计饲粮配方的基本方法。线性规划的基本原理如下：任何一组线性方程均可能存在满足相应目标函数要求的最优解。这一组方程就是线性规划的约束条件。因此，进行线性规划须具备两个条件：约束条件；目标函数。

　　饲粮配合的一般步骤为查表、试配、调整、补充等。　　　　　　　（胡忠泽，周　明）

第十四章 动物采食量的调控

采食量是动物营养中一个重要的参数。采食量的多少与动物的健康、生产性能乃至产品品质有关。调控动物的采食量，旨在以适量的饲料养分，生产出量多质优的动物产品（肉、蛋、乳、皮、毛等）。本章主要讨论动物采食量的调控机理。

第一节 概 论

一、有关概念

① 随意采食量（voluntary feed intake，VFI） 随意采食量是动物在自由接触饲料的条件下，根据本能的需要，一定时间内采食饲料的数量。随意采食量受体内在性系统（如神经-内分泌系统等）调控。

② 实际采食量（actual feed intake，AFI） 动物采食时，并不仅仅受内在性系统调控，而且还受环境因子和饲粮组成等影响。在这样条件下，动物一定时间内实际上所采食的饲料数量称实际采食量。

③ 规定采食量（regular feed intake，RFI） 在动物生产上，为了保持动物健康，维持一定生产水平，保证其食入足够的养分，人为地规定动物的日采食量，此称为规定采食量。饲养标准中给出的采食量就是规定采食量。

二、采食量的衡量方法

① 日采食饲料量 通常用24h内采食的饲料量来表示，但因饲料中干物质含量和养分浓度不同，故日采食量相同，并不等于摄入的养分量相同。

② 能量日摄入量 能量是动物极其重要的营养素，动物的采食在某种程度上是"为能而食"。因此，能量日摄入量作为衡量采食量的指标优于日采食饲料量。

三、采食量的调控中枢

在生产实践中常看到，鸡饮用含葡萄糖的水时，其采食量就减少（Azahan 等，1989）；鼠在上餐次吃料少，在下餐次吃料就多，反之亦然（Harris 等，1986）；将狗的饲粮用纤维素稀释后，它的采食量增加（Congill，1928）；向瘤胃内灌注乙酸、丙酸，反刍动物的采食量减少（Mcdonald 等，1988）。大多数成年动物在自由采食条件下，都能在很长一段时间内维持一个相对稳定的体重。这些现象表明：动物体内存在着对采食量的调控系统。

尽管控制采食量的中枢神经系统准确位置尚未完全清楚，但已有足够的实验证据表明，脊椎动物的下丘脑是调节采食量的重要部位。下丘脑是调节能量稳态、食欲和生殖的重要中枢，摄食行为受下丘脑内的神经环路调控，下丘脑内存在着复杂的"食欲调节网络"（appetite regulation netwbrk，ARN）。在下丘脑存在两个与采食量相关的中枢，即：

① 摄食中枢 位于下丘脑的旁侧区（LHA），是刺激摄食的中枢部位。摄食中枢兴奋时，动物的食欲旺盛，刺激采食。下丘脑旁侧区的损伤，可引起动物摄食量减少，甚至厌食。

② 饱感中枢 位于下丘脑的腹内侧核，是抑制摄食的中枢部位。当饱感中枢兴奋时，摄食中枢被抑制，动物产生饱感，采食停止。研究发现，下丘脑腹内侧区（VMH）的损

伤，可引起动物摄食量增加，能耗减少，从而导致肥胖。

目前，已研究证实：猪、绵羊、鸡、鹅等十余种动物存在上述两个中枢。破坏饱感中枢，可导致食欲亢进症（hyperphagia），引起动物过食和肥胖；相反地，化学性或电刺激饱感中枢，则引起厌食症（aphagia），抑制动物采食。破坏摄食中枢，引起动物厌食症，直到动物死亡；而刺激摄食中枢则引起食欲亢进症。

下丘脑的"食欲调节网络"是通过多种物质因子（包括食欲促进因子和食欲抑制因子）的作用，而对动物的采食量进行综合调控。

四、调控动物采食量的意义

① 动物每天耗料量越多，其日生产性能提高的机会就越多。增加畜禽采食量，使得其生产性能提高，常与畜禽生产过程的总体效率提高相联系（Mcdonald 等，1988）。因为随着生产力的提高，畜禽用于维持的成本也成比例地下降。对处于生长、肥育或产奶的动物，如果能在不引起健康问题的情况下，维持较多的采食量，动物的生产效率可大大提高。采食量太低，饲料有效能用于维持的比例增大，用于生产的比例降低，饲料转化率下降；适当增加采食量，可提高饲料用于生产的比例，饲料转化率提高。但采食量太高，过多的能量用于贮存脂肪，也会降低饲料转化率；而且，某些动物，特别是乳牛和绵羊在采食量很高时容易产生代谢性疾病，如低血钙症、急性消化不良等。

② 在生产中，用消化性低的饲料喂动物时，若能增加其采食量，则能以较低的饲料成本，维持较高的生产水平（Miner 等，1992）。

③ 调控采食量，对饲养应激（如运输，冷、热应激等）、患病和日粮组成变化引起的消化机能紊乱的畜禽，均有实际意义。

④ 在饲养种用畜禽、妊娠、泌乳母畜和役用马等时，采食量的调控是一个必不可少的饲养技术手段。

⑤ 商品肉猪等若过量地采食，则会致使其胴体脂肪含量增多，而这种胴体越来越不受消费者欢迎。因此，采食量调控技术为现代肉猪生产所必需。对肥育猪要限饲，以减少其体脂肪沉积量。

⑥ 对于仔猪等幼龄动物，要力争使它们早吃料，多食料。要做到这点，采食量调控技术少不了。

第二节　动物采食量的调控机理

动物对采食量的内在性调控方式包括化学性、物理性和神经-内分泌性调控。

一、化学性调控

解释化学性调控采食量的机理有以下几种学说：

1. 化学稳态学说

养分被消化管壁的吸收，与养分在血流中的出现，可构成一系列的原始信号。这些信号反过来作用于下丘脑的饱感中枢，使动物有饱感。一般认为，血液中许多化学成分，如葡萄糖、游离脂肪酸、肽、氨基酸、维生素和矿物元素等，都可作为化学信号。根据具体的化学信号，又细分为以下几种学说。

① 葡萄糖稳态学说　人们早就发现，少量胰岛素就可降低动物的血糖浓度，也能引起动物的饿觉。动物在采食后，血糖浓度上升，而后又慢慢下降。下丘脑中可能存在"糖感受器"，该感受器易感于糖。动物采食后，血糖浓度上升，就激发"糖感受器"兴奋，从而

"关闭"动物食欲。新近认为，哺乳动物动、静脉血中葡萄糖浓度的差异则是有效信号。

② 脂类稳态学说　成年动物能长期保持相对稳定的体重。若饥饿或强迫采食，动物则力图恢复原来的体重。脂肪沉积可能是一种信号。在家禽中的研究结果，证明了脂类稳态学说的正确性：迫使小公鸡食入为平常两倍的采食量，因而脂肪在其腹、肝中沉积。停止强迫采食，其采食量减少。研究证实，强迫采食停止时，鸡体重减轻，且到23d后，其组织脂肪含量降到接近正常水平。现已发现，动物体内胆固醇类物质也参与采食的调控活动。

在猪中，从体脂到采食调控过程的每一反馈机制都不像家禽和其他动物那样灵敏。在不考虑胴体脂肪过量沉积的情况下，选种时可选择反馈机制迟钝型猪，从而达到快长目的。但现今，人们不希望猪有这种遗传特性。由于这种遗传特性，猪总是自然倾向于肥胖。在生产实践上，常用限食方法，阻断这种自然倾向。

③ 脂肪酸稳态学说　反刍动物从消化道中吸收葡萄糖量是相当少的，且血糖含量与饲养方式关系不大。可见，葡萄糖稳态学说可能不适于反刍动物。瘤胃中的发酵产物挥发性脂肪酸——乙酸、丙酸、丁酸可能是构成反刍动物中的化学稳态学说的主体。向瘤胃内灌注乙酸、丙酸，可减少反刍动物对混合精料的采食量，这表明乙酸、丙酸感受器可能存在于瘤-网胃内壁上。在调控采食量方面，丁酸似乎较乙酸、丙酸的效果差。总之，血液中高挥发性脂肪酸，使反刍动物产生饱感。

2. 热能量稳态学说

该学说认为，动物采食是为了保暖，停食是为了防热。食物在消化和代谢期间产生热，该热量可作为一种信号，动物据此可调节采食量。已研究确认，下丘脑前部存在着热感受器，皮肤表面也有热感受器，它们易感于机体热变化。论证热能量稳态学说的具体实例是：大多数种类动物在寒季采食量增加；在热环境下，其采食量减少。例如，兔、鼠在环境温度达到37℃时就基本停食；体重68kg以上猪在环境温度37.8℃时体重反而下降；牛在环境温度37℃时食量大减，41℃时完全停食。

Adolph 在 1947 年的经典试验证明：当鼠日粮用惰性物料稀释以形成多种能量浓度的日粮时，动物能调整采食量以使其能量摄入量保持相对稳定。"为热量而食"（eat for calories）的概念适用于家禽和其他非反刍动物。鸡采食低能日粮时，采食量增加；鸡采食高能日粮时，采食量减少。因此，保持家禽日粮能量适宜浓度，可保证其他养分的正常采食量。

二、物理性调控

这种调控主要通过胃肠道紧张度等来调控采食量。在动物的胃肠壁中存在压力受体，能够感受紧张度变化，并将信息通过神经传递到饱感中枢，控制采食行为。如胃的压力增加，可抑制饥饿收缩，并降低食欲。研究发现，猪空肠水压只要升高几厘米，即可抑制采食行为。一旦除去水压，采食即可恢复。到目前为止，已在单胃动物的食道、胃，反刍动物的胃、十二指肠，家禽的嗉囊和肌胃以及一些其他动物的小肠中发现了压力受体。

若反刍动物采食粗料型日粮，则其采食量受瘤-网胃容量的限制，也受瘤-网胃中食糜消失率影响。瘤-网胃容量是反刍动物调控采食量的一个主要因子。在采食期间，向瘤胃灌水，不影响成年牛、羊采食量，因为水很快离开瘤胃。但将等量水放入塑料容器中，再将之置入瘤胃，则引起反刍动物采食量减少。反刍动物瘤-网胃壁上有牵张感受器，当动物采食大容积饲料时，该感受器就可作为限制因子控制其采食量。但当动物采食精料型日粮时，该感受器发挥的作用较小。此时，敏感于化学信号的感受器在调控采食量方面就起主要作用。

三、神经-内分泌性调控

已研究证实，哺乳动物的食道、胃、小肠（十二指肠）中均存在着牵张感受器。在这些部位充满物料，可增强迷走神经活动，从而兴奋下丘脑饱感中枢，使动物停食（Mcdonald等，1988）。禽类胃肠道在采食量调节中起重要作用。肠道内含有与饱感有关的葡萄糖受体，十二指肠含有控制采食的渗透压和氨基酸受体（Denbow，1989）。

1. 促进动物采食的神经-内分泌因子

已研究证实，能够促进动物采食的神经-内分泌因子包括神经肽 Y（Neuropeptide Y，NPY）、增食素（Orexin A，OA；Orexin B，OB）、阿片肽、甘丙肽（Galanin）、胃动素（motilin）、生长素、胰岛素等。

① NPY 含存于神经细胞内，在绵羊和啮齿类动物中是一种很强的食欲刺激剂（Miner等，1992）。NPY 由 36 个氨基酸分子构成，在下丘脑特定区域起作用，以引起饿觉，从而激发动物采食。

② 1998 年，英、美科学家合作，在探索能控制摄食的新药实验中，于大鼠下丘脑外侧又发现了与摄食有关的两种神经肽——OA 和 OB。OA 是一个含有 33 个氨基酸残基的肽，N 端为焦谷氨酰的残基，C 端酰氨化，相对分子质量为 3562。人、牛、大鼠、小鼠中的 OA 氨基酸序列都是一致的。OB 是一个含有 28 个氨基酸残基的小肽，相对分子质量为 2937。人和小鼠中的 OB 氨基酸序列有微小的差异。OA 和 OB 主要分布于脑中，给大鼠注射 OA 或 OB，可使其采食量增加数倍。

③ 1974 年，英国人从猪脑中分离得到两种 5 肽，用生物学分析法证明这两种小分子肽具有和吗啡相似的生物学效应。研究表明，内源性阿片肽具有非常明显的促进采食的作用，可使已吃饱的动物继续进食。

④ 甘丙肽含 30 个氨基酸残基，主要产生于胰岛内的兴奋性神经末梢，可与阿片肽相互协调而促进摄食；并对胃肠道、尿道平滑肌的收缩，生长激素、肾上腺素和胰岛素的分泌有调节作用。

⑤ 胃动素是由胃肠道分泌的 22 个氨基酸残基组成的一种激素，也是一种脑肠肽，可直接作用于胃、肠平滑肌，使胃有规律地收缩和小肠分节运动，促进胃排空，增强食欲，增加摄食量。

2. 抑制动物采食的神经-内分泌因子

研究表明，可抑制动物采食的神经-内分泌因子有：瘦素（leptin）、缩胆囊素（CCK）、胰高血糖素、甲状腺素释放激素（TRH）、生长抑素等。

① 1994 年，Rockefeller 大学的 Zhang 等人利用分子生物学方法成功克隆了小鼠和人的肥胖基因。该基因主要在白色脂肪细胞中表达，产物是一种由 167 个氨基酸残基组成、相对分子质量 16000 的蛋白质激素。因该物质能使动物变瘦，故被命名为"瘦素"（leptin）。"leptin"源于希腊字"leptos"意为"瘦"。瘦素具有降低动物食欲、提高能量代谢效率、增加能耗、减少脂储，减轻体重等作用。Haalas 等人（1995）给小鼠注射基因重组瘦素，其体重显著下降。每天给小鼠腹腔注射瘦素，4d 后其采食量下降 60％，4 星期后体重下降达40％。同时，小鼠的活动量增加、代谢加强、血浆胰岛素和血糖水平降低。

② 肽类激素缩胆囊素（CCK）为饱感信号，能影响动物采食活动，可使采食量下降。实验表明，从静脉注射胆囊收缩素可抑制猪的采食，可使采食量下降 40％，并且抑制效应随剂量增加而增强。研究表明：全身投给 CCK，可减少多数哺乳动物的采食量（Miner 等，1992）。

③ 研究表明，胰高血糖素能抑制动物的采食，外源性胰高血糖素对摄食也有抑制用。TRH 可短期抑制动物的采食。生长抑素对动物的摄食也有抑制用。

3. 摄食调控因子的相互作用

① 协同作用　NPY 和 Orexin 在促进摄食过程中具有协同的作用。通过二者的神经元相互连接而发生相互协调的作用，即 NPY 神经元投射到 Orexin 神经元上，Orexin 神经元的神经末梢与 NPY 神经元发生了胞突结合。

研究发现，瘦素能增强下丘脑对短期饱感信号——胃肠肽胆囊收缩素（CCK）的感应性。瘦素的存在，可促使 CCK 激活孤束核（NTS，接受和加工饱感信号的主要地方）的神经元。

② 拮抗作用　研究表明：瘦素的缺乏，会使大鼠摄食量增加、血糖增高以及弓状核 NPY 的 mRNA 水平增高。若此时给予外源性瘦素，即可使弓状核 NPY 的 mRNA 表达接近正常，而使摄食量、血糖增高等症状逆转。瘦素既可拮抗 NPY，又能通过 NPY 对体内代谢起作用。瘦素可能主要通过抑制 NPY 神经元上的 cAMP-蛋白激酶 A 来减少细胞内的 Ca^{2+} 浓度，从而抑制 NPY 神经元的活性。

Leptin 可调控下丘脑等处 Orexin 前体 mRNA 的表达。还研究表明，Orexin 神经元上分布有瘦素受体。

综上所述，动物的采食受多种机制调控，可用图 14-1 描述。

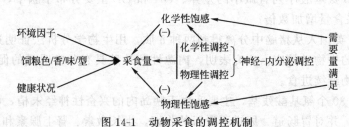

图 14-1　动物采食的调控机制

本 章 小 结

动物的采食是一种生理活动，其采食量受多种因素影响，不仅受化学性、物理性和神经-内分泌等方式调控，而且受动物的健康状况、饲粮的色、香、味和型以及环境因素（如气温）等影响。为此，已提出了多种学说解释采食量的调控机理。采食量的调控原理是开发饲料调味剂的理论基础。

（周　明）

第十五章　动物营养生态初论

规模化养殖业的发展引起的环境污染问题日益突出。动物的排泄物对大气、土壤和水体等的污染已是限制动物生产的重要因素。另一方面，环境因素（如气温、气湿、风速、光、畜舍、饲养密度、空气、噪声、饲料、饮水、药物、土壤、有害矿物元素、蚊蝇鼠害等）对动物及其营养代谢也产生不同程度的影响。如何实现动物的清洁、安全、高效生产和环境保护是当代养殖业的基本任务。

第一节　动物与环境温度

环境温度尤其高温是影响动物健康和生产的一个重要因素。本节着重介绍高温对动物的采食量，营养物质的消化、吸收和代谢，内分泌活动，免疫机能和生产性能等方面的影响。在动物生产上，采取了多种措施，以减轻动物的热应激，并取得了不同程度的效果。

一、热应激的概念

加拿大科学家 Hans Selye 认为，应激是动物对外界或内部的各种非常刺激所产生的非特异性应答反应的总和。应激种类很多，热应激乃是其中之一。在高温季节，动物普遍遭受热应激。畜、禽都属恒温动物，其正常体温的维持有赖于体内产热和散热两过程的平衡。环境温度对恒温动物有一个适宜范围，此称等热区。在等热区内，动物借助于物理调节维持正常体温。超越等热区，动物就得通过非物理性调节方式（如增加额外的产热量或蒸发散热等）来维持正常的体温。热应激是指环境温度超过等热区过高温度，动物生化与生理机能等发生一系列的异常反应，并伴有生产性能下降，严重时出现休克和死亡。引起热应激的热源来自两方面：一是环境热量，包括太阳辐射和环境温度升高；二是体内代谢产生的热量。另外，热应激不仅与温度有关，还与空气湿度密切相关。同样的温度下，湿度越大，对动物造成热应激的程度就越大。这是因为空气湿度越大，呼吸蒸发和体表蒸发散热就越难，从而加大动物的热应激程度。

从动物生产角度来看，当然是希望环境温度在等热区内，这样对动物最为有利。但在我国大部分地区，每年夏季都有一段很长的高温时期，使动物遭受热应激。随着集约化高密度饲养方式的迅速发展，畜、禽越来越迫切要求缓解夏季高温对其产生的压力。热应激导致动物的生产力下降也越来越多地引起畜牧工作者的关注。日、美、英等国学者从 20 世纪 50～70 年代就开展了这方面的研究。我国在 20 世纪 80 年代初才开始研究热应激对动物生产力的影响及其机理，以期探求缓解动物热应激的有效技术措施。

二、热应激对动物的影响及其机理

1. 热应激对采食量的影响

动物对环境都有最适温度的要求。若环境温度过高，动物散热就受阻，物理调节不能维持体内的热平衡，可导致动物呼吸活动加强、出汗、代谢率提高、甚至休克乃至死亡。在炎夏，当舍温上升到一定程度时，动物采食中枢受到抑制。一般认为，控制采食量的机制有温热恒定机制和化学恒定机制两种。温热恒定机制对采食量的控制方式为：一方面，温度直接抑制下丘脑摄食中枢；另一方面，高温时消化管活动减弱，从而导致食物在消化管充盈，压迫机械感受器而反射性抑制摄食中枢。

猪对环境要求的最适温度随体重和月龄增大而下降：初生仔猪要求的最适温度为 27～29℃，体重 20kg 的猪为 21～24℃，妊娠和哺乳母猪为 10～16℃。当环境温度高于其上限临界温度时，动物的采食量降低。猪月龄和体况不同，其采食量受温度影响的程度也不同。月龄小或瘦弱猪的体比表面积大，比月龄大或肥胖的猪能散失更多的热量。当环境温度超过上限临界温度时，重型猪采食量比轻型猪的采食量降低得更多。

几种动物采食量与环境温度（℃）的关系如下：

① 生长肥育猪　随意采食量(g/kg 体重)＝46.5－0.66(环境温度－下限临界温度)。

② 剪毛后羔羊　干物质采食量(g/kg 体重$^{0.75}$)＝111.3－0.52×环境温度。

③ 每度（℃）的热应激，可使鸡采食量减少 1.5%；吴庆鹉等（1986）报道，环境温度在 25℃以上时，每升高 1℃，鸡采食量减少 1.6%～2.1%。

高温下，动物采食量下降幅度还与日粮精、粗度有关：粗饲料比例高的日粮，采食量下降幅度大，反之则小。

热应激对采食量影响的机理如下：①Westra 等试验报道：甲状腺素可促进消化管蠕动，缩短食糜通过胃肠的时间。当环境温度高于等热区上限温度时，动物体内甲状腺素分泌量就大幅度下降，这样就减弱胃肠管的运动，从而延长食糜在胃肠内停留时间，使胃内充盈，通过胃壁上的胃伸张感受器传到下丘脑摄食中枢，反射性地抑制动物采食。②环境温度过高，可直接通过温度感受器作用于下丘脑，抑制动物采食。③环境温度过高，机体散热增加，使得皮肤表面血管舒张、充血，因而导致消化器官内血流量不足，降低养分的吸收速度，使消化管内充盈，导致消化管紧张度升高，从而抑制采食。④环境温度过高时，动物本能地降低产热量而减少采食量。⑤环境温度过高时，动物的饮水量急剧增加，饮水量的增加会相对减少动物的采食量。有资料报道，饮水量与采食量呈负相关。⑥热应激畜、禽（尤其是家禽）呼吸频率增大，甚至出现热性喘息，缩短了采食时间，从而减少了日采食量。

2. 热应激对消化、吸收机能的影响

高温能直接影响饲料消化，也通过神经-内分泌活动而间接影响消化机能。一般来说，随气温升高，牛对粗饲料的消化率提高，但绵羊在高温下对干物质等的消化率下降。

动物热应激时，养分吸收过程受阻，动物对高温的主要反应是：外周血管舒张，血流量增加，同时进入内部血管如生殖道和胃肠道的血流量减少。因此，高温下，动物对养分的吸收量减少。

3. 热应激对营养代谢的影响

动物热应激时，需水量增加，由皮肤中损失的钾量可达 5 倍，体内钠、镁、钙、氯的损失量也明显增加，但磷不然。这些矿物质损失量与排汗量有显著的相关性。

高温可显著地降低瘤胃中挥发性脂肪酸产量。代谢能利用效率随气温升高而降低。动物热应激时，一般多出现氮的负平衡。高温可使动物肝中维生素 A 等维生素储量减少。

4. 热应激对甲状腺和肾上腺机能的影响

对气候因素响应的内分泌腺主要有甲状腺、肾上腺、性腺、松果体腺和垂体等。其中，甲状腺的功能状态与代谢产热以及热调节，特别是与慢性气候服习和驯化有关。因此，该腺体在热应激研究中较早受到人们的重视。同其他激素不同，甲状腺素几乎作用于所有的器官和组织，对生长、发育、代谢和组织分化等各方面均有影响。研究表明，体温升高时，甲状腺分泌机能降低，且甲状腺体积变小、萎缩。这主要是为了降低体内的基础代谢，减少体热的产生。热应激使甲状腺素分泌量减少。安全剂量的甲状腺素可促进蛋白质的合成，增加体重。热应激时，血液中甲状腺激素水平降低，抑制代谢，减少产热，维持产热与散热平衡。

肾上腺是动物体内又一个对环境温度（尤其是高温）反应敏感的内分泌腺。肾上腺髓质主要分泌肾上腺素和去甲肾上腺素，属于儿茶酚胺类化合物，在热调节中主要是收缩静脉和皮肤小动脉血管，升高血压和增强组织代谢活动，二者都有促进糖原分解、升高血糖的功能。但肾上腺素的效力比去甲肾上腺素强得多。这两种激素还能激活脂肪酶，加速脂肪分解以及增加血液中游离脂肪酸的含量，增加组织耗氧量和产热量。热应激时这两种激素水平均升高。肾上腺皮质所分泌的激素属于类固醇化合物，主要包括糖皮质激素、盐皮质激素和性激素三大类，其中糖皮质激素的合成和分泌受腺垂体促肾上腺皮质激素的控制。

动物处于高温环境下，外周神经把热刺激传入中枢神经系统，下丘脑分泌促肾上腺皮质激素释放激素，作用于腺垂体，使之分泌促肾上腺皮质激素，经血液循环到肾上腺，使肾上腺皮质激素合成和释放量增加，血液中皮质醇浓度升高。Jaussens（1994）报道，热应激猪血浆中皮质醇升高，且有品种间的差异。但随着高温时间的延长，皮质醇浓度会逐渐降低，甚至低于基础浓度，表明皮质醇的合成量在逐渐减少。

热应激时，动物肾上腺活动增强，肾上腺素和皮质激素的分泌量增加。这是机体应付不良环境的一种防御性反应。皮质醇的分泌量增加，以调节盐、糖、蛋白质与脂肪的代谢。肾上腺皮质醇的功能是提高机体的抵抗力，增强体液免疫反应，提高机体的耐受力和适应性。同时，皮质醇分泌量增多，使蛋白质分解加速，并抑制蛋白质的合成，从而使体重下降。醛固酮分泌量增多，使机体加强保钠排钾贮水功能，维持体液平衡。姜礼胜（1997）对5～8周龄肉鸡应激的研究结果显示：32℃下16h后鸡血中皮质醇水平显著下降，120h后皮质醇水平又显著高于对照组。这表明高温初期，机体为了减轻产热负担而降低代谢；但高温持续较长时间后机体代谢功能又增强，生化反应加快，代谢率逐渐提高。

5. 热应激对血清无机离子浓度和碱贮的影响

热应激造成的呼吸急促，可引起血中 CO_2 和 H^+ 浓度下降，并导致酸-碱不平衡，通常将之称为呼吸性碱中毒。据报道，呼吸性碱中毒在热应激后30min即可发生。范石军等（1996）报道，在热应激时，动物血清钙、钾、钠浓度和碱贮（HCO_3^-）均显著降低。Dridi（1993）报道，当环境温度升高到35℃时，鸡的产蛋率和蛋重都显著下降，同时血液 pH 值和 CO_2 显著升高，而 HCO_3^- 下降。Cogger（1991）报道，热应激导致的血液 pH 值升高通常伴随着 HCO_3^- 降低。与此同时，十二指肠钙结合蛋白含量也呈下降趋势。当温度升到32℃时，会使蛋壳钙沉积量减少。呼吸性碱中毒可能是通过减少钙结合蛋白来影响钙在子宫和十二指肠中的转运。

6. 热应激对免疫功能的影响

动物体受到各种应激（包括热应激）后，其免疫功能被抑制。这种免疫抑制是通过大脑对免疫功能的调控、肾上腺皮质激素和交感神经的免疫修饰作用来实现的。大脑受到应激乃至破坏时，可导致机体免疫器官、组织和细胞功能抑制。淋巴因子在脑内合成，脑内的一些激素也参与免疫功能的调节，这是脑向免疫器官传递信息的体液途径。以脑垂体为中心，通过垂体-肾上腺途径对免疫功能调节，交感神经系统也通过激素对脾脏、淋巴结、胸腺与骨髓等免疫组织器官的肾上腺能受体的作用，直接抑制机体的免疫功能。

细胞介导免疫是由抗原刺激免疫细胞产生的主动反应。参与细胞介导免疫反应的细胞主要是 T 淋巴细胞和单核细胞，此外还包括 NK 细胞等。不同的细胞亚群在细胞免疫中具有不同的作用。体内、外试验表明，应激主要抑制细胞介导免疫，表现为胸腺萎缩，胸腺细胞溶解、坏死，脾和外周淋巴细胞对植物凝集素、刀豆蛋白 A、磷脂多糖的刺激反应性降低，外周血淋巴细胞减少，迟发型超敏反应性降低。王述迫（1998）报道，热应激的雏鸡淋巴细胞的母细胞转化率不同程度地下降，表明热应激对细胞免疫有抑制作用。

法氏囊、胸腺和脾是鸡的主要免疫器官。Beard（1987）报道，鸡被疫苗免疫后，免疫器官会受到不同程度的损伤和水肿等，这种情况在热应激鸡中更严重，可引起免疫器官病理性损伤，并最终对免疫功能造成影响。

热应激能引起肉鸡肺水肿，肝肿大、质地松脆呈土黄色，甲状腺变小，脾脏、胸腺和法氏囊重量减轻，并发生不同程度的损伤性和萎缩性变化。脾脏实质中有散在的大小不等的坏死灶、脾小体不明显。胸腺皮质较薄、髓质较多。由此可见，热应激可抑制肉鸡体液和细胞免疫功能。

7. 热应激对动物生化参数的影响

热应激可使得机体一些生化参数改变，尤其是酶水平的变化。正常情况下，细胞内酶由于胞膜的屏障作用，不易逸出，但由于细胞的不断更新或破坏而不断释入血液。只有当细胞因各种因子而受到损伤，胞膜通透性增强，酶释放入血液的速度增大时，血清酶活性才能显著升高。傅玲玉等（1988）指出，由于动物热应激时，血流由内脏转向皮肤，肝脏相对缺氧，肝细胞通透性增强，最终导致血清谷丙转氨酶（GPT）和乳酸脱氢酶（LDH_5）活性升高。GPT 在肝脏中含量最高，当肝细胞损伤时可导致血清 GPT 活性升高。朱国标等（1994）报道，热应激大白鼠心肌细胞耗能增多，能源物质贮量减少，线粒体氧化磷酸化水平下降，从而导致 ATP 合成量减少，心肌细胞膜对硝酸盐的通透性增加，膜内无规律性分布颗粒增多。田允波（1998）报道，在高温情况下，肉鸡循环系统的总容积变大，血液浓度变稀，血细胞压积和血红蛋白与其他固形物浓度均相应降低，表明热应激显著影响肉鸡的血液生化参数。热应激能使肉鸡心跳加快，从而提高了热交换效率。喘息可加大肺通气量，以增加呼吸道的蒸发和对流散热。温度超过 30℃时，肉鸡体温也随着环境温度的升高而升高。陈忠等（2002）报道，高温下，肉鸡饮水量增加，血液变稀，红细胞数减少，血红蛋白含量降低，CO_2 分压下降，pH 值升高。Smith 等（1987）报道，体内钙和钾排出量增加，造成血钙和血钾水平降低。刘思当等（2003）发现，高温下肉用仔鸡血糖和血清球蛋白显著降低，尿酸水平升高。杜荣等（2003）试验证明，急性短期热应激，使肉鸡尿 Zn、Fe 和 Mn 排出量明显升高，而尿 Cr 排出量下降。刘凤华等（2004）发现，热应激可显著提高肉鸡肝脏与血浆中脂质过氧化物水平和血浆肌酸激酶水平，而降低三碘甲腺原氨酸（T_3）与甘油三酯水平。

三、热应激对动物生产性能的影响

1. 对猪生产性能的影响

热应激对猪繁殖机能有影响，具体表现为：母猪卵巢机能减退、受胎率下降，妊娠末期死胎数增加甚至流产，窝重减少；公猪交配欲减弱，精液品质降低。

当环境温度高于最适温度 5～10℃时，猪的采食量降低 6%～21%。赵有漳（1989）指出：气温 21℃时，肥育猪增重最快，低于或高于这个温度增重都减慢。Inpam（1974）试验证实，肥育猪在 39℃的环境中根本不能生长。持续高温（28～35℃）环境下，15～30kg 仔猪，30～60kg 中猪，60～90kg 大猪日采食量较常温分别下降 9%、14%和 20%，日增重分别下降 11%、21%和 23%，料重比分别增加 0.05、0.23 和 0.14。NRC（1988）报道，气温每升高 1℃，猪采食量下降约 40g，若环境温度超出最佳温度 5～10℃，则日采食量将下降 200～400g。在 28～35℃高温环境下，15～90kg 生长育肥猪日采食量较正常日采食量下降 24.1%～29.7%。可见，高温引起采食量下降致使养分摄入量减少是降低猪增重的直接原因。

2. 对鸡生产性能的影响

热应激使肉鸡采食量减少，生长慢，饲料转化率降低，死亡率提高等。Teeter（1985）

报道，热环境中饲养的肉鸡，平均增重和饲料消耗分别比饲养在适宜环境温度中的鸡低53％和45％。高温不利于肉鸡存活。在29.4℃环境中，3～8周龄肉鸡能全部存活，而在29.4～40.6℃中鸡的死亡率接近50％，40.6℃以上死亡率达87％。周杰等（1997）研究证实，高温对肉用仔鸡的采食量、增重和饲料转化率有显著影响。赵俊岭等（2000）的研究结果表明，热应激显著降低肉鸡的采食量、生长速度和饲料转化率。

随着环境温度升高，蛋鸡食欲减退，采食量下降，能量、蛋白质、维生素和矿物质摄入不足，造成营养不良，且脂肪消耗较多致使体重减轻。能量摄入不足，体内脂肪消耗过多，必然导致产蛋性能下降，同时高温下蛋鸡的排卵率降低，因而降低了产蛋率。公鸡则表现为精液量减少、精液品质差和受精率降低。

3. 对牛生产性能的影响

乳牛是耐寒不耐热的畜种之一，普通奶牛要求的适宜环境温度大约为10～15℃。温度高于27℃，则其泌乳性能开始受到不良影响。黑白花奶牛要求的适宜环境温度为10～20℃，高于24℃时泌乳量减少。美国学者的研究资料证实：以气温10℃时的产乳量为100％，气温升到21.1℃、26.7℃、29.4℃和38.0℃，产乳量分别降到89.3％、75.2％、69.6％和26.9％。McDoweell等（1969）报道，环境高温对泌乳初期母牛的泌乳量影响最大。美国佛罗里达州的一份研究资料表明，当日最高气温超过29℃时，产奶量迅速下降。我国许多学者在这方面也进行了大量研究。王前等（1993）分析探讨了广州市气候因素对奶牛产奶量的影响，发现各胎母牛305d产奶量，均以12月份和1月份分娩的奶牛最高，7月份和8份月最低。相关分析表明，温度和产奶量之间呈强负相关（$R=-0.83$），赖登明等（1997）在南昌试验表明，当日均气温从21.6℃升至31℃时，奶牛日均产奶量从17.2kg降到10.8kg，下降率为37.0％。

热应激除降低奶牛的产奶量外，还使牛奶质量降低。牛奶的乳脂率、乳蛋白率、乳糖率与非脂固体物均可因高温而下降。Suchanek等（1989）对10个品种的奶牛研究发现，高温下乳脂率、乳蛋白率，乳中乳糖、干物质、非脂干物质和灰分均有所下降。McNabb等（1991）认为，各种类型的乳牛在冬天产的乳中蛋白质、脂肪、干物质、氨基酸和矿物质含量均高于在夏天产的。

四、缓解动物热应激的技术措施

缓解动物的热应激不是单一的技术措施。很多研究者提出可采用育种、加强饲养管理和营养调控等措施来解决。其中，营养调控是一个很重要的措施。在这方面有很多的研究报道。

1. 缓解鸡热应激的技术措施

（1）保持适宜的环境温度　适于鸡生长的环境温度为10～22℃，适于饲料利用的环境温度为15～27℃，适于蛋鸡产蛋的环境温度为10～30℃。高于30℃时，鸡生长速度、采食量、饲料转化效率、产蛋量都降低，蛋的大小、蛋壳质量也下降。在高温夏季，可采取一些物理的方法来降低鸡舍的温度，如在窗上安装草帘或布帘，并在上面撒上水，这样可减轻家禽的热应激反应。对于封闭式鸡舍，可进行负压通风；对于开放式鸡舍，可进行纵向通风，能使鸡散热加快，提高鸡抗热应激的能力。

（2）饲养耐热性强的鸡品种　鸡的品种不同，对热的耐受性有异。在生产上，要选择饲养耐热性强的鸡种。目前，国外已鉴定了几个与耐热性有关的基因，如裸颈基因、翻毛基因和胖矮小基因。裸颈基因的杂合子和纯合子型能分别降低鸡羽毛的覆盖率20％和40％，羽毛的减少有利于散热，低脂肪鸡比高脂肪鸡品种有更强的抗热应激能力。因此，饲养鸡品种时，要考虑这些参数。

（3）营养调控

① 能量　在高温下，能量是影响家禽生产性能的最主要因素。高温下，要根据采食量下降情况调整饲粮能量浓度。一般情况下，在 18～32℃环境中，温度每升高 1℃，采食量约降 1.72%；但温度升高到 32～38℃时，采食量下降更快，温度每升高 1℃，采食量要下降5%。油脂能值高，可改善饲料的适口性，热增耗又少（可减轻动物的热负担）。因此，饲粮加脂可有效减轻动物热应激的后果。周明等（1994）通过调整日粮养分浓度，如提高日粮能量浓度等，可极显著地提高蛋鸡产蛋性能和饲料转化率（$P<0.01$），显著地降低产蛋饲料成本（$P<0.05$）。

② 蛋白质　高温下，饲粮蛋白质及氨基酸水平不宜高，乃因蛋白质及氨基酸量多，会产生大量的代谢热（热增耗），增加动物的热负担。保持较低蛋白饲粮中氨基酸的平衡，尤其是赖氨酸和蛋氨酸的平衡，要比高蛋白饲粮的饲用效果好。

③ 钙　在高温夏季，产蛋母鸡日供钙量应高于正常供钙量，但由于饲粮钙的增加会降低饲料的适口性和采食量。为此可采取以下措施：每天下午 5 时左右，在投喂的料中加入适当大小颗粒的钙源饲料，这样有利于蛋壳的形成。

④ 电解质和缓冲剂　在饲粮中添加 0.5% 的 NaCl 或 0.3%～1.0% 的 NH_4Cl 或沸石粉都可缓解热应激所引起的碱毒症。高温下，NaCl 可使家禽采食量增加，对养分的吸收机能增强，增重提高 9%。研究表明，钾可降低热应激蛋鸡的冠温，呼吸率、体温，尤其对呼吸率影响显著，同时钾能提高热环境下鸡的产蛋率。在 35℃ 时，钾从尿中的排泄量要比在24℃ 时显著地多。温度从 25℃ 增高到 38℃ 时，钾的需要量从 0.4% 增加到 0.6%。高温下，鸡日食 1.8～2.3g 的钾，才能满足最大增重的需要。鸡热应激时，呼吸加快，CO_2 的排出增多，HCO_3^-/H_2CO_3 的比例发生变化，血液 pH 升高，可引起呼吸性碱中毒，因此可在饲粮中添加适量的氯化钾。此外，铬也可缓解热应激。

⑤ 水　热应激时，家禽可通过加快呼吸来维持体温，体内大量水分通过呼吸而损失，因此需要增加饮水量。增加饮水量，可促进鸡的蒸发散热，增强抗热能力。

⑥ 维生素　高温下，给动物补充维生素 C、维生素 A、维生素 D，都可维持生产性能。高温期间，动物合成维生素 C 的能力降低，因此必须在饲粮中补充适量的 （200mg/kg）维生素 C。维生素 C 可改善蛋壳的质量，增强免疫机能。

高温下，动物对维生素 A 的吸收力下降。补充维生素 A，可改善蛋鸡的生产性能，维持正常的生理状态。据报道，高温下，饲粮中维生素 A 添加量为 9000IU/kg 时，鸡采食量和产蛋率显著地高于 3000IU/kg 组。维生素 E 有保护细胞膜、抗自由基引起的脂质过氧化作用，使更多的细胞在热应激时维持正常的功能。血浆中肌酸酐激酶活性升高是家禽热应激的表征。急性热应激时，高水平的维生素 E 可降低细胞膜的通透性、肌细胞肌酐激酶的释放。高剂量的维生素 E 可提高热应激鸡的免疫力。

⑦ 抗生素或化学制剂　许多用于降低体温的药物（如水杨酸、阿司匹林、儿茶酚胺类）对缓解鸡热应激都是有效的。高温时，饲粮中添加 3% 的乙酰基水杨酸，可提高鸡日增重，改善蛋壳质量。

⑧ 改变饲喂方案　在早上或晚上喂料，会减少肉鸡的死亡。每天当温度达到最高时，最好不要喂料。晚上每 3h 黑暗后，提供 30min 的光照，断断续续地喂料，可减少家禽的活动量，从而减少热量的产生。

高温下，鸡采食量少，还可采取以下措施来克服：饲料湿喂；饲喂颗粒饲料；多次饲喂。

2. 缓解猪热应激的技术措施

（1）加强饲养管理　猪舍最好设天棚，天棚内填充一些隔热材料，如锯末、珍珠岩等。尽量加大墙体的厚度，最好可砌空心墙或在墙内加隔热材料。还可通过增加猪舍的跨度来降低舍温。猪舍外墙面用水泥抹光，舍前种植高大挺拔的树木以遮阳等。

在气温较高的季节，应减少猪的饲养密度，少用或不用垫料，让猪直接趴卧在水泥地面上，以利于降温。加强通风，如单靠开门窗自然通风仍不能降低舍温，可采取机械通风，在进风口或山墙上安装风机，挂湿草帘等。由于猪的汗腺不发达，故舍温过高时，可向墙壁、猪体喷淋，向地面泼冷水，在运动场或舍内修建浴池等。

（2）营养调控

① 消化能　一般认为，在高温季节应给予猪饲粮较高的能量，以此弥补因高温引起的能量摄入不足。脂肪能值高，热增耗少，应在猪饲粮中添加脂肪，以提高饲粮能量浓度。Stahly 等（1979）报道，添加脂肪对热应激的猪有利。

② 蛋白质　炎热时，猪体内氮的消耗多于补充。热应激的猪体内蛋白质的沉积量减少。Bunting 等（1992）报道，蛋白质需要量随温度而变化，高温时增加蛋白质摄入量会改变氮的沉积。Stahly（1979）报道，喂给赖氨酸，以代替天然的蛋白质对猪有利，因为赖氨酸可减少饲粮热增耗。热环境下，若以理想蛋白质为基础，增加饲粮赖氨酸的含量，其饲料转化率可得到改进。

③ 矿物质　高温时，猪体内钾和碳酸盐排出量增加，氯和钠的排出减少，这对体内矿物质平衡会产生不良的影响。Holmes 等（1975）发现，热应激的猪尿中钾较多，但钙储留不受热应激影响。高温夏季，猪饲粮中补充维生素 C、小苏打、硫酸钠等物质对猪有利。铬是动物必需元素，作为葡萄糖耐量因子（GTF）的活性成分，与胰岛素有协同作用——参与糖、脂和蛋白质代谢。猪的常规饲粮中铬含量可能不足，急性短期高温、持续高温都增加猪对铬的需要量。补充有机铬可显著地提高生产力、免疫机能等。李金友和周明等（2005）用维生素 C、维生素 E、维生素 B_1、叶酸等多种维生素以及 $MgSO_4$、KCl、$NaHCO_3$、吡啶羧酸铬等研制的耐热剂可减轻高温对猪健康和生产性能的不良影响，促进脂肪、钙在肌肉内沉积，改善猪肉的风味，并能提高饲粮中粗蛋白质、粗纤维、粗灰分、钙、磷的消化率。

（3）其他措施　热应激的猪体热增加，为减少肌肉不必要的活动和产热，可用镇静剂类药物来抑制中枢神经与机体活动，以减轻热应激，饲料中常添加的镇静剂有 γ-氨基丁酸、氯丙嗪、安定等。

试验表明：夏季高温时，使用中草药如山楂、苍术、陈皮、槟榔、黄芪、六曲、泽泻等配制而成的饲料添加剂，可使试验猪增重提高 8.7%，饲料利用率提高 12.4%，每千克增重的饲料成本比对照组节省 8.3%。

3. 缓解奶牛热应激的技术措施

（1）妥善安排奶牛的产犊时间　由于热应激对奶牛繁殖有严重的负面影响，因此在实际生产中应尽量避开夏季配种或产犊，一般使奶牛在每年 9、10 月产犊，泌乳期在秋季至第二年初夏，此阶段气温适宜，而其后两个月的干乳期正处于 7、8 月份，对产奶量无任何影响。

（2）做好牛舍降温工作　修建半开放式牛舍，选用隔热性能好的材料做牛舍顶棚，或在屋顶上堆放干草，用石灰浆喷涂牛舍顶与外壁，以减少阳光辐射对牛舍的增温效应。给牛舍和运动场搭建凉棚。在牛舍内安装风扇，促进空气流通。采用旋转式喷雾装置，对奶牛间歇性喷雾和送风。中午用冷水刷拭牛体，淋水与送风结合，降温效果更好。

（3）改善营养和饲喂技术　①调整喂料时间：中午闷热时不要喂料，宜在早、晚较凉爽时喂料。适当增加饲喂次数，要少喂勤添，以防止饲料在槽内堆积发酵，酸败变质；每天喂

4 次料为宜。②供给清洁充足的饮水：水温以 17℃ 为宜，让牛自由饮用，不可断水。③营养调控：在奶牛精饲料中添加 1% 的异位酸添加剂，可缓解其热应激，增强食欲，提高产奶量。

五、冷应激对动物营养代谢与营养需要的影响

简单地说，冷应激是指动物对冷刺激的反应。环境温度低于下限临界温度时，动物散失到环境的热量增加，单靠物理性调节难以保持体温恒定，须利用化学调节即提高代谢率来增加产热，总产热增多。如果用产热方式还不能弥补机体的热量损失，动物体温开始下降，直至冻死。

冷环境中，猪、牛、绵羊的尿氮排出量增加，表观代谢能值降低。研究表明：20℃ 时，妊娠母猪进食总能的代谢率为 77%，而在 12～14℃ 时代谢率为 74%。冷应激时，饲料能量用于机体维持的比例增加，用于产品合成的比例减少，最终导致能量利用效率降低。

环境温度在等热区下每降 1℃，20kg、20～60kg 和 60～100kg 的生长肥育猪每天分别需增加 14g、27g 和 38g 饲料（12MJ 代谢能/kg）以补偿热散失。生长鸡或产蛋鸡处在环境温度 18℃ 以下时，温度每降 1℃ 采食量增加 1.6%～1.8%。环境温度低于 18℃ 时，每降 1℃，母猪维持能量需要量增加 4%。在寒冷的冬季，青年母牛的能量总需要增加 30%。

冷应激时，饲粮蛋白质水平可不变。据报道，在平均气温 7～9℃，饲粮能量浓度为 14.23MJ 消化能/kg 时，体重 18～35kg、35～60kg 和 60～90kg 的猪适宜能蛋比分别为 94.85MJ/g、101.63MJ/g 和 109.41MJ/g，饲粮粗蛋白质分别为 15%、14% 和 13%。

冷应激时，动物体内代谢加强、某些矿物元素排泄增加，从而增加矿物质需要量，维生素的需要量也增加。

冷应激时，动物饮水量下降。相同温度下，动物需水量受空气湿度影响很大，一般而言，湿度高，需水量减少。

第二节　营养与动物清洁生产

养殖业的污染主要来自动物粪、尿和臭气排出以及动物性食品中有毒有害物质的残留，其根源是饲料。一是饲料中的有毒有害物质通过食物链逐级富集，增强了其毒性和危害；二是向环境排出，对环境造成污染；三是在动物产品中残留有毒有害物质，危害人体健康。为此，可采取营养学措施，控制养殖业对环境的污染，提高动物性食品的安全性。

一、动物生产对生态环境的污染

动物生产对生态环境的污染主要有以下几个方面。

① 动物粪、尿排泄物的污染　养殖场动物粪、尿排泄物是生态环境的主要污染源。据估计，按每只鸡每日排出粪、尿 100g 计算，一个养 1 万只鸡的鸡场每天产生的粪、尿可达 1t，年排出粪、尿约 365t。按 1 头猪日排粪、尿量 6kg 计算，1 头猪年产粪、尿约 2.2t，一个万头猪场年产粪、尿达 22000t。按全国养猪 5 亿头计，年产粪、尿约 11 亿吨。如果对这些粪、尿不做适当处理，随意排放，则势必对周围的土壤、水体、空气等造成污染。近年来，因某些养殖场对此重视不够，粪、尿排泄物已成为一大公害，使周围环境恶臭熏天，蚊蝇滋生，细菌繁殖，疫病传播，严重影响了周围居民的生活、工作和身体健康。

② 水质污染　动物尿液、冲洗场地的污水、雨水冲刷粪堆的污水若直接流入江河，将严重污染下游地区水源，造成对水质的污染。另外，饲料中大量的磷和氮不能被畜禽有效利用而排到体外，造成养殖场污水中含有高浓度的氮和磷。养殖场污水如果直接流入鱼塘，会

造成水体富营养化，引起藻类等浮游生物的大量繁殖，使得水体缺氧而影响鱼的生长，甚至死亡。动物粪、尿等污染物不仅会污染地表水，其有毒有害成分还易进入地下水中，严重污染地下水。地下水中有毒成分增多、超标，将直接危害人类健康。

③ 恶臭污染　养殖场产生的粪便等如果未进行有效的处理，会发出难闻的气味，严重污染生态环境。恶臭主要来自粪便、污水、垫料、饲料、动物尸体的腐败分解、消化道排出气体、皮脂腺、汗腺、外激素分泌物等。养殖场的恶臭成分十分复杂。清粪方式、日粮组成、粪便和污水的处理等不同，恶臭的构成和强度就会不一样。恶臭的主要成分一般包括硫化物、有机酸、酚、盐基性物质、醇、醛、酮、酯、杂环化合物、碳氢化合物等。这些物质主要由糖类化合物和含氮的有机物产生，在厌氧条件下分解释放出刺激性的特殊气味，高浓度存时，会影响人、畜健康。另外，牛、羊等反刍动物产生大量的甲烷等气体污染大气，会加剧温室效应的形成。

④ 有毒有害物质潜在残留污染　目前，动物产品中绝大部分不同程度地存在着有毒有害物质污染的问题，最主要的是兽药、人药、激素、消毒药、农药等药物残留超标问题。造成药物残留的主要原因有：一是滥用抗菌药物，如人用头孢菌素、螺旋霉素在动物中的使用；二是不规范用药或不遵守停药期，如超大剂量使用微量元素或在停药期前屠宰动物；三是农药在饲料原料中的残留。这些都会造成对动物产品的残留污染。同时，这些药物随动物粪、尿排出，污染土壤和水源，从而污染整个人类生存环境，并通过人们的摄食转移富集到人体，影响人类的健康。

二、控制养殖业对环境污染的营养学措施

动物养殖业要转变为绿色产业，在很大程度上依赖于营养学措施的应用。

① 准确预测动物的营养需要　养分给量过多是导致动物排泄物增加的主要原因。因此，要准确地预测动物的营养需要量，严格按预测的营养需要量配制营养平衡的日粮，定量饲喂，这样可减少动物的排泄量。传统动物营养学设定养分供应的安全裕量虽能确保动物健康和较理想的生产性能，但难以保证清洁的动物生产。

② 增强日粮氨基酸平衡性，降低日粮蛋白质水平　据报道，生长肥育猪日粮蛋白质从 18% 降低到 16%，可使氮的排泄量减少 15%。一般来说，日粮添加第 1~3 限制性氨基酸，日粮蛋白质降低 2~4 个百分点，氮的排泄量可减少 20%~30%。

③ 用酶制剂提高养分的消化率　在日粮中添加酶制剂，以补充动物内源性消化酶不足，可提高日粮中养分的消化率，降低废物的排泄量。目前，已应用的酶制剂包括蛋白酶、淀粉酶、脂肪酶、纤维素酶、半纤维素酶、果胶酶、β-葡聚糖酶、阿拉伯木聚糖酶、植酸酶等。日粮加酶，一般可使氮沉积率提高 5%~15%。氮沉积率提高 5%，就意味着 20kg 体重的猪每日少排出 0.2g 氮，60kg 体重的猪每日少排出 2g 氮。饲粮中磷的用量降低 0.1 个百分点并使用植酸酶，猪排出的磷可减少 36%，肉鸡排出的磷可减少 30.4%，同时，氮排出量减少约 10%，锌、钙等排出量亦减少。

④ 限制某些饲料添加剂的使用　对环境有污染的一些饲料添加剂应限制使用，如高铜、高锌、砷制剂等。

⑤ 对饲料原料加工调制，提高日粮的利用率　采用发酵技术、膨化技术和颗粒化加工等技术，改善饲料原料的营养化学组成，破坏或抑制饲料原料中的抗营养因子，消除饲料原料中有毒有害物质和微生物，从而提高日粮中养分的消化率，减少动物的排泄量。

⑥ 使用有机微量元素添加剂　无机微量元素，由于其利用率低，且易受 pH 值、脂类、蛋白质、粗纤维、草酸、氧化物、维生素、磷酸盐、植酸盐与霉菌毒素等诸多因素影响，使

其被动物吸收的数量远小于理论值。使用有机微量元素，可提高微量元素的生物利用率，促进动物生长、增强免疫功能、改善胴体品质、减少微量元素对环境的污染。

第三节　高铜高锌制剂和砷制剂对生态系统的影响

一、砷制剂对生态系统的影响

砷虽然是动物必需的微量元素，但由自然饲料配制的饲粮中砷含量能满足动物的营养需要，无需额外补充。然而，有资料报道，在饲粮中添加砷制剂，能促进动物的生长，提高饲料利用效率。也有资料（Ferslew 等，1979）报道，在生长猪饲粮中添加 100mg/kg 阿散酸，未见明显的促生长效果。可见，砷制剂的促生长效果尚待证实。

一般认为：①砷制剂在动物消化道内有抑菌作用，能使肠壁变薄；②能扩张体表血管，使其充血，因而皮肤红亮，富有光泽，外观好看。人们对砷制剂第一点的作用似乎不够感兴趣（因为可用其他制剂替代），而对第二点的作用有着浓厚的兴趣。于是乎，近几年来，在动物生产上，很多的人用对氨基苯砷酸（商品名：阿散酸）和 3-硝基-4-羟基-苯砷酸（商品名：洛克沙砷）作为促生长添加剂。

目前，砷制剂在动物饲粮中用量为 50～100mg/kg，由于动物对砷的吸收率低，食入的砷绝大多数随畜禽粪尿排出而进入土壤中。长此下去，土壤、水源、空气中砷含量将逐渐上升。土壤含砷量高，将使作物含砷量超过国家食品卫生标准。据刘更另（1994）计算，当饲粮中添加 100mg/kg 阿散酸时，一个万头猪场所排泄的粪便在不到 10 年内可使 $133.3hm^2$（2000 亩）土地因含砷过高，不能生产符合食用标准的作物而报废。若阿散酸添加量超过 100mg/kg，则土地报废时间就会更短。人类长期食入、吸入或接触砷，可引起砷中毒或慢性中毒。例如，1900 年，英国发生过"啤酒砷中毒"，造成 1000 多人死亡，700 多人中毒。1956 年，日本发生了"森永奶粉砷中毒"事件，使很多婴幼儿中毒，甚至死亡，原因是奶粉生产过程中，用了含砷的磷酸氢二钠作为乳质稳定剂，污染了奶粉。1968 年，我国台湾省西南沿海地区的井水内含砷量达 0.25～0.85mg/L，在被调查的 40421 人中，竟然有 10.59%（428 人）发生了砷性皮肤癌。1973 年，美国也报道了饮用砷污染井水的居民发生砷中毒的病例。砷被人体吸收后，可蓄积在肝、肾、脾、骨骼、皮肤、毛发中。砷与含巯基的酶结合，使酶失活，导致代谢紊乱。砷对人的半致死量为 1～2.5mg。动物有机砷中毒后，无特效药治疗；无机砷中毒后，可用二巯基丙醇治疗。鉴于此，越来越多的学者建议，我国应尽早禁止砷制剂在动物中的使用。

二、高铜制剂对生态系统的影响

1. 高铜制剂的应用现状

猪对铜的营养需要量一般为 3～6mg/kg（取决于猪的生理阶段）。然而，在猪生产上，很多人在猪饲粮中添加铜 125～200mg/kg（剂型主要为 $CuSO_4 \cdot 5H_2O$），甚至更高，如此高剂量的铜不是作为营养物质，而是作为促生长剂。高铜制剂对 10～40kg 体重的猪促生长作用一般是有一定效果的。但须有前提条件，即饲粮营养要平衡，尤其是铁、锌、维生素 E 等养分供量充裕。随着猪体重的增大，其效果下降。高铜制剂对 50kg 以上体重的猪促生长作用是无效的。然而，一些人在中、大猪饲粮中依然使用高铜制剂，甚至滥用高铜制剂，使铜在饲料工业中的总用量大大超过实际需要量。以四川为例，按四川饲料产量估计，每年满足动物铜营养需要的硫酸铜需要量约为 180t，而实际使用量达 3000～4000t。其中，约有 2700～3500t 排泄到环境中。

2. 使用高铜制剂的不良后果

① 对其他养分代谢的影响　动物实验结果表明：铜、铁、锌等金属元素存在着明显的竞争性作用。一些资料报道，高铜可引起猪条件性缺铁或缺锌，导致血液 Hb 水平下降、贫血和生长停滞。周明等（1996）研究证明，饲粮高铜（134～259mg/kg），可降低微量元素铁、锌的吸收和利用，从而导致血清铁、血清锌量减少，血液 Hb 浓度和血清碱性磷酸酶活性下降。并且，前期猪血液生化指标对饲粮高铜的敏感性强于中期猪。

猪饲粮高铜影响铁、锌生物学有效性的可能原因是：铜与铁、锌在吸收水平上竞争（与蛋白质载体结合的）结合位点。在猪饲粮中超剂量地使用铜，必然影响铁、锌的吸收，因而血清铁、锌量减少，造成猪条件性缺铁、缺锌症（即由高铜引起的），所以含锌酶血清碱性磷酸酶活性和含铁蛋白 Hb 浓度必然下降。

② 对动物健康的影响　崔伟等（2010）研究了高铜对雏鸡肾脏组织结构与生化指标的影响，结果表明：饲粮铜含量 400mg/kg 及其以上，可引起肾脏组织的病理损伤以及抗氧化功能的降低，导致肾脏功能的降低。曹化斌等（2010）研究了饲粮铜来源及水平对肉鸡肝损伤的影响，结果表明：动物饲粮高铜可增加铜在肝中沉积，肝功能受抑，肝不同程度地受到损伤。

③ 对食品安全的影响　给猪全期饲喂高铜饲粮，可引起铜在猪组织中蓄积，影响猪产品的可食性。因而，高铜进入食物链，损害人类健康。王建明等（1999）研究认为，饲粮铜含量低于需要量时，肝中铜含量随饲粮铜含量变化不大；饲粮铜含量接近需要量时，肝中铜含量随饲粮铜含量而呈线性增加。肝中铜含量与饲粮铜水平呈线性增长关系，因此肝中铜含量是反映饲粮铜水平及体内铜代谢状况的良好指标。饲粮铜含量大于需要量（高铜）但不中毒时，肝铜含量成倍增加。于炎湖（2002）报道，使用高铜制剂，可使猪肝中铜含量升到 750～6000mg/kg，甚至高达 7500mg/kg，人食用这种猪肝，可造成铜在人体内大量蓄积，从而损害人体健康。人食用这种猪肝后，出现 Hb 降低和黄疸等中毒症状。这提示：高铜食物影响造血机能和肝功能。

④ 对生态环境的影响　猪对饲粮铜吸收率较低，仔猪为 15％～30％，成年猪仅为 5％～10％。由此可见，给猪喂高铜饲粮，大部分铜由粪、尿排出（图 15-1）。关受江等（1995）试验表明，给猪饲喂 150mg/kg、200mg/kg、250mg/kg 和 300mg/kg 的高铜饲粮时，猪由粪每日排出铜分别为对照组的 339.8％、495.1％、321.9％和 733.2％，分别占摄入量的 98.95％、97.86％、87.30％、96.06％，一方面造成铜资源浪费，另一方面污染环境。当大量铜进入土壤，使土壤和植被中铜含量大量增加。据日本土壤肥料学会的报告，土壤中铜含量应不大于 80mg/kg。我国土壤环境质量标准（GB 15618—1995）规定，一般农田、蔬菜地土壤（pH＜6.5）铜含量不大于 50mg/kg 和不大于 100mg/kg（土壤 pH≥6.5）。将高铜的粪肥施入土壤，土壤中铜含量很容易达到上述限量标准。土壤的铜污染可破坏土壤的物理、化学和生物学功能，引起土壤的肥力降低，影响作物产量和

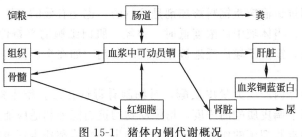

图 15-1　猪体内铜代谢概况

养分含量。

⑤ 对植物的毒性　柯世省等（2008）采用土培试验，研究了铜对苋菜幼苗光合参数和活性氧代谢的影响。结果表明：2.0mmol/kg 以上的铜处理，引起苋菜活性氧代谢失衡，明显降低净光合速率和实际量子效率，加剧过氧化作用，导致植株生长严重受阻。土壤含铜过量，对植物有强烈的毒性，严重抑制植物生长。土壤过量铜，直接抑制光合电子传递和碳同化酶活性，损伤叶绿体结构，改变类囊体膜脂质和蛋白质的组成，破坏膜的结构和功能。

⑥ 对微生物的毒性　杜君等（2010）报道，铜胁迫不但影响酵母的存活率，而且可显著影响酵母对还原糖的利用性能，进而影响 CO_2 和酒精的产量。Freitas 等（2003）报道，铜与膜硫醇基团结合，产生氧自由基，可引起细胞伤害。Mrvcic 等（2007）也报道，高铜可抑制酵母的正常生长，延迟酒精发酵。

三、高锌制剂对生态系统的影响

丹麦科学家在 1989 年试验发现：在断奶仔猪饲粮中加 $(2500\sim4000)\times10^{-6}$ 锌（氧化锌），可降低仔猪腹泻率，并能促进其生长。由此诞生了高锌制剂的应用。现今在生产上，一些饲料厂或养猪场放大高锌制剂的作用，不仅是在断奶仔猪饲粮中加氧化锌，在非断奶仔猪饲粮中也加氧化锌，加锌水平达 2250mg/kg，甚至更高，已达到了滥用的程度。

虽然用这样剂量的氧化锌能在一定程度上防止仔猪腹泻，但绝大多数锌随粪肥进入土壤。长期使用高锌制剂，造成对土壤的锌污染。据报道，土壤中锌含量为 10mg/kg、150mg/kg、200mg/kg 时，会抑制水稻、小麦和萝卜的生长。

第四节　动物的运输应激及其缓解措施

动物在运输过程中要经受或大或小的应激。在运输应激过程中，动物恐惧不安、性情急躁，神经细胞兴奋性增强，心跳加快，血压升高，消化管运动减缓，肾上腺素、去甲肾上腺素和皮质醇等激素分泌量增多，血糖升高，体内的养分、水分大量消耗等。总之，动物处于不同程度的亚健康状态，严重者导致死亡。在运输和运输后一段时间内，动物机体抵抗力降低，机体产生免疫抑制，而易发多种疾病。

世界各地每年因路途运输造成的动物死亡数量及经济损失十分惊人，德国每年死于运输途中的猪约占全部屠宰猪的 0.2%，高达 16 万头；英国曾有人报道死于运输途中的猪占总屠宰量的 0.066%～0.072%；1989～1993 年，我国内蒙古自治区发运香港的活牛共计82068 头，运输途中损失 509 头，直接经济损失达 203.6 万元人民币。

为了减少动物运输应激所造成的损失，国内外学者研究采取了许多措施，如选择饲养抗应激品种、在运输前一段时间内加强营养以增强体质、尽量创造适宜的运输条件、饲喂抗应激添加剂等。

一般认为，应用抗运输应激饲料添加剂是可行的，也是有效的。镁离子能维持神经、肌肉细胞正常的兴奋性。当体液中镁浓度低时，神经、肌肉细胞的兴奋性就亢进，发生痉挛，甚至死亡。近几年来，镁离子较广泛地被用作抗应激剂。如在畜、禽转舍、运输时，常给其补充镁离子。

动物经受应激时体内产生大量皮质酮，对细胞有毒性作用。维生素 C 是一种最有效的抗应激活性物质，可下调皮质酮的浓度，增强动物的抗逆能力和适应能力。此外，维生素 C 具有直接杀死一些病毒和细菌的作用，提高动物的生产性能和新生仔畜的成活率，防止应激对动物的损害。

色氨酸为 5-羟色胺合成的原料，后者为抑制性神经递质，可降低神经细胞的兴奋性，因而减轻运输应激的反应性。γ-氨基丁酸是一种氨基酸，为中枢神经系统中很重要的抑制性神经递质，具有镇静、催眠、抗惊厥、降血压的生理作用，具有促进肾机能改善和保护作用，并能活化肝功能，调节免疫功能。γ-氨基丁酸还能促进动物胃液和生长激素的分泌，刺激采食中枢，从而增加采食量和提高生长速度。维生素 E 和有机铬对动物有较强的抗应激作用。

第五节　其他环境因子对动物的影响

一、噪声对动物的影响

20 世纪 80 年代以来，人们开始研究噪声对动物生化与免疫的影响。噪声对动物健康的危害可概括为听觉系统损伤（特异性的）和听觉外影响（非特异性的）两个方面，其危害程度与噪声的强度和持续时间等密切相关。噪声对听觉外的影响，主要是作用于网状结构，影响物质代谢和能量代谢，这种反应都是噪声通过听神经分支作用于中枢神经系统而引起的。噪声对动物的肝功能、免疫机能、神经功能、心血管和生殖等都有不良的影响。

1. 对肝的影响

① 肝糖原　噪声可通过神经-体液途径影响激素的分泌量，导致肝糖原代谢变化，从而引起血糖含量变化。用 103dB（A）高频稳态噪声作用于小鼠 15～180min，肝糖原含量先骤降，后缓慢上升，呈现 U 型曲线（图 15-2）。骤降到最低点是应激反应的警告期，此时，噪声通过神经-体液途径对动物体影响最大，为了防御，机体将糖原分解为葡萄糖，供代谢需要。后期，肝糖原含量逐渐回升是为适应与抵抗期，表明动物对噪声的适应。

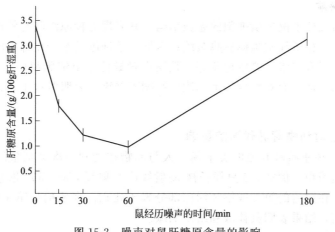

图 15-2　噪声对鼠肝糖原含量的影响

② 肝中谷丙转氨酶（GPT）　噪声可使鼠肝中 GPT 活性增高。噪声能使肌肉释放丙氨酸等氨基酸，供作肝中糖异生的原料。丙氨酸增多，可诱导并增强 GPT 活性而加速丙氨酸分解为丙酮酸，丙酮酸经糖异生作用合成为葡萄糖，从而加速丙氨酸-葡萄糖的循环，以供机体应激状态时的能量需要。

③ 乳酸脱氢酶（LDH）　噪声刺激，可导致鼠肝中 LDH 活性变化。研究表明，不同频率的噪声对 LDH 活性的影响有差异：低频、高频段，LDH 活性显著升高；而低中频段，

则有所降低。

2. 对免疫机能的影响

动物免疫机能受神经-内分泌系统影响，这种影响是通过神经递质和激素实现的。试验证明，皮质激素可抑制免疫应答反应，肾上腺素和去甲肾上腺素可使 T、B 细胞以对数方式减少，抑制 T 细胞的功能，阻止 IL-2 的释放，干扰淋巴细胞介导的杀伤靶细胞的作用，影响淋巴细胞与单核细胞的相互作用。高剂量皮质激素可使补体水平下降。噪声可引起神经-内分泌系统紊乱，主要是垂体-肾上腺皮质系统和肾上腺髓质功能的改变。现已发现，噪声可引起甲状腺分泌功能降低，血液中甲状腺素减少。据报道，噪声可使大白鼠淋巴细胞转化率下降，并可阻碍小鼠合成干扰素。

3. 对脑及神经功能的影响

强噪声沿听觉通路进入网状系统，向上弥散地投射到大脑皮层，损伤其结构和功能。据报道，小鼠在生长发育期间受到强噪声作用后，其防御性条件反射活动的建立比对照组困难得多，强噪声不仅可损伤小鼠耳蜗组织结构，听力下降甚至丧失，而且也影响脑发育和中枢神经系统的功能。研究发现，强噪声可导致小鼠大脑皮层听区突触小泡明显增大，突触小泡是贮存和释放神经递质的结构单位，其形态变化与神经信息传递特性的改变可能有一定的对应关系。强噪声对小鼠大脑皮层听区突触部位的最明显影响是线粒体受损。突触是神经传递的"枢纽"，线粒体是细胞生理活动的"动力站"，突触内的线粒体受损，必然使能量供应减少，从而影响声音信息的传递。

4. 对心血管的影响

强噪声可使大鼠血液黏滞度显著升高，引起微循环障碍、组织缺血和缺氧、新陈代谢障碍。据报道，强噪声刺激，严重影响豚鼠脑、心脏、肝脏中钙、镁、锌和铜的代谢：血中锌含量极显著地减少，而铜极显著地增加；心肌中镁含量极显著地降低，钙极显著地升高，并且，停止噪声刺激后，这种影响仍然存在。

5. 对生殖的影响

强噪声能损伤雄性小鼠生殖细胞的超微结构，其表现为精原细胞与精母细胞的核周隙扩大、内质网池扩张；精子细胞顶体囊膜皱缩；后期精子细胞及精子尾部中段线粒体肿胀、空泡化、排列紊乱，还有细胞质滞留现象等。强噪声对雄性生殖细胞超微结构的影响与微波、超声、棉酚的影响相似，而对雌性生殖细胞的影响不严重，表明雌性生殖细胞对噪声有较强的耐受性。

二、电离辐射对动物营养代谢的影响

① 食欲不振、体重减轻和氮的负平衡　人与动物在受到一次大剂量的射线照射后，都会食欲不振、急速消瘦。例如，5 只猴子被 X-射线或 γ-射线 450～550 伦琴照射后，其食欲不振，体重减轻。在照后的第 2 或第 3 周内部分猴子死亡。在照射后第 1 周测定猴子的氮、水和电解质的平衡，结果表明其体液和组织缩减。

另试验表明，用 X-射线 660 伦琴一次照射大鼠全身，在照后的 6d 内，大鼠呈现氮的负平衡。给犬（7 头）做胃瘘，然后在胃瘘内用镭或锶射源进行照射。所有的犬在照后第 3 周内出现食欲不振和呕吐，且在照后两个月内出现失水，体重减轻 36%～52%，血液浓缩，淋巴细胞和白细胞减少，直至死亡。对驴、大鼠、小鼠等的试验，也得到了类似的结果。

② 肌肉萎缩，尿中尿素、肌酸和氨基酸的排出量增多　大鼠在受到 X-射线 700 伦琴全身照射后，肌肉、脾脏和胸腺等重量都显著地减轻（表 15-1）。

表 15-1　大鼠受 X-射线 700 伦琴全身照射后组织减轻的程度　　　单位：%

照射后时间	3h	2d	4d	10d
肌肉	96.7	91.3	80.2	87.6
脾脏	79.6	47.5	36.7	60.7
胸腺	101.8	11.5	22.9	43.4

注：假定对照组大鼠（未照射）相应组织重量为 100%。

受 X-射线照射的大鼠在照后 3h 脾脏重量就减轻，其重量仅为对照组的 79.6%。观察的几种组织重量减轻最严重的时段是从照射后的第 2d 到第 4d。照后第 6d 起组织的重量又渐恢复。肌肉重量在照射后第 4d 减轻约为对照组的 20%。胸腺和脾脏重量的减轻极显著，出现得也较早。胸腺重量在照后第 2d 为对照组的 11.5%，减轻了约 88%，脾脏重量在照后第 4d 减轻了 63%。胸腺和脾脏重量的减轻亦促使氮负平衡的出现。动物体在受到电离辐射后出现氮的负平衡，肌肉萎缩。肌肉蛋白质由于射线的影响，异化过程加强，蛋白质分解，由尿中排出尿素氮。

③ 蛋白质、核蛋白、核苷酸的代谢　电离辐射引起血清中 γ-球蛋白减少。用 300 伦琴照射小鼠，证实了 γ-球蛋白的减少。大鼠在 X-射线 1000 伦琴全身照射后，P^{32} 标记的甘氨酸掺入胸腺脱氧核糖核酸的量减少。电离辐射能引起细胞的核萎缩。Vendrely 等（1958）发现，萎缩核中脱氧核糖核酸的含量没有改变，但组蛋白有解聚现象。用 810～850 伦琴全身照射小鼠，在照后第 3h 起，脱氧核糖核酸蛋白质总量急剧下降，游离的多核苷酸显著地增加。小鼠全身受到致死剂量或半致死剂量照射后，造血器官中氨基酸和磷掺入到脱氧核糖核酸的量减少。

④ 酶活力的变化　业已发现，家兔经过照射后，血清中的谷草转氨酶活力提高。Kow-lessar 等（1954）报道，大鼠在受到 350 伦琴或 700 伦琴的照射后头 28h 内，血浆和尿中的脱氧核糖核酸酶 Ⅰ 和 Ⅱ 的活力增强。一般认为，大鼠受到照射后，细胞损伤，脾脏中脱氧核糖-核酸酶由细胞中溢出，因而血浆和尿中该酶活力增强。大鼠经 50 伦琴、200 伦琴或 1000 伦琴照射后 1h，脾脏细胞核中过氧化氢酶的含量下降，这也是脾脏细胞核被破坏的后果。

⑤ 水、盐、维生素的代谢　受 X-射线 450～500 伦琴全身照射的犬血浆容积增加和红细胞的容积减少。猴子被辐照后，发现钠离子和钾离子出现负平衡。大鼠经 500 伦琴全身照射后，尿中排出的核黄素、尼克酸、叶酸和吡哆醛都增多。尼克酸在照后排出量为照前的两倍；叶酸在照后 1d 就增加排出量，排出量为照前的 6 倍。

三、高原低氧对营养代谢的影响

高原低氧对动物的影响较大。急性缺氧时，一些维生素代谢发生变化，动物对其需要量增加；大剂量补充一些维生素，可提高动物对高原的适应能力。

1. 高原低氧对人健康的影响

人进入高原后，营养代谢发生显著的变化，主要表现为体重下降、食欲减退、肝功能异常、血糖降低、蛋白质分解加强、脂肪氧化不全、脱水等。初入高原者，进入高原后数小时至 3d 内，约有 35.6%～93% 的人发生轻重程度不一的急性高原反应，主要表现为头痛、厌食、呕吐、疲乏、眩晕、失眠等。若处理不当，部分患者则可能发展为高原肺水肿或高原脑水肿而危及生命。大量研究表明，除了通过阶梯式适应、锻炼适应、低氧适应、药物预防等方法外，营养手段也是促进高原适应的重要措施之一。一些维生素具有改善缺氧状态下的物质代谢、减轻高原反应的作用。

2. 高原低氧下维生素代谢变化

以维生素 B_1、维生素 B_2 不同含量的饲粮饲喂大鼠 1 个月，然后模拟 8000m 高度缺氧条件，每天停留 90min，连续 4d 或 9d。结果发现，与不缺氧的对照组动物相比，试验组大鼠尿中维生素 B_1、维生素 B_2 排出量增加，9d 后脑中维生素 B_1 含量和肝中维生素 B_2 含量明显减少，表明高原环境下维生素 B_1、维生素 B_2 代谢加快，需要量增加。另外，陈东升等（1999）报道，随模拟高度的上升，大鼠红细胞转羟乙醛酶（TPP 为辅酶）的活性降低，谷胱甘肽还原酶（以 FAD 为辅酶）的活性升高，进一步证明了高原缺氧后维生素 B_1、维生素 B_2 营养状况发生了显著变化。高原缺氧后大鼠心、肝组织中的 NAD^+ 含量显著减少，而给以烟酰胺后能明显提高其含量。体内的 NAD^+ 主要是由烟酸提供，其含量的降低提示可能与高原环境下烟酸代谢受到影响有关。

在不同模拟高度，大鼠血浆维生素 C 含量随着高度的上升呈递减趋势，表明了缺氧条件下大鼠体内维生素 C 合成能力下降或消耗增加。高原缺氧后，犬肝脏和血浆中的还原型谷胱甘肽、维生素 E 与肝脏维生素 C 的消耗有时间依赖效应，随着时间延长，维生素 E 的消耗最多，维生素 C 消耗最少。高原缺氧条件下，大鼠血清维生素 E 含量降低，说明缺氧条件下动物对维生素 C、维生素 E 等具有抗氧化性质的物质需要量增加，这与缺氧导致机体脂质过氧化反应增强有关。

蒋宝泉等（1998）对初入 3700m 高原青年人的核黄素需要量进行了研究，结果表明各实验组均有维生素 B_2 缺乏体征的存在，初入高原者对维生素 B_2 需要量高于久居高原者，也高于平原人的供给量标准，每日摄入量达 2.14mg 才能有效预防维生素 B_2 缺乏病的发生。石元刚对初入西藏青年人的维生素 C 需要量进行了研究，发现初入高原青年人的维生素 C 需要量与供给量均高于平原地区，但与久居高原青年基本相同。

3. 高原低氧下补充维生素的效果

实验表明，补充大剂量烟酰胺，可延长小鼠缺氧时的平均存活时间。补充大量维生素 E，可有效改善急性缺氧大鼠的能量代谢。补充大剂量维生素 C、β-胡萝卜素等，可保护急性缺氧大鼠。上述结果都表明，大剂量补充维生素 PP、维生素 E、维生素 C 以及 β-胡萝卜素等，均具有提高动物抗急性缺氧能力的作用。大鼠补充维生素 B_1、维生素 B_2、维生素 B_6、维生素 B_{12}、维生素 K、维生素 E、烟酸、叶酸、对氨基苯甲酸、泛酸钙、抗坏血酸后，快速移到 12000m 高原，结果 20min 时的存活率为 63.33%，而未补充的对照组存活率为 41.03%；60min 时对照组已无存活的动物，而补充组尚存活 23.33%，300min 时仍有 10% 存活。在动物饲粮中添加 β-胡萝卜素、苹果等，也可提高急性缺氧后的存活率。郭长江等（2004）根据动物高原营养代谢与需要特点，设计了以大剂量水溶性维生素为主的复合营养制剂，每天灌胃正常小鼠，20d 后进行急性密闭缺氧试验，结果表明复合维生素补充组生存时间较对照组延长了 38.2%。生化指标测定结果，也证明了一些维生素具有促进高原适应的作用。例如有研究表明，喂养补充维生素饲粮的动物心肌中细胞色素氧化酶与琥珀酸脱氢酶的活力较对照组明显增高，心肌与脑组织中的辅酶Ⅰ含量也较对照组明显增加。以水溶性维生素为主的复合维生素可提高小鼠和大鼠耐急性缺氧能力，改善机体的维生素营养水平。补充 3 倍于需要量的维生素 B_1、维生素 B_2 与维生素 PP，能有效地提高动物的能量代谢，使血中乳酸水平显著下降，心、脑组织中的细胞色素氧化酶与琥珀酸脱氢酶的活性升高，血中 ATP 水平升高。

对一些人群现场干预研究，也证明补充复合维生素能够促进高原适应。王佩纲等认为，尽管补充 4 种或 10 种高剂量的维生素对食欲和体力未产生明显的作用，但在维持受试者的体重、改善心肌缺氧、减少高原缺氧症状方面具有良好效果。蒋宝泉等（1999）报道，服用大剂量复合维生素和微量元素制剂，可提高快速入藏青年人的耐缺氧能力。韦京豫等（2007）的研究也表明，以大剂量水溶性维生素 B_1、维生素 B_2 与维生素 PP 为主的复合营养制剂，有利于维持高原环境下人体的血氧饱和度，改善心肺功能、体能和记忆功能。

4. 维生素促进高原适应的机理

一般认为，维生素 E、维生素 C 是通提高动物抗氧化功能实现的。在缺氧的情况下，维生素 C 能保护维生素 E、维生素 A、维生素 B 免遭氧化。研究表明，维生素 C 能改善心肌能量代谢。Zhou 等（2006）研究表明，维生素 C 对心肌的保护作用与其减轻缺氧所致的钠离子通道紊乱有关。Katrin Mani 等（2007）认为，除了抗氧化功能，维生素 C 可间接通过影响低氧诱导因子（hypoxia-inducible factor，HIF）、一氧化氮合酶等发挥作用。在高原地区补充维生素 E，可改善维生素 B_2 和维生素 PP 的代谢，同时作为抗氧化剂可减轻脂质过氧化，减少自由基生成。Zhang 等（2004）发现，维生素 E 通过诱导 HIF-1 基因，拮抗局部脑缺血和神经死亡，进而起到保护作用。FerreiraR 等（2007）报道，低氧时，维生素 E 对线粒体的保护作用与其维持线粒体内外膜的完整性有关，并具有防止细胞凋亡信号转导途径激活的作用。维生素 E 与维生素 C 之间尚存在协同作用，同时存在时抗氧化能力大大提高。

综上所述，高原环境条件下，动物体内一些维生素代谢发生变化，大剂量补充一些维生素具有促进高原适应的作用。

本 章 小 结

动物生产对环境污染的问题愈来愈突出。动物排出的粪、尿、甚至病原（病原菌、病毒、寄生虫卵）污染着周围的环境。环境保护问题是当前养殖场准入的一个重要参数。控制养殖场的环境污染问题有多种措施，其中营养学措施是一项重要的措施（本章介绍了六个具体措施）。反过来，各种环境因素（如气温、气湿、风速、光、畜舍、饲养密度、空气、噪声、高原低氧、辐射、饲料、饮水、药物、土壤、有害矿物元素、蚊蝇鼠害等）又影响动物生产，包括直接影响动物的生产性能、饲料转化率和动物产品质量等。只有创造适宜的环境，动物才能高效、高质和安全生产。

（周　明，惠晓红）

第十六章　动物分子营养学初论

随着分子生物学理论与技术在生命科学领域各个学科的渗透与应用，形成了许多新兴学科。动物分子营养学就是动物营养学与现代分子生物学原理、技术和方法的有机结合而产生的一门新兴学科。换言之，动物分子营养学是在分子水平上研究营养问题的一门学科，是动物营养学的一个层面，是广义动物营养学的一个组成部分或分支。

第一节　概　述

一、动物分子营养学的任务

1953 年，Watson 和 Crick 提出的遗传物质 DNA 双螺旋结构学说，标志着分子生物学的诞生。20 世纪 70 年代初期，DNA 限制性内切酶的发现与随后建立的一整套 DNA 体外重组技术等基因工程技术，推动了分子生物学在理论和技术上的迅猛发展，其理论与技术已渗透到生命科学的各个领域。1985 年，在西雅图举行的"海洋食物与健康"的学术会议上，首次提出并使用了"分子营养学（molecular nutrition）"的这个术语。动物分子营养学是分子营养学的一个分支，主要研究营养素与基因之间的相互作用：一方面研究营养素对基因表达的调控作用及其机理；另一方面研究基因组成对营养素消化、吸收、分布、代谢和排泄的影响作用及其机理。在此基础上，探讨二者相互作用对动物体表型性状影响的规律，从而根据不同基因型及其变异、营养素对基因表达的特异调节，研究确定营养需要量、制订饲养标准，为保证动物健康，提高生产性能、改善动物产品质量提供科学依据，并探讨采用营养学措施纠正、修复或减小先天营养代谢性缺陷的可能性。

二、动物分子营养学的研究内容

传统的动物营养学对于营养素在动物体内的作用及其机理主要是从宏观的角度给予解释。其主要研究内容包括：蛋白质（氨基酸、寡肽）、脂类、糖类化合物、矿物元素和维生素在动物体内的消化、吸收、分布、中间代谢与排泄；各营养素对动物体的作用及作用机理；营养素之间的代谢关系；营养需要量的测定等。动物分子营养学的研究内容主要包括：营养素对基因表达的影响；基因型对营养素的消化、吸收、利用与排泄等的影响；筛选和鉴定对营养素作出应答反应的基因；鉴定与营养代谢病有关的基因；研究与营养相关的基因结构、DNA 结构乃至染色体结构；基因多态性对营养需要量的影响；用营养学方法修饰基因结构或调控基因表达；根据动物体内基因表达的时序性、表达谱、表达规律等，设计营养素供应方案；应用基因修饰或转基因技术，使动物生产理想的产品，如理想的肉、蛋、奶和功能性物质等。

三、与营养有关的分子生物学的基本概念

1. 基因表达的时间特异性和空间特异性

动物在生长发育期间，体内的各种基因按照特定的时间顺序，严格有序地表达，这就是基因表达的时间特异性（temporal specificity）。不同的基因表达产物蛋白质种类和数量不同。基于这个概念，在营养学上，针对具体阶段具体基因表达的产物（即产品），提供适宜的原料（即适宜的饲粮），这样可保证该基因充分表达。

某种基因表达产物在动物体内按照不同的组织（空间）顺序出现，这就是基因表达的空间特异性（spatial specificity）。基于这个概念，可设法通过营养学手段（养分供应方案），上调或下调某组织的生长发育，以期按人们的意图调控某细胞、组织或器官的生长发育。换言之，根据基因表达的时空特异性，进行营养编程（制订养分程序供应方案），使动物按人们的愿望，生产出理想的产品。

2. 基因的诱导表达和阻遏表达

当给予信号刺激时，基因的反应性不尽相同。根据对信号刺激的反应性，将基因表达的方式可分为组成性表达和诱导/阻遏性表达。

① 组成性表达是指很少受环境影响的一类基因表达。这类基因在生命全过程中都是必需的，其表达只受启动系列或启动子与 RNA 聚合酶相互作用的影响，而不受其他机制调节。这类基因表达被视为基本的基因表达。

② 另有一些基因表达极易受到环境的影响。这类基因受环境信号刺激后，会产生两种反应：诱导和阻遏。当给予特定的环境信号刺激后，某种特定的基因被激活，并且基因表达的产物增加，因此这种基因表达是可以诱导的。例如，乳糖作为诱导物，能诱导启动乳糖水解酶基因的表达，产生乳糖水解酶而对乳糖的消化。

另一类基因对环境信号刺激的应答结果是被抑制，基因表达的产物减少，此被称为阻遏。例如，当环境（培养基）中有色氨酸时，可活化阻遏蛋白，色氨酸操纵子转录作用就被抑制。

③ 基于以上的概念，对饲粮的调整，要缓慢渐进，以使动物体内的诱导基因表达（如诱导性消化酶和诱导性代谢酶的合成）有一个适应过程。如果对饲粮调整过快，会引起动物新陈代谢紊乱。

第二节　分子生物学技术在动物营养学中的应用

分子生物学技术在动物营养学中的应用越来越多，这里略举几例介绍。

一、利用分子生物学技术改造或生产营养物质

某些天然物质营养价值不高，或存在某种缺陷，均可利用分子生物学技术被改造；而某些营养价值较高的物质，其来源非常有限，远远不能满足生产实际的需要。这时我们可利用分子生物学技术，进行大量生产。通过转基因技术，可提高动物的生长速度、产毛量，改变乳的成分，改善肉质等。

转基因技术是指通过基因工程技术构建、导入受体生物细胞并稳定整合到该受体细胞基因组中的外源基因的技术。人们对植物、动物进行遗传转化的最终目的，是将转基因在受体植物、动物基因组中得到稳定整合，并在当代及其子代中得到有效、稳定的表达。

① 提高动物生产性能　利用动物转基因技术，可促进动物的生长发育，提高动物的生产性能。通过导入外源性生长激素基因，改造动物原有的基因组，从而达到加快动物生长，增加肉、蛋、奶等产品的产量，提高饲料利用率的目的。1985 年，科学家第一次将人的生长激素基因导入猪的受精卵获得成功，使猪的生长速度和饲料利用效率显著提高，胴体脂肪率明显降低。此后，人们在转基因猪方面，进行了更加深入的研究，取得了一定的成果，在羊、牛和鸡等畜、禽以及鱼类的转基因研究方面，也相继获得成功。

② 增强动物的抗病力　通过克隆特定病毒基因组中的某些编码片段，对其加以一定方式的修饰后，转入到畜、禽基因组中，如果转基因在宿主基因组中得以表达，那么畜、禽对

该种病毒的感染应具有一定的抵抗能力，或者应能减轻该种病毒侵染时对机体产生的危害。1991年，科学家就已获得能产生具有抗病活性的单克隆抗体的转基因猪。1992年，获得抗流感病毒转基因猪，增强了对流感病毒的抵抗能力。转基因技术的发展极大地提高了动物的抗病力和适应性，促进了养殖业的发展。

③ 动物生物反应器的应用 动物生物反应器，是指利用转基因活体动物的某种能够高效表达外源蛋白的器官或组织，进行工业化生产功能性蛋白质的技术，这些蛋白质一般是药用蛋白质或营养保健性蛋白质。其中，动物乳腺生物反应器是目前生产外源蛋白质最有效的生物反应器，也是目前国际上唯一证明可达到商业化生产水平的生物反应器。乳腺生物反应器，是指利用乳腺特异表达的乳蛋白基因的调控序列构建表达载体，制作转基因动物，指导特定外源基因在动物乳腺中特异性、高效率的表达，并能从乳汁中获取重组蛋白质的一种生物反应器。利用乳腺反应器，可生产人们需要的各种珍贵药用蛋白质与保健性蛋白，为人类的医疗保健事业提供宝贵资源，还能改变乳汁成分，提高奶制品的营养价值，改善人类的饮食。

④ 转基因动物性食品的生产 2002年，日本科学家将菠菜 *FAD 12* 基因植入猪的受精卵中，成功培育出了较普通猪不饱和脂肪酸含量高20%的转基因猪。美籍华裔科学家将 *FAT-1* 的基因植入猪的胚胎中，而后应用克隆技术培育出了富含 ω-3 脂肪酸的猪。

⑤ 用基因重组技术，提高饲料中养分含量 澳大利亚科学家用基因工程技术，培育了一种富含蛋白质的苜蓿新品种。将豌豆种子中一个基因转移到苜蓿叶子上，该基因含有合成含硫氨基酸的密码。豌豆中的白蛋白与其他植物中的白蛋白不同，它在瘤胃中不被分解，绵羊几乎全部将其吸收利用。用这种新品种苜蓿喂绵羊，能促进羊毛的生长，使羊毛产量提高5%。

现已育成了高蛋白玉米、高赖氨酸玉米、高油脂玉米等，这些品种玉米中蛋白质和（或）赖氨酸或脂肪含量显著多于普通玉米。英国科学家正研究改造大麦蛋白质的氨基酸组成，且已取得了很大的进展。巴西农业研究公司（EMBRAPA）的研究人员正在培育富含 β-胡萝卜素的玉米新品种。

⑥ 用基因重组技术，降低饲料中有害成分含量 菜籽及其饼粕中含有硫苷、芥子酸等有害物质。鉴于此，加拿大科学家已育成了双低油菜新品种，如 Canla、Candle、Altex、Regent 等。棉籽及其饼粕中含有游离棉酚等有害物质，美国科学家也因此育成了无腺棉花新品种，其饼粕不含游离棉酚毒性物质。生大豆及其生饼粕中含有胰蛋白酶抑制因子等抗营养因子。中国农业大学已育成了名为"中豆-28"的大豆新品种，其豆实中不含胰蛋白抑制因子。大麦中含有较多量的 β-葡聚糖和阿拉伯木聚糖，将大麦用作单胃动物特别是鸡和仔猪的饲料时，效果差。鉴于此，科学家正研究培育不含 β-葡聚糖和阿拉伯木聚糖的大麦新品种，低植酸的玉米品种，以及低水苏糖、低棉籽糖、低氧合酶的大豆新品种。

⑦ 用基因重组技术，提高饲料转化率 已能用生物工程技术，生产大量的淀粉酶、蛋白质消化酶、纤维素酶、植酸酶、β-葡聚糖酶、阿拉伯木聚糖酶等，并将这些酶加到饲粮中，能提高饲料消化率，消除饲料中抗营养因子，改善动物生产性能。

人们可用重组 DNA 技术，从微生物中生产纯度很高的生长激素，主要包括牛生长素（bST）、猪生长素（pST）和禽生长素（aST）。科学家们用生长素提高畜禽生产性能，同时，饲料利用率也得到了显著的提高。

二、培育转基因动物

所谓转基因动物，是利用转基因技术将外源基因导入到动物体内，这种外源基因与动物本身的染色体整合，这时外源基因就能随细胞的分裂而增殖，在体内得到表达，并能传给后代。世界上第一只转基因动物巨鼠，是将大白鼠生长激素导入小白鼠的受精卵中，再将这个受精卵移入母鼠子宫中，产下的小白鼠比一般的大一倍。在遗传学上具有重大意义的这只转基因动物（巨鼠）的研究培育成功，展现出诱人的光明前景。外源基因导入畜、禽，能使畜、禽向人类希望的目标靠拢，如饲料增效、肉质改善、体重增大、奶量增加和脂肪减少等。例如，将长瘦肉的基因导入猪细胞中，猪就成为瘦肉型；将促乳汁分泌的基因导入牛、羊细胞中，这些转基因牛、羊乳汁猛增。

图16-1　用基因重组技术使动物快长

已发现，锌对金属硫蛋白（MT）基因的启动子有特异的调节作用，并使 MT 基因的表达量增加十几倍。因此，可将 MT 基因启动子与生长激素基因的编码区重组，后通过转基因技术，将该重组基因导入动物体内，并在饲粮中添加较高剂量的锌，通过锌的调节，可产生大量生长激素，从而使动物快长（图16-1）。

新加坡为检测水环境污染而研究培育的转绿色荧光蛋白基因的斑马鱼，因其可发出荧光而深受人们喜爱，目前作为观赏的宠物鱼进入了市场。这是第一种上市的转基因动物宠物。转基因动物作为宠物，避免了作为食品的安全性问题，会快速占领市场，带来经济效益，因此开发转基因动物宠物是一个良好的转基因技术应用方向。

第三节　营养物质对基因表达的作用

动物的一切代谢活动，包括维持生命活动和生产，多是基因表达的结果。所谓基因表达，是指按基因组中特定的结构基因上所携带的遗传信息，经转录、翻译等步骤指导合成具有特定氨基酸顺序的蛋白质过程。基因表达的调控是一个多水平调控的复杂过程，包括转录、mRNA 加工、mRNA 稳定性、翻译及翻译后调控。每一个控制点都以某种方式，对营养素有反应。营养与基因表达的关系是：营养素摄入影响 DNA 复制、调控基因表达、决定基因产物，维持细胞分化、适应与生长。大量的试验研究表明，饲粮中的营养物质，即糖类化合物、脂类、蛋白质、维生素和矿物元素等，对很多基因的表达有影响，而这些基因表达对动物的生命活动维持和生产意义重大。

一、糖类化合物对基因表达的作用

糖类化合物对许多基因的表达有调控作用，主要表现在糖类化合物在胃肠道被消化成葡萄糖并被吸收入血以后，葡萄糖能够刺激脂肪组织、肝脏和胰岛 β 细胞中脂肪合成酶系和糖酵解酶基因的转录。下面以葡萄糖对肝细胞中 L-丙酮酸激酶（L-PK）基因和 S 14 基因的表达调控为例，介绍糖类化合物对基因表达的调控机制与意义。

L-PK 基因编码的蛋白质为 L-丙酮酸激酶，是葡萄糖酵解途径中的关键限速酶。S 14 基因编码一种含硫蛋白质，甲状腺素、糖类化合物和脂肪等对其表达有明显的调节作用，并且与脂肪合成酶基因表达有明确的相关性，因此 S 14 基因在脂肪代谢方面起着重要作用。肝细胞的基因转录的诱导速度很快，大鼠肝细胞在蔗糖介质中培养 2h，脂肪酸合成酶与 S 14 mRNA 水平提高 10～15 倍；绝食大鼠采食高糖饲粮后，肝中磷酸果糖激酶和丙酮酸激酶 mRNA 量在 4～6h 内增加 7 倍。糖类化合物中起调节作用的关键成分是葡萄糖，但目前还不清楚是由于葡萄糖的直接作用还是因为激素分泌改变的结果。有人认为，葡萄糖的直接作用是关键。胰岛素对生脂基因的调节是通过葡萄糖实现的。目前已鉴别出了 L-PK 和

$S\,14$ 基因中的葡萄糖作用区。然而，某些基因的最大表达可能需要葡萄糖与激素的协同作用。由葡萄糖诱发的包括葡萄糖、激素与其他代谢信号的综合作用以及机体对这些信号的平衡结果是基因表达与否及其表达程度的根本原因。图 16-2 简示了葡萄糖诱导基因表达的基本过程。

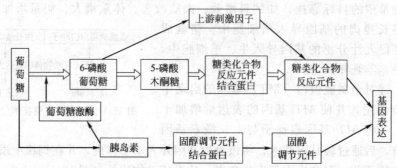

图 16-2　葡萄糖诱导基因表达的基本过程（双线箭头表示主要过程）

二、脂类对基因表达的作用

很早以前，人们就知道日粮脂肪有抑制肝脏合成脂肪的作用。脂肪除对脂肪合成酶系的直接作用外，还抑制生脂酶的基因表达，从而抑制生脂作用。一些实验已证明，n-6 和 n-3 多不饱和脂肪酸（PUFA）能抑制肝脏合成脂肪所需的多种酶。受 PUFA 抑制的生脂酶包括脂肪酸合成酶（FAS）、6-磷酸葡萄糖脱氢酶、硬脂酰 CoA 脱饱和酶、L-丙酮酸激酶（L-PK）和 S14 等。图 16-3 描述了脂肪酸调控基因表达的基本过程。

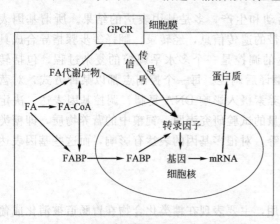

图 16-3　脂肪酸调控基因表达的基本过程
（GPCR：G 蛋白偶联受体；FA：脂肪酸；
FABP：脂肪酸结合蛋白）

日粮中脂肪酸对 *FAS* 基因转录的抑制能力与脂肪酸的碳链长度、双键位置和双键的数量有关，并且还存在剂量依赖性，尤其是 n-3 和 n-6 系列 PUFA 对基因表达的调控效果显著。体内的脂肪酸是不能直接进入细胞进行氧化作用的，须先转化为脂酰 CoA，再经过肉碱棕榈酰转移酶的转运才能进入肝脏细胞进行氧化。在脂肪酸氧化过程中，存在生成酮体的一个途径，这个途径在体内很重要，可节约动物体葡萄糖的使用。在此途径中，3-羟基-3-甲基-戊二酰 CoA（HMG-CoA）合成酶是其限速酶，发挥重要的作用。长碳链脂肪酸可调节肝细胞内肉碱棕榈酰转移酶Ⅰ

（CPTⅠ）和 HMG-CoA 合成酶的基因表达，使其 mRNA 的水平提高 2～4 倍。在各种脂肪酸中，多不饱和脂肪酸对基因的调控作用更为显著。与棕榈酸（饱和）和油酸（单不饱和）相比，亚麻酸（多不饱和）使 CPTⅠ的 mRNA 水平提高 2 倍，将其半衰期延长 50%。因此，动物出生后吸收大量的脂肪酸，可使肝脏线粒体中 HMG-CoA 合成酶基因的转录加强。

三、蛋白质对基因表达的作用

蛋白质是一类极其重要的营养物质，生物学作用很多，包括在细胞分化过程中起着重要的作用。研究发现，蛋白质可通过对基因表达的作用而对动物的新陈代谢和生长发育发挥调控作用。动物生长发育过程中，如果蛋白质供应不足，将产生严重的不利影响。蛋白质影响许多基因的表达，这些基因包括神经肽（NPY）基因、生长激素受体（GHR）基因、脂肪酸合成酶（FAS）基因、类胰岛素样生长因子-Ⅰ（*IGF-Ⅰ*）基因、类胰岛素样生长因子-Ⅱ（*IGF-Ⅱ*）基因等。

NPY是由36个氨基酸组成的肽类物质，富含于中枢和周围神经系统。NPY可刺激动物采食，注射*NPY*可导致摄食过量和体内脂肪沉积量增多。试验证明，限能和限蛋白质试验组大鼠的下丘脑中*NPY*基因表达量上升。限能组鼠下丘脑*NPY*基因的mRNA表达量比自由采食的对照组鼠增加了约75%；蛋白质限制组*NPY*基因表达的增加量与限能组相当，两组之间无明显差别。限制糖类化合物组与限制脂肪组的*NPY*基因表达与对照组无差别。由此可推断，限能组*NPY*上升的原因可能是由蛋白质缺少造成的。另一方面，喂给高蛋白日粮可降低脂肪组织脂肪酸合成酶的mRNA的数量，但不影响肝脏组织脂肪酸合成酶的mRNA数量，以利于体脂肪的沉积减少。据这两方面的研究成果，有理由认为，猪、肉鸡饲粮中高蛋白含量可抑制其体脂肪的合成，生产出高瘦肉率低脂肪的猪、鸡肉。从安全性考虑，这种用营养学措施调控基因表达，从而生产出高瘦肉低脂肪含量的畜、禽肉产品比使用药物更实用可行。

生长激素（GH）是调控动物出生后生长的主要激素。GH对生长的调控须通过GH受体（GHR）与类胰岛素生长因子-Ⅰ（*IGF-Ⅰ*）的作用才能实现，IGF-Ⅰ是GH促进生长的最重要的介导物。据报道，猪的生长速度与肝脏中IGF-Ⅰ和GHR mRNA的表达量相关，但与眼肌中的IGF-Ⅰ和GHR mRNA表达量无关。IGF-Ⅰ的分泌主要受营养、生长激素、局部细胞因子与发育阶段调控，而蛋白质供应是动物出生后IGF-Ⅰ合成的一个重要因子。

进一步研究表明，氨基酸缺乏一方面能抑制IGF-Ⅰ mRNA的表达，另一方面还能在转录水平上诱导类胰岛素生长因子结合蛋白-Ⅰ（IGFBP-Ⅰ）的超量表达，IGFBP-Ⅰ mRNA表达量的增加又增强了IGFBP-Ⅰ对IGF-Ⅰ的抑制作用。这两方面机制共同作用的结果可延缓细胞有丝分裂和代谢，最终引起生长抑制。此时，如果补充充足乃至过量的氨基酸，则能显著增加IGF-Ⅰ mRNA的表达量，减少IGFBP-Ⅰ mRNA的表达量，从而促进生长。对于生长发育的动物，只有摄入足够的蛋白质，才能保证健康快速的生长。

氨基酸（蛋白质）的缺乏，还能抑制*FAS*基因的表达。离体试验研究发现，缺乏任何一种必需氨基酸，都能降低*FAS* mRNA的表达。

四、矿物元素对基因表达的作用

矿物元素可通过调节基因转录、mRNA稳定性和翻译，影响基因的表达。铁缺乏可导致肉鸡转铁蛋白mRNA增加。转铁蛋白是血清中一种起运输铁元素作用的蛋白质，它将铁从储藏器官运输到网状组织红细胞中用以合成血红蛋白。当饲粮中缺乏铁时，血红蛋白的合成不足，额外的转铁蛋白需要被合成从而能加快铁的运输。在肉鸡试验中发现，饲粮中缺铁将导致血清转铁蛋白迅速增加，三周后血清转铁蛋白mRNA含量是正常含量的2.5倍，同时可认为缺铁引起转铁蛋白的基因表达的加强是通过增加转录水平来实现的。当日粮中添加铁质，转铁蛋白基因mRNA的含量和蛋白合成在3d内达到正常水平，肝脏中铁的储存量也同时增加。此外，镉可提高金属硫蛋白基因的转录速率；锌通过"锌指蛋白"把激活子蛋白结合到DNA的增强子上，调节几种基因的表达。下面简介锌对基因表达的调控途径和方式。

锌主要通过两种基本途径调控基因表达（图16-4）：①锌与细胞内成分，通常是转录因子直接相互作用，调控特定基因的转录速率和 mRNA 丰度，在转录水平上调控特定基因的表达；②锌可能通过刺激各种信号传导途径、激素和细胞因子等中间调控物质，间接调控基因表达。

锌通过以下三种方式调控基因表达：

① 参与遗传物质的构成，稳定染色质结构，在转录前水平调控基因的表达。锌能与 DNA 骨架链上的磷酸基团、碱基结合，稳定 DNA 双螺旋结构，维持其转录活性，保护 DNA 免受氧化损伤。

② 锌以酶的辅基形式通过酶的催化作用，调控基因表达。依赖锌的核酸酶主要有 RNA 聚合酶、DNA 聚合酶、dNT 终端转移酶、tRNA 合成酶、逆转录酶等。核酸酶结构和功能的正常为基因转录所必需。锌能通过维持酶的正常结构和功能参与基因表达的调控。锌是 DNA 聚合酶、RNA 聚合酶的重要辅基，锌缺乏影响这两种酶的正常功能，从而影响 DNA 的复制和 mRNA 的合成。锌缺乏后，细胞中 DNA 聚合酶活性降低，补充锌后 DNA 聚合酶活性恢复。

③ 锌以锌指蛋白中锌指结构的方式参与基因表达。锌在细胞中能广泛地结合蛋白质，形成具有重要生理功能的锌结合蛋白。大多数锌结合蛋白含有锌指结构，这些锌指结构都与基因表达的调控有关。

五、维生素对基因表达的作用

目前，关于维生素对基因表达的作用也多有报道（表 16-1）。例如，生物素、维生素 C 等都会对一些基因的表达产生作用。生物素缺乏，可导致血氨增多。生物素直接参与葡萄糖的异生作用、脂肪酸合成和氨基酸分解代谢。它作为辅基参与四种羟化酶即丙酮羟化酶、乙酰辅酶 A、丙酰辅酶 A 和 β-甲基巴豆酰辅酶 A 的催化反应。据试验报道，生物素缺乏组大鼠中氨基酸转氨甲酰酶（OTC）的活力明显低于生物素充足组大鼠，前者肝中 OTC 基因表达量比后者少 40%。这个试验结果证明，生物素缺乏，可导致 OTC 活力降低和 OTC mRNA 表达量减少。关于生物素如何影响 OTC 基因表达的机理，目前还不太清楚。

研究发现，生物素通过生物素-腺苷一磷酸（B-AMP）途径（图 16-5）调控羧化全酶合成酶、乙酰辅酶 A 羧化酶、丙酰辅酶 A 羧化酶的基因表达。B-AMP 是羧化全酶合成中的一个中间体，受羧化全酶合成酶催化，B-AMP 能活化可溶性鸟苷酸环化酶，活化后的鸟苷酸环化酶能使环一磷酸鸟苷（cGMP）的生成量增加。cGMP 能激活蛋白激酶 G，进一步使羧

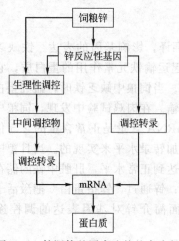

图 16-4　锌调控基因表达的基本途径

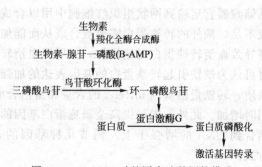

图 16-5　B-AMP 对基因表达的调控模式

化全酶合成酶、乙酰辅酶 A 羧化酶、丙酰辅酶 A 羧化酶磷酸化而被活化，增强基因转录活性。当生物素缺乏和羧化全酶合成酶活性降低时，上述基因的表达受阻。

表 16-1　维生素和矿物质对基因表达的作用

营养因子	基　因	作　用
视黄酸	视黄酸受体蛋白	促进转录
维生素 D	钙结合蛋白	促进转录
维生素 E	所有基因	保护 DNA，防止自由基的破坏
维生素 K	凝血酶原	促进转录后谷氨酸残基的羧化
维生素 B_2	DNA、RNA	促进嘌呤和嘧啶的合成
维生素 B_6	类固醇受体蛋白	降低转录
叶酸	DNA、RNA	促进嘌呤和嘧啶的合成
维生素 C	胶原蛋白原	促进转录和翻译
钾	醛固酮合成酶	促进转录
铁	铁蛋白	与铁蛋白 mRNA 结合后启动翻译
锌	锌指蛋白	使顺反调节因子结合到特异 DNA 结合位点

本 章 小 结

动物的表型（外观、健康状况、生产性能等）是其基因型和（广义的）环境互作的结果。营养是（广义的）环境的重要组成部分。营养物质既是原料物质，又是信号物质。动物的生长发育主要是基因表达的结果。蛋白质（氨基酸）、脂类、糖类化合物、矿物元素和维生素等营养物质既是基因表达的原料，又调控基因表达。动物营养状况好，基因表达顺畅，产生积极的效应，即健康、养分同化率高、生产性能高、胴体品质好。反之，动物营养状况差，基因表达障碍，引发不良的后果，即细胞、组织、器官发育不完善，抗病力弱，不健康或亚健康，养分同化率低，生产性能低，胴体品质差。

营养调控基因表达是动物适应营养环境的重要机制。掌握这种机制，不但对于彻底弄清动物的营养代谢过程、最大限度提高动物的生产潜力和养分的利用效率具有重要的营养学意义，而且对于认识生命的本质、协调生命活动、提高生命质量、维持生物界物种的平衡也具有重要的生物学意义。

（许发芝，周　明）

参 考 文 献

[1] 曹光辛. 鱼类饲料配制中的营养问题 [J]. 中国饲料, 1997, (18): 24-26.

[2] 陈代文, 吴德主编. 饲料添加剂学 (第二版) [M]. 北京: 中国农业出版社, 2011.

[3] 陈代文, 王恬主编. 动物营养与饲养学 [M]. 北京: 中国农业出版社, 2011.

[4] 程建波, 朱晓萍. 不同铜源和水平对肥育绵羊胴体性状、肉品质和脂肪酸组成的影响 [J]. 中国农业大学学报, 2010, 15 (6): 71-77.

[5] 程建波, 朱晓萍. 不同铜源和水平对肥育绵羊生产性能、铜状态和抗氧化能力的影响 [J]. 中国畜牧杂志, 2010, 46 (11): 49-52.

[6] 东北农学院主编. 家畜饲养学 [M]. 北京: 中国农业出版社, 1979.

[7] 戴益刚. 能量和蛋白质对母猪繁殖性能的影响 [J]. 黄冈职业技术学院学报, 2004, 6 (2): 56-59.

[8] 邓凯东. 羊毛毛囊形成、发育和毛纤维合成的理论模型 [J]. 中国养羊, 1997, (1): 43-45.

[9] 冯定远. 猪的生物素营养研究进展 [J]. 国外畜牧学——猪与禽, 1998, (6): 6-10.

[10] 方热军, 贺佳, 曹满胡, 等. 日粮磷水平对肉鸡磷代谢及 Na/Pi-Ⅱb 基因 mRNA 表达的影响 [J]. 畜牧兽医学报, 2011, 42 (2): 289-296.

[11] 方热军, 王康宁, 印遇龙, 等. 生长猪植物性饲料可消化磷预测模型的研究 [J]. 动物营养学报, 2006, 18 (2): 74-79.

[12] 方热军, 汤少勋. 生态营养学理论在环保型饲料生产的应用 [J]. 中国生态农业学报, 2003, 11 (1): 162-164.

[13] 方热军, 王康宁, 范明哲, 等. 不同方法测定生长猪内源磷排泄量及磷真消化率的比较研究 [J]. 畜牧兽医学报, 2005, 36 (2): 137-143.

[14] 方热军, 汤少勋, 李铁军, 等. 复方中草药添加剂对地方肉鸡生长和物质代谢的影响 [J]. 中国饲料, 2000, (7): 9-11.

[15] 高志峰, 张博, 何剑斌, 等. 碳酸氢根对精子功能的影响 [J]. 动物医学进展, 2006, 27 (1): 17-20.

[16] 韩友文主编. 饲料与饲养学 [M]. 北京: 中国农业出版社, 1997.

[17] 黄仲贤. 锌指类基因调控蛋白——生物无机化学和分子生物学发展的新领域 [J]. 生物化学与生物物理进展, 1995, 22 (3): 208-213.

[18] 胡坚主编. 动物饲养学 [M]. 长春: 吉林科学技术出版社, 1990.

[19] 胡忠泽, 张玉, 刘雷, 等. 大蒜素对肉鸡生产性能和消化酶活性的影响 [J]. 安徽科技学院学报, 2011, 25 (6): 6-9.

[20] 胡忠泽, 张银平, 王立克, 等. 陈皮对蛋鸡生产性能和蛋品质的影响 [J]. 饲料研究, 2011, (5): 47-49.

[21] 胡忠泽, 闻爱友, 王立克, 等. 姜黄素对皖江黄鸡肉质的影响 [J]. 家禽科学, 2009, (9): 7-10.

[22] 胡忠泽, 金光明, 王立克, 等. 姜黄素对肉鸡免疫功能和抗氧化能力的影响 [J]. 粮食与饲料工业, 2006, (4): 34-34, 40.

[23] 胡忠泽, 王立克, 周正奎, 等. 杜仲对鸡肉品质的影响及作用机理探讨 [J]. 动物营养学报, 2006, 18 (1): 49-54.

[24] 孔祥瑞. 必需微量元素的营养、生理与临床意义 [M]. 合肥: 安徽科学技术出版社, 1982.

[25] 孔丽娟, 王根林. 精子获能过程中蛋白酪氨酸磷酸化的研究进展 [J]. 畜牧与兽医, 2007, 39 (8): 72-75.

[26] 贾志海. 现代养羊生产 [M]. 北京: 中国农业大学出版社, 1999.

[27] 计成. 动物营养学 [M]. 北京: 高等教育出版社, 2008.

[28] 李爱杰主编. 水产动物营养与饲料学 [M]. 北京: 中国农业出版社, 1996.

[29] 李爱杰. 中国对虾营养生理的研究进展 [J]. 饲料工业, 1990, 11 (6): 25-29, 45.

[30] 李爱杰. 中国对虾饵料配制技术 [J]. 中国饲料, 1995, (13): 13-15.

[31] 李德发主编. 猪营养研究进展 [M]. 北京: 中国农业大学出版社, 1999, 268-274.

[32] 李德发. 猪的营养 (第二版) [M]. 北京: 中国农业科学技术出版社, 2003.

[33] 刘芳芳, 周明, 吴金节, 等. 饲粮阴离子配比对母猪生殖机能与血清生化指标的影响 [J]. 中国兽医学报, 2012, 32 (11): 1735-1740.

[34] 刘洁，刁其玉，邓凯东. 肉用羊营养需要及研究方法研究进展 [J]. 中国草食动物，2010，30 (3)：67-70.

[35] 刘晓波，罗绪刚. 高剂量铜对猪促生长作用机理的研究进展 [J]. 动物营养学报，1997，9 (3)：1-6.

[36] 卢德勋，谢崇文编著. 现代反刍动物营养研究方法和技术 [M]. 北京：中国农业出版社，1991.

[37] 罗绪刚，苏琪，黄俊纯，等. 肉仔鸡实用饲粮中锰适宜水平的研究 [J]. 畜牧兽医学报，1991，22 (4)：313-317.

[38] 罗绪刚. 鸡锰营养研究进展 [J]. 国外畜牧科技，1989，16 (5)：22-25.

[39] 廖国周. 猪的生长发育规律与肉品质 [J]. 湖南畜牧兽医，2004，(3)：1-4.

[40] 欧秀琼，郭宗义. 不同营养水平与饲养方式对商品猪肉质的影响 [J]. 养猪，1995，(4)：24-25.

[41] 欧秀琼，钟正泽，黄健，等. 品种与营养水平及其互作对猪肉质的影响 [J]. 四川畜牧兽医，2000，27 (11)：17-19.

[42] 欧秀琼，刘作华，钟正泽，等. 以大麦作基础饲料对猪胴体及肉质的影响 [J]. 养猪，2001，(3)：22-23.

[43] 裴志花，王开，马红霞，等. 运输应激及其对动物免疫功能影响的研究进展 [J]. 中国兽医杂志，2012，48 (1)：81-83.

[44] 邱华生. 影响仔猪和生长肥育猪添加高剂量铜的因素与问题的商榷 [J]. 中国畜牧杂志，1992，28 (10)：54-56.

[45] 任永锋. 左旋精氨酸在肠黏膜损伤修复中的作用机制 [J]. 中国危重病急救医学，2006，18 (2)：764-765.

[46] 申惠敏，靳智莲，岳文斌，等. 波尔山羊精子体外获能及穿卵效果的研究 [J]. 中国草食动物，2008，(2)：37-38.

[47] 沈同，王镜岩主编. 生物化学（第二版）[M]. 北京：北京高等教育出版社，1991.

[48] 沈同. 电离辐射对动物代谢的影响 [J]. 原子能科学技术，1962，(1)：12-25.

[49] 沈维华，王正凯. 鱼类营养与畜禽营养的主要区别 [J]. 中国饲料，1992，(2) 19-21；(3) 20-21.

[50] 沈维华. 鱼类维生素营养研究进展 [J]. 淡水渔业，1994，24 (6)：30-32.

[51] 谭良溪，张铭. γ-氨基丁酸及其在畜禽生产中的研究进展 [J]. 中国畜牧兽医，2012，(8)：132-135.

[52] 田允波. 环腺苷酸制剂对生长育肥猪生长性能和肉脂品质的影响 [J]. 广西科学，2003，10 (4)：305-308.

[53] 孙长璟主编. 分子营养学 [M]. 北京：人民教育出版社，2006.

[54] 唐小玲. 母猪的能量营养 [J]. 中国饲料，2003，(11)：19-21.

[55] 王道尊. 淡水养殖鱼类饲料专题讲座（第一讲至第九讲）. 中国水产，1992年第4期-第12期.

[56] 汪海峰，章文明，汪以真，刘建新. 乳酸杆菌与肠道黏附相关表面因子及机制研究进展 [J]. 动物营养学报，2011，23 (2)：179-186.

[57] 汪海峰，陈海霞，章文明，刘建新. 复合酸化剂对断奶仔猪生产性能和肠道微生物区系的影响 [J]. 中国畜牧杂志，2011，47 (11)：49-53.

[58] 汪海峰，王井亮，刘建新. 猪乳风味物质的 SDE-GC-MS 和 SPME-GC-MS 分析鉴定 [J]. 中国畜牧杂志，2010，46 (17)：62-66.

[59] 汪海峰，朱军莉，陈圆. 饲用奶香和焦糖香味剂主要致香成分的分析 [J]. 饲料研究，2009，(10). 43-45.

[60] 汪海峰，刘旭晨. 植物提取物饲料添加剂在家禽营养中的应用研究进展 [J]. 饲料工业，2008，29 (6)：8-10.

[61] 汪海峰，高增兵，王伟山. 动物甜味受体研究进展及猪饲料甜味剂的选择 [J]. 中国畜牧杂志，2007，43 (8)：33-35.

[62] 汪以真，许梓荣，冯杰，等. 甜菜碱对猪肉品质的影响及机理探讨 [J]. 中国农业科学，2000，33 (1)：91-99.

[63] 王建辰，章孝荣主编. 动物生殖调控 [M]. 合肥：安徽科学技术出版社，1998.

[64] 吴晋强主编. 动物营养学（第三版）[M]. 合肥：安徽科学技术出版社，2010.

[65] 徐冲，何金汗，徐国恒. 脂滴包被蛋白（perilipin）调控脂肪分解 [J]. 生理科学进展，2006，37 (3)：221-224.

[66] 许发芝，叶红，余为一. 以鸡恒定链（Ii）为载体的新城疫病毒 F 蛋白表位基因疫苗的免疫原性 [J]. 农业生物技术学报，2010，18 (6)：725-731.

[67] 许发芝，吴胜国，刘雪兰，余为一. 鸡恒定链分子跨膜区 2 个氨基酸残基在形成 MHCⅡ-Ii 复合物中作用 [J]. 畜牧兽医学报，2011，42 (5)：721-728.

[68] 许梓荣，怀明燕，王敏奇，等. 甜菜碱对生长猪胴体组成和肉质的影响 [J]. 浙江农业学报，1999，11 (1)：38-41.

[69] 杨诗兴. 饲料营养价值评评定方法 [M]. 兰州：甘肃人民出版社，1982.

[70] 杨晓玲，周明. 米糠中植酸磷的体外消化试验 [J]. 粮食与饲料工业，2006，(7)：36-37.

[71] 杨晓玲，周明. 微量元素铬对猪体的营养与免疫作用 [J]. 饲料与养殖，2005，(7)：12-15.

[72] 袁缨主编. 动物营养学实验教程 [M]. 北京：中国农业大学出版社，2010.

[73] 余东游，李卫芬. 铬在动物营养上的研究进展 [J]. 中国畜牧杂志，2001，37 (2)：54-56.

[74] 虞泽鹏，吴晋强. 锌源及锌、钙水平对肉用仔鸡的营养效应 [J]. 安徽农业大学学报，2002，29 (4)：391-397.

[75] 张莉，张习春，肖杭. 精子获能中 HCO_3^- 介导的信号转导途径 [J]. 生理科学进展，2003，34 (2)：153-155.

[76] 张锦红，葛长荣，杨林楠，等. 共轭亚油酸在动物营养中的应用前景 [J]. 动物科学和动物医学，2003，20 (12)：46-48.

[77] 张芳毓，王楠，王春安，等. 精氨酸的生物学功能 [J]. 饲料研究，2009，(2) 16-18.

[78] 张林，张海军，岳洪源，等. 运输应激对畜禽的影响及其应对措施 [J]. 家畜生态学报，2009，30 (2)：106-109.

[79] 张挺. 动物营养与免疫的关系研究 [J]. 中国饲料，2002，(14)：20-21.

[80] 张伟. 母猪的维生素营养 [J]. 养猪，2001，(1)：5-8.

[81] 张伟，韩友文. 铬对动物内分泌代谢与免疫功能的影响 [J]. 中国饲料，2000，(9)：14-16.

[82] 张伟，周桂莲. 母猪的维生素营养 [J]. 养猪，2001，(1)：5-8.

[83] 张曦，高士争，程美玲，等. 二丁酰环腺苷酸对猪胴体组成和肉品质的影响 [J]. 中国畜牧杂志，2004，40 (5)：20-22.

[84] 张子仪主编. 中国饲料学 [M]. 北京：中国农业出版社，2000.

[85] 中国畜牧兽医学会. 许振英文选 [M]. 北京：中国农业出版社，2007.

[86] 赵振山，高贵琴. 鱼类必需脂肪酸营养研究进展 [J]. 饲料研究，1996，(12)：12-15.

[87] 周安国，陈代文主编. 动物营养学（第三版）[M]. 北京：中国农业出版社，2011.

[88] 赵荣坡，杨石强. 精氨酸与男性生殖 [J]. 现代医药卫生，2005，21 (12)：1510-1511.

[89] 周歧存，麦康森. 水产动物对脂溶性维生素的营养需要 [J]. 中国饲料，1997，(18)：27-30.

[90] 周明主编. 饲料学（第二版）[M]. 合肥：安徽科学技术出版社，2010.

[91] 周明编著. 鱼类的饲料与养殖 [M]. 合肥：安徽科学技术出版社，2000.

[92] 周明. 蛋鸡日粮阴离子适宜含量及其当量比的研究 [J]. 动物营养学报，1996，8 (1)：17-21.

[93] 周明，丁昌春. 鸡缺锌对含硫氨基酸代谢的影响 [J]. 中国兽医学报，1999，19 (2)：181-183.

[94] 周明，李湘琼. 高铜日粮铁、锌水平对猪血液生理生化指标与生产性能的影响 [J]. 中国兽医学报，1998，18 (4)：407-409.

[95] 周明，彭克森，李培英，等. 罗曼蛋鸡寒季日粮配方的研究 [J]. 中国粮油学报，1998，12 (5)：55-60.

[96] 周明，张宇. 饲粮铜水平对铁、锌生物学有效性的影响 [J]. 中国粮油学报，2005，20 (6)：111-116.

[97] 周明，刘芳芳，李晓东，等. 氯、锌离子对猪精子钙通道和若干酶活调控作用的研究 [J]. 农学学报，2012，2 (8)：56-59.

[98] 周明，丁昌春. 锰对鸡组织生化参数与生长性能的影响 [J]. 中国饲料，2002，(18)：12-14.

[99] 周明，彭克森，李培英，等. 高温期蛋鸡日粮的优化研究 [J]. 中国农业气象，1997，18 (6)：19-22.

[100] 周明，刘琦山. 合肥地区黑白花奶牛日粮锌适宜添加量的研究 [J]. 中国奶牛，1995，(3)：39-41.

[101] 周明，丁昌春. 鸡体内锌和含硫氨基酸互作的研究 [J]. 中国畜牧杂志，1991，27 (6)：3-5.

[102] 周明. 动物营养与饲料研究的历史、现状与未来 [J]. 畜禽业，2001，(9)：22-25.

[103] 周明. 用营养生态经济观确定饲粮养分供量 [J]. 中国饲料添加剂，2007，(9)：1-5.

[104] 周明. 论动物营养学的哲学思想 [J]. 畜禽业，2011，(10)：18-21.

[105] 周明，李金友，吴义师. 抗热应激剂的研制及其应用效果试验 [J]. 中国饲料添加剂，2009，(3)：17-23.

[106] 周明. 神经肽 Y. 朱光亚，周光召主编. 中国科学技术文库（生物学、医药卫生分册），116-117，科学技术文献出版社，1998.

[107] 周明. 动物采食量调控机制的研究进展 [J]. 粮食与饲料工业，1996，(8)：21-24.

[108] 周明. 饲料中微量元素的有效性及其影响因素 [J]. 畜牧兽医杂志，1996，(4)：13-16.

[109] 周明. 母猪的营养研究进展 [J]. 养猪, 2007, (6): 75-78.

[110] 周明, 刘芳芳. 氯离子等营养因子对精子获能的影响 [J]. 安徽农业大学学报, 2011, 38 (5): 671-674.

[111] 周明, 叶良宏, 李晓东, 等. 酵母硒配合维生素 E 在生长育肥猪中应用效果的研究 [J]. 养猪, 2012, (1): 53-56.

[112] 周明, 李晓东, 邢立东, 等. 复合益生菌制剂在猪中应用效果的试验 [J]. 养猪, 2012, (4): 17-19.

[113] 周明, 王欢, 李泽阳. 猪肉品质的影响因素与改良措施 [J]. 养猪, 2013, (2): 65-69.

[114] 朱蓓薇, 张彧. 噪声对动物生理机能的影响 [J]. 环境保护, 2010, (10): 43-45.

[115] 朱玉琴, 索爱萍. 0～4 周龄肉用仔鸡不同锰源需要量的研究 [J]. 畜牧兽医学报, 1998, 29 (2): 121-127.

[116] 朱金姿, 邹晓庭. 表皮生长因子研究进展 [J]. 中国饲料, 2002, (15): 12-13.

[117] AFRC. Energy and protein requirements of ruminants [M]. An advisory manual prepared by the AFRC technical committee on responses to nutrients. Wallingford, UK: CAB International, 1993.

[118] Anna E Groebner, Isabel Rubio-Aliagh, Katy Schulke, et al. Increase of essential amino acids in the bovine uterine lumen during preimplantation development [J]. Reproduction, 2011, 141 (5): 685-695.

[119] Apgar G A, Kornegay E T, Lindemann M D, et al. Evaluation of copper sulfate and a copper lysine complex as growth promoters for weanling swine [J]. J. Anim. Sci., 1995, 73 (9): 2640-2646.

[120] Barbonetti A, Vassallo M R, Cinque B, et al. Dynamics of the global tyrosine phosphorylation during capacitation and acquisition of the ability of fuse with oocytes in human spermatozoa [J]. Biol. Repro., 2008, 79, 649-656.

[121] Bo chen, Cong Wang, Jian-xin Liu. Effects of dietary biotin supplementation on performance and hoof quality of Chinese Holstein cows [J]. Livestock science, 2012, (148): 168-173.

[122] Bondi, A. Animal Nutrition [M]. John Wiley and Sons Ltd, New york, 1987.

[123] Boon P, Chew F. Effects of supplemental β-carotene and vitamin A on reproduction in swine [J]. J. Anim. Sci., 1993, 71 (2): 247-252.

[124] Brameld J M, Atkinson J L, Saunders J C, et al. Effects of growth hormone administration and dietary protein intake on insulin-like growth factor I an d growth hormone receptor mRNA expression in porcine liver, skeletal muscle and adipose tissue [J]. J. Anim. Sci., 1996, 74 (8): 1832-1841.

[125] Buckley D J, Morrissey P A, Gray J I. Influence of dietary vitamin E on the oxidative stability and quality of pig meat [J]. J. Anim. Sci., 1995, (73): 3122-3130.

[126] Chris E. Hostetler G. The role of essential trace elements in embryonic and fetal development in livestock [J]. The veterinary Journal, 2003, 166 (2): 125-139.

[127] Church, D C. Basic Animal Nutrition and Feeding [M]. 3rd, Ed, John Wiley and Sons 1td, New York, 1988.

[128] Dematteis A, Miranda S D, Novella M L, et al. Rat caltrin protein modulates the acrosmomal exocytosis during sperm capacitation [J]. Biol. of Repro., 2008, 79, 493-500.

[129] Deng Kaidong, Zhang Youxiang. Long-term modulation of the immune system by perinatal nutrition [J]. Agricultural Science & Technology, 2004, 5 (3): 11-16.

[130] Deng K., Wong C W, Nolan J V. Carry-over effects of early-life supplementary methionine on lymphoid organs and immune responses in egg-laying strain chickens [J]. Animal Feed Science and Technology., 2007, 134 (1): 66-76.

[131] Deng K, Wong C W, Nolan J V. Long-term effects of early-life dietary L-carnitine on lymphoid organs and immune responses in Leghorn-type chickens [J]. Journal of Animal Physiology and Animal Nutrition, 2006, 90 (1): 81-86.

[132] Deng K, Wong C W, Nolan J V. Long-term effects of early life L-arginine supplementation on growth performance, lymphoid organs and immune responses in Leghorn-type chickens [J]. British Poultry Science, 2005, 46 (3): 318-324.

[133] DeRouchey J M, Hancock J D, Hines R H, et al. Effects of dietary electrolyte balance on the chemistry of blood and urine inlactating sows and sow litter performance [J]. J. Anim. Sci., 2003, 81 (12): 3067-3074.

[134] Deng K, Wong C W, Nolan J V. Carry-over effects of dietary yeast RNA as a source of nucleotides on lymphoid or-

gans and immune responses in Leghorn-type chickens [J]. British Poultry Science, 2005, 46 (5): 673-678.

[135] de Vries K J, Wiedmer T, Sims P J, et al. Caspase-independent exposure of aminophospholipids and tyrosine phosphorylation in bicarbonate responsive human sperm cells [J]. Biology of Reproduction, 2003, 68 (6): 2122-2134.

[136] D'souza D N, R D Warner, B J Leury, et al. The influence of dietary magnesium supplement type, and supplementation dose and duration on pork quality and the incidence of PSE pork [J]. Australian Journal of Agricultural Research, 2000, 51 (2): 185-189.

[137] Erickson D. Supplementation of dairy cow diets with calcium salts of long-chain fatty acids and nicotinic acid in early lactation [J]. J. Dairy Sci., 1992 (75): 1078-1082.

[138] Farrell L E, Roman J, Sunquist M E. Dietary separation of sympatric carnivores identified by molecular analysis of scats [J]. Mol. Ecol., 2000, 9 (10): 1583-1590.

[139] Fazhi Xu, Hong Ye, Junjun Wang, Weiyi YU. The effect of the site-directed mutagenesis of the ambient Amino acids of the leucine-based sorting motifs on the localization of chicken invariant chain [J]. Poultry Scienc, 2008, 87: 1980-1986.

[140] Funahashi H. Induction of capacitation and the acrosome reaction of spermatozoa by L-arginine and nitric oxide synthesis associated with the anion transport system [J]. Reproduction, 2002, 124 (6): 857-861.

[141] G Bee, S Gebert, R Messikommer. Effect of dietary energy supply and fat source on the fatty acid pattern of adipose and lean tissues and lipogenesis in the pig [J]. Journal of Animal Science, 2002, 80 (6): 1564-1569.

[142] George, W. Klontz. Care of fish in biological research [J]. J. Anim. Sci., 1995, 73: 3485-3492.

[143] Georgievskii V I, Annenkov B N, Samokhin V T. Mineral Nutrition of Animals [M]. Butterworths, 1982.

[144] Gorte K, Schaefer A L, Young B A, et al. Effects of transport stress and electrolyte supplementation on body fluids and weights of bulls [J]. Can. J. Anim. Sci. 1992, 72: 547-553.

[145] Grummer E. Etiolgy of lipid-related metabolic disorders in periparturient dairy cows [J]. J. Dairy Sci., 1993, 76 (12): 3882-3896.

[146] Hasegaw A J, Osatomi K, Wu R F, et al. A novel factor binding to the glucose response elements of liver pyruvate kinase and fatty acid synthase genes [J]. J Biol. Chem. 1999, 274 (2): 1100-1107.

[147] H. Ye, F. Z. Xu, W. Y. Yu. The intracellular localization and oligomerizing characteristic of chicken invariant chain with major histocompatibility complex class II subunits [J]. Poultry Science, 2009. 88: 1594-1600.

[148] Hill G M, Miller E R, Stowe H D, et al. Effect of dietary zinc levels on health and productivity of gilts and sows through two partities [J]. J. Anim. Sci., 1983, 57 (1): 114-122.

[149] In K Han. Recent advances in sow nutrition to improve reproductive performance [J]. Asian Aus. J. Anim. Sci. 2000, 13: 335-345.

[150] Johanson L. Sow nutrition and reproduction performance improvement [J]. Pig News and Information, 1997, 18 (2): 61-64.

[151] Johnson G A, Burghardt R C, Bazer F W, et al. Osteopontin: roles in implantation and placentation [J]. Biol. Reprod., 2003, 69, 1458-1471.

[152] Kirkwood R N, Thacker P A. Nutrition factors affecting embryo survival in pigs [J]. Pig News Info., 1988, 9 (1): 15-21.

[153] Li H, Matheny M, Tumer N, et al. Aging and fasting regulation of leptin and hypothalamic neuro-peptide Y gene expression [J]. Am. J. Physiol., 1998, 275 (2): 405-411.

[154] Lindemann M D, Wood C M, Harper A F, et al. Dietary chromium picolimate additions improve gain/feed and carcass characteristics in growing/finishing pigs and increase little size in reproducing sows [J]. J. Anim. Sci., 1995, 73 (2): 457-465.

[155] Martin G B, White C L, Markey C M et al. Effects of dietary zinc deficiency on the reproductive system of young male sheep: Testicular growth and the secretion of inhibin and testosterone [J]. J. Reprod. Fert., 1994, 101 (1): 87-96.

[156] Mateo Ronaldo D, Guoyao Wu, Bazer Fuller W. Dietary L-arginine supplementation enhances the reproductive performance of gilts [J]. J. Nutr. 2007, 137, 652-656.

[157] Maynard L A, Loosli J K, Hintz H F. Animal Nutrition [M]. 7th Ed, Megraw-Hill, New york, 1979.

[158] McDonald P, Edwards R A, Greenhalgh J F D. Animal nutrition [M]. 4th Ed, John Wiley& sons. Inc., New York, 1988.

[159] McDowell R. Somatotrpin and endocrine regulation of metabolism during lactation [J]. J. Dairy Scl., 74 (suppl-2): 44, 1991.

[160] McDowdl L R. Vitamins in animal nutrition [M]. Academic Press, New York, 1989.

[161] Miltion L S, Malden C N, Robert J Y. Nutrition of the chicken [M]. Ithaca, New york, 1982.

[162] Miranda L, Bernhardt Betty Y. Kong, et al. A zinc-dependent mechanism regulates meiotic progression in mammalian oocytes [J]. Biology of Reproduction, 2012, 86 (4): 1-10.

[163] NRC. Nutrients and toxic substances in water for livestock and poultry [M]. Washington D. C.: National Academy Press, 1974.

[164] NRC. Nutrient Requirements of Small Ruminants: Sheep, Goats [M]. Cervids, and New World Camelids. Washington, D. C: National Academy Press, 2007.

[165] Oldberg A, Franzén A. cloning and sequence analysis of rat bone sialoprotein (osteopontin) cDNA reveals an Arg-Gly-Asp cell-binding sequence [J]. Proc. Natl. Acad. Sci., 1986, 83 (23): 8819-8823.

[166] Page T G, L L Southern, T L Ward, et al. Effect of chromium picolinate on growth, serum and carcass traits, and organ weights of growin-finishing pigs from different ancestral sources [J]. J Anim. Sci., 1993, 71 (3): 656-662.

[167] Pond, W. G., Church, D. C. and Pond, K. R. Basic Animal Nutrition and Feeding (5th ed) [M]. New York: John Wiley & Sons, 2005.

[168] Rhoads R P, Greenwood P L, Bell AW, et al. Nutritional regulation of the genes encoding the acid-labile subunit and other components of the circulating insulin-like growth factor system in the sheep [J]. J. Anim. Sci., 2000, 78 (10): 2681-2689.

[169] Sampath H, Ntambi J M. Polyunsaturated fatty acid regulation of gene expression [J]. Nutr. Rev. 2004, 62 (9): 333-339.

[170] Sarah Costello, Francesc Michelangeli, Katherine Nash, et al. Ca^{2+}-stores in sperm: their identities and functions [J]. Reproduction, 2009, 138 (3): 425-437.

[171] Steve Tardif, Charlotte Dubé, Janice L Bailey. Porcine sperm capacitation and tyrosine kinase activity are dependent on bicarbonate and calcium but protein tyrosine phosphorylation is only associated with calcium [J]. Biology of Reproduction, 2003, 68 (1): 207-213.

[172] Surai P F. Effects of selenium and vitamin E content of the material diet on the antioxidant system of the yolk and the developing chick [J]. British Poultry Science, 2000, 41 (2): 235-243.

[173] Suksombat W, J Homkao, Klangnork. Effects of biotin and rumen-protected choline supplementation on milk production, milk composition, live body weight change and blood parameters in lactating dairy cows [J]. Journal of Animal and veterinary advances, 2012, 11 (8): 1116-1122.

[174] Underwood K. Trace Elements in Human and Animal Nutrition [M]. 4th Ed, New York, Academic Press, 1974.

[175] Wang H F, Ye J A, Li C Y, et al. Effects of feeding whole crop rice combined with soybean oil on growth performance, carcass quality characteristics, and fatty acids profile of Longissimus muscle and adipose tissue of pigs [J]. Livestock Science, 2010, 136, 2-3: 64-71.

[176] Wang H F, Zhu W Y, YAO W, et al. DGGE and 16S rDNA sequencing analysis of bacterial communities in colon content and feces of pigs fed whole crop rice [J]. Anaerobe, 2007, 13: 127-133.

[177] Wang H F, Wu Y M, Liu J X, et al. Morphological fractions, chemical compositions and in vitro gas production of rice straw from wild and brittle culml variety harvested at different growth stages [J]. Anim. Feed Sci. Technol.,

2006, 129 (1-2): 159-171.

[178] Wen-ying Chen, Wen Ming Xu, Zhang Hui Chen, et al. Cl⁻ is required for HCO₃⁻ entry necessary for sperm capacitation in guinea pig: involvement of a Cl⁻/HCO₃⁻ exchanger (SLC26A3) and CFTR [J]. Biology of Reproduction, 2009, 80 (2): 115-123.

[179] Yoshihiro Noda, Kuniaki Ota, Takuji Shirasawa, et al. Copper/zinc superoxide dismutase insufficiency impairs progesterone secretion and fertility in female mice [J]. Biology of Reproduction, 2012, 86 (1): 16, 1-8.

[180] Zhou W, Kornegay E T, Lindemann M D. Stimulation of growth by intravenous injection of copper in weanling pigs [J]. J. Anim. Sci., 1994, 72 (9): 2395-2403.